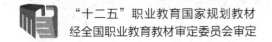

"十二五"职业教育国家规划教材

经全国职业教育教材审定委员会审定

木制品表面装饰技术

（第2版）

Wood Surface Decoration Technology

张志刚　罗春丽　主编

中国林业出版社

内 容 简 介

　　本书按照"校企合作、工学结合、行动导向"原则，以"项目引领、任务驱动"的形式，系统地介绍了木制品涂装工程设计与施工，包括实色涂装、透明涂装、美式涂装、薄木饰面、纸类饰面等，与市场结合紧密，适合作为高、中等林业职业院校的教材，也可供企业从业人员参考。本书在第1版基础上进行了全面修订，将教材内容进行重构和序化，适应了木制品表面装饰技术的最新发展。

图书在版编目（CIP）数据

　　木制品表面装饰技术 / 张志刚，罗春丽主编 . —2 版 . —北京：中国林业出版社，2015.4

　　"十二五"职业教育国家规划教材经全国职业教育教材审定委员会审定

　　ISBN 978-7-5038-7741-4

　　Ⅰ . ①木… 　Ⅱ . ①张… 　②罗… 　Ⅲ . ①木制品－饰面－高等职业教育－教材 　Ⅳ . ①TS65

　　中国版本图书馆 CIP 数据核字（2014）第 274434 号

中国林业出版社·教育出版分社

责任编辑：张东晓　杜　娟

电话：832143560　传真：83143516

E-mail：jiaocaipublic@163.com

出版发行：中国林业出版社（100009　北京西城区德内大街刘海胡同 7 号）

　　　　　电话：（010）83143500

　　　　　http：//lycb.forestry.gov.cn

经　　销：新华书店

印　　刷：北京市昌平百善印刷厂

版　　次：2015 年 4 月第 2 版

印　　次：2015 年 4 月第 1 次印刷

开　　本：787mm×1092mm　1/16

印　　张：25.5　彩　插：1 印张

字　　数：711 千字

定　　价：56.00 元

《木制品表面装饰技术》（第2版）编写人员

主　编

张志刚　罗春丽

副主编

李汉达　周忠锋

编写人员（按姓氏笔画排序）

尹满新　辽宁林业职业技术学院

邓振华　黑龙江林业职业技术学院

刘培义　温州职业技术学院

张志刚　黑龙江林业职业技术学院

李汉达　广东华润涂料有限公司

周忠锋　黑龙江林业职业技术学院

罗春丽　黑龙江林业职业技术学院

为了推动林业高等职业教育的持续健康发展，进一步深化高职林业工程类专业教育教学改革，提高人才培养质量，全国林业职业教育教学指导委员会（以下简称"林业教指委"）按照教育部的部署，对高职林业类专业目录进行了修订，制定了专业教学标准。在此基础上，林业教指委和中国林业出版社联合向教育部申报"高职'十二五'国家规划教材"项目，经教育部批准高职林业工程类专业 7 种教材立项。为了圆满完成该项任务，林业教指委于 2013 年 11 月 24～25 日在黑龙江省牡丹江市召开"高职林业工程类专业'十二五'国家规划教材和部分林业教指委规划教材"（以下简称规划教材）编写提纲审定会议"，启动了高职林业工程类专业新一轮教材建设。

2007 年版的高职林业工程类专业教材是我国第一套高职行业规划教材。7 年来，随着国家经济发展战略的调整，林业工程产业结构发生了较大的变化，林业工程技术有了长足进步，新产品、新工艺、新设备不断涌现，原教材的内容与企业生产实际差距较大；另一方面，基于现代职教理论的高职教育教学改革迅速发展，原教材的结构形式也已很难适应改革的要求。为了充分发挥规划教材在促进教学改革和提高人才培养质量中的重要作用，根据教育部的有关要求，林业教指委组织相关院校教师和企业技术人员对第一版高职林业工程类专业规划教材进行了修订，并补充编写了部分近几年新开发课程的教材。

新版教材的编写全部以项目为载体。项目设计既注重必要专业知识的传授和新技术的拓展，又突出职业技能的提高和职业素质的养成；既考虑就业能力，又兼顾中高职衔接与职业发展能力。力求做到项目设计贴近生产实际，教学内容对接职业标准，教学过程契合工作过程，充分体现职业教育特色。

项目化教学的应用目前还处于探索阶段，新版教材的编写难免有不尽完善之处。但是，以项目化教学为核心的行动导向教学是职业教育教学改革发展的方向和趋势，新版教材的问世无疑是林业工程类专业教材编写模式改革的有益尝试，此举将对课程的项目化教学改革起到积极推动作用。诚恳希望广大师生和企业工程技术人员在体验和感受新版教材的新颖与助益的同时，提出宝贵意见和建议，以便今后进一步修订完善。

此次规划教材的修订与补充，得到了国家林业局职业教育研究中心和中国林业出版社的高度重视与热情指导，在此致以衷心的感谢！此外，在教材编写过程中，还得到了黑龙江林业职业技术学院、辽宁林业职业技术学院、湖北生态工程职业技术学院、广西生态工程职业技术学院、云南林业职业技术学院、陕西杨凌职业技术学院、江苏农林职业技术学院、江西环境工程职业学院、中南林业科技大学、大兴安岭职业学院、博洛尼家居用品（北京）股份有限公司、圣象集团牡丹江公司、广东华润涂料有限公司、广西志光办公家具有限公司、广东梦居装饰工程有限公司、柳州家具商会等院校、企业及行业协会的大力支持，在此一并表示谢忱！

全国林业职业教育教学指导委员会

2014 年 6 月

第 2 版前言

《木制品表面装饰技术》（第 1 版）由中国林业出版社于 2007 年 5 月出版发行，曾被全国各高等林业职业院校广泛采用。但随着我国高等职业教育改革的不断深入以及木制品表面装饰技术日新月异，第 1 版教材的内容、形式和体例已难以满足职业岗位对课程教学目标的要求。为此 2013 年 11 月教育部高职高专教育林业类专业教学指导委员会和中国林业出版社组织编写了第 2 版《木制品表面装饰技术》。

第 2 版与第 1 版相比有以下特点：一是突出"校企合作、工学结合、项目导向"的教材编写理念，项目 1~3 以"涂装效果"为载体，项目 4~5 以"饰面材料"为载体，对第 1 版教材内容进行了重新解构和重构，并遵循学生的认知规律和职业成长规律，将教材内容由简单到复杂进行排序；二是教材体例设计适应"行动导向"的需要，方便教师采取项目教学法来组织教学；三是广泛吸收行业最新技术、操作规程、工艺案例、质量标准、工艺规范等，既丰富了教材内容，又贴近了企业生产实际；四是吸收了《家具表面装饰工程设计与施工》国家级精品资源共享课程内容，为编写体现职业教育特色教材奠定了坚实基础；五是参与第 2 版编写的人员为各校承担本课程教学任务的一线教师和相关企业工程师，具有丰富的教学经验和企业工作经验。

本书由张志刚、罗春丽任主编，李汉达和周忠锋任副主编。项目 1 由张志刚和周忠锋编写；项目 2 由尹满新和周忠锋编写；项目 3 由罗春丽编写；项目 4 由刘培义和邓振华编写；项目 5 由邓振华编写；全书由张志刚统稿。教材编写过程中得到广东华润涂料公司、美克家私（天津）制造有限公司、北京利丰家具有限公司、金田豪迈公司、广东中山生活家地板有限公司、齐齐哈尔华鹤家居集团公司等企业的大力支持，为本教材提供了大量企业技术资料，在此一并表示衷心的感谢！

　　由于编者水平有限，难免存在不足之处，敬请读者指正。

张志刚　罗春丽

2014 年 8 月

第 1 版前言

鉴于我国高等职业院校木材加工技术、家具设计与制造等专业的《木制品表面装饰技术》课程始终没有合适的高职教材，现有教材或为大学本科教材，或为中职教材，并且内容陈旧，没有体现高职教育的特点和行业发展的最新成果。为此，结合教育部关于"高职高专教育林业工程类专业教学内容与实践教学体系研究"课题研究需要，在原有校内交流教材的基础上对教材内容、体例重新进行了调整与完善，在技能实训指导书中增加了技能考核标准与技能操作规程等内容，将企业最新的实用技术编入本教材中，使其更具高等职业技术教育特色。

本书系统地介绍了现代木器家具涂装技术、板式家具的饰面与边部处理技术，其中涂装技术主要介绍木器家具常用涂料的性能与使用方法、涂装基材、涂饰工艺、涂装方法、涂层固化、涂装缺陷分析和漆膜质量检测等内容；饰面技术主要介绍了薄木饰面、纸类贴面技术、直接印刷与转印技术、特种艺术装饰及板式家具边部处理技术等内容。边部处理技术中主要介绍板式家具零部件的直曲线封边技术、后成型与软成型封边技术，同时对于本行业国内外新技术、新工艺也作了介绍。本书取材丰富，与实际生产相符，具有较高的实用价值和参考价值。

本书可作为高等职业院校木材加工技术、家具设计与制造等专业相关课程教学使用，也可供木材加工企业、家具生产企业及装饰公司从业技术人员参考。

本书由张志刚教授主编，负责全书统稿，并编写第 2、3、5、7 章和技能实训指导书；罗春丽任副主编，并编写第 1、4 章；黄元波编写第 6、8 章；尹满新编写第 9、10 章。

　　本书由东北林业大学材料科学与工程学院宋魁彦教授主审，并提出许多宝贵的修改意见，在此表示衷心感谢；还特别感谢牡丹江华润涂料经销公司和牡丹江嘉宝莉涂料经销公司的大力支持。

　　限于编者水平，书中难免存在不足之处，恳请使用本书的广大师生及业内人士多提宝贵意见，以便教材的修订与完善。

张志刚

2007 年 5 月

目 录

项目 1
实色涂装工程设计与施工

 课程导入

    实色涂装又称不透明涂装，是用含颜料的不透明色漆（enamel，工厂称之为实色漆）涂装木制品，形成不透明彩色或黑白涂膜，以遮盖被涂装基材表面纹理和颜色，多用于材质花纹较差的实木制品或未贴面的人造板（刨花板、中纤板）制品。实色涂装在木制品表面涂装技术中被广泛采用。本项目通过实色涂装工艺方案设计、基材处理与品质控制、底漆涂装与品质控制和面漆涂装与品质控制 4 项工作任务引导学生独立完成实色涂装样板制作，进而使学生掌握实色涂装工艺方案设计、实色涂装作业施工、实色涂装质量控制等涂装技术。

 知识目标

1. 了解家具涂料选用原则及涂料市场状况；
2. 了解实色涂装常用木器涂料的性能、贮存条件、成膜机理、工艺特点；
3. 掌握实色涂装常用涂装方法和工具施工要求；
4. 掌握典型实色涂装工艺设计原则、方法、施工技术规范；
5. 掌握实色涂装缺陷的概念、产生原因及解决对策；
6. 掌握涂装成本的计算方法；
7. 了解家具企业涂装工段的安全生产规范、涂装材料的管理要求和常识；
8. 了解工艺美术以及油画技法。

 技能目标

1. 能够正确区分和识别实色涂装木器家具常用涂料；
2. 能根据家具基材种类、涂装效果、涂装成本、施工条件、环保要求等合理选用涂料、方法、工具；
3. 能根据色卡或样板制定科学合理的实色涂装工艺流程方案，并优化方案，独立完成家具样品的制作；
4. 能把握主流色彩，准确调色，独立完成着色施工；
5. 能独立完成基材处理、漆膜研磨施工作业；
6. 能正确使用和维护常用工具和设备，独立完成底、面漆涂饰；
7. 能对家具表面缺陷进行准确分析，提出解决措施，进行修补；
8. 能根据客户需求制定涂装工程方案，核算综合成本；
9. 能根据涂装工程方案，进行简单的生产管控、品质监控。

工作任务

1. 根据客户提供色板或实样，设计科学合理的实色涂装工艺方案；
2. 按照工艺要求，完成基材表面处理，并进行品质监控；
3. 合理选用底漆，进行底漆的调配与喷涂，并对施工过程进行实时监控；
4. 把握主流色彩，准确调色，独立完成面漆涂装。

任务 1.1 实色涂装工艺方案设计

知识目标

1. 了解家具企业涂装工段的安全生产规范、涂装材料的管理要求和常识；
2. 理解着色材料的特性；
3. 掌握常用实色涂装木器涂料的性能贮存条件、成膜机理、施工要求及中毒防治措施；
4. 掌握典型实色涂装工艺设计原则、方法、施工技术规范；
5. 理解实色涂装各工序的施工方法、所用工具和材料、施工要领；
6. 掌握涂装成本的计算方法。

技能目标

1. 能通过网络查询来样的制作工艺及材质的特点；
2. 能正确区分和识别木器家具常用涂料，合理选择实色涂装涂料；
3. 能根据涂饰工艺和实际工作任务编制实色涂装工艺方案，合理选择各工序的施工方法、工具、材料。

工作任务

任务介绍

根据客户提供实色涂装色板或实样，分析实色涂装特点，确定涂装所选用的涂装材料、工具、设备，进行涂装成本核算，完成工艺方案设计。

任务分析

不透明涂装是用含颜料的不透明色漆涂装木制品，形成不透明彩色或黑白涂膜，以遮盖被涂装基材表面，多用于材质花纹较差的实木制品或未贴面的人造板（刨花板、中纤板）制品。认识实色效果图，如亮光、亚光、特殊效果，如图 1-1 所示。

分析客户提供的色板或实样，通过眼看、手摸、鼻嗅等直观方法来实地识别制品对涂饰工艺的要求，确定涂装效果与质量等级；根据家具基材种类、涂装效果、涂装成本、施工条件、环保要求等合理选用涂装材料，设计可实施工艺方案，如图 1-2 所示。

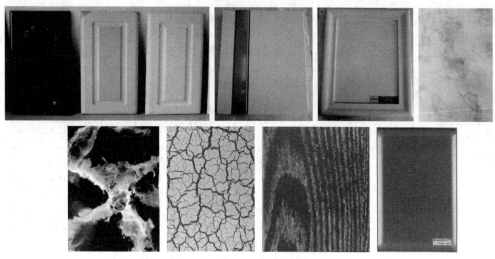

图 1-1　实色涂装效果（附彩图）

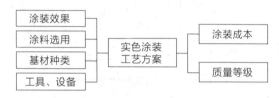

图 1-2　设计工艺方案知识结构

工作情景

实训场所：一体化教室。

所需设备及工具：涂装板件、砂纸、泥刀、铲刀、调色材料、擦拭工具、喷涂工具。

工作场景：教师利用实物和多媒体对客户提供的色板或实样进行讲解说明，布置学习任务，下发任务书，讲解任务要求，小组同学根据不同工作任务和任务要求，结合学习任务和相关资料互相探讨进行方案设计，教师巡回指导。完成任务后，各小组进行方案的展示。小组同学之间进行互评，教师要对各组的方案设计进行评价和总结，指出不足及改进要点。学生根据教师点评，重新对整个方案设计进行修改，撰写相关实训报告（包括工作过程、小组自评总结、改进措施、收获心得体会等）。

知识准备

---

1. 基材种类与特性

（1）基材种类

涂装基材是被涂装工件的总称，包括实体木材（实木板方材、集成材、刨切薄木或旋制单板等）、人造板（胶合板、刨花板、细木工板、中密度纤维板、高密度纤维板）和装饰人造板等。图 1-3 表示了在木制品加工中涂装基材的主要类型。

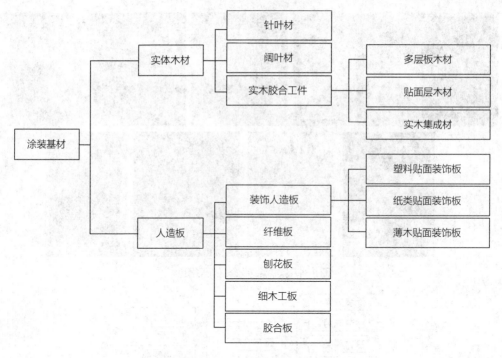

图 1-3　涂装基材的主要类型

（2）基材特性

① 木材的结构特性　木材是一种天然的有机复合材料，其性质与木材的结构特点有关。木材的多孔性、各向异性、内含物及木材缺陷等会直接影响表面装饰的效果。

多孔性　构成木材的木纤维、管胞、木射线等都是由细胞组成，细胞腔、胞间隙及细胞壁上的纹孔构成了许多孔隙。此外，阔叶材还存在导管，针叶材存在树脂道，因而木材的径切面、弦切面和横切面均不是完全由木材的实质部分组成。弦切面上的空隙率一般为 50% ~ 70%，有的高达 80%（如红柳桉），这些空隙给木材贴面装饰及涂饰均带来不少困难。在贴面装饰时，木材表面的导管沟槽处常易造成表面缺胶，加之胶黏剂的渗透及涂布不均，严重影响胶合质量，同时随外界空气温、湿度的变化，开口的导管槽反复闭合、张开，使上面的装饰层也反复受到压缩和拉伸，最终导致疲劳破坏，使装贴面出现裂纹；在涂饰时，涂料渗透到空隙中去，造成涂料消耗增加及涂膜不平；同时，在涂料强制干燥时，空隙中的空气受热膨胀，向外扩散，易形成气泡、针孔等涂膜缺陷。为此，在涂饰前不得不增加砂光、填孔、打泥、封底等多道工序，以减少涂料损耗及消除涂膜缺陷的产生。

由于季节的交替，木材的早晚材疏松程度不一样，所含空隙的比例也不同，除造成胶黏剂和涂料在早晚材中渗透不均、影响涂膜光泽外，在木材染色时，也往往因染料的渗透各异而造成染色不均。

木材各向异性　木材的各向异性反映在横、径、弦三个切面上，这是由于木材组织呈现三维结构所致。从宏观观察木材的横切面，年轮是以髓心为中心作同心圆分布，木射线作辐射状分布，其他组织则依轴向而排列，因此，径、弦两个切面的纹理具有不同的特征。一般弦切面具有山形纹理，径切面为直线纹理。故旋切单板多数具有波浪状、云纹状、旋涡状纹理，刨切单板则具有直线纹理。所以，要得到价值较高的装饰薄木，应根据树种特点来选择加工方法。如樟木、花梨木、桃花心木、水曲柳等的弦切面具有旋涡状纹理，采用旋切法加工较好；而栎木、悬铃木、青冈、山龙眼等径切面上有成片或成带状泛银光的木射线构成的各种花纹，故采用刨切加工最理想。

从木材微观结构看，不论何种细胞均呈现各向异性。由于木射线是径向分布，在树干内起到径向（内外）联系的作用，而树干内的弦向（左右）联系则没有专门的组织，只能靠细胞壁上的纹孔作为通道，所以木材的湿胀与干缩，纵横向相差几倍至几十倍，而弦向比径向约大两倍。在力学方面弹性模量顺纹比横纹大20倍，顺纹抗拉强度比横纹大40倍，顺纹抗压强度比横纹大5~10倍。在装饰薄木的生产中，对于某些树种（如环孔材），由于横向力学强度太差，绝不允许刨切或旋切太薄的单板，否则制成的薄板横向极易破损，造成原料浪费，成本增加。

② 人造板特性　为了克服天然木材的各向异性，特别是变形和力学性能差异，充分合理地利用森林资源，人造板得到了迅速的发展。常用人造板种类为胶合板、刨花板、纤维板等，其共性是幅面大，长度和宽度方向上质地均匀，缺陷少等，但各自性能也存在着不小的差异，所以应根据木制品使用环境和要求有目的地选择使用。

胶合板　胶合板是用三层或奇数多层的单板胶合而成。单板常见有旋制和刨制两种，其中刨制单板由于花纹比较美丽，多用于胶合板面层，用其制成的胶合板多用于家具、车厢、船和房屋内部装修等。为了克服木材各向异性所带来的不良影响，同时又能保持木材固有优点，经常采用相邻层单板间纤维方向互相垂直的制造方法。市场上常见三夹板的厚度为2.7mm，主要是减少表面单板厚度而形成的。

胶合板分类如下：

Ⅰ类：耐候、耐沸水胶合板采用酚醛树脂胶或相当性能的胶黏剂胶合而成，具有耐久、耐煮沸或蒸汽处理和抗菌等性能，适合于室外使用。

Ⅱ类：耐水胶合板能在冷水中浸渍，能经受短时间热水浸渍，并具有抗菌特性，但不耐煮沸。该种胶合板主要采用脲醛树脂胶进行胶合。

Ⅲ类：耐潮胶合板能短时间内在冷水中浸渍，适合于室内常态下使用。

Ⅳ类：不耐潮胶合板在室内常态下使用，具有一定的胶合强度。

刨花板　刨花板是利用木材加工的下脚料、小径材及枝丫材所制成的刨花与胶料拌和，经过热压而成。刨花板的厚度尺寸有6mm、8mm、10mm、13mm、16mm、19mm、22mm、25mm、30mm等。

刨花板的特点如下：

a. 板材幅面各个方向的性质一致，结构比较均匀，且湿胀干缩比较小，遇水主要是在板材的厚度方向上膨胀。

b. 对于连续法生产的刨花板可以根据需要进行截断。

c. 刨花板可以根据用途选择所需要的厚度规格，使用时厚度上不需要再加工，但表面只能进行轻微砂光，否则影响板的强度。

d. 刨花板的握钉力与其强度成正比。三层结构的刨花板，内层密度小于表面的密度，其握钉力也小于表层，所以垂直板面的握钉力高于平行板面的握钉力。

e. 刨花板可直接使用，不需要干燥，在贮存时应放平，防止变形。

f. 一般来说，板密度与其强度成正比，与其制品的质量也成正比。

g. 刨花板边缘暴露在空气中容易使边部刨花脱落，且边部吸湿产生膨胀，影响其质量，故应进行封边处理。

h. 刨花板的表面贴面质量与其表面刨花的颗粒均匀程度有关。表面刨花细而均匀，易贴薄的装饰材料。

i. 便于实现生产自动化、连续化。

纤维板　纤维板是利用木材或其他植物纤维制成的一种人造板。根据密度不同可分为硬质纤维板、中密度纤维板和软质纤维板。硬质纤维板结构均匀，强度较大，可以代替薄板使用，缺点是表面不美观，易吸湿变形，可用于建筑、家具制造等方面。

软质纤维板密度较小，物理力学性质不及硬质纤维板，但其绝缘、保温、吸音及装饰等性能优良，因此是室内装修的理想吊顶饰面材料。中密度纤维板主要用于家具制造、包装、音箱及电视壳等方面，是目前应用较广泛的一种板料。

中密度纤维板的特点如下：

a. 中密度纤维板强度高，其抗弯强度是刨花板的两倍。

b. 表面平整光滑。无论厚度方向还是宽度方向，都可以胶合和涂饰，且胶合后的加工性能较好。

c. 加工性能良好，如锯截、开槽、磨光、钻孔、涂饰等，类似天然木材。

d. 结构均匀致密，可以雕刻、镂铣。

e. 边部可以铣削，且不经过封边就可直接涂饰。

f. 可直接使用，不需干燥，但贮存时应放平，防止变形。

g. 板材的性能与施胶量有关。

2. 木器涂料

（1）涂料的定义及作用

① **涂料的定义**　涂料旧称油漆，是指可涂覆于物体表面的一种具有保护、装饰和其他特殊性能的涂层物质。《涂料工艺》（刘登良主编）中定义为："涂料是一种材料，这种材料可以用不同的施工工艺涂覆在物件表面，形成粘附牢固、具有一定强度、连续的固态薄膜。这样形成的膜通称涂膜，又称漆膜或涂层。"涂料在中国早期大多以植物油为主要原料，故被称为"油漆"。不论是传统的以天然物质为原料的涂料产品，还是现代发展中的以合成化工产品为原料的涂料产品，都属于有机化工高分子材料，所形成的涂膜属于高分子化合物类型。按照现代通行的化工产品的分类，涂料属于精细化工产品。现代的涂料正在逐步成为一类多功能性的工程材料，其研发是化学工业中的一个重要行业。

涂料的品种繁多，成分各不相同，有液体涂料、固体涂料、粉末状涂料。绝大多数液体涂料是由固体分和挥发分两部分组成。当液体涂料涂于制品表面形成涂膜时，其中的一部分将变成蒸气挥发到空气中去，这部分称之为挥发分，其成分主要是溶剂；其余不挥发并留在表面干结成膜的部分称之为固体分，即能转变成固体漆膜的部分。木器涂料按应用领域主要分为两类：一类是用在家具制造、门窗生产、地板加工等生产企业使用的木器涂料；另一类是用在室内装修的木器涂料，也称木器家装涂料。

② **涂料的作用**　涂料对所形成的涂膜而言，是涂膜的"半成品"，涂料只有经过使用，即施工到被涂物件表面形成涂膜后才能表现出其作用。涂料通过涂膜所起的作用主要表现在以下四个方面：

保护作用　木材、金属等材料经常暴露在大气中，由于受到大气中水分、盐雾、气体、微生物、紫外线等的侵蚀而逐渐损坏，涂布涂料后能使底材得到有效保护。现代涂料形成的涂膜具有许多优异性能，如硬度与强度高，耐磨，耐划伤，耐热，耐水、油、溶剂、饮料与酸碱等化学药品，还具有防虫、防菌等特点，可保护木材不受损伤、污染、磕碰划擦。虽然仅是一层薄薄的漆膜，却基本上隔绝了外面阳光、空气、水分、灰尘、菌虫的侵蚀。尤其木材是含水材料，水分极易移动进出，涂膜基本上可以防止木材水分的进出，因而能避免木制品受干缩湿胀的影响引起变形，从而提高了木制品的使用耐久性。木制品表面的干漆膜可使其长久保持卫生，否则沾在白茬木制品表面的汗渍、油脂、灰尘、墨汁等不容易被洗刷或擦掉，而这些脏物落在漆膜上则较易除掉。经涂装的木制品若保养得当，可长期保持光彩如初。

装饰作用　涂料具有光亮、美观、鲜明艳丽、色泽悦目等特点，利用色彩的心理效应通过涂料的涂装可以改变物体原来的外观，陶冶情操，美化生活环境，同时起到调节人们心理的作用。涂层的色彩对于人们心理感受的调节作用，早为木制品的设计与制造工艺所重视。例如公园家具的椅子以淡绿色为主调，有益于人们休息和陶冶情操；办公室中以红木色、紫檀色为主调的家具给人一种庄重感，有利于办公；浅橙色、浅黄色为主调的结婚用家具可使青年人奋发向上，洋溢蓬勃的朝气；栗壳色、深棕色为主调的老人用家具则给人一种祥和安稳的感觉。医用家具已运用色彩的调节作用辅助医疗活动。例如以红、橙等暖调色彩为主的家具或室内环境可使人热烈、兴奋，有利于低血压患者提高血压；浅淡色调（浅橘、浅黄、象牙等色）为主的具有明快感的色彩用于手术室、外科病房、绝症病房，对疾病患者可起到坚定信心、提振希望的作用；使用绿、蓝、紫等冷调色彩使人有幽雅、安静、凉爽的感觉，对发高烧患者与产妇能起到清除烦闷的作用。

标志作用　如道路划线漆。

特殊作用　如防滑漆、变色示温涂料等。

（2）涂料的性能特点

在国内家具业飞速发展的同时，作为家具制造业中重要原辅料的木用涂料发展也很快。表 1-1 列出了国内常用木用涂料的性能特点。木器涂料目前最为流行的是以下六大类。

① **硝基涂料**　硝基涂料亦称硝化纤维素涂料、腊克漆、硝基漆或 NC 涂料，系以硝化纤维素为主体，配合其他合成树脂（如醇酸树脂、松香树脂等）、颜色填料、增塑剂、助剂、溶剂或助溶剂、稀释剂调制而成。硝化纤维素（亦称硝化棉）是以木棉屑、纸浆、棉毛短纤维等纤维素为原料，浸于硝酸、硫酸混合液中，经硝化制成，外观呈白纤维状，不溶于水，但可溶于酮类、酯类等有机溶剂中。制得的涂膜坚硬，光亮、耐久，具有较好的抗潮和耐腐蚀等性能，但涂膜易脆、附着力较差，不耐紫外线，故一般不能单独作为涂料主要成膜物质。

硝基涂料具有一系列优异的理化性能，但同时也存在许多不足，其主要性能特征如下：

表干迅速　硝基涂料属于挥发型涂料，依靠溶剂挥发来使涂层固化成膜，在常温条件下仅需 10～15min 即可表干，因而使得两次涂饰之间的时间大大缩短。

涂膜损伤易修复　硝基涂料属于可逆性涂料，即完全固化的涂膜仍能被原溶剂溶解，因此当漆膜受到损伤时极易修复到和原来基本一致，看不出修补痕迹。

涂膜装饰性能优良　涂膜色浅、透明度高、坚硬耐磨，具有优异的装饰性，有较好的机械强度、一定的耐水性和耐腐蚀性，故广泛应用于高级家具、高级乐器、工艺品等的涂装。

硝基涂料使用极为方便，可刷涂，亦可喷涂、淋涂、浸涂、辊涂，且涂料可使用时间较长，不易变质报废，隔日可继续使用，便于保管。当然硝基涂料也存在许多不足，涂膜耐热、耐寒、耐光、耐碱性较差，在使用过程中较易损伤，涂料本身固体成分低，大量有害气体挥发污染环境，这些不

表 1-1　常用木用涂料性能特点

品种	施工配比（质量比）	施工固含量（%）	可使用时间	指压干时间	打磨性	施工性	主要施工方式	主要用途	涂料气味	丰满度	附着力	硬度	耐溶剂性	耐热性	施工安全性	环保性	涂料单价
NC	漆料：稀料 1:(1~1.5)	15~30	不限制	约1h	②	②	浸涂、喷涂、辊涂、淋涂	底、面	③	⑤	③	B~H	⑤	④	②	⑤	低
PU	漆料：固化剂：稀料 封闭底[2:1:(2~4)] 底漆[2:1:(0.5~2)] 面漆[2:1:(0.5~1.6)]	40~70	4~8h	约4h	②	②	喷涂、底漆、辊涂、淋涂	底、面	③	②	②	HB~2H	②	③	③	③	中
UPE	漆料：白水：蓝水：稀料 100:1:1:(20~30)	70~100	30min以内	约4h	③	③	手工喷涂、淋涂	底	④	②	②	H~3H	②	②	③	②	中
UV	漆料：稀料 1:(0.3~0.5)	70~100	有效期内不限制	约30s	③	③	辊涂UV底、喷PU面；辊涂UV底、淋涂UV底；喷涂UV底、喷涂UV面	底、面	④	②	③	≥2H	②	①	③	②	高
AC	漆料：酸 1:0.2	30~50	24h	1.5h	②	③	喷涂	底、面	④	③	②	H	③	②	③	③	中
W	漆料：稀料 1:(0.2~0.4)	15~35	不限制	4~5h	③	③	擦涂、刷涂、浸涂、喷涂	底、面	①	⑤	③	B~HB	⑤	⑤	①	①	高

注：①表示非常好；②表示很好；③表示好；④表示一般；⑤表示差。

利因素会制约其进一步发展。在家具领域其主要用于美式涂装，另外硝基涂料在家装领域中是一个主要应用品种。

② 聚氨酯涂料　聚氨酯涂料是聚氨基甲酸酯树脂涂料，亦称 PU 涂料。目前我国市场上木制家具用得最多的是双组分聚氨酯涂料，其基本原理是通过异氰酸酯与羟基发生化学交联反应成膜。市面上供应的双组分聚氨酯涂料一般分为主剂、固化剂及稀释剂，主剂含有羟基树脂，固化剂是聚氨酯树脂，含有异氰酸酯基团，主剂和固化剂按一定的配比混合，再加入适量的稀释剂调整施工黏度，即可进行施工。

由于聚氨酯涂料干燥时发生化学反应，因而具有许多挥发性涂料无法相比的优良性能。一是对各种基材表面有优良的附着力，漆膜坚韧，硬度高，有相当高的柔韧性，因而具有极高的耐摩擦和抗冲击性。二是漆膜固化后不会被溶剂再溶解，耐化学药品、耐污染性极好；漆膜受热不会软化，耐候性、持久性良好。三是漆膜具有良好的透明度、丰满度，保光保色性优异。当然与硝基涂料相比，聚氨酯涂料的干膜质量受施工环境和施工条件影响非常大，主要表现在：主剂和固化剂之间配比有严格要求，如果配比不当会影响最终漆膜性能；喷涂过程中极易起泡；使用芳香族固化剂时，干膜易泛黄；重涂时要注意层间间隔时间，重涂前要打磨，否则会影响涂层附着力；另外，其中的游离异氰酸酯有毒，一定程度上影响施工人员身体健康，并污染涂装环境。

③ 不饱和聚酯涂料　不饱和聚酯涂料亦称 UPE 涂料，在此介绍的以气干型不饱和聚酯为主要成膜物质的涂料，综合理化性能优异。它属于无溶剂涂料，这是由于该漆中所用溶剂是不饱和单体（如苯乙烯），后者既能作为溶剂溶解不饱和聚酯，作为稀释剂起到调整稠度的作用，又能在涂装过程中作为活性稀释剂参与不饱和聚酯反应，固化成膜，所以 UPE 一次可成厚膜，涂膜固体分高，特别适合作底漆，使面漆表现出高丰满度，这些优点使 UPE 漆在近年来获得较大发展。

不饱和聚酯涂料，属于多组分涂料，市售 UPE 涂料包括主剂（不饱和聚酯为主）、引发剂（俗称白水）、促进剂（俗称蓝水）及稀释剂。主剂一般是含有一定数量的不饱和二元酸的聚酯与某一单体（如苯乙烯、丙烯酸酯）的混合物；白水通常是指各种过氧化物和过氧化氢化合物溶液，它们能够分解生成自由基；蓝水的种类也很多，通常是一些环烷酸盐等。不饱和聚酯涂料固化的基本原理是引发剂先分解生成自由基，引发树脂中的双键发生自由基反应使漆膜交联固化。促进剂的作用是加速引发剂的分解，使反应能在常温下快速进行。木用不饱和聚酯涂料具有许多优异的性能，如不含挥发性溶剂，不释放有毒有害气体，不污染环境；一次施工可获得较厚涂膜；可常温干燥；漆膜丰满度好，坚硬，光泽高。不饱和聚酯涂料的缺点是现场施工操作要求较高，蓝水和白水要分开存放并按要求使用，否则易引起爆炸和火灾；涂膜一般较脆，易开裂；对底层处理要求严格，否则影响附着力；调好漆后活化期短、可操作时间短。

④ 紫外光固化涂料　紫外光固化涂料亦称 UV 涂料，是通过紫外线照射漆膜引起化学反应，从而使漆膜快速干燥的一种自由基固化涂料。UV 涂料主要成膜物质有不饱和聚酯树脂、丙烯酸环氧树脂、丙烯酸聚氨基甲酸酯树脂等，另添加一定量的光引发剂、阻聚剂、助剂、低黏度的活性单体稀释剂、体质颜料等混合而成。

以往传统涂料含有大量的有机溶剂，这些溶剂在干燥过程中都要挥发掉，造成空气污染，而且 PU 漆膜干燥硬化需花费很多时间及能源。UV 涂料不存在这个问题，高固成分近 100%，一次可得高厚度漆膜，含有机溶剂极少，环境污染低；干燥迅速，便于大批量生产，且涂料使用时浪费极低，涂装作业空间场所减少；漆膜硬度高，具优良的耐溶剂性、耐药品性、耐磨耗性等。UV 涂料亦存在以下缺点：一是在着色时需慎选着色剂，避免紫外光照射产生褪色及涂料变黄情形；二是一般只适应大平面底材的涂装；三是重涂漆膜层间需充分打磨，否则上涂层会产生附着不良的情况；四是涂料对人体有刺激，紫外光也会影响人体健康；五是设备投入多，耗能大，每条线耗能约 400kW · h。

⑤ 酸固化涂料　酸固化涂料简称 AC 涂料，一般用氨基树脂与醇酸树脂混合而成主漆，使用时加入有机酸（如对甲苯磺酸）为触媒（催化剂），使其能在室温下反应，干燥成膜。酸固化涂料具有一系列优异理化性能，其涂膜经修整后平滑丰满，透明度和光泽度高，硬度高，坚韧耐磨，附着力强，机械强度高，并有一定的耐热、耐寒、耐水、耐油、耐化学品性能。酸固化涂料用于木用涂装，相对而言国外用得较为普遍。其缺点是涂料中含有游离甲醛，味道相当难闻，会刺激作业者眼鼻；涂料具酸性，易腐蚀金属底材。

⑥ 水性涂料　水性涂料（W）是指以水为溶剂或分散介质的涂料，一般分为水乳型和水溶性两大类，其中水乳型使用较为广泛。水乳型主要品种有聚氨酯分散体（PUD）、纯丙烯酸乳液（PA）、丙烯酸-聚氨酯改性乳液（PUA）等，包装形式分为单组分、双组分。目前水性木用涂料使用的树脂主要有水性醇酸、丙烯酸乳液或分散体、水性聚氨酯分散体、水性丙烯酸聚氨酯分散体、双组分水性聚氨酯分散体等，配漆时用上述树脂配合水、增稠剂、添加剂调制而成。水性涂料具有调漆方便、使用时间长、易修补、基本安全无毒、漆膜柔韧性和附着力较好等优点。特别是随着各国环保法规对 VOC（挥发性有机物）的限制及人们环保和健康意识的增强，溶剂型涂料受到前所未有的挑战，水性涂料日益受到重视。当然水性涂料固含量偏低，一次无法得到高厚膜的涂装，漆膜在耐溶剂性、耐药品性、耐热性、硬度及手感方面与 NC、PU 相比有一定差异，涂料单价亦偏高。但水性涂料与 UPE、UV 一样是中国涂料发展的大方向，是直接关系到我国环保工作及涂料发展的战略选择。

水性涂料成膜机理与溶剂性涂料在原理上是一致的，与涂料所选择的树脂体系密切相关，同样有挥发干燥、交联固化、加热固化、UV 固化等，但因为水性涂料中的特殊溶剂"水"的存在，使得其固化机理变得更复杂一些。如水性双组分聚氨酯涂料，在其成膜过程中包括可挥发物（溶剂、水）的挥发、多元醇和多异氰酸酯粒子的共凝结、多异氰酸酯和水的反应、多元醇和多异氰酸酯的反应等，这些反应将会伴随涂料干燥的整个过程。

3. 涂装方法

木制品涂装质量不仅与涂料的质量有关，而且与涂装方法关系很大，涂装方法的正确选择直接影响涂装质量和效率。选择涂装方法应考虑涂料性能、基材状况、生产形式和涂装质量等因素。此外，还应考虑所选用方法的涂装质量、涂装效率、设备的复杂程度、操作维护是否方便、涂装方法对涂料及被涂装表面的适应性和安全卫生条件等。木制品的涂装方法很多，但基本上分为手工涂装和机械涂装两大类。

（1）手工涂装

手工涂装是使用刷子、棉团、刮刀等手工工具将涂料涂装在木制品或木质零部件上的一种传统涂装方法，其特点是工具比较简单，方法灵活方便，能适应不同形状、大小的涂装对象，依靠熟练的操作技巧，能获得良好的涂装质量，至今在一些中、小型企业中仍有一定应用。但手工涂装劳动强度大，生产效率低，施工环境与卫生条件差。手工涂装根据所用的工具不同，分为刷涂法、刮涂法和擦涂法。

① 刷涂　刷涂法就是使用各种刷子蘸漆，在被涂装表面形成漆膜的方法，是最普遍的涂装方法。刷涂法工具简单，使用方便，可涂装任何形状的表面，除少数流平性差、固化太快的涂料不宜用刷涂法外，大部分涂料都能够刷涂。刷涂法的缺点是体力劳动强度大，效率低，涂装质量不稳定，且在很大程度上取决于操作者的技术、经验与态度。

刷具种类很多，按形状分为扁形的、圆形的、歪把形等。按照制造的材料可分为硬毛刷和软毛刷，前者常用猪鬃、马毛制作，后者常用羊毛、狼毫或獾毛制作。市场上通常出售的有扁鬃刷、圆刷、板刷、歪脖刷、羊毛排笔、底纹笔和天然漆刷等，如图 1-4 所示。木器涂装用得最多的是扁鬃刷、羊毛排笔和羊毛板刷。

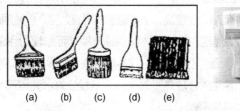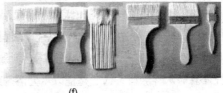

(a)　(b)　(c)　(d)　(e)　　(f)

图 1-4　几种常用刷涂工具

（a）扁鬃刷　（b）歪脖刷　（c）圆鬃刷　（d）底纹笔　（e）排笔　（f）羊毛板刷

扁鬃刷的刷毛弹性与强度比排笔大，因此多用来涂刷黏度大的涂料，如酚醛漆、调和漆、油性漆等。但各色油漆应用不同的刷子，以免影响色调。

排笔是用细竹管和羊毛制成。每排有 4~20 管，一般是根据被涂装表面的宽度决定，8~16 管的应用较多。排笔刷毛软且有弹性，适于涂装黏度低的涂料，因此广泛用于涂刷水色、虫胶漆、酒色、硝基漆、聚酯漆、聚氨酯漆、丙烯酸漆等。羊毛板刷选用羊毛制成，同羊毛排笔一样广泛使用。

② 刮涂　刮涂就是采用金属或非金属的刮刀，将黏稠涂料进行厚膜涂装的一种方法，一般用来刮泥子和填孔剂，涂布大漆、油性清漆、硝基清漆等。刮涂操作是油漆工的一个重要的基本功，特别是在木制家具涂装工艺中，无论采用哪种涂装方法，都离不开刮涂操作。它决定着底材物面的平整、光洁与否，并且关系到打磨用的时间，也影响各涂层的质量。

各种白坯的表面通常都有凹陷、气孔、裂缝、钉眼、擦伤以及其他凹凸不平的缺陷。常借助泥子来填满和嵌平。但应该指出，泥子层本身不能提高整个涂层的保护性能，如果刮得过厚还会使整个涂层的力学性能和保护性能下降。因此，被涂物件的表面缺陷，尽可能通过砂磨、打平、刨光、清理等手段来提前消除。

刮涂使用的工具有嵌刀、铲刀、牛角刮刀、橡皮刮刀和钢板刮刀等多种，如图1-5所示。

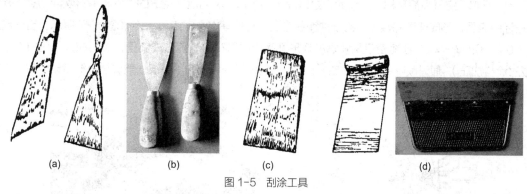

图 1-5　刮涂工具

（a）牛角刮刀　（b）铲刀　（c）橡皮刮刀　（d）钢板刮刀

嵌刀又称脚刀，是一种两端有刀刃的钢刀，一端为斜口，另一端为平口。嵌刀用于把泥子嵌补在木材表面的钉眼、虫眼、缝隙等处。

铲刀又称油灰刀、泥子刀，是由钢板镶在木柄内构成，规格有1寸*、2寸以至4寸等多种，用于刮涂小件家具或大表面家具。

牛角刮刀又称牛角翘，由牛角或羊角制成，其特点是韧性好，刮泥子时不会在木材表面留下刮痕。小规格的牛角刮刀刀口宽度在4cm以下，中等的为4~10cm，刀口在10cm以上的为大刮刀。选用时以有一定透明度、纹理清晰、板面平整、刀口平齐、上厚下薄为好。

橡皮刮刀是用耐油、耐溶剂性能好、胶质细、含胶量大的橡皮，夹在较硬的木柄内制成。多为操作者自制。可先在木柄端部锯开一条与橡皮板厚相应的槽，然后再用生漆或硝基漆将橡皮板粘接在槽内。通常要根据被刮涂表面的大小准备好几种规格的橡皮刮刀。

钢板刮刀是用弹性好的薄钢板或轻质铝合金板镶嵌在木柄内制成，其刀口圆钝，常用于刮涂泥子。

刮涂操作主要有两种：局部嵌补与全面满刮。前者是对木材表面上如虫眼、钉眼、裂缝等局部缺陷用泥子补平；后者是用填孔着色剂或填平漆全面刮涂在整个表面上。

局部嵌补的目的是将木材表面上的局部洞眼或逆碴补平。嵌补时泥子不可挑的过多，嵌补部位周围不能有多余的泥子，不应将嵌补部位扩大。考虑到泥子干燥后的收缩，可以将缺陷部位补得略高于周围表面。

全面满刮就是刮涂整个木材表面。虽然如此，透明涂装工艺中粗孔材表面的填孔工序和不透明涂装工艺对木材表面进行底层全面填平工序的目的和要求是各不相同的，前者是用填孔剂填满木材表面被切割的管孔，表面上下不允许浮有多余的填孔剂，后者则要求在整个表面铺垫上薄层的填平漆。

③ 擦涂　擦涂法也称揩涂或拖涂法，是用棉球蘸取低浓度挥发性漆，多次擦涂表面形成漆膜的方法。这种方法只适用于低浓度挥发性漆（如固体含量为10%左右的虫胶漆、硝基漆等）。此法操作繁琐，

---

*　1寸≈33.33mm。

但可获得韧性好、表面平整光滑、木材纹理清晰、花纹图案极富立体感且极具装饰性的透明漆膜，同时木材表面的各种缺陷如斑点、条痕等微小的擦伤等也会明显地暴露出来。所以擦涂法所要求的木材表面应是比较完美的。中高级木制品用此法涂装硝基清漆，曾有相当长的历史，在过去曾是主要的涂装方法。目前内销家具应用较少，部分出口家具应用较多。

（2）空气喷涂

① 原理　空气喷涂又称气压喷涂，是以喷枪为工具，利用压缩空气的气流将涂料吹散、雾化并喷在被涂装表面，形成连续完整涂层的一种涂装方法。它的基本原理如图1-6和图1-7所示。当一定压力（0.2～0.4MPa）的压缩空气从喷嘴的环形孔喷出时，在喷嘴前形成负压，涂料在大气压力作用下（或对涂料加压），通过喷嘴中心孔道被抽出，涂料与压缩空气相会后，被分散成微小的涂料颗粒，在被涂装表面上形成漆膜。

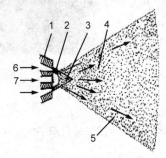

图1-6　环状喷嘴喷枪

1. 喷头　2. 负压区　3. 剩余压力区　4. 喷涂区
5. 雾化区　6. 压缩空气　7. 涂料

图1-7　扇形漆雾

② 特点　空气喷涂的优点是：a. 可喷涂的涂料范围广，既可喷涂慢干的油性漆，也可以喷涂快干的硝基漆、丙烯酸漆，对低黏度的染色剂也能喷涂。b. 生产效率高，喷涂比手工涂装快8～10倍，每小时涂装面积可达150～200m^2，对大型工件的效率更为显著；可以实现机械化、自动化（意大利SUPERFICI公司生产的自动往复式喷涂机）、智能化机器人涂装。c. 涂装质量高，喷涂时涂料被雾化成极细的微粒，所以漆膜细致，装饰性好。d. 适应性强，应用广泛，既能喷涂未组装的零部件，也能喷涂组装好的整体制品；对于制品上的倾斜凹凸及曲线部位的涂装比较方便；对于零部件的较隐蔽部件（如缝隙、凹凸），也可均匀地喷涂；在喷涂较大的零部件或产品（如组装后的美式家具）时，更能显示其高效率的涂装优势。

空气喷涂的缺点是：a. 涂料利用率低，所有雾化的涂料不能完全落到被涂装表面上。b. 一次喷涂的漆膜厚度有限，需多次喷涂才能达到一定厚度。c. 涂料和溶剂污染环境，需要通风排气装置。

4. 木材家具涂装技术标准

QB/T 3657.1—1999《木家具涂饰工艺　聚氨酯清漆涂饰工艺规范》和 QB/T 3657.2—1999《木家具涂饰工艺　醇酸清漆、酚醛清漆涂饰工艺规范》适用于木器家具表面涂饰，特殊用途的木器家具涂漆不受此限。

（1）涂饰分级

按产品的材料和加工工艺不同，涂饰分为普级、中级、高级。

① 普级涂层　表面为原光（即不抛光）。

② 中级涂层　正视涂面层表面抛光或亚光，侧视面涂层表面为原光。

③ 高级涂层　表面为全抛光或填孔型弧光。

（2）涂饰材料

① 普级产品　使用的涂料有酚醛、醇酸、油脂、天然树脂漆等木器油漆工类等性能较好的涂料。

② 中级产品　正视面使用的涂料同高级，侧视面同普级。

③ 高级产品　使用的涂料有聚氨酯、聚酯、丙烯酸、硝基、天然树脂漆类等性能较好的涂料。

上述涂料的质量，必须符合涂料产品标准的有关规定，稀释剂应根据涂料中成膜物质的性质配套使用。

④ 其他新涂料　漆膜性能必须达到或超过标准规定的质量指标。

（3）技术要求

① 涂饰前产品表面的预处理　产品的涂饰部位，应除去油脂（松脂、矿物油）、蜡质、盐分、碱质及其他污染残迹。涂饰前的产品表面应平整、光滑，棱角等都应完整无缺，无刷痕和砂眼。高级产品涂饰前应除去木毛。

② 涂层外观要求　古铜色除图案要求不同外，其余要求均同表 1-2 规定。填孔型亚光涂层除光泽要求不同外，其余要求同表 1-3、表 1-4 规定。不透明涂层除不显木纹外，其余要求同表 1-2～表 1-4 规定。

表 1-2　普通产品涂层外观

项　目	技术要求
色泽涂层	①颜色基本均匀，允许有轻微木纹模糊；②成批配套产品，颜色基本接近；③凡着色部位，粗看时（距离 1m），允许有不明显的流挂、色花、过楞、白楞、白点等缺陷
透明涂层	①涂层表面手感光滑，有均匀光泽，漆膜实干后允许有木孔沉陷；②漆膜表面允许有不明显粒子和微小不平整度及不影响使用性能的缺陷，但不得有漆膜发黏、明显流挂、附有刷毛等缺陷
不涂饰部位	允许有不影响美观的漆迹、污迹

表 1-3　中级产品涂层外观

项　目	技术要求
色泽涂层	①颜色较鲜艳，木纹清晰，与样板相似；②整件产品或配套产品色泽相似；③分色处色线整齐；④凡着色部位不得有流挂、色花、过楞，不应有目视可见的白楞、白点、积粉、杂渣等缺陷；⑤内表着色与外表着色接近
透明涂层	①正视面须抛光的涂层，表面应平整、光滑，漆膜实干后无明显木孔沉陷；②侧面不抛光的涂层表面，手感光滑，无明显粒子，漆膜实干后允许有木孔沉陷；③涂膜表面应无流挂、缩孔、鼓泡、刷毛、皱皮、漏漆、发黏等缺陷，允许有微小涨边和不平整度
正饰面抛光	①涂层平坦，具有镜面般的光泽；②涂层表面目视应无明显加工痕迹、细条纹、划痕、雾光、白楞、白点、鼓泡、油白等缺陷
不涂饰部位	要保持清洁

表 1-4　高级产品涂层外观

项　目	技术要求
色泽涂层	①颜色鲜明，木纹清晰，与样板基本一致；②整件产品或配套产品色泽一致；③分色处色线必须整齐一致；④凡着色部位，目视不得有着色缺陷，如积粉、色花、刷毛、过楞、杂渣、白楞、白点、不平整度和修色的色差等缺陷；⑤内部着色与外部着色要相似
透明涂层	①涂层表面平整、光滑，漆膜实干后不得有木孔沉陷；②涂层表面不得有流挂、缩孔、涨边、鼓泡、皱皮，线角处与平面基本相似，无积漆和磨伤等缺陷

项　目	技术要求
表面全抛光	①涂层平坦，具有镜面般光泽；②涂层表面不得有目视可见的加工痕迹、细条纹、划痕、雾光、白楞、白点、鼓泡、油白等缺陷
不涂饰部位	要保持清洁，边缘漆线整齐

③ 涂饰样板要求　涂饰样板必须定期更换。

④ 漆膜的理化性能　见表 1-5。

表 1-5　漆膜的理化性能要求

项　目	普级	中级	高级
耐　温	85℃、15min 漆膜无变色、无鼓泡，无连续圈痕或明显的间断圈痕，允许轻微失光	80℃、15min 漆膜无变色、无鼓泡，无连续圈痕，无明显间断圈痕，允许轻微失光	
耐　水	80h 漆膜无变色、无鼓泡，允许轻微失光		
耐　酸	12h 漆膜无变色、无鼓泡，允许轻微失光		
耐　碱	4h 漆膜无变色、无鼓泡，允许轻微失光	6h 漆膜无变色、无鼓泡，允许轻微失光	
光　泽	80%以上	85%以上	90%以上
附着力	80%以上漆膜不脱落	90%以上漆膜不脱落	
冷热温差	3 周漆膜无裂纹、无鼓泡、无脱落，允许轻微变色	6 周漆膜无变色、无鼓泡、无脱落，允许轻微变色	
耐磨性（质量为 1000g）	400r 不露白	2000r 不露白	4000r 不露白

注：① 轻微失光，指光泽比试验前减少 5%～10%。
　　② 理化性能中耐温、耐水、耐酸、耐碱、耐磨性，系指家具表面部位要求。
　　③ 硝基清漆的耐温性可比表 1-5 中规定降低 10℃。

任务实施

1．来样识别

分析讨论来样涂装效果，小组选择其中一种实色涂装效果，确定涂装质量等级、基材种类、表面色彩、涂料种类、设计风格等，如图 1-8 所示实色涂装效果。

2．材料、工具及设备的选用

根据市场或客户需求，结合家具基材种类、涂装效果、涂装成本、施工条件、环保要求等，讨论分析如何合理选用涂料、涂装方法、涂装工具等问题。

3．填写任务工单，设计工艺方案

设计工艺方案要明确施工工序、各工序所需材料、施工方法及施工注意事项。任务工单见附录。

为保证在木质板材表面上形成一定质量要求的漆膜，做到优质、低耗、高效，在家具涂饰前必须进行涂装设计，拟定涂装工艺，包括确定漆膜的质量指标，涂料品种选择，涂装工序先后程序的制定，涂

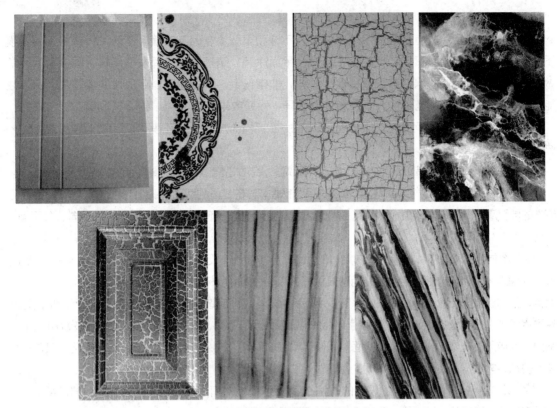

图 1-8　实色涂装效果（附彩图）

装方法、涂装工艺参数（涂漆量、涂料黏度）等的确定，固化方式以及成本水平定位等。可见，涂装工艺涉及到涂料、基材、家具尺寸形状、涂装设备、操作人员的技术水平等。

（1）从涂装效果出发拟定涂装工艺

涂膜装饰效果可以从以下几个方面衡量：

① 透明性　可分为透明涂装，不透明涂装。

② 光泽　可分为亮光、半亚光（包括蛋壳光、丝绸光）、亚光（多用于美式仿古家具）。

③ 导管槽显露程度　可分为闭孔（封闭式）、开孔（开放式）、半显孔。

④ 漆膜厚度　可分为厚漆膜（大于 1mm）、中等厚度（数十微米至 1mm）、薄漆膜（外观似未经涂装）。

以上诸因素组合，可以形成丰富多样、装饰不同的漆膜，例如实色亚光（亮光、半亚光）涂装。

（2）充分考虑基材的特点

板式部件通常在其表面贴装饰纸或薄木。拟定装饰工艺时必须考虑人造板的特点。对出现的基材缺陷，在基材处理时该如何操作，参照任务 1.2 基材处理部分。

基材特点如下：

① 刨花板或纤维板存在厚度偏差；

② 纤维板石蜡易浮在纤维板表面，影响表面的胶合性能；

③ 刨花板、纤维板在热压过程中，其表面形成预固化层；

④ 刨花板表面的最大不平度在 160～210μm，很难满足贴面时工艺的要求。

（3）涂料种类与选择

现在家具常用涂料有聚氨酯漆、木蜡油、不饱和聚酯漆、硝基漆等。不同涂料漆施工后漆膜质量是有很大区别的。不饱和聚酯漆主要适合平面涂装。硝基漆属于挥发型涂料，固含量低，常做底漆使用。木蜡油、水性漆属于环保型涂料，非常畅销，木蜡油干燥后形成的漆膜薄，保护性能较差。聚氨酯漆应用范围广，干漆膜性能优异，涂装效果好。

选择使用涂料，必须考虑它的装饰性、保护性、工艺操作方法、出厂日期和适用时间等因素。此外，选择时还应遵循以下原则：

① 考虑涂装目的　装饰高档家具，需选用丙烯酸涂料、聚氨酯涂料、聚酯涂料等装饰性好的涂料。

② 考虑涂装物的材质　涂装钢铁表面选择防锈性较好的红丹防锈漆、铁红防锈漆等，水泥面上用耐碱性的乳胶漆、106 涂料或过氯乙烯漆。建筑物或大型金属器械上不能用烘干型涂料，必须用能自然干燥的涂料。

③ 涂饰物所处的环境选择　室内用具的涂装，要求装饰美观、耐磨、耐洗涤，耐候性可不必苛求，可选择酯胶漆、酚醛树脂涂料。室外用耐候性好的涂料，如醇酸树脂磁漆、丙烯酸树脂涂料、氨基树脂涂料、脂肪族聚氨酯涂料等。地下或水下多用沥青涂料，墙面应选择防水性能好的涂料，而厨房的墙面除耐水汽外，还需选择耐油、耐煤气污染的涂料。各种运输工具、农业机械应选择耐候性较好的涂料。室内墙面应用无光漆、乳胶漆，外墙面则需要用耐晒、耐老化的涂料。工厂的化工车间受化学气体和酸碱的侵蚀，需根据具体情况选择不同的防腐蚀涂料。

④ 施工条件的选择　无喷涂设备的，就不宜选用挥发性快干的涂料，如硝基漆和过氯乙烯漆等。无烘房的或涂饰物体体积太大，不宜选择环氧酚醛等烘干型涂料。

⑤ 涂料的配套性选择　配套性包括两个方面：一是基材和涂料（特别是底漆）之间的配套性；二是各层涂料之间的配套性。首先是底、面漆的配套，面漆不能咬起（溶解）底漆，面漆和底漆应有很好的结合力。附着力差的面漆，如过氯乙烯漆、硝基漆，要选择附着力强的底漆，如醇酸底漆、环氧底漆等。如果底、面漆性能很好，但两者层间结合不好，应选择将两者牢固连接的中间层涂料。注意底漆、泥子、面漆、清漆及各种辅助材料的配套性，一般选择同类型溶剂和稀释剂的油漆。

封闭底漆主要考虑防止涂料被基材吸收，封锁基材的油分、水分，以免影响附着力，防止漆膜下陷。封闭底漆黏度较低，对基材有良好的渗透性，故一般选择 NC 体系与 PU 体系，尤其是 PU 体系使用最为广泛。

（4）施工设备和环境

涂装可分手工涂装和机械涂装。机械涂装有喷、淋、辊等，喷涂又有气压喷涂、静电喷涂和高压无气喷涂等，喷枪的性能也有很大的差异；淋涂、辊涂适宜于平面板件大量涂装，辊涂可以获得 $10\mu m$ 厚的涂层，而淋涂可以形成 $30\mu m$ 以上的涂层。喷涂灵活性大，可以适合各种形状、尺寸的涂饰件。目前喷涂应用最普遍。

（5）根据经济效益选择

选择涂料应从节约的原则出发，进行降级核算时要将材料费用、表面处理费用、涂膜使用寿命及维修费用等综合估算，选择经济效益最佳方案。应当注意，涂料价格的高低，不能完全反映其耐久性和适用性上的差别。

■ 归纳总结

成果评价见表 1-6。

表 1-6　成果评价表

评价类型	项　目	分值	技术要求	评分细则	组内自评（40%）	组间互评（30%）	教师点评（30%）
过程性评价（70%）	案例（来样）分析能力	20	设计为客户服务，设计内容符合来样要求；明确所用工具、材料及相关施工方法；提出相关安全操作规程	正确提出涂装效果、质量等级和设计要求；0～10 提出所用工具、材料及相关施工方法；0～5 列举相关安全操作规程；0～5			
	方案设计能力	20	设计合理；符合规程	设计符合功能性、艺术性、文化性、科学性、经济性；0～10 满足客户（市场）需求；0～5 符合实际操作规程，能结合实际环境、设备等，工艺步骤连贯；0～5			
	自我学习能力	10	预习程度；知识掌握程度；代表发言	预习下发任务，对学习内容熟悉；0～3 针对预习内容能利用网络等资源查阅资料；0～3 积极主动代表小组发言；0～4			
	工作态度	10	遵守纪律；态度积极或被动；占主导地位与配合程度	遵守纪律，能约束自己、管理他人；0～3 积极或被动地完成任务；0～5 在小组工作中与组员的配合程度；0～2			
	团队合作	10	团队合作意识；组内与组间合作，沟通交流；协作共事，合作愉快；目标统一，进展顺利	团队合作意识，保守团队成果；0～2 组内与组间与人交流；0～3 协作共事，合作愉快；0～3 目标统一，进展顺利；0～2			
终结性评价（30%）	方案的创新性	10	较其他方案在某方面（工艺、成本、环保、管理等）有改进	工艺流程复杂程度；0～3 成本节约；0～3 操作管理；0～4			
	方案的可行性	10	符合总体设计要求；符合实际操作规程	符合总体设计要求；0～3 能结合实际环境、设备等，使方案可行；0～3 工艺步骤连贯；0～2 操作难易程度适中；0～2			
	方案的完成度	10	在规定时间内有效完成方案与任务工单的程度	尽职尽责；0～3 顾全大局；0～3 按时完成任务；0～4			
评价评语	班级：		姓名：	第　　组			
	教师评语：		总评分：				

■ **拓展提高**

1. 涂料的分类

世界各国对涂料的分类很不一致，有各种各样的分类方法，大致可概括为标准分类与习惯分类两种。

（1）标准分类

GB/T 2705—2003《涂料产品分类和命名》规定：常规涂料的分类是以涂料组成中的成膜物质来划分的，若成膜物质由两种以上的树脂混合而成，则按在漆膜中起主要作用的一种树脂为基础作为分类依据，见表 1-7 所列。第 1～16 类漆都以油或树脂为主要成膜物质，如植物油、酚醛树

表 1-7 涂料分类

序　号	代　号	涂料类别	成膜物质类型	主要成膜物质
1	Y	油脂漆类	油脂	天然植物油、动物油（脂）、合成油
2	T	天然树脂漆类	天然树脂	松香、虫胶、乳酪素、动物胶、大漆及其衍生物
3	F	酚醛漆类	酚醛树脂	酚醛树脂、改性酚醛树脂
4	L	沥青漆类	沥青	天然沥青、（煤）焦油沥青、石油沥青
5	C	醇酸漆类	醇酸树脂	甘油醇酸树脂、其他醇类醇酸树脂、改性醇酸树脂
6	A	氨基漆类	氨基树脂	三聚氰胺甲醛树脂、脲醛树脂等
7	Q	硝基漆类	硝基纤维素（酯）	硝酸纤维素（酯）等
8	M	纤维素漆类	纤维素酯、纤维素醚	乙酸纤维素酯、乙基纤维素、甲基纤维素等
9	G	过氯乙烯漆类	过氯乙烯树脂	过氯乙烯树脂等
10	X	烯树脂漆类	烯类树脂	氯乙烯共聚树脂、聚乙酸乙烯及共聚物、聚乙烯醇缩醛树脂、含氟树脂、氯化聚丙烯树脂、石油树脂等
11	B	丙烯酸漆类	丙烯酸树脂	热塑性丙烯酸树脂、热固性丙烯酸树脂
12	Z	聚酯漆类	聚酯树脂	饱和聚酯树脂、不饱和聚酯树脂
13	H	环氧漆类	环氧树脂	环氧树脂、环氧酯、改性环氧树脂等
14	S	聚氨酯涂料类	聚氨酯树脂	聚氨（基甲酸）酯树脂等
15	W	元素有机漆类	元素有机聚合物	有机硅树脂、有机钛树脂、有机铝树脂等
16	J	橡胶漆类	橡胶	氯化橡胶、氯丁橡胶、丁苯橡胶、氯磺化聚乙烯橡胶等
17	E	其他漆类	其他	以上无法包括的成膜物质，如无机高分子材料、聚酰亚胺树脂、二甲苯树脂等

脂、脲醛树脂、环氧树脂等。此外也有少数涂料的成膜物质既不是油，也不是树脂，这些涂料归入"其他漆类"。

（2）习惯分类

将涂料按成膜物质分成 17 大类，是我国统一的分类方法，在涂料制造与涂料装饰施工中都必须遵循。但学习涂料知识，还应该了解其他的分类方法。长期以来人们还习惯按涂料组成、性能、用途、施工、固化机理、成膜顺序等来划分漆类与进行命名，这些习惯分类与命名虽不够准确，但也具有特点，下面分别介绍。

① 按溶剂的特性分类　按溶剂的特性分为溶剂型漆、无溶剂型漆、水性涂料等。

溶剂型漆　涂料组成中含有大量有机溶剂（PU 中含有 50% 以上，NC 涂装时含 80% 以上），涂装后需从涂层中全部挥发出来的漆类。因为其对环境会造成污染，国家相继制定和颁布了有关标准和法规，其中对室内装饰内墙涂料和溶剂型木器涂料中有害物质作了明确限制，这对涂料向绿色、环保方向发展将会起到重要的推动作用。

无溶剂型漆　涂装后成膜过程中基本没有溶剂挥发出来的漆类，如 PE 组成中的溶剂苯乙烯在成膜时与成膜物质不饱和聚酯发生共聚反应，共同成膜而不挥发，其固体含量接近 100%。

水性涂料　泛指主要以水作溶剂或分散剂的漆类，其特点是无毒无味，安全卫生，节省有机溶剂。

② 按施工功能分类　按施工功能可分为泥子、填孔剂、着色剂、头度底漆、二度底漆、面漆等。

泥子　是木材涂装过程中专用于腻平木材表面局部缺陷（如裂缝、钉眼等）的较稠厚的涂料，或用于全面填平的略稀薄的涂料，二者均含有大量的体质颜料，过去多由油工自行调配，现已有市售，也称为透明泥子或填充剂等。

着色剂　专用于底着色（木材着色）与面着色（涂层着色）的材料，主要由染料、颜料等着色材料用溶剂或水、油类以及树脂漆等调配成便于擦或喷的材料。

头度底漆（封闭底漆）　专用于下涂（头遍底漆），主要起封闭作用，可防止木材吸湿、解吸与变形，防止木材的内含物的渗出，可改善整个涂层的附着力，有利于均匀着色和去木毛等。头度底漆不含粉剂，固体含量与黏度都比较低，有利于渗入木材，涂料市场俗称底得宝或封底宝等。NC与PU漆用得多，以后者效果更好。

二度底漆　是整个涂装过程中的打底材料。在涂面漆前一般涂2~3遍二度底漆以构成漆膜的主体，二度底漆中含有部分填料（滑石粉），能部分渗入管孔内起填充作用。二度底漆有NC、PU、PE类，现代木材涂装对后二者用得较多，尤其镜面涂装的厚涂层用PE底漆为好。

面漆　在整个涂装过程中用于最后1~2遍罩面的涂料，也就是木制品与外界接触的最外层漆膜所用涂料，几乎是最后决定整个制品外观质量的材料。现代木器用最多的品种为PU、NC、PE，分别有亮光、亚光以及不透明彩色面漆等。面漆应具备一系列完善的装饰保护性能，如清漆透明度、触摸光滑感、坚硬耐磨、耐热、耐水等。

③ **按透明度与颜色分类**　按透明度与颜色可分为无色透明清漆、有色透明清漆、有色不透明彩色漆（工厂称实色漆）。

无色透明清漆　涂料组成中不含颜料与染料等着色材料，涂于木材表面可形成透明涂膜，能显现和保留木材的原有花纹与颜色的漆类，如硝基清漆（NC）、聚氨酯清漆（PU）等。

有色透明清漆　在清漆组成中含有染料，能形成带有颜色的透明涂膜，可用于面着色涂装。

有色不透明彩色漆（实色漆）　涂料组成含有颜料，可形成遮盖基材的不透明涂膜，表面可呈白色、黑色、各种彩色以及闪光幻彩等各种效果，用于不透明彩色家具的涂装。

④ **按贮存组分数分类**　可分为单组分漆、双组分漆与多组分漆。

单组分漆　只有一个组分，倒出容器即可涂装，不必分装也不必按比例调配（稀释除外），如硝基漆、水性涂料与单组分PU等。

双组分漆和多组分漆　包括双组分漆、三组分漆或四组分漆，贮存时需分装，使用前需按比例将几个组分调配在一起混合均匀再涂装。如双组分聚氨酯涂料、酸固化漆、光敏漆、三组分不饱和聚酯漆、四组分不饱和聚酯漆等。

⑤ **按固化机理分类**　可分为挥发型漆、反应型漆、气干型漆、辐射固化型漆。

挥发型漆　依靠溶剂挥发而干燥成膜的漆类，如虫胶漆、硝基漆，其成膜过程中没有化学反应，所以漆膜可被原溶剂再次溶解修复。

反应型漆　指主要成膜物质之间（如聚氨酯的主剂与固化剂）或主要成膜物质与溶剂之间（如不饱和聚酯漆中的不饱和聚酯与苯乙烯）在固化过程中发生化学反应而交联固化成膜的漆类，漆膜具有优异的理化性能，并不会再次溶解。

气干型漆　指涂层需与空气中的氧气或潮气反应而固化成膜的漆类，或泛指在空气中不需加热或辐射便能自然干燥成膜的漆类，也称自干漆，如酚醛漆、醇酸漆等。

辐射固化型漆　指涂层必须经辐射才能固化成膜的漆类，如光敏漆（涂层必须经紫外线照射才能固化）。

⑥ 按光泽分类　可分为亮光漆、亚光漆，后者又分为半亚漆、全亚漆等。

亮光漆　又称高光漆、全光漆等，具有一定的漆膜厚度，固化后呈现较高的光泽。多用于木制品的亮光装饰，大多数漆类均有亮光品种。

亚光漆　指涂料组成中含有消光剂的漆类，涂在木材表面，干后具有较低的光泽或无光泽。按亚光漆的消光程度可分为半亚和全亚等。现代大多数漆类均有亚光品种，尤以 PU 居多。

⑦ **特殊效果类**　在木用涂料中，如果加入特殊效果材料（如助剂、各种粉料等），或采用特殊施工方式方法，涂料成膜后会表现出不同的涂装效果。按此可将木用涂料分为裂纹漆、浮雕漆、闪光漆、拉丝漆、仿木纹漆、仿石漆等，这些都可叫做特殊效果涂料。

⑧ **美式涂装类涂料**　仿古涂装是美式家具的一大特点，表现出了富足的美国人对历史的怀旧以及追求浪漫生活的情结，将在后面介绍。而要表现仿古效果，使用的涂料品种其原料、配方、调制、使用都与传统涂装有很大区别，因而自成体系。

2. 实色特殊涂装效果与涂装工艺

色彩与材质是家具设计的构成因素之一。"远看颜色近看画"，一件家具给人的第一印象首先是色彩，其次是形态，最后是材质。色彩与材质具有极强的表现力，在视觉、触觉上给人以心理与生理上的感受与联想。拥有美妙纹理的天然木材，结合色彩丰富的实色漆和精湛涂装工艺，可实现精致独特的装饰效果。

（1）开放效果与涂装工艺

见表 1-8（图 1-9），表 1-9（图 1-10）。

表 1-8　实色涂装开放涂装工艺（图 1-9）

序　号	工　序	材料及配比（质量比）
1	白坯打磨	240#砂纸
2	打铜刷	
3	素材修色	修白
4	封闭	PS900 封闭底漆
5	底漆	PND100
6	打磨	400#~600#砂纸
7	面漆	PN100X

图 1-9　实色涂装开放（附彩图）

表 1-9　实色涂装开放涂装工艺（图 1-10）

序　号	工　序	材料及配比（质量比）
1	白坯打磨	240#砂纸
2	打铜刷	
3	底漆	NMD2010
4	打磨	400#砂纸
5	底漆	NMD2010
6	打磨	400#~600#砂纸
7	面漆	NMF3500X
8	格丽斯	MZG11XV
9	面漆	NMF3500X

图 1-10　实色涂装开放（附彩图）

（2）裂纹效果与涂装工艺

见表 1-10（图 1-11）。

表 1-10　实色裂纹涂装工艺

序　号	工　序	材　料	施工方法	施工要点
1	白坯处理	砂　纸	手磨或机磨	去污渍、毛刺，打磨平整
2	封　闭	PU 封闭底漆	喷涂、刷涂	对底材有效封闭，增加附着力
3	打　磨	砂　纸	手磨或机磨	去毛刺，打磨平整
4	刮泥子	PU 或 UPE 泥子	刮　涂	填平截面、钉眼
5	打　磨	砂　纸	手磨或机磨	去毛刺，泥子干透再打磨平整，木径上面要打磨干净
6	实色底漆	PU 或 UPE 实色底漆	喷　涂	按标准比例调配，喷涂均匀
7	打　磨	砂　纸	手磨或机磨	打磨均匀、平整，切勿磨穿
8	透明底漆	NC 清底漆	喷　涂	调整到合适的施工黏度喷涂，漆膜厚度越均匀越好，干后不要打磨
9	裂纹漆	NC 裂纹漆	喷　涂	调整到合适的施工黏度喷涂，漆膜厚度越均匀越好，干后不要打磨
10	透明面漆	NC 清面漆（亮光或亚光）	喷　涂	按标准配比调到 12s 施工黏度喷涂

注：底材为实木、中纤板，涂料为封闭底漆、实色底漆、清底漆、裂纹漆、清面漆。施工温度 25℃，湿度 70%。

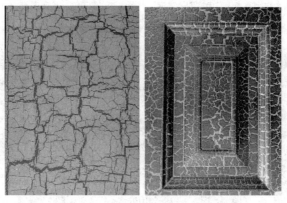

图 1-11　实色涂装裂纹（附彩图）

① 白坯处理　要平整光洁。

② 封闭底漆　有利于除去毛刺，有效封闭基材。

③ 刮泥子（可选择）　主要是填充截面的较大缺陷。

④ 实色底漆　PU 或 UPE 实色底漆,可根据效果需要选择配套的实色底漆颜色，按标准配比施工，干后打磨，切勿磨穿。

⑤ 清底漆　NC 清底漆，是裂纹漆的基础漆，漆膜厚薄越均匀越好，干后不要打磨。

⑥ 裂纹漆　NC 实色裂纹漆，调整到合适的施工黏度喷涂，漆膜厚薄越均匀越好，干后不要打磨，裂纹显现时间为 3~5min，一般来说，如想获得粗或深的裂纹，可适当增加漆膜厚度，或提高裂纹底漆的厚度；反之如想获得细或浅的裂纹，则要降低漆膜厚度，或控制裂纹底漆的厚度。

⑦ 清面漆　NC 亮光或亚光清面漆，调整到合适黏度（通常为 12s）进行喷涂施工，白色效果最好选用耐黄变清面漆。

（3）仿大理石纹效果与涂装工艺

见表1-11（图1-12）。

表1-11　实色涂装仿大理石纹涂装工艺

序号	工序	材料	施工方法	施工要点
1	白坯处理	砂纸	手磨或机磨	去污渍、毛刺，打磨平整
2	封闭	PU封闭底漆	喷涂、刷涂	对底材有效封闭，增加附着力
3	打磨	砂纸	手磨或机磨	去毛刺，打磨平整
4	刮泥子	PU或UPE泥子	刮涂	填平截面、钉眼
5	打磨	砂纸	手磨或机磨	去毛刺，泥子干透再打磨平整，面要打磨干净
6	实色底漆	PU或NC实色底	喷涂	按标准比例调配，喷涂均匀
7	打磨	砂纸	手磨或机磨	打磨均匀、平整，切勿磨穿
8	透明底漆	PU或NC清底漆	喷涂	调整到合适的施工黏度喷涂，漆膜厚度越均匀越好，干燥充分
9	拍色	酒精着色剂	手工拍色	黑红棕，拍花一点，不自然可用棉布蘸纯酒精拍下自然散开
10	透明底漆	NC清底漆	喷涂	调整到合适的施工黏度喷涂，漆膜厚度越均匀越好，干燥充分
11	拍色	酒精着色剂	手工拍色	偏棕红，拍花一点，不自然可用棉布蘸纯酒精拍下自然散开
12	透明底漆	NC清底漆	喷涂	调整到施工黏度喷涂，漆膜厚度越均匀越好，干燥充分。根据需要可拍色，着色剂可偏黄红些
13	透明面漆	NC清面漆	喷涂	按标准配比调到12s施工黏度喷涂

注：底材为中纤板，涂料为封闭底漆、实色底漆、清底漆、裂纹漆、清面漆。施工温度25℃，湿度70%。

图1-12　实色涂装仿大理石纹（附彩图）

（4）简易复古效果与涂装工艺

见表1-12（图1-13）。

表1-12　实色涂装复古涂装工艺

序号	工序	材料	序号	工序	材料
1	刮灰	水灰	8	打磨	400#砂纸
2	白坯打磨	240#砂纸	9	白底漆	MD1010∶MX301
3	封闭	NMD2100	10	砂光	400#砂纸
4	打磨	320#砂纸	11	面漆	NMF3500X
5	底漆	NMD2010	12	格丽斯	MZG11XV
6	打磨	400#砂纸	13	干刷	
7	底漆	NMD2010	14	面漆	NMF3500X

图1-13　实色涂装简易复古

（5）闪光漆涂装工艺

中纤板闪光漆涂装工序：中纤板→封闭→打磨→刮泥子→打磨→实色底漆→打磨→闪光漆→清面漆（亮光或亚光），见表1-13。

表1-13　闪光漆涂装工艺

序　号	工　序	材　料	施工方法	施工要点
1	白坯处理	砂　纸	手磨或机磨	去污渍、毛刺，打磨平整
2	封　闭	PU 封闭底漆	喷涂、刷涂	对底材有效封闭，3~4h 后打磨
3	打　磨	砂　纸	手磨或机磨	去毛刺，打磨平整
4	刮泥子	PU 或 UPE 泥子	刮　涂	填平截面、钉眼、导管
5	打　磨	砂　纸	手磨或机磨	去毛刺，泥子干透再打磨平整，木径上面要打磨干净
6	实色底漆	PU 或 UPE 实色底漆	喷　涂	按标准比例调配，喷涂均匀
7	打　磨	砂　纸	手磨或机磨	打磨均匀、平整，切勿磨穿
8	闪光漆	PU 闪光漆	喷　涂	按标准比例调配，漆膜表干后喷清面漆
9	清面漆	PU 清面漆	喷　涂	按标准配比调到 12s 施工黏度喷涂，待闪光漆表干后再喷涂清面漆

注：底材为中纤板，涂料为封闭底漆、实色底漆、闪光漆、清面漆。施工温度25℃，湿度70%。

① 白坯处理　要平整光洁，棱角圆滑。

② 封闭底漆　有利于除毛刺，有效封闭基材，增加层间附着力。

③ 刮泥子　主要是满刮、填平截面及木材导管，干后打磨平整。

④ 实色底漆　PU 或 UPE 实色底漆，根据面漆颜色效果配套选用实色底漆，按标准配比施工，干后打磨光滑，切勿磨穿。

⑤ 闪光漆　PU 闪光漆，按标准比例调配施工，表干后喷涂清面漆，注意：在喷涂清面漆之前不能打磨。

⑥ 清面漆　PU 亮光或亚光清面漆，按标准配比调到合适黏度（通常是 12s）进行施工，待闪光漆表干后均匀喷涂，浅色效果最好选用耐黄变清面漆。

（6）锤纹漆涂装工艺

中纤板锤纹漆涂装工序：中纤板→封闭→打磨→刮泥子→打磨→PU 或 UPE 实色底漆→打磨→锤纹漆→清面漆（亮光或亚光），见表1-14。

表1-14　锤纹漆涂装工艺

序　号	工　序	材　料	施工方法	施工要点
1	白坯处理	砂　纸	手磨或机磨	去污渍、毛刺，打磨平整
2	封　闭	PU 封闭底漆	喷涂、刷涂	对底材有效封闭，增加附着力
3	打　磨	砂　纸	手磨或机磨	去毛刺，打磨平整
4	刮泥子	PU 或 UPE 泥子	刮　涂	填平截面、钉眼
5	打　磨	砂　纸	手磨或机磨	去毛刺，泥子干透再打磨平整，木径上面要打磨干净
6	实色底漆	PU 或 UPE 实色底漆	喷　涂	按标准比例调配，喷涂均匀
7	打　磨	砂　纸	手磨或机磨	打磨均匀、平整，切勿磨穿
8	锤纹漆	NC 锤纹漆	喷　涂	调到合适黏度，均匀喷涂，膜厚一致、锤纹均匀
9	清面漆	NC 清面漆	喷　涂	按标准配比调到合适黏度施工（通常为 12s），均匀喷涂

注：底材为中纤板，涂料为封闭底漆、实色底漆、锤纹漆、清面漆。施工温度25℃，湿度70%。

① 白坯处理　棱角要磨得比较圆润。

② 封闭底漆　有效封闭基材底色，增加泥子对基材的附着力。

③ 刮泥子（可选择）　主要是填充横截面的缺陷。

④ 实色底漆　PU 或 UPE 实色底漆，可根据锤纹漆的色彩配套选择实色底漆的颜色，按标准配比施工，干透后打磨。

⑤ 锤纹漆　NC 锤纹漆，按所需效果要求调整施工黏度。

⑥ 清面漆　NC 清面漆，按标准调到合适黏度（通常为 12s）施工，均匀喷涂。

注意：锤纹漆中有帮助形成锤花纹的硅油，喷涂过锤纹漆的喷房、喷枪以及喷涂中用过的其他设备、工具、部件的清洗非常关键，如有疏忽，在喷涂其他涂料时极易出现"缩孔"。

（7）中纤板贝母漆涂装工艺

中纤板贝母漆涂装工序：中纤板处理→封闭→打磨→刮泥子→打磨→白色底漆→打磨—贝母漆→清面漆（亮光），见表 1-15。

表 1-15　贝母漆涂装工艺

序　号	工　序	材　料	施工方法	施工要点
1	白坯处理	砂　纸	手磨或机磨	去胶印、污渍、毛刺，打磨平整
2	封　闭	PU 封闭底漆	喷涂、刷涂	对底材有效封闭，3～4h 后打磨
3	打　磨	砂　纸	手磨或机磨	去毛刺，打磨平整
4	刮泥子	PU 或 UPE 泥子	刮　涂	填平截面、补钉眼，干透后打磨
5	打　磨	砂　纸	手磨或机磨	去毛刺，泥子干透再打磨平整，木径上面要打磨干净
6	白色底漆	PU 或 UPE 白色底漆	喷　涂	按标准比例调配，喷涂均匀
7	打　磨	砂　纸	手磨或机磨	打磨均匀、平整，切勿磨穿
8	贝母漆	PU 贝母漆	喷　涂	按标准比例调配，采用先喷后点的施工方法，漆膜厚度越均匀越好，漆膜表干后，即可喷清面漆
9	清面漆	PU 清面漆	喷　涂	按标准配比调到合适黏度（通常 12s）施工，待贝母漆干后喷涂

注：底材为中纤板，涂料为封闭底漆、实色底漆、贝母漆、清面漆。施工温度 25℃，湿度 70%。

① 白坯处理　要平整光洁。

② 封闭底漆　有利于除去木毛刺，有效封闭基材，增加附着力。

③ 刮泥子（可选择）　主要是填充截面的较大缺陷。

④ 白色底漆　PU 或 UPE 白色底漆，一般多数选用白色，按标准配比施工，干后打磨，切勿磨穿。

⑤ 贝母漆　PU 贝母漆，按标准比例调配，采用先喷后点的施工方法，首先按常规喷涂方法喷涂，漆膜厚度越均匀越好，接着调整合适的气压、出漆量，喷涂成均匀的"点"状，漆膜会自然形成七彩的贝壳效果，表干后喷涂清面漆。注意在喷涂清面漆之前不能打磨。

⑥ 清面漆　PU 耐黄变亮光清面漆，按标准配比调到合适黏度（通常 12s）施工，待贝母漆表干后喷涂。

（8）中纤板油丝（蜘蛛网）漆涂装工艺

中纤板油丝（蜘蛛网）漆涂装工序：中纤板→封闭→打磨→刮泥子→打磨→PU 实色底漆→打磨→NC 透明底漆→油丝漆→仿古漆→NC 清漆（亮光或亚光），见表 1-16。

表 1-16　油丝（蜘蛛网）漆涂装工艺

序　号	工　序	材　料	施工方法	施工要点
1	白坯处理	砂　纸	手磨或机磨	去脚印、污渍、毛刺，打磨平整
2	封　闭	PU 封闭底漆	喷涂、刷涂	对底材有效封闭，3~4h 后打磨
3	打　磨	砂　纸	手磨或机磨	去木毛，增加层间附着力
4	刮泥子	PU 或 UPE 泥子	刮　涂	嵌补填平基材，补钉眼
5	打　磨	砂　纸	手磨或机磨	去毛刺，泥子干透再打磨平整，木径上面要打磨干净
6	PU 实色底漆	PU 或 UPE 实色底漆	喷　涂	按标准比例调配，喷涂均匀
7	打　磨	砂　纸	手磨或机磨	打磨均匀、平整，切勿磨穿
8	NC 透明底漆	NC 清底漆	喷　涂	均匀到位
9	油丝漆	NC 实色或透明漆	喷　涂	调节黏度、施工气压，关闭喷枪风围进行施工
10	仿古漆	NC 格丽斯	擦　涂	调制合适黏度，用干刷做效果
11	NC 清面漆	NC 清面漆（亮光或亚光）	喷　涂	按标准配比调到合适黏度施工（通常为 12s），均匀喷涂

注：底材为中纤板，涂料为 PU 封闭底漆、PU 实色底漆、油丝漆、仿古漆、清面漆。施工温度 25℃，湿度 70%。

① 白坯处理　要平整光洁。

② 封闭底漆　有利于除去木毛刺，有效保护基材。

③ 刮泥子（可选择）　主要是填充截面的较大缺陷。

④ 实色底漆　PU 或 UPE 实色底漆，可根据效果需要选择配套的实色底漆颜色，按标准配比施工，干后打磨不要磨穿。

⑤ 透明底漆　NC 清底漆。

⑥ 油丝漆　普通的 NC 清漆、实色面漆，调整到合适的施工黏度和喷涂施工气压，关闭喷枪风围喷涂成蜘蛛网丝状效果。

⑦ 清面漆　NC 亮光或亚光清面漆，按标准配比调到合适黏度（通常为 12s）施工，白色效果选用耐黄变清面漆。

■ 思考与练习

1. 木器家具装饰的目的和意义是什么？

2. 木器家具和家庭装修常用什么类型涂料？这两大应用领域所用涂料有何不同？

3. 下列英文缩写各代表什么涂料？举出与其配套的稀释剂名称：

　　PU、PE、NC、UV、W。

4. 解释下列名词：

　　底得宝、封闭底、二度底漆、实色漆、透明底漆、有色透明清漆。

■ 巩固训练

一套家具可调配多种效果，为满足家居用色个性需求，可结合家居环境搭配合理的色彩，设计并优化木器实色漆涂装工艺方案。为便于完成分析评价，该方案应该附上家具设计效果图、室内 3D 效果图等。

■ 自主学习资源库

1. 国家级精品课网站 http: //218.7.76.7/ec2008/C8/zcr-1.htm

2. 叶汉慈. 木用涂料与涂装工[M]. 北京：化学工业出版社，2008.

3. 王恺. 木材工业大全（涂饰卷）[M]. 北京：中国林业出版社，1998.

4. 王双科，邓背阶. 家具涂料与涂饰工艺[M]. 北京：中国林业出版社，2005.

5. 华润涂料 http：//www.huarun.com/

6. 威士伯官网 http：//www.valsparpaint.com/en/index.html

7. 阿克苏诺贝尔官网 http://akzonobel.cn.gongchang.com/

 ## 任务 1.2　基材处理与品质控制

知识目标

1. 理解家具企业涂装工段的安全生产常识；

2. 理解实色涂装所用基材的种类、特性；

3. 掌握常用实色涂装基材处理的方法、所用工具和材料、施工要领；

4. 掌握基材处理所用材料的安全贮存常识、安全管理要求；

5. 掌握基材处理时易产生缺陷的原因及解决对策。

技能目标

1. 能根据工艺方案要求合理选用基材；

2. 能合理选用基材处理常用材料、施工方法和工具；

3. 根据"6S"管理要求，安全准确取放材料、工具；

4. 工作中能与他人协作共事，沟通交流；

5. 能借助工具书查阅英语技术资料，自我学习、独立思考；

6. 能自我管理，有安全生产意识、环保意识和成本意识。

工作任务

任务介绍

根据工艺方案要求，对家具（样板）进行基材处理。

任务分析

基材处理可以称为表面准备工艺，是在没有形成漆膜前的表面处理，常有以下处理内容：基材预处理、改变纹理、改变颜色等，如图 1-14 所示。

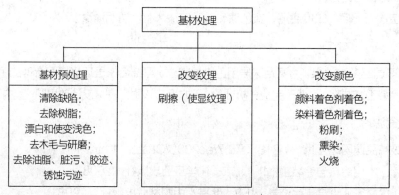

图 1-14　基材处理工艺内容

各组制定实施方案，明确基材处理的内容，成员之间沟通协助，合理分配工具、材料，按照施工步骤，完成基材处理的施工。针对所出现的问题，要及时发现，提出解决措施并及时解决。

工作情景

实训场所：一体化教室、基材处理工作间。

所需设备及工具：涂装板件、砂纸、泥刀、铲刀、调色材料、擦拭工具、喷涂工具。

工作场景：教师利用实物和多媒体对基材处理目的和作用进行讲解说明，布置学习任务，下发任务书，将任务要求进行讲解，小组同学根据板件基材状况和涂装方案，对基材处理涉及的工具、材料、施工要领及技术参数进行讨论、分析，制定出实施方案。到指定位置领取工具、材料，分工明确后进行任务实施，教师巡回指导，督促检查。完成任务后，各小组进行作品展示，互相交流学习体会。同学之间进行互评，教师要对各组的方案设计进行评价和总结。

知识准备

---

1. 基材特性

（1）木材缺点

① 内含物　木材中除含有纤维素、半纤维素和木质素外，还含有浸提物，如挥发油、树脂、单宁和其他酚类衍生物。它们不仅与木材的色、香、味和耐久性有着密切的关系，而且对木材材性的均一性、加工工艺有着重要的影响。涂饰时，挥发油（如松节油）中的萜烯化合物等会逐渐挥发出来，使某些涂料中的树脂（如醇酸树脂）逐渐溶解发黏。某些树种如栎木、板栗、黄檀、苏木、核桃等木材中含有单宁，它极易溶于水并与铁、铬等金属或金属氧化物起反应，造成木材变色。另如樟木、愈疮木、红木、柚木、香樟、松木、北美乔柏等木材中含有酚类及多元酚衍生物，当用不饱和聚酯树脂涂饰时，这些酚类物质会使涂层固化迟缓或不固化。遇到这种情况，应先用其他涂料进行封底处理后，再涂不饱和聚酯树脂。

② 天然缺陷　没有缺陷的木材极少，由于存在生长缺陷，加剧了木材的变异性。最常见的是节子、腐朽、夹皮、变色、水渍纹（俗称水线）等。这些缺陷的存在，往往会影响人造板表面装饰的质量和效果。无论哪种人造板，只要含有黄心腐朽的木材，涂饰时均会严重影响涂料附着力，甚至在腐朽处脱落。节子处多含树脂，较重、较硬，难于切削加工，节子中的树脂同样影响胶接强度，并增加涂饰困难。在胶合板表面有变色、水渍纹等缺陷，采用透明涂饰就比较困难，实色装饰时在进行打底处理后，可用遮盖力强的材料进行涂饰。

（2）人造板表面特征

人造板基材都是以木质材料作为基本原料制成的，如图1-15所示。这些木质材料来源于木材、竹材、农作物秸秆（棉秆、亚麻秆、胡麻秆、麦秆、玉米秸秆、蔗渣）等；从形态看有原木、梢头木、枝丫材、制材板皮及截头、细木工废料、刨花、锯末等，对它们采用相应的加工工艺制成不同的几何形态原料（如纤维、碎料、刨花、大片刨花、小木条、单板等），并按不同的方式组合，分别生产出胶合板、硬质纤维板、软质纤维板、中密度纤维板（MDF）、刨花板（PB）、华夫板（WF）、定向刨花板（OSB）、细木工板、层积材等。由于素材的几何形态及组合方式不同，各种人造板均具有自己的特性。

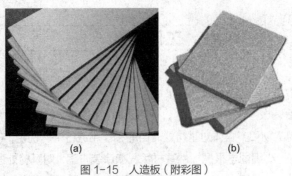

图1-15　人造板（附彩图）

（a）纤维板　（b）刨花板

胶合板是将原木旋切（或刨切）成单板，将单板按照相邻层纤维纹理相互垂直排列再胶合而成。胶合板组成结构上必须遵循"对称原则和奇数层原则"，以保持胶合板平整、防止翘曲，同时让胶合板在弯曲使用时，最大的剪切应力作用在木材上，而不作用在胶层上。胶合板最外层的单板即面背板仍保持了木材弦切面的木材纹理和构造特点。

刨花板是利用采伐剩余物（如枝桠、梢头等）和加工剩余物（如制材边皮、截头、细木工边条、刨花、锯末等）加工成刨花或碎料，以及用农作物剩余物（如亚麻秆、蔗渣等）制成碎料，经拌胶、铺装成板坯，再热压而制成。由于刨花的形态及刨花板的构成不同，刨花板有一系列品种：单层结构刨花板、三层结构刨花板、渐变结构刨花板、大片刨花板（即华夫板）、定向结构刨花板、碎料板等，它们的表面状态有很大差别。刨花板的表面状况与刨花的几何形态密切相关。在板材构成中，由于刨花相互交织形成许多沟槽，使表面高低不平。刨花越薄、越细小（如呈微晶纤维状），这种不平度越小。

在刨花板热压过程中，虽然表层刨花因施胶量大、水分多、温度高，在初期压力较高的情况下能形成密度较高的表层，但是板的表层在热压板闭合前因先受热，树脂已预固化，影响了表层密度提高，因此密度的最大值仅出现在离表层不远的内层，可称为边缘密度下降区。表层密度低，刨花间粘合力小，贴面装饰时，表层刨花易随贴面材料一起剥离，涂装后容易使漆膜脱落。为避免这种现象出现，刨花板在表面装饰之前都需要进行砂光，目的在于砂去低密度部分，并使表面平滑。即使砂光后，刨花板由于表层刨花沿不同方向的膨胀率不同而使表面粗糙不平，故在贴面过程中，应尽量避免与水接触或在潮湿的环境中存放，涂饰时多数采用油性泥子。

中密度纤维板是纤维分离后，经干燥、施胶、成型再热压而成，所以成品板材两面光滑、平整，板面纤维胶合强度高，有利于进行表面装饰加工。

（3）基材的膨胀与收缩

木材含水率在纤维饱和点以下时，具有吸湿膨胀、解吸干缩的特性，加之木材结构上的各向异性，导致木材在各个纤维方向的干缩率都不相同，一般正常木材的全干干缩率纵向为0.1%～0.3%、径向为3%～6%、弦向为6%～12%，这是木材的一种不良性质，它使木材尺寸稳定性差，产生的应力往往使木材发生翘曲变形，甚至开裂。人造板在某种程度上改善了木材各向异性的缺点。

胶合板由于相邻单板的纤维方向互相垂直，在湿胀或干缩时，相邻层相互牵制，因此其尺寸稳定性较好。从表 1-17 中可以看出，在"三板"当中，含水率每变化 1% 时，胶合板在纵、横向及厚度方向的膨胀率最小。

表 1-17　含水率每变化 1% 时人造板的膨胀率

人造板种类		长度方向膨胀率（%）	厚度方向膨胀率（%）
胶合板（UF）	平行于表板纤维方向	0.012~0.020	0.260~0.367
	垂直于表板纤维方向	0.011~0.020	
纤维板	硬　质	0.03	0.8
	软　质	0.04	
刨花板（UF）		0.02~0.04	0.55~0.9

刨花板的尺寸稳定性与原料的树种、几何形态、使用的胶种及施胶量、防水剂种类及施加量、热压条件、产品密度等因素有关。密度大，厚度方向的膨胀率也大，但对长度方向膨胀率影响不大。由于刨花板结构特性所致，从表 1-17 中不难看出，当含水率变化时，刨花板在长度方向和厚度方向的膨胀率最大，即尺寸稳定性最差。纤维板由于纤维分离过程中受到高温处理，其尺寸稳定性较一般木纤维好，因此在相同温度下其平衡含水率较木材低，故干法纤维板及中密度纤维板是比较理想的基材。而湿法纤维板因背面有网纹，成为一种不对称结构材料，其正背两面的吸湿程度不同，造成板材翘曲变形。当然，即使基材结构是对称的，在表面进行装饰后也会变成不对称结构，同样也会产生变形。一般解决方法就是在背面也贴上一层与正面饰层相类似的材料，使其平衡。

基材人造板的尺寸稳定性，直接影响到表面装饰质量。就是经过表面装饰加工之后，随着基材含水率的变化，会引起干缩湿胀，使装饰材料反复受到拉应力和压应力作用，装饰层材料很容易剥离或产生裂纹。因此，一般要求人造板装饰材料有一定的弹性和韧性，以补偿基材的湿胀干缩。

（4）基材含水率

基材含水率对于表面装饰的质量影响很大。所以，装饰前要求基材含水率一般为 8%~10%。经热压工序出来的人造板基材，其含水率低而且不均匀。例如刚压出的刨花板，其厚度方向上的水分分布不均，一般表层含水率 2%~4%、芯层含水率 8%~12%，平均为 6%~8%。随着人造板基材及装饰方法的不同，含水率要求也不一样。其中在木质基材中，对涂料黏附影响最大的是湿度。因此，对木质基材含水率必须严格控制。必要时在涂饰底漆或封闭基材前，用含水率测定仪核实基材的含水率是否在规定的标准以下。木质基材含水率一般不得大于 12%~15%。木质基材安全含水率见表 1-18。

表 1-18　木质基材安全含水率

建筑部位	安全含水率（%）
室外基材	9~14
室内基材	5~10
地板	6~9

2. 基材处理材料

（1）泥子

泥子是一种厚浆状、黏稠性的涂料，主要由大量体质颜料与树脂液或黏结材料混合调制而成。泥子专门用来填充素材表面缺陷，如缝隙、凹陷等，其主要作用就是填充，使素材平整，便于下一步涂装。早年根据黏结剂种类常将其分成水性泥子、胶性泥子、油性泥子、虫胶泥子、硝基泥子、醇酸泥子、聚酯泥子、聚氨酯泥子等。常由油工按用量自行配制，其配方见表 1-19~表 1-22。目前，涂料生产企业已

表 1-19　胶性泥子配方

原　料	质量比（%）					
	浅黄色	浅黄色	浅棕色	浅棕色	橙黄色	无　色
石膏粉	94	93	90	—	—	—
地板黄	6	7	—	—	—	—
皮胶或骨胶	70	40	70	38	70	70
老　粉	—	—	—	90	—	—
铁　红	—	—	10	10	—	—
滑石粉	—	—	—	—	94	100
红　土	—	—	—	—	6	—

表 1-20　虫胶泥子配方

原　料	质量比（%）	备　注
虫胶清漆	24	浓度为10%~20%，虫胶与酒精的比例约为1:（4~6）
碳酸钙	75	老粉、大白粉
着色颜料	1	铁红、铁黄等

表 1-21　油性泥子配方

原　料	质量比（%）			
	一	二	三	四
石　膏	50	75	55	60
清　油	15	—	11	22
油性清漆	—	6	—	—
厚　漆	25	—	22	—
着色颜料	—	4	—	—
松香水	—	14	11	9
水	适　量	1	适　量	9

表 1-22　硝基泥子配方

材　料	质量比（%）	材　料	质量比（%）
硝基清漆	10	填料（滑石粉或大白粉）	75
硝基稀料	15	着色颜料	适量

有各类成品泥子供货，如市场上销售的原子灰、水灰、钉孔宝、泥子膏、油工乐等。

　　常用的木用泥子有猪血灰泥子、硝基泥子、不饱和聚酯泥子（俗称原子灰）、水性泥子等。相对而言不饱和聚酯泥子和水性泥子应用较广，而猪血灰泥子则在中低档家具涂装中使用。

　　不饱和树脂泥子又称原子灰，包括不饱和聚酯、粉料、苯乙烯等材料，是由主体灰和引发剂组成的双组分填充材料，具有常温固化、干燥速度快、附着力强、易打磨等特点，广泛用于汽车、机车、机床等工业品涂装，也大量用于家具、地板等室内外装修，尤其是实色漆的基材填充处理，如图1-16所示。

　　猪血灰泥子是用猪血、水、填充粉料混合搅拌后制得，靠猪血灰里面的血红蛋白氧化干结获得较好的硬度和打磨性，具有附着力好、施工方便、配制容易等特点，是一种资源易得、成本较低的泥子。缺点是干固后易吸潮，厚刮易开裂、脱落。另外，由于泥子层厚，刮涂量、打磨量大，材料损耗多，影响其综合成本。

硝基泥子是由硝化棉、合成树脂、增韧剂、颜料、填料和有机溶剂混合制得的泥子。硝基泥子具有干燥快、易刮涂、易打磨的特点，适于一般金属、木材表面，作填平细孔和嵌缝用，可反复多次刮涂，浪费较少，很安全，但硬度和附着力一般。

水性泥子（水灰）的特点是所用的稀释剂是水，无毒，无刺激性气味，安全环保，施工简便，打磨性和附着力也好，价廉，目前应用渐渐增多，大有取代各泥子之势，但水性泥子干燥较慢。常用水性泥子有水老粉、胶性泥子、纤维素泥子、聚乙烯醇泥子、复合水性泥子以及水性乳液泥子（水灰），如图 1-17 所示。

目前市场上销售的成品泥子在具体应用上又略有不同，原子灰与水灰的区别在于二者都是补裂缝、虫眼、钉眼、凹陷、碰伤的理想填充材料。但原子灰干速快，不适合大面积施工。而水灰干速慢，应用范围广，不易下陷，填平效果好，是大面积施工填充木眼的理想材料，多用于实色漆涂装，如以刨花板、中密度纤维板为基材时用其填补人造板表面细微缝隙。透明泥子与钉孔宝的区别在于透明泥子适合用作管孔（俗称鬃眼）填平，若用作钉孔填平易下陷，影响效果。钉孔宝可用作钉孔填平，也可用作管孔填平。

（2）封闭底漆

下涂一般使用头度底漆，也称封固（闭）底漆、隔离漆（商品名称为底得宝或封底宝等），这是一些固体分含量较低、黏度较低、渗透性好的底漆涂料，如图 1-18 所示。按现代木材涂装的观念，木材下（底）涂作业，对整体涂装后的涂膜效果而言是非常重要的。下涂的作用：由于封固漆易于渗透多为薄喷，较少在材面成膜，多渗入木材深处成膜，能起到封闭作用，可阻止木材内部水分的移动和油脂或其他化学成分的渗出，赋予上层涂料以良好涂装基面，防止上层涂料与溶剂的渗入，利于木毛的竖起且易于着色与研磨（着色填孔与研磨有时是在下涂之后进行），可改善整个涂层的附着力，有利于将管孔较大的基材表面填满、填实（如经水曲柳饰面处理的家具基材，就应涂封闭底漆，然后再进行填孔着色），利于保持木材的天然美与自然风味。

图 1-16 原子灰　　　　　　图 1-17 水 灰　　　　　　图 1-18 封闭底漆

木材中的油脂与水分如不能有效地加以封闭，经过一段时间会破坏涂膜的附着性，形成剥离的缺陷。粗孔材导管粗长，吸漆力强，封闭不好木材将会逐渐吸收太多的中涂底漆（二度底漆），而产生底漆承托力不足，将影响整个涂层丰满度。彻底除去木毛有利于清晰显现透明涂装木纹。

头度底漆多选用硝基漆和聚氨酯漆系列，尤以 PU 类的封闭作用更强。头度底漆只有充分渗入木材才起作用，故其对木材表面的润湿与渗透性十分重要。因此要使用固含量低（5%～10%）与黏度低（8～

10s）的底漆，由于其干燥速度快，不宜厚涂，一般喷涂一遍，如遇油脂多的木材需多涂一遍。每次涂装量为 60～90g/m²，待漆膜干透后要适度轻磨，不能研磨过度。

（3）砂纸和纱布的种类与规格

① 木砂纸　木砂纸也称为砂纸或木砂皮，是由骨胶或皮胶等水性黏结料，将选好粗细的砂粒粘在木浆纸上而成，这种纸质强韧、耐折、耐磨，但不耐水，故在使用或保存时要注意防潮，防止与水接触。木砂纸的特点是价格便宜，去除木毛、木刺效果好，主要用于打磨木家具表面上刨痕、非棱木毛等。木砂纸的规格见表 1-23，其代号数越大，则砂粒的粒度越粗。

表 1-23　木砂纸规格

品　名	代号与粒度号数对照			规格（长×宽）(mm)
	代　号	粒　度	号　数	
木砂纸	00	150	160	285×190
	0	120	140	290×210
	1	80	100	285×230
	1½	60	80	300×228
	2	46	60	280×208
	2½	36	46	280×203
	3	30	36	280×235
	3½	20	24	280×230

② 水砂纸　水砂纸是由醇酸或氨基等水砂纸专用漆料将磨料（刚玉砂、金刚砂等）黏结在浸过熟油（桐油、亚麻油等）的纸上制成。其特点是所用磨料（砂粒）无尖锐棱角（秃形），耐水，主要用于磨平漆面上橘皮、气泡、刷痕及沾污的颗粒杂质，或磨平油性泥子、漆基泥子等（水性泥子除外）。顾名思义，水砂纸需在湿润情况下使用。如果干磨，磨末很快就能将砂粒之间空隙填满，同时易折断，造成损料误工。另外，与木砂纸相反，水砂纸的号数越大则粒度越细，常用的水砂纸规格见表 1-24。

表 1-24　水砂纸规格

品　名	代号与粒度号数对照			规格（长×宽）(mm)
	代　号	粒　度	号　数	
水砂纸	180	100	120	280×230
	220	120	150	
	240	150	180	
	280	180	220	
	320	220	240	
	400	240	260	
	500	280	320	
	600	320	340	
	700	340	360	
	850	380	400	

③ 铁砂布　铁砂布是由骨胶等黏结料将金刚砂、刚玉砂等磨料黏结在布上制作。它的特点是质地坚韧、耐磨、耐折、耐用，不耐火，价格高。多用于打磨钢家具表面锈层，或磨平钢、木家具底漆、底

泥等。铁砂布的号数越大，其单位面积内的粒数越少，则粒度越粗。铁砂布规格见表 1-25。

表 1-25　铁砂布规格

品　名	代号与粒度号数对照			规格（长×宽）(mm)
	代　号	粒　度	号　数	
铁砂布	0000	200	200	290×290
	000	180	180	
	00	150	160	
	0	120	140	280×230
	1	100	100	
	1½	80	80	
	2	70	70	
	2½	60	60	290×210
	3	46	46	
	3½	36	36	
	4	30	30	
	5	24	24	

一些常见砂纸如图 1-19 所示。

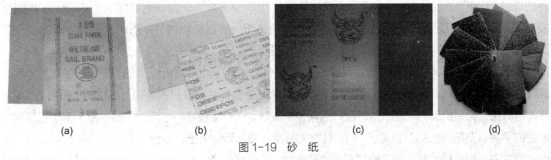

图 1-19　砂　纸
（a）木砂纸　（b）鹿牌干砂纸　（c）鹰牌水砂纸　（d）不同型号砂布正面

3. 涂装工具

（1）毛刷或排笔的种类及用途

毛刷按其形状可分为扁形、圆形和歪脖形三种，按其制作材料可分为硬毛刷（以猪鬃、马尾和人发制成）和软毛刷（以羊毛、狼毛等制作）。

毛刷的规格按其宽度分为 20mm、25mm、40mm、50mm、65mm、75mm、100mm 等多种。软毛刷有羊毛排笔和底纹笔，羊毛排笔由羊毛与多根竹管穿排而成，每排有 4~24 管不等。底纹笔杆长毛细，按其宽度规格分也有 20~100mm 等多种。

涂刷底漆应选用扁形和歪脖形的毛刷；涂刷清漆应选用刷毛较薄、弹性较好的扁形刷或圆形刷。使用新漆刷时涂料应稍稀，刷毛短厚，涂料可稍厚些。鬃毛刷的弹性与强度比排笔大，因此适用于涂刷黏度较大的涂料。

毛刷一般应以鬃厚、毛齐、根硬、头软为上品。鬃毛越长越厚越耐用，刷毛齐、直、密且富有弹性，施工起来质量就好。

（2）铲刀和刻刀的种类及用途

铲刀又称油灰刀，在五金商店里可以买到，规格有 5cm（2in*）、6.5cm（2.5in）、7.5cm（3in）数种，常用来清除灰土，调配泥子，铲刮涂料、铁锈等。

刻刀有大刻刀和小刻刀之分，大刻刀常用报废的钢锯制成，经砂轮磨掉锯齿，并磨好刀口而成，口子较宽；小刻刀又称为扦脚刀，一般是铁制的，有双头和单头两种。

（3）牛角翘的种类及用途

牛角翘是用水牛角制作的薄板，买来的牛角翘比较厚，要用玻璃片将它刮薄后才能使用。牛角翘富有弹性，不受漆料和溶剂的影响而变形，是刮泥子的最好工具。一般有宽度为 1in、1.5in、2in、3in 或更大的牛角翘，可根据使用场合不同来选用。牛角翘本身具有弹性，在亮光下照看越透明质量越好，使用时头部要磨薄、磨整齐，这样泥子才能涂刮整齐。

（4）橡皮刮刀的特点和自制方法

① 优点　橡皮刮刀质软、弹性大，无论圆棱、扁棱和凹弯处都能刮到，且对木面、漆面毫无损伤。尤其适合于较复杂的边棱满刮泥子时用，或用于刮平大漆表面刷纹等。

② 自制方法　橡皮刮刀的制作大致可分为两个过程：

剪坯料　如用于刮批桌、台边泥子，可将 6mm 厚的橡胶板剪成长 60mm、宽 30mm 的胶块；刮批线条及镜框用的刮刀，可用长 4mm、宽 15mm 的胶块；刮批凹弯形状用的刮刀，可用 8mm 厚的橡胶板，剪成 80mm 长、40mm 宽的胶块；用于刮平大漆表面的刷痕或满刮平面泥子用的刮板，可选用 14～16mm 厚的胶板，锯成 80mm 长、70mm 宽的胶块；在仿制木纹时使用的橡皮刮刀可用 8mm 厚的胶块剪成 80mm 长、40mm 宽的长方形，将橡皮的口子磨斜并剪成锯齿状。

磨制　磨时应用电动砂轮，先将剪成或锯成的坯料分四边磨直、磨平。砂轮应选用较平整的，磨时最好置于砂轮的外侧，大面上磨，磨面要与砂轮的大面垂直，并随砂轮的转动上下移动，用力要均匀。四边磨齐后，再磨出利刃。磨刮刃时最好用两手拿胶块，一手掌握刮刃坡度的平整，另一手掌握胶块与砂轮的平度。薄胶板的刮刃要磨出 30°左右的斜度，要从两侧磨出，刮面一侧的斜度要磨得大些，反面一侧的斜度应磨得小些。刮刀磨好后，美观大方，又使用方便。如果没有电动砂轮，也可用利刀刃将胶板刻削出大致轮廓，再用 200#砂布垫木板或用 260#水砂垫平物将刮刃及边棱磨齐、磨平。

4. 嵌批泥子

手工嵌批泥子的工时，一般要占到工时的 40%～50%。泥子批刮得好，即使是比较粗陋的底层也能涂饰成漂亮的成品；如果泥子批刮不好，就是没有什么缺陷的底层，涂饰后的漆层效果也不会太理想。

（1）嵌批方法一般要求

批刮泥子时，手持铲刀与物面倾斜成 50°～60°，用力填刮。木材面、抹灰面必须是在经过清理并达到干燥要求后进行；金属面必须经过底层除锈，涂上防锈底漆并在底漆干燥后进行。为了使泥子达到一定的性能，批刮泥子必须分几次进行。每批刮一次算一遍，如头遍泥子、二遍泥子等。要求高的精品

＊　1in＝25.4mm。

要达到四遍以上。每批刮一遍泥子都有它的重点要求。

批刮泥子的要领是实、平、光。第一遍泥子要调得稠厚些，把木材表面的缺陷，如虫眼、节疤、裂缝、刨痕等明显处嵌批一下，要求四边粘实。对于个别大的凹坑，要先刮实，然后用填坑泥子填平，决不能高出基面。不可一次嵌得太厚，若在木材面上填坑，应用铲刀顺木纹方向先压后刮，填补范围尽量局限在缺陷附近，以减少沾污或留下大的刮痕。第一遍泥子的批刮要领是"实"。

第二遍泥子重点要求填平，在第一遍泥子干燥后，再批刮第二遍泥子。这遍泥子要调得稍稀一些，把第一遍泥子因干燥收缩而仍然不平的凹陷和整个物面上的棕眼满批一遍，要求平整。

第三遍泥子要求"光"，为打磨创造条件。上道泥子干后进行第三遍泥子的批刮。第三遍泥子要多加一点适用的油漆，调得更稀一些，用铲刀再满批物面一遍。这遍泥子批后应做到正视平平整整，侧视亮光闪闪，手摸光滑。

每遍泥子的操作次序，要先上后下，先左后右，先平面后棱角。刮涂后，要及时将不应刮涂的地方擦净、抠净，以免干结后不好清理。

（2）嵌批中各种刮板的操作技法及使用范围

① 橡胶刮板 拇指在前，其余四指托于其后使用，多用于涂刮圆柱、圆角、收边、刮水性泥子和不平物件的头遍泥子。用它刮平面也可以，但不如木刮板刮的平、净、光。

② 木刮板 顺用的，虎口朝前大把握着使用。因为它刃平而光，又能带住泥子，所以用它刮平面是最合适的，既能刮薄也能刮厚。横刃的大刮板，用两手拿着使用，先用铲刀将泥子挑到物件上，然后进行刮涂。特点是适用于刮平面和顺着刮圆棱。

③ 硬质塑料刮板 因为弹性较差，腰薄，不能刮涂稠泥子，带泥子的效果也不太好，所以只用于刮涂过氯乙烯泥子（其泥子稠度低）。

④ 钢刮板 板厚体重，板薄腰软，刮涂密封性好，适合刮光。用它刮厚层泥子，因腰软不易刮平。

⑤ 牛角刮板 具有与木刮板相同的效能，其刃韧而不倒，只适合找泥子使用。做泥子讲究盘净、板净，刮得实，干净利落边角齐，平整光滑易打磨，无孔无泡再涂刷。

5. 缺陷处理

（1）对较大缺陷的处理

如对于实木板方材上较大裂缝、虫眼、贯通节、树脂囊等缺陷，可采取挖补填木的方法处理，即先将缺陷处挖开，然后选用与基材树种、纹理、颜色均一致的木块经涂胶后填塞修补。

（2）对局部缺陷的处理

如对于面积较小的裂缝、虫眼、钉眼、凹陷、碰伤等缺陷，可采取用泥子泥平方法处理。对透明涂装，需注意嵌补的泥子颜色不可与未来整件制品颜色不一致，有过大的虫蛀、裂缝缺陷的板方材就不宜在制品上选用，应在选料时截去。

（3）变色或色差的处理

应进行漂白处理，或贴面，或作深色以及不透明涂装。漂白与各种颜色污染的处理见后面叙述。

（4）碰撞凹伤的处理

可先涂热水或用湿布敷于下凹处，再用熨斗熨烫，使其受热膨胀后恢复平整，此法多用于高级实木制品。另外目前许多企业利用快干胶水（101胶）先在凹陷处涂抹，再在其上放上砂光粉尘，立即用砂纸砂光平整。

（5）灰尘、脏污、油脂或胶迹等缺陷的处理

可用吹、扫、刷、刮或其他方法除净，太脏则不可选用。

另外，目前在家具与室内装修中胶合板与薄木贴面人造板（市场上俗成"面板"）使用较多，选材不当其表面缺陷较多会影响涂装，如胶黏剂渗出，可用热水擦涂或刮除。如胶合板剥离或鼓泡，应先对剥离或鼓泡处予以放气再胶合处理。

6. 木毛处理

（1）木毛的影响

木毛的产生一方面是由于切削后未离开木材表面的一些细微木纤维，在砂磨时被压入管孔里或纤维的间隙之间，另一方面源自细微裂缝的边缘和粗纹孔材被刮削开的大导管边缘，这些木纤维统称为"木毛"。光靠研磨基材还不能完全去除木毛，一旦木材表面被液体（漂白液、去脂液、着色剂等）润湿，便会重新膨胀竖起，使表面粗糙不平；木毛周围极易聚集大量染料溶液，使着色不均匀；木毛的存在还使填孔不实，模糊木纹，涂层渗陷，易产生针孔。因此高质量的涂装基材研磨必须同时去除木毛。

（2）去木毛方法

① 湿润法　先用棉花或海绵蘸温水（40~50℃左右）稍拧后均匀地顺纤维擦拭木材，再横纤维擦拭，多余的水分必须用棉团或棉布吸干，整个表面都要用水湿润到，使木毛吸湿竖起，如图 1-20 所示，干燥后可用细砂纸顺纤维轻轻砂光，用力过重可能会产生新的木毛。木材用水润湿还可能使一些轻微压痕或刮伤复原，使一些污迹变白，易于发现。但这种方法不适合对薄木装饰贴面人造板的处理，因为薄木吸湿后要润胀，干后要收缩，薄木易开胶起皮，即产生"绷筋"现象。

② 漆固砂磨法　即使用稀胶液与稀漆液（如稀的封闭底漆），含胶或漆的木毛再竖起后比较硬脆易磨。因此生产中常用低固含量、低黏度的 PU 类头度底漆（商品名称为底得宝类）涂装后干燥，再用细砂纸砂光，去木毛的效果更好，如图 1-21 所示。

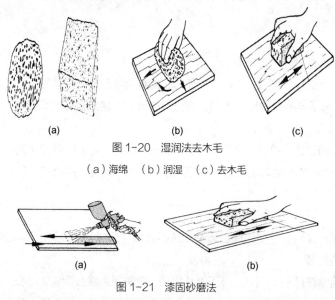

（a）　　　　　（b）　　　　　（c）

图 1-20　湿润法去木毛

（a）海绵　（b）润湿　（c）去木毛

（a）　　　　　　　　　（b）

图 1-21　漆固砂磨法

（a）喷涂头度底漆　（b）干后砂光

③ 热轧法 平整或成型的零件表面也可以用热轧法处理木毛。热轧机上有 2～3 对辊筒，将上辊筒加热到 200℃左右，辊轧压力为 0.4～2.5MPa，零件以 2～15m/min 的进给速度通过辊筒热轧后使表面密实、光滑，木毛将不再竖起，涂装时还可以节省涂料。如果在热轧前先在表面上涂一层稀薄的酚醛树脂胶，辊轧后，不仅表面光滑，而且略带光泽，用于家具内部零件，如搁板或隔板等，就可不需再涂清漆或其他涂料。

④ 火燎法 用该法去木毛应注意安全防火，尽量不要采用，火燎法去木毛如图 1-22 所示。

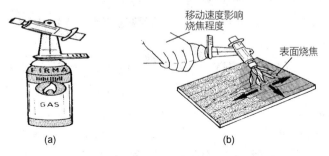

(a)　　　　　　　　　(b)

图 1-22　火燎法去木毛

（a）燃气喷具　（b）去木毛

经过砂磨使基材表面平整并去除了木材表面吸附的水分、气体、油脂、灰尘等，改善了木材表面的界面化学性质，此时应尽快涂漆，如未及时涂漆，上述表面吸附物又会出现，需再研磨一次。

7. 砂光

（1）砂光作用

砂光俗称打磨或研磨，俗话说："十分漆工，三分在砂。"可见砂光在涂装作业中的重要性。砂光工序主要有三方面作用：①清除基材表面上的毛刺、油污与灰尘等；②对于刮过泥子的表面，一般表面较为粗糙，需要通过砂磨获得较平整的表面，因此砂光可以降低工件表面的粗糙度；③增强涂层的附着力。喷涂新漆之前一般需对实干后的旧漆膜层进行砂光，因涂料在过度平滑的表面附着力差，砂光后可增强涂层的机械附着力。

（2）打磨方法

① 打磨按方式分类 打磨的方法有干磨、水磨、油磨、蜡磨和牙膏抛光等。干磨分粗磨、平磨和细磨，其中粗磨一般是在前处理时用来去除木器白坯的木毛、伤痕、胶迹和铅笔印等脏污，而平磨通常是包裹了小木块或硬橡皮的砂布、砂纸，对大平面进行打磨，这样找平效果较好，细磨则一般用于刮泥子、上封闭漆、拼色和补色之后的各道中层处理。为减少磨痕，提高涂层的平滑度，可以选择水磨，水磨省力，省砂纸。

手磨 用手拿砂纸或砂布打磨。效率低，劳动强度大，不易得到均一平坦的研磨效果，砂纸中包一块垫木再磨会好些。但手工研磨适于曲面、边角等机械无法磨到的地方，比较灵活机动，适应性强，如图 1-23 所示。大面积砂磨时，需掌握"以高为准"的原则，应用手掌转动砂纸，也可附衬稍硬的橡皮如海绵、软木块，用大拇指和食指紧紧捏住左右端面，放平砂磨，如图 1-23（a）、（d）、（e）所示。砂磨工指甲长短要适度，操作时避免伤及指头。木材研磨时应注意顺纤维方向进行，手工研磨用力宜轻且匀，若横纤维研磨，损伤材面会留下较深的划痕（砂纸道子），待着色后便是深的划痕印记，将影响涂装效果。

图 1-23　手　磨

（a）平面的研磨　（b）曲面或型面部件的研磨　（c）研磨方向　（d）软木垫块　（e）带毡垫的垫块

卡板磨　用木板垫在砂纸或砂布上进行打磨或以平板风磨机打磨，如图 1-23 中的（a）、（c）、（d）、（e）所示。

机械砂光　大面积施工时，为了提高工作效率，可采用机械砂光方法。机械砂光方法多种多样，板件砂光常采用长带砂光机和宽带砂光机。对一些不适合砂光机械加工的工件，还可采用手持式砂光机加工。手持式砂光机有多种类型可供选用，如图 1-24 所示。手持式砂光机使用注意事项：①使用中应特别注意其转速、研磨方法（顺木纹方向推进或后退）、压力（与砂光机的质量相当）、次数、砂纸号（150#～320#）等；②由于机械研磨中可能产生大量粉尘，应有除尘装置，且砂光后要用洁净的布刷拭去木材表面的磨屑或用压缩空气吹除留在导管内的磨屑；③还应注意防止吹除后飘于空气中的粉尘再度落在材面上；④避免砂光时停留在一个地方，防止砂凹、砂穿。除此之外，对较大平面部件可采用宽带砂光机或手压砂光机进行砂光，如图 1-25 所示。

干磨　采用砂纸进行砂光。适用于硬而脆的漆种的砂光，其缺点是操作过程中将产生很多粉尘，影响环境卫生。

水磨　用水砂纸、水砂布蘸水或肥皂水打磨。使用时需蘸泡清水、温水、肥皂水或其他溶剂湿润使用。水磨能减少磨痕，提高涂层的平滑度，并且省砂纸、省力。但水磨后应注意喷涂下层油漆时，要等水磨层完全干透后才能进行，否则漆层很容易泛白。吸水性很强的基材或装饰胶合板不宜水磨。

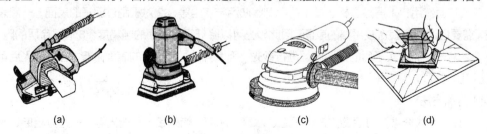

图 1-24　电动研磨工具

（a）履带式砂光机　（b）振动式砂光机　（c）圆盘式砂光机　（d）平面部件的研磨

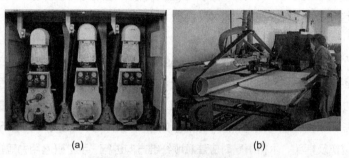

（a）　　　　　　　　　　（b）

图 1-25　较大平面部件的砂光方法

（a）宽带砂光机　（b）手压砂光机

手磨、卡板磨、水磨均可用于打磨各种涂膜。打磨技法分磨头遍泥子、磨二遍泥子、磨二道浆、磨漆泥子、磨漆膜。

② 打磨按其对象分类　分为白坯打磨、泥子打磨、底漆打磨、面漆打磨和抛光打磨等。

白坯打磨　目的主要是去污、找平。一般用砂粒较粗的砂纸（如 240#、320#等）顺木纹方向打磨，不能横磨或无规则地乱磨，以免留下杂乱的砂痕。打磨白坯时，还必须注意线条、楞角等突出部位不能砂损、变形，以影响其线条、楞角外形的流畅和美观。

泥子打磨　要求是平整、无缺陷，磨出的线条与白坯的线条要和谐一致，因此在打磨直面时常用木块等垫具。透明涂装中的泥子打磨，要注意将裂缝、钉眼等周围的泥子打磨干净，不能留痕迹。

底漆打磨　包括封闭底漆的打磨和中间涂层的打磨。着色前的封闭底漆打磨主要是去木毛木刺，一般用 320#~400#的砂纸。为了使着色均匀，此次打磨要求轻磨、均匀，否则会造成着色不均匀。后面再介绍中间漆膜的打磨、面漆打磨、抛光打磨。

另外，对封闭漆、旧漆膜再涂、局部修补之后等情况下的研磨要"轻磨"，应选用较细砂纸及打磨"成手"进行，否则适得其反。

任务实施

---

1. 打磨

无论是基材处理还是涂饰的工艺过程中，打磨均是必不可少的操作环节。应根据不同的涂料施工方法，正确地使用不同类型的打磨工具，如木砂纸、铁砂布、水砂纸或小型打磨机具。砂纸磨一段时间便已失效，须更换，磨后的磨屑粉尘需彻底清除干净。

在各道泥子面上打磨要掌握"磨去残存，表面平整，轻磨慢打，线脚分明"的要领，并能正确地选择打磨工具的型号。

（1）砂纸的型号选择

砂光时应严格按工艺要求选用砂光材料，一般可按如下规律选用砂纸：

砂纸号数（一般代表砂粒的粒度，号越大砂纸越细）常根据材质（主要是硬度）、木材表面粗糙度与研磨次数来决定。材质硬选粗一些（号小一些）的砂纸，反之用细砂纸。研磨顺序可按先粗后细的原则，中间换 1~2 个号数即可。粗砂纸研磨快，但研磨的表面粗，细砂纸研磨慢，表面细。

一般先用粗砂纸完成研磨量的大部分（约 80%），再用细砂纸研磨消除粗砂纸的砂痕及完成剩余的研磨量。若使用太粗的砂纸，容易产生砂痕，难以消除，反之选用太细的砂纸有可能影响研磨效率。基材砂光一般以手感平滑为准，据有关资料研究，涂漆前基材砂光要求基材表面粗糙度在 30μm 以下，透明涂装应在 16μm 以下。砂纸具体选择如下：

实木白坯砂光选用 180#~240#砂纸；

胶合板、装饰胶合板或对头度底漆的砂光选用 220#~240#砂纸；

二度底漆的砂光选用 320#~400#砂纸；

最后一道底漆或面漆的砂光选用 600#~800#砂纸；

面漆抛光砂光选用 1500#~2000#砂纸。

（2）砂纸的使用

使用砂纸时一般是将整张砂纸裁成四块，每块对折后用拇指及小指夹住两端，另外三指摊平按在砂纸上来回在物件表面砂磨，也可用拇指抵住一端，另四指全部压在砂纸上来回砂磨。根据砂磨对象，随时变换，利用手指中的空穴和手指的伸缩，在凹凸区和棱角处，机动地砂光。

在施工时常用的砂纸有木砂纸、水砂纸、铁砂皮等。一般局部填补的泥子砂磨应用 1$^{\#}$或 1.5$^{\#}$的木砂纸；满刮的泥子和底漆层应用 0$^{\#}$砂纸，中间的几层漆膜用较细的 00$^{\#}$砂纸即可。有些漆膜用砂纸干磨，摩擦发热会引起漆膜软化而损坏涂膜，这时就要采用水砂纸湿磨。湿磨前，先将水砂纸放在水中浸软，然后将它包在折叠整齐的布块外面，再蘸上肥皂水在漆膜上砂磨，这样将水砂纸包在布块外面，可以扩大砂磨的面积，也便于用力。为了提高工作效率，在大面积打磨施工时也可以使用电动打磨器，一般有圆盘式、振动式、皮带式和辊筒式几种。

木砂和铁砂在打磨泥子时，泥子灰会积在磨料缝口中，影响打磨效果，为此在打磨一段时间后，应停下来将砂纸在硬处磕几下，除去泥灰。

（3）砂纸的保管

木砂纸和铁砂布容易受潮变软，至使磨粒脱落，为此一定要放在干燥的地方。受潮发软的砂纸可在炉灶旁烘烤或用电吹风吹干，也可将砂纸裁成四块，折、叠整齐后放在贴身的口袋里，因受体温的影响可使砂纸变得干硬一点。

（4）注意事项

打磨工艺应注意以下几点：

① 涂膜不实干不能磨，否则砂粒会钻到涂膜里。

② 涂膜坚硬而不平或涂膜软硬相差大时，可利用锋利磨具打磨。如果使用不锋利的磨具打磨，会越磨越不平。

③ 怕水的泥子和触水生锈的工件不能水磨。

④ 打磨完应除净灰尘，以便于下道工序施工。

⑤ 一定要拿紧磨具保护手，以防把手磨伤。

⑥ 边角线条等处，要仔细小心，谨防磨穿露底，要用粒度小的细砂纸来磨。

⑦ 如使用新砂纸时，预先将砂面对折起来搓几下，使砂面变钝些，然后再用。

⑧ 染色层一般都很薄，只在非常必要的情况下才很精细地轻磨，防止磨出色花等缺陷。

（5）打磨具体操作方法

打磨技法见表 1-26。

表 1-26　打磨技法

打磨顺序	操作方法
磨头遍泥子	头遍泥子应把物件做平，在泥子刮涂得干净无渣、无突高泥棱时，不需打磨，否则应进行粗磨。粗磨头遍泥子要达到去高就低目的，一般用砂轮、粗纱布打磨
磨二遍泥子	磨二遍泥子，即磨头遍与末遍中间的几道泥子。磨二遍泥子可以干磨或水磨，但应用卡板打磨，并要求全部打磨一遍。打磨次序为：先磨平面，后磨棱角。干磨是先磨上后磨下；水磨是先磨下后磨上。 卡板磨是将 2$^{\#}$砂布裹在木板上，用手捏住两侧，靠臂、腕运动砂布。身躯靠近物件，臂向外伸，目视打磨之处。木板的四角要着力均衡，依次打磨，纵磨一遍，横磨一遍，然后交替打磨。大平面磨完后，若圆棱两侧出现直线，应顺着圆棱卡齐，然后再横着顺弧打磨。圆棱及其两侧直线是打磨重点。这些地方磨整齐了，全物件就整洁美观。面、棱磨完后，换为手磨，找补末磨到之处和圆角。 二遍泥子要磨平，否则即使磨光了也得往下磨，一直到露出基面为止

打磨顺序	操作方法
磨末遍泥子	如果末遍泥子刮得好，只需要磨光，刮得不好，要先用卡板磨平后，再手磨磨光。 手磨是用一张砂布的 1/4 或 1/2，对头一叠，虎口夹住边的一个角，全掌伸直，四指全部附在物件上，使砂布不能在手内窜动。否则砂布乱窜，磨活少，磨手多。尤其是水磨，手若是不全附在物件上，仅用手指按不住砂纸，会把手磨伤。要使手全附在物件上打磨立面，必须身躯靠工件，臂向外伸。在这遍打磨中，磨平要采用 1.5# 砂纸或 150# 水砂纸；细磨要使用 1#～00# 砂布或 220#～360# 水砂纸，磨的次序与二遍泥子打磨时相同。手磨磨不到的地方，用砂布裹着刮刀或木条进行打磨。全部打磨完后，再复查一遍，并用手磨方法把清棱清角轻轻地倒一下，最后全部收拾干净
磨漆泥子	磨漆泥子可以用 00# 砂布蘸汽油打磨，最后用 360# 水砂纸水磨。全部磨完后，把灰擦净
磨漆膜	喷漆以后出现的皱皮或大颗粒都需要打磨。因漆膜很硬不易磨时，较严重者可先用溶剂溶化，使其颗粒缩小后再用水砂纸蘸汽油打磨。多蘸汽油，着力轻些就不会出现粘砂纸的现象。采用干磨时，手要更轻一些

利用打磨工具打磨各种涂膜，目的是把涂膜磨平、磨光，以方便再次涂涂料。

在涂涂料中间的打磨为粗磨，粗磨主要以磨平和去光为准，以便再次涂油漆时结合牢固，上下涂膜不隔层。对涂涂料的最后一次打磨称为细磨。细磨主要以磨光为目的，以便增加涂膜的光亮度。

（6）打磨效果检查

打磨后的基材表面应该手感光滑，如图 1-26 所示。各组根据打磨基材表面可能出现的砂痕、凸凹不平、边角砂坍等缺陷，自评判断砂纸型号的选择、打磨方向等正确与否。

检验表面平滑

图 1-26　打磨时手感光滑

2. 缺陷处理

对于所选择的基材表面有缺陷的，分析其缺陷类型，然后进行处理，在人造板基材表面常有污迹和磕碰现象，主要针对这些缺陷讲解操作。在实色特殊效果涂装中涉及到的开放效果，有需要去树脂、刷擦工艺的可参考拓展训练部分。

污迹处理通过上一步骤打磨的方式，打磨清除。对局部缺陷用局部嵌补的修补方法，将木材表面上的局部洞眼或逆磕补平。嵌补时泥子不可挑得过多，嵌补部位周围不能有多余的泥子，不应将嵌补部位扩大。考虑到泥子干燥后的收缩，可以将缺陷部位补得略高于周围表面。牛角翘主要用于嵌泥子和刮泥子。

牛角翘嵌泥子操作技巧

操作前要将牛角翘一端开成 20° 斜角，在斜口处要磨薄，而向后逐渐加厚，这样弹性好。操作时要把大拇指及中指分别压在牛角翘的两个面上，握紧握稳，不在手中松动。嵌泥子时预先估计洞、孔、裂缝有多大就刮多少泥子，把它嵌到、嵌实、刮干净。一般只准刮 1~2 个来回。牛角翘向上一刮，再向下一刮，即可将泥子刮满洞眼。不能顺着一个方向刮，这样容易造成只有 3/4 是填到的，1/4 是空虚的，只有来回刮才能把洞眼全部嵌满填实。最后把牛角翘在泥子板上刮干净，并收净残余泥子。

---

3. 去木毛

去木毛的方法有多种，前面知识准备部分已经介绍。以常用的漆固砂磨法介绍实际操作流程，如图 1-27 所示。

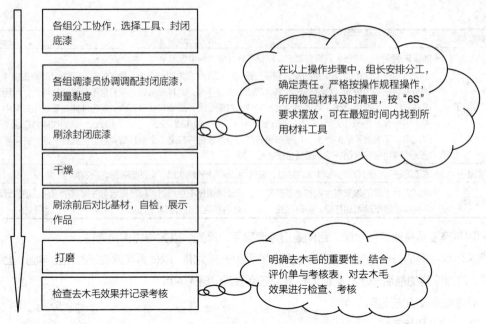

图 1-27 漆固砂磨法去木毛操作流程

（1）封闭底漆的调配

涂料调配是否科学合理，是否符合工艺要求，不仅对成膜过程、涂膜厚薄和光泽鲜亮起一定的作用，而且对涂料的耐久性和成本也有直接影响。

涂料的调配操作如图 1-28 所示。

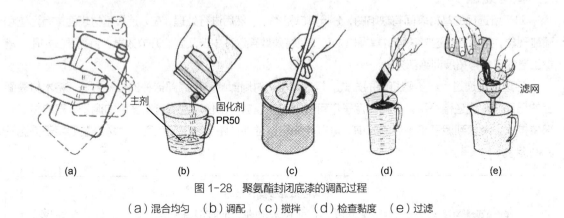

图 1-28　聚氨酯封闭底漆的调配过程

（a）混合均匀　（b）调配　（c）搅拌　（d）检查黏度　（e）过滤

安全技术规程

（1）涂料施工检查：场地应有良好的通风条件，否则，必须待安装通风设备后才能施工。

（2）在涂刷或喷涂涂料时，需戴防毒口罩和密闭式眼镜。

（3）工作地点的出入口，不可被任何物件堵塞，保持走道畅通。

（4）检查施工前，要仔细检查所用的设备和工具是否安全可靠、合格适用。

（5）当设备的电器装置、照明装置发生故障时，应立即切断电源并及时报告上级领导，安排专业人员修理，切不可自行其是，以防事故。

① 调和均匀　开桶或开罐前应用力摇动，开桶后用木棍上下搅拌，使上层油漆和下层颜料调和均匀才能使用。若是大桶油漆，在前一两天即将漆桶倒放，使沉淀的颜料松动，然后开箱搅拌均匀。以华润涂料为例，常用封闭底漆主剂和固化剂 PR50 的质量比例为 1∶0.2。

② 黏度调整

③ 过滤

④ 静置

（2）刷涂封闭底漆

① 刷涂　羊毛板刷和排笔的握法以及刷涂方法如图 1-29 所示。

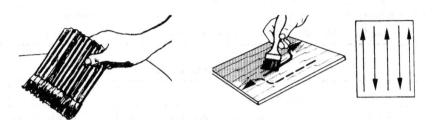

图 1-29　握法与刷涂方法

不同的涂料要用不同的刷子，涂料黏度大时，要选用刷毛比较硬的刷子，涂料黏度小时，要选用刷毛比较软的刷子。刷涂面积较大时，选用宽度大的刷子，涂刷细小的部位，则应该选用宽度比较小的刷子。

操作技巧

使用排笔时，用右手捏住排笔的右上角，一面用大拇指，另一面用四个手指夹住。刷时要用手腕运笔，蘸漆时要把大拇指略松开一点，每次蘸漆后应将刷子的两面在装漆容器的内壁上轻轻地各刮拍一下，使漆液能集中在笔毛头部，蘸漆量要合适，不可过多，这样刷漆时漆液不易滴落。

刷水平面时，每次蘸漆占毛长约 2/3；刷垂直面时，每次蘸漆占毛长 1/2；刷小件时，每次蘸漆占毛长 1/3。刷涂时要握紧漆刷不要松动，必要时应移动身体与手配合。刷漆时手的运力要从轻到重，漆刷的速度要快慢一致。刷涂顺序要从前到后，从上到下，从左到右，先横后竖，先里后外，先难后易，少蘸多抹。漆刷要顺木纹方向将漆扫直，起笔和落笔要轻快，两笔搭接部分不可重叠过多。上下两笔涂层之间应有漆刷 1/3 宽度的重叠，以使膜面均匀平整。手握漆刷应有 45° 的倾斜，使刷毛有上理下展的作用。刷漆操作的要求是：不流、不挂、不皱、不漏、不露刷痕。

刷涂的基本步骤是蘸料、摊料和理料，具体操作方法见表 1-27，刷涂质量控制见表 1-28。

表 1-27　刷涂技法

刷涂步骤	操作方法
蘸　料	将刷毛长度的 1/2 浸入涂料中蘸料，不要将刷毛全部蘸满涂料，否则容易使涂料滴落流淌，也很容易造成涂料堆积在刷毛根部，以致清洗刷子困难。另外，为了便于刷涂工具的清洗，在蘸料前可先将刷毛湿润，刷涂油性漆时，要用稀料润湿刷毛，再蘸涂料。 涂料以既饱满又不滴落为准，若蘸料过多，可在料桶内壁将刷毛的两面各拍打一下或者在涂料桶内边刮掉多余的涂料。对于含固量低而且干燥过快的涂料，要少蘸料，快刷涂

刷涂步骤	操作方法
摊 料	摊料就是将刷子上的涂料滩涂到被涂面上。摊料用力要适中，用力过大会将刷毛上的涂料过快的挤出，造成流挂；用力过小，又起不到滩涂的作用。 滩涂时，应先向上走刷，再向下走刷，将刷子里面的涂料都滩涂到被涂面上。不易吸料的被涂面，摊料时，每刷之间要留有一定的间隙。易吸料的被涂面，摊料时可以不留空隙
理 料	理料的目的是让刷涂面上的涂料均匀分布。要用刷毛的前端轻轻地将涂料理顺，走刷要平稳，切忌中途起落刷子，以免留下刷痕。为避免接槎部位有接痕，在接槎部位刷涂的涂料要稍薄于其他部位。另外，每遍涂刷，要避免在同一部位接槎。有些含固量低、干燥快又易咬底的涂料，不能按先摊料后理料的步骤进行，必须要摊料和理料结合，涂层要薄，动作要快，一次刷成。 刷涂面积较大时，要先从门口、窗口进行刷涂，刷涂面不要过宽，以便衔接时涂料边缘不会干燥，接痕不明显。整面墙涂刷时，中途不要间断，使接槎部位留在墙角与自然分界处

表 1-28　刷涂质量控制

项　目	内　容
涂层的厚度	头度底漆只有充分渗入木材才起作用，故其对木材表面的润湿与渗透性十分重要。因此要使用固含量低（5%～10%）与黏度低（8～10s）的底漆，由于其干燥速度快，不宜厚涂，一般喷涂一遍，如遇油脂多的木材需多涂一遍，每次涂装量为 60～90 g/m^2，待漆膜干透后要适度轻磨，不能研磨过度
刷痕的清除	刷痕的产生是由于后刷的涂料还没有刷上时先刷涂料的边缘已经干燥，先后涂层间会形成深色的接缝痕迹。油基涂料和有光涂料比无光乳胶涂料容易产生刷痕。为防止产生刷痕，每次刷涂的面积不宜过大。一次所能刷涂的面积和所需时间与涂料的性能和气温有很大关系。在大面积平面上刷涂时，每次刷涂的面积最好在 1m^2 左右，可刷成 1.5～1.8 m 长、0.6m 宽的条形。两个人同时刷涂时，一个人从右向左，另一个从左向右刷涂。此外，为避免刷痕，每次收刷时都应留茬口。留茬口是指每刷快要结束时，将油刷逐渐抬起，刷毛端部的压力逐渐减轻，使涂层慢慢变薄，形成边缘参差不齐、羽毛状的刷涂痕迹。茬口要留在没涂刷过的部位。这种使刷涂或滚涂痕迹边缘的涂层由厚逐渐变薄的涂刷方法，对各种油漆涂料都有用，特别是在大面积的平面上，刷涂有光的油基涂料时就更为重要
接缝部位的涂刷	对不足以填塞的木板接缝，刷涂时一般采用三个步骤。头一刷与接缝成垂直方向，使涂料插进缝中。第二刷与接缝平行刷涂，使涂料既能进到缝中又能刷平多余的涂料。最后一刷要按整个涂刷面的刷涂方向轻轻平稳地理几刷，理刷时要从接缝的高端理向低端，以便刷上的涂料不会被刮到接缝中，使多余的涂料流淌

操作注意事项

在刷涂前，基材表面要清理干净，否则基材表面灰尘等易脱落颗粒会随毛刷带入盛放涂料的容器内，造成基材表面有颗粒等缺陷。

光线对于刷涂施工很有影响，一般应选在光线充足的房间内进行，这样可以得到均匀的色泽，涂漆时能够看清，因而能及时避免漏刷及流挂等现象。

刷涂操作时注意漆刷的运行速度不论是横刷还是竖刷都应快慢一致，用力均匀，这样才能保证涂层的厚薄均匀；垂直刷涂时蘸漆量不能太多，涂层不宜过厚，运刷也要求快捷，以防涂层流挂；刷涂时来回涂刷次数不能过多，否则易产生气泡，使漆膜粗糙和留下刷痕；施工现场必须保持空气流通，但风力不能太大，否则会使涂膜产生波纹状的起伏不平。

防毒安全规则

为保障操作人员的身体健康，涂装车间应有切实的卫生安全措施，并对操作人员经常进行卫生教育和训练，使操作人员有必要的卫生安全知识。

（1）施工场所必须有良好的通风、照明、防毒、除尘设备。施工环境中，有毒物质的浓度不得超过国家标准的规定。对有害物质的排放应该严格遵照国家标准的规定，不得任意扩散、自净、转嫁危害和污染环境。

（2）涂装人员（包括检查员）在操作时应穿戴好各种防护用具，如专用工作服、手套、面具、口罩、眼镜和鞋帽等。

（3）在采用暖风的情况下，不允许采用循环风。

（4）不允许在施工现场吃东西和饮水，以免误食而中毒，工作服要隔离存放和定期清洗。

（5）要定期（至少半年一次）给涂装施工人员进行体格检查，发现有中毒迹象或患有禁忌症时，应及时采取措施。

（6）施工操作人员如感觉头痛、眩晕、心悸时，应立即离开工作地点，到通风处呼吸新鲜空气，若仍觉不适，应立即送医诊治。

清洗与保管

漆刷和排笔使用后要妥善保管，以备下次再用。其保管方法：漆刷和排笔用过以后要及时用溶剂洗净，再用肥皂水搓洗，并用清水漂净晾干。

选择清洗漆刷溶剂的原则：一是溶剂对涂料的溶解力，但也不是越强越好，溶解力足够时尽量用弱一些的溶剂；二是要考虑溶剂对人体的毒副作用；三是使用成本。

清洗操作方法：如采用溶剂清洗漆刷时，要遵循少量多次的原则，先外后里的操作顺序；如用肥皂清洗漆刷，则应从里到外，在清水中反复多次，直至清洗干净；清洗干净的漆刷，将笔毛理顺后再晾干。

有经验的油工技师，选用新刷时会一次性多选几个，当使用到八九成新时，俗称"熟笔"，洗净收好，并保留一定数量"熟笔"在手，以备急用。别人借刷子，给新不给旧，这样手头永远有好笔用，永远有"熟笔"用。

---

② 清理　组间协调使用刷涂工具，小组负责人负责清理工具和容器，晾干，归放到位，如图1-30所示。

图1-30　工具清理

4. 满刮泥子

① 满刮方法　全面满刮就是刮涂整个木材表面。虽然如此，透明涂装工艺中粗孔材表面的填孔工序和不透明涂装工艺对木材表面进行底层全面填平工序的目的和要求也各不相同，前者是用填孔剂填满木材表面被切割的管孔，表面上下不允许浮有多余的填孔剂，后者则要求在整个表面铺垫上薄层的填平漆。两三下成刮涂法是做泥子的基础。这种刮涂法首先是抹泥子，把物面填平，然后再刮去多余的泥子，刮光。由于抹的泥子厚，干燥稍慢，能给刮泥子留有一定的工作时间，所以这一技法，既适合刮涂头几遍较厚层泥子，也适合作刮涂技术的练习。两三下成刮涂法，在刮涂一板泥子位置上，按操作顺序分为挖泥子、抹泥子、刮泥子3步，见表1-29。

表 1-29　刮泥子操作步骤

操作步骤	操作方法
挖泥子	从桶内把泥子挖出来放在托盘上,将水除净,以稀料调节稠度合适后,用湿布盖严,以防干结和混入异物。当把物件全部清理好后,用刮板在托盘的一头挖一小块泥子使用,挖泥子是凭着刮板向下掘,不要向上掘。经使用后,托盘上的泥子应保持一个整体,以免干燥成渣影响刮涂。刮板的外侧应保持干净利落,刮板两角所带的泥子要一样多
抹泥子	把挖起来的泥子,马上往物件左上角打,要放得干净利落。若放得不干净,刮板外面和左右两侧存有泥子,无法把泥子刮均匀。把刮板清除干净,然后把刮板的刃全附在物件上,以刃的下脚为转轴,围着泥子向里转半弧,这时泥子就全部随附在物件上,即控制在刮板之下。紧随着手腕往下沉,往下一抹,将这板泥子全用完,或者是已抹到头。这一抹要用力均衡,速度一致,逢高不抬,逢低不沉,两边相顾,涂层均匀。抹泥子的最高层以工作平面的最高点为准。泥子的最厚层以物件平面的最高点为准。刮板下的泥子不断消耗,刮板与工作面的角度应越来越小,以压制泥子填平不平之处。如果泥子不够用或因物件凹陷太深,没有全部抹上泥子,要抓紧时间再从反方向按原手法抹一次,直到把泥子全抹到为止
刮泥子	刮泥子为同一板泥子的第二下。现将剩余的泥子打在紧挨这板泥子的右上角,把刮板里外擦净。再接上一次抹那一板的路线,留着几毫米的厚层不刮,用力按着刮下去,保持平衡并压紧泥子。这时,刮板下的泥子越来越多,所以越刮刮板越趋向与物面垂直。当刮板刮到头时,将刮板猛一竖直,往怀里一带,就能把剩余的泥子带下来。把带下来的泥子仍然打在右上角。若是这一板还没刮完,那么就得按第二下的方法把刮板弄干净,再来第三下。刮过这三下,泥子已干凝,应争取时间刮紧挨这板的另一板,否则两板接不好。又由于手下过涩,所以再刮就卷皮

操作技巧

　　含单宁的木材不宜使用铁质刮刀,刮刀材质应较材面硬度稍软为宜。刮涂时,刮刀刀刃对管沟方向保持角度30°,刮刀对材面保持角度50°~60°,刀身与管沟成直角方向移动,可获得最好的填充效果。

---

　　② 刮涂操作注意事项　调配泥子应松软适宜。黏性太大,泥子不易填入管孔,过于疏松则填孔不密实,易出现虚填、穿心眼;握刮刀要用力均匀,操作要顺序进行;应养成良好的操作习惯,保持物面清洁,不浪费泥子。

　　两三下成刮涂法的头一板泥子完成后,紧接着应刮第二板泥子。第二板泥子要求起始应及时,需要在刮第一板的右边高棱尚未干凝以前刮好,使两板相接平整。刮涂第二板时,可按第一板的刮法刮下去,若剩余的泥子不够一板使用,应补充后再刮。两板相连接处要涂层一致,保持平整。分段刮涂的两个面相连接时,要等前一个面能托住刮板时再刮,否则易出现卷皮。

　　除熟练地掌握嵌批各道泥子的技巧和方法外,还应掌握泥子中各种材料之间的特点,选用适当性质的泥子及嵌批工具。如抹灰与漆的底层泥子可用菜胶泥子和面料泥子用钢皮刮板满批。

不同泥子的刮涂注意事项

　　硝基泥子干燥较快,所以刮涂泥子的动作要快,尽可能一刀刮成,最多不超过两刀,泥层要薄,刮涂要平,一般不超过1mm,待30~60min后可刮第二遍。

　　刮涂水性泥子或慢性泥子,事先做好充分准备,留有刮涂三下的时间。如果准备不足没刮准,没刮平,就不应再刮了。否则不但不能把以前刮的泥子刮好,还会刮坏,刮卷皮脱落。若再来一下,卷脱的泥子又堆积成块了。想刮好,就要根据泥子的干燥情况抢时间,一般在20~30s。刮完第一板所留有的一条厚层泥子,是准备与刮第二板相接,作润滑刮板使用的。如果刮涂到物件的末端或中间停刮,这条厚层泥子就不必留。

　　防止卷皮或发涩的办法是,在同样泥子条件下,加快速度刮完,或者再次增添泥子以保证润滑。但增添泥子,涂层增厚,需费工时打磨。

■ 总结评价

结果评价见表 1-30。

表 1-30　结果评价表

评价类型	项目	分值	考核点	评分细则	组内自评（40%）	组间互评（30%）	教师点评（30%）
过程性评价（70%）	缺陷处理与泥平	10	泥子选择与调制；泥平；操作符合规程	材料选择正确；0~2 调制操作熟练；0~2 泥子颜色和黏度符合要求；0~2 工具选得当；0~1 泥平（嵌补）符合规程，操作娴熟规范；0~3			
	去木毛	10	方法、材料、工具选择；操作符合规程	方法选择正确；0~1 材料选择与调配正确；0~3 工具选择正确；0~2 操作符合规程；0~2 操作娴熟程度；0~2			
	改变纹理	10	工具材料的选用；操作符合规程；处理效果	工具选择正确；0~2 操作符合规程；0~3 改变纹理效果明显；0~5			
	砂光	10	砂纸与工具选择；操作规程	类型、粒度号选择正确；0~2 手工打磨符合操作规程，用力均匀、轻快；0~2 电动砂光机使用符合操作规程，操作熟练；0~2 顺纤维方向打磨，无砂痕、表面光滑；0~4			
	自我学习能力	10	预习程度；知识掌握程度；代表发言	预习下发任务，对学习内容熟悉；0~3 针对预习内容能利用网络等资源查阅资料；0~3 积极主动代表小组发言；0~4			
	工作态度	10	遵守纪律；态度积极或被动；占主导地位与配合程度	遵守纪律，能约束自己、管理他人；0~3 积极或被动地完成任务；0~5 在小组工作中与组员的配合程度；0~2			
	团队合作	10	团队合作意识；组内与组间合作，沟通交流；协作共事，合作愉快；目标统一，进展顺利	团队合作意识，保守团队成果；0~2 组内与组间与人交流；0~3 协作共事，合作愉快；0~3 目标统一，进展顺利；0~2			
终结性评价（30%）	缺陷处理与泥平	10	缺陷处理效果；泥平效果	缺陷处理效果（色差、填平、污染范围）；0~6 泥子厚度适中，无凹陷，无污染部位；0~4			
	去木毛	10	去木毛效果	正面和侧面等木毛去除彻底干净，无新木毛产生，手感光滑；0~10			
	操作完成度	10	在规定时间内有效完成方案与任务工单的程度	尽职尽责；0~3 顾全大局；0~3 按时完成任务；0~4			
评价评语	班级：		姓名：	第　　　组			
	教师评语：			总评分：			

■ 拓展提高

1. 刷涂工具使用与维护

新毛刷初用时其毛易脱落，因此，在使用漆刷之前，应将漆刷放在 1#砂纸（180#砂纸）上来回砂磨刷毛头部，使其磨顺、磨齐后，再蘸取少量涂料在旧的物面上来回涂刷数次，使其浮毛、碎毛脱落，以保证物面漆膜美观。使用漆刷前，还应注意刷头与刷柄连接是否松动，如有松动，可在两面的铁框上各钉几个鞋钉加固。使用新排笔时，先用手指来回拨动笔毛，使未粘牢的羊毛掉出，然后用热水浸湿，将刷毛理顺，并用纸包住，让它自干。新排笔刷涂时，应先刷不易见到的部位，等刷到不再掉毛时再刷易见到的部位或正面、平面等地方。

毛刷、排笔在涂饰使用前先置于稀释剂中使其充分湿润，使用前刮去多余的稀释剂。

底纹笔的使用与排笔大致相同。

刷漆通常分为开油、横油、斜油、理油四个步骤。刷涂之前，必须将涂料搅拌均匀，并调到适当的黏度，一般以 40~100s 范围内最为适宜。开油是将漆刷蘸涂料，直刷到被涂物面上。刷大面积时，每条漆一般可间隔 5cm 左右；横油是涂上油漆后，漆刷不再蘸油漆，可将直条的油漆向横和斜的方向用力拉开刷匀；斜油是顺着木纹进行斜刷，以刷除接痕；理油是待大面积刷匀刷齐后，将漆刷上的余漆在漆桶边上刮干净，用漆刷的毛尖轻轻地在漆面上顺木纹理顺，并刷涂边缘棱角上的流漆，以消除刷痕，形成平滑而均匀的涂层。

刷涂施工需要有适宜的环境与条件，如温度、湿度、光线、通风、清洁、环保等，才能保证涂漆的质量与效果。刷涂最好在标准状态条件下（18~25℃）进行。

刷涂某一具体产品时，其操作顺序通常是先难后易、先里后外、先左后右、先上后下、先线角后平面，围绕产品从左向右转，一个一个表面地刷，避免遗漏。刷涂柜类产品时，应先用小木块将柜身垫起，以避免漆刷接触地面粘上沙土。刷涂完毕，要检查一遍，看有无遗漏、流淌、皱皮、边角积漆以及涂层不均匀等情况，一经发现就应及时消除。

油性漆一般干燥慢，为使涂层均匀可反复回刷多次。但是，有些醇酸漆涂层胶凝较快，如果涂刷不当，容易引起涂层流挂、起皱等缺陷。此时应选用毛厚而且较硬的长毛鬃刷，增加蘸漆次数，加快刷涂速度，及时收刷边缘棱角，以防流挂。要在涂层胶凝之前，尽快收刷均匀，否则易产生涂层厚薄不均、粗糙、流挂等缺陷。

2. 刮涂工具使用与维护

刮涂操作主要有两种：即局部嵌补与全面满刮。前者是对木材表面上的如虫眼、钉眼、裂缝等局部缺陷用泥子补平，后者是用填孔着色剂或填平漆全面刮涂在整个表面上。

局部嵌补的目的是将木材表面上的局部洞眼或逆碴补平。嵌补时泥子不可挑的过多，嵌补部位周围不能有多余的泥子，不应将嵌补部位扩大。考虑到泥子干燥后的收缩，可以将缺陷部位补得略高于周围表面。

（1）铲刀和刻刀的使用方法以及保管和维修

① 铲刀和刻刀的使用方法　铲刀主要用于清理灰土、调配泥子、刮涂泥子和铲掉硬疙瘩。

清理灰土　使用前要将铲刀磨快，两角磨整齐，这样就能把木材表面上全部灰土清理干净而不致损伤木质。清理时，手应拿在铲刀的刀片上，大拇指在一面，四个手指紧压另一面。要顺木纹清理，这样不致因刀快而损伤木材，而且用力轻重能随时感觉到，可以手随心变。

调配泥子 用四指握把,食指紧压刀,正反两面交替调拌。

铲硬疙瘩 清理泥子硬块、旧漆膜等,要满掌紧握刀把,大拇指紧压刀把顶端,使劲铲刮。

刮涂泥子 往返刮涂法就是先将泥子敷在平面的边缘成一条线,刮刀尖成 30°~45° 向外推向前方,将泥子刮涂于低陷处,多余泥子挤压在刮刀口的左面成一条线。刮刀刮到前端,刀尖即转向 30°~45° 往回刮,又将泥子刮涂到另一低陷处,多余的泥子在刮刀的右面成一条线。这样往返施工,达到填平整个物面的目的。这种方法适用于刮涂平面物体。一边倒刮涂法即刮刀只向一面刮涂,如从上往下刮、从前往后刮或从下往上刮等。

小刻刀主要用于将泥子嵌填在小钉眼和缝隙中,一般用于填嵌泥子;大刻刀则用于铲刮较硬的泥子和旧漆。

② 铲刀和刻刀的保管和维修 铲刀和刻刀使用完毕后应擦拭干净,以免产生软垢很难刮除,铲刀蘸水使用后应擦去水迹,并涂一些机油防锈。

铲刀和刻刀使用久了,常常会出现两角变秃、刀刃倾斜及刀柄脱落等毛病,应及时进行维修。维修方法如下:

两角变秃 应将 1# 铁砂布垫在平木板上或厚玻璃块上,一手捺住砂布边沿,一手紧捏刀面的下部,并使刀柄与刀面垂直,然后用力均匀在垫平的砂布上来回磨刀。一般角秃轻的,用力磨 10~15 个来回即可,角秃严重的,可先在砂轮上或粗砂石上将两角大致磨齐,再在垫平的砂布上或细平磨石上磨齐、磨直。

刀刃倾斜 有时候铲刀和刻刀的刀刃呈斜形,这是平时刮涂时用力不均匀造成的,遇到这种情况,可在砂轮或砂石上将高的一角磨得与低的一角基本相齐,然后用砂布包一块木板磨刀,或在平整的油石上将刀刃磨平、磨直。

刀柄松动 有时铲刀的刀柄与刀头发生松动或掉头,这对继续使用极为不利,必须紧固以后再用。

（2）牛角翘的使用方法与保管

① 牛角翘的使用方法 牛角翘主要用于嵌泥子和刮泥子。前文中介绍了嵌泥子的操作。

刮泥子的方法为用大拇指和其他四个手指满把拿住牛角翘。刮涂整件家具时可把泥子满涂在物面上再用牛角翘修刮。往缝嵌入泥子,可用较小的牛角翘的尖头去压嵌。

② 牛角翘的保管 牛角翘不用时会"躬背",为了防止弯曲变形,可用一块硬木,在其顶部锯几个口子,将不用的牛角翘揩擦干净,插入锯缝内。将牛角翘压在重物下面也能防止变形,一般可用开水浸泡后取出,压在底面平整的重物下,一天能恢复原状,即可使用。牛角翘用久之后,刀口会磨损而变厚、不平,因而必须经常用玻璃片修刮一下,并在磨口砖上将口子磨平。

（3）橡皮刮刀的使用方法与保管

① 橡皮刮刀的使用方法 橡皮刮刀一般在刮大面积物件时使用,此外有一些不规则的底材或是圆形物体一定要采用橡皮刮刀刮涂,因橡皮刮刀有弹性,可随圆形物面变形,将泥子刮涂成圆形层。

橡皮刮刀的拿法是用大拇指紧捏一面,其他四指紧捏另一面,橡皮刮刀顶部紧靠掌心,使用时橡皮刮刀应与被刮物面成倾斜状,用力要均匀,动作要敏捷,不要多次来回刮涂。

② 橡皮刮刀的保管 橡皮刮刀使用完毕后应立即刮净泥子,并用溶剂将表面揩擦干净,千万不能将整块橡皮浸入溶剂中洗涤,以免橡皮变形;橡皮刮刀的刮刃如果有缺口或不平,应在砂纸上细心地磨

平、磨齐，刮刃用短后应在电动砂轮上再磨出刮刃。除了橡皮刮刀以外，根据需要还可用钢片、层压板、硬聚氯乙烯板制成不同材料、不同大小的刮刀，制作和使用方法与上面介绍的相似。

■ 思考与练习

1. 基材为什么要进行砂光处理？砂光时应注意哪些问题？

2. 木毛的去除方法有_____、_____和_____等。

3. 简述泥子的作用、类型、组成、调制以及施工方法。

4. 简述下涂的作用、使用何种涂料，该类型涂料有何特点。

5. 手工涂饰的特点是什么？包括哪几种方法？

6. 手工刷涂工具有哪些？它们分别适合刷涂什么涂料？刷涂要领有哪些？怎样选用？缺陷有哪些？分别是什么原因造成的？

7. 刮涂要领有哪些？

8. 原子灰与水灰有何区别？

9. 填写表 1-31 中空白项目内容（工具名称、涂饰材料）。

表 1-31 **手工涂装工具识别**

方　法	工具名称	外　观	涂饰材料	其　他
刷　涂				
				不能涂刷有色面漆、易刷花
刮　涂				局部嵌补（虫眼、钉眼、裂缝）填孔、着色
擦　涂				底着色（基材着色）

■ 巩固训练

针对上述工艺方案设计中特殊效果，可选做下面的练习。

1. 刷擦凸显木纹练习

（1）练习目的

通过用钢丝刷刷擦使木材表面打毛成突现纹理的表面。

（2）工作安全

磨锐钢丝刷时戴眼镜保护装置，被刷擦板件固定夹紧。

（3）知识准备

为使纹理不明显的针叶材表面打毛和突现纹理，采用金属加工业常用的钢丝刷。为加工木材表面必须将钢丝刷毛尖用砂轮磨锐，如图1-31所示。在专业商店中可以买到用于安装研磨机或铣削主轴上用的圆形刷，如图1-32所示。

用显纹刷能使硬和软质木材同样出现纹理，使木材纹理明显，木材由于结构不均匀得到的凹凸的表面质感变得更贵重。显纹刷可在固定台式铣床和普通手提式刷擦机上使用，如图1-33所示。

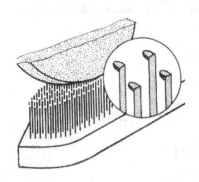

图1-31　用砂轮磨锐钢丝刷毛尖　　　　图1-32　在铣削主轴上用的纹理刷

（4）具体工艺操作

① 刷擦　压光的云杉贴面或实木表面用磨锐的钢丝刷顺纤维方向刷擦。为此将板件固定夹紧，双手有力地使钢丝刷在木材上运行，在一个位置刷擦至软质木材部分出现约0.5mm深的槽。在此工序形成带晚材条带形象的所谓"纹理表面"。此时早材的软质材料被刷擦掉，深色的硬质晚材部分便清楚地显现，如图1-34所示。

② 除尘　已刷擦的表面接着用清洁剂顺木材纤维方向通过有力的刷擦沟槽而除尘。

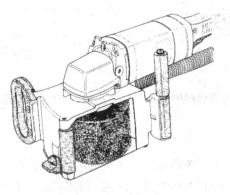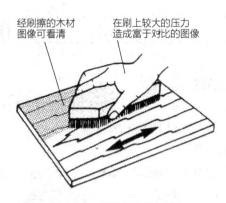

经刷擦的木材图像可看清　　在刷上较大的压力造成富于对比的图像

图1-33　刷纹理机　　　　　　图1-34　用钢丝刷刷擦表面

■ **自主学习资源库**

1. 国家级精品课网站 http：//218.7.76.7/ec2008/C8/zcr-1.htm

2. 叶汉慈. 木用涂料与涂装工[M]. 北京：化学工业出版社，2008.

3. 王恺. 木材工业大全（涂饰卷）[M]. 北京：中国林业出版社，1998.

4. 王双科，邓背阶. 家具涂料与涂饰工艺[M]. 北京：中国林业出版社，2005.

5. 华润涂料 http://www.huarun.com/

6. 威士伯官网 http://www.valsparpaint.com/en/index.html

7. 阿克苏诺贝尔官网 http://akzonobel.cn.gongchang.com/

 # 任务 1.3　底漆涂装与品质控制

任务目标

1. 理解家具企业涂装工段的安全生产常识；

2. 理解实色涂装所用底漆的种类、成膜机理、工艺特点；

3. 掌握常用实色涂装底漆涂装的方法、所用工具、设备及施工要领；

4. 掌握所选用底漆的安全贮存常识、安全管理要求；

5. 掌握底漆涂装时易产生缺陷的产生原因及解决对策；

6. 了解淋涂、辊涂、静电喷涂和机器人自动喷涂技术。

技能目标

1. 能根据工艺方案要求合理选用底漆；

2. 能较熟练使用和维护常用工具和设备，独立完成底漆涂装；

3. 能对家具表面缺陷进行准确分析，提出解决措施，进行品质控制；

4. 工作中能与他人协作共事，沟通交流；

5. 能借助工具书查阅英语技术资料，自我学习、独立思考；

6. 能自我管理，有安全生产意识、环保意识和成本意识；

7. 根据"6S"管理要求，安全准确取放材料、工具。

工作任务

任务介绍

根据工艺方案，分析底漆涂饰工艺要求，合理选择涂料种类和工具，按照操作规程来喷涂底漆，施工中控制喷涂参数和避免喷涂缺陷。

任务分析

前面重点讲述和练习了基材表面如何处理，但是制品表面尚没有涂膜，而木制品表面具有装饰和保护性能并有足够厚度的漆膜是由性能、作用各不相同的底漆面漆经多次涂装所形成的。为使木材表面漆膜显得丰满厚实、经久耐磨，漆膜必须达到足够的厚度，但涂得过厚，不仅浪费涂料与工时，而且漆膜脆性大，附着力差，韧性降低，不能经受剧烈的温度变化，容易开裂，这显然是不必要不合理的。为使漆膜达到必要的厚度，从节约涂料与工时的观点来看，最好是通过一次涂漆操作来完成，然而实践证明，这是不可取的。因为除了不饱和聚酯漆以外，大多数涂料一次涂装形成的厚涂层容易"流挂"，不利干透、内应力大，常导致漆膜起皱、光泽不均匀等缺陷。因此，实际操作中常分为下涂、中涂与上涂涂层，一般从基材表面开始涂装的几遍底漆（也称打底）构成下涂封闭底漆与中涂底漆涂层，最后制品表面涂装的 1~2 遍面漆构成上涂涂层。

按照可实施方案，各组沟通协助，合理分配工具、材料，完成底漆的涂装。针对所出现的问题，要及时发现，提出解决措施，及时解决。

工作情景

实训场所：一体化教室、打磨间、喷涂作业室。

所需设备及工具：涂装板件、砂纸、调色材料、底漆涂料、喷涂设备。

工作场景：教师结合涂装工艺方案，布置学习任务，教师下发任务单，将任务要求进行讲解。在喷涂作业室中，教师讲解演示底漆的调配、喷涂操作要领和技术要求，学生模仿进行操作练习。然后小组同学结合设计的涂装方案，进行底漆涂饰的工作准备，制定底漆涂饰实施方案，对施工要领及技术参数进行讨论、分析。小组到指定位置领取工具、材料，分工明确后进行任务实施，教师巡回指导，督促检查。完成任务后，各小组进行作品展示，互相交流学习体会。同学之间进行互评，教师要对各组的方案设计进行评价和总结，指出不足及改进要点。学生根据教师点评，对实施过程存在的问题作分析、改进，填写相关学习文件（任务书、评价表）。

知识准备

---

1. 木用涂料施工检测项目、方法及标准

涂料在涂装施工中表现出的各种性能，反映了涂料使用时应具备的性能，或称为涂料施工性能。这种性能所表示的是涂料的使用方式、使用要求、形成涂膜所要求的条件以及在形成涂膜过程中涂料的表现等。检测项目有用漆量、施工性、流平性、流挂性、重涂性、干燥性能等。

（1）单位面积用漆量

单位面积用漆量指涂料在正常施工情况下，在单位面积上制成一定厚度的漆膜所需的漆量，以单位 g/m^2 表示。

（2）施工性

施工性指涂料产品进行施工的难易程度。涂料刷涂、喷涂或刮涂施工时，如果容易涂布，而且得到的漆膜很快流平，没有流挂、起皱、缩边、渗色或咬底等现象，即称为施工性好。

（3）流平性

流平性指涂料在施工后，其漆膜由不规则、不平整的表面流展成平坦而光滑表面的能力。流平是重力、表面张力和剪切力的综合效果。流平的前提是涂料是否能润湿工件表面，能润湿才能具有较好的流动性，这与涂料的组成、性能和施工方式等有关。GB/T 1750—1979《涂料流平性测定法》中规定，使用刷涂法和喷涂法两种，以 min 表示，一般流平性良好的涂料在 10min 之内就可以流平。喷涂法则观察喷涂后的湿膜表面达到均匀、光滑、无皱（无橘皮或鹅皮）状态的时间，同样以国家标准来评定是否合格。

实际上流平性的测定与流平时的环境状态有关，因此测定时的条件实际上分为自然状态和生产条件两种不同的情况。标准温度、湿度下的测定以及模拟生产条件时的测定表现不同，在此不再详述。

（4）抗流挂性

涂料的流挂速度与黏度成反比，与涂层厚度的二次方成正比。抗流挂性的测定方法是在试板上涂上一定厚度的漆膜，将试板垂直立放，观察漆膜的流坠现象，进行记录。GB/T 9264—2012《色漆和清漆　抗流挂性评定》规定采用流挂试验仪对色漆的流挂性进行测定，以垂直放置，不流到下一个厚度的漆膜厚度为不流挂的读数，厚度数值越大说明涂料越不容易产生流挂现象，亦即抗流挂性能越好。

（5）干燥性能

干燥性能包括表面干燥、实际干燥和完全干燥的时间。

① 表面干燥时间　又称表干时间，常用的有吹棉球法、指触法和小玻璃球法。

② 实际干燥时间　常用的有压滤纸法、压棉球法、刀片法和厚层干燥法。

（6）涂料的混溶性与可使用时间

① 混溶性　按产品规定的比例在容器内混合，用玻璃棒进行搅拌，如果很容易混合成均匀的液体，且不再分层，则认为混溶性"合格"。不良的会表现团状、粗粒，透明变为浑浊，经长时间搅拌仍不混溶，极易分层等。

② 可使用时间　将组分在一定容量的容器中按比例混合后，按照产品规定的可使用时间、条件放置，达到规定的最低时间后，检查搅拌难易程度、黏度变化和凝胶情况；并且涂制样板放置一定时间（如24h或48h）后与标准样板对比，检查漆膜外观有无变化或缺陷（孔穴、流坠、颗粒等）产生。如无异常则认为"合格"。

（7）消泡性

① 底漆类　将样品按照规定配比稀释至施工黏度12s（常温）后，立面刷在400mm×600mm×5mm 黑胡桃木皮板上，刷涂四遍，测试涂料在施工过程中及干膜的消泡性能。

② 面漆类　将样品按照规定配比稀释至施工黏度12s（常温）后，立面刷在已做好底漆的400mm×600mm×5mm 黑胡桃贴纸板上，刷涂两遍，测试涂料在施工及干膜过程中的消泡性能。可自行设置评分标准，从而比较不同产品的消泡性能。

（8）可打磨时间

可打磨时间是指漆膜达到底漆涂膜用砂纸打磨而不粘砂纸程度时所需要的时间。在相同的施工条件下，使用相同的砂纸、相同力度、相同打磨次数，以不粘砂纸的时间为该底漆的可打磨时间。UPE 底漆以打磨出的粉分散而不成团为判断打磨时间的依据，可以有轻微粘砂纸的现象。

（9）打磨性

在达到可打磨时间之后，在相同施工条件下（砂纸、力度、次数）打磨后所表现出的性能，如是否粘砂纸、打磨的难易程度、磨后的平整性，与可打磨时间为不同的概念。

（10）漆膜重涂性

重涂性是指在涂膜表面用同一涂料进行再次涂覆的难易程度和效果。重涂性试验是在干燥后的漆膜上按规定进行打磨，再按规定方法涂上同一种涂料，其厚度按产品规定要求，在涂饰过程中检查涂覆的难易程度，在按规定时间干燥后检查漆膜状况有无缺陷发生（例如流平性不好、咬起、缩孔、离层等），必要时检测其附着力。

2. 涂料种类及特性

（1）硝基涂料

硝基涂料见任务 1.1 中的介绍，主要品种有硝基清漆、各色硝基磁漆、硝基底漆与硝基泥子等。硝基漆是涂料中比较重要的一大类，是国内外木制品涂装用漆的主要品种之一。

硝基涂料的性能优点如下：

① 装饰性好　硝基漆漆膜坚硬，打磨抛光后可获得光亮如镜的表面。清漆的色泽接近于木材本色，且透明度高，在涂饰过程中能渗入木材管孔中，可充分显现木材的天然花纹。各色硝基磁漆的色彩鲜艳，经打磨抛光后漆膜平滑细腻。

② 干燥速度快　硝基漆属挥发型漆，一般涂饰一遍，在常温下十几分钟可达表干，几十分钟就能实干。因此在间隔时间不长的情况下，可连续涂饰多遍，其干燥速度比油性漆快许多倍。但如果连续涂饰多遍，涂层完全干透也需要较长时间，一般为 12~24h 或更长。

③ 涂膜装饰性能优良　涂膜色浅、透明度高、坚硬耐磨，具较高的机械强度。在常温下有一定的耐水和耐稀酸性能，但不耐碱，耐热性较差。因此它只能满足木制品保护的一般条件。

④ 涂膜损伤易修复　硝基涂料属于可逆性涂料，即完全固化的涂膜仍能被原溶剂溶解，因此当漆膜受到损伤时极易修复得和原来基本一致，看不出修补痕迹。

⑤ 使用极为方便　可刷涂，亦可喷涂、淋涂、浸涂、辊涂，且涂料可使用时间较长，不易变质报废，隔日可继续使用，便于保管。

硝基涂料的性能缺点如下：

① NC 漆的固含量低，单遍形成的涂膜较薄，丰满度差。

② 涂膜硬度低，一般为 2B~HB。

③ 漆膜耐化学品性差，耐热差，不耐溶剂 、酸、碱等。

④ 对温湿度变化较为敏感，尤其高温高湿的情况下易泛白。

⑤ 挥发物含量高，在涂饰过程中大量溶剂挥发到空气中，造成空气污染，对人体有害，且易燃易爆，必须有通风设备进行通风。这些不利因素会进一步制约其发展。在家具领域主要用于美式涂装，另外在家装领域中是一个主要应用品种。

（2）聚氨酯涂料

聚氨酯涂料是聚氨基甲酸酯树脂涂料的简称，是由多异氰酸酯和多羟基化合物反应而成，以氨基甲酸为主要成膜物质的涂料，也是涂料品种中比较重要的一类，是目前国内外木制品涂装用漆的主要品种之一。

目前聚氨酯涂料是品种最丰富的一类木器漆。如前所述，按木器涂装施工作用分类，聚氨酯涂料有头度底漆、二度底漆、面漆、泥子、填孔漆与着色剂等品种；按透明度与颜色分类，有透明清面漆、清底漆，有透明着色品种，有不透明的黑色、白色、彩色、珠光、闪光、仿皮、裂纹漆等多种；按光泽分类，有全光（亮光）、亚光品种，后者又分为半亚光、全亚光等；按组分分类，有单组分聚氨酯涂料与双组分聚氨酯涂料。目前我国市场上木用家具用得最多的是双组分聚氨酯涂料。

① 聚氨酯涂料的组成　市场上供应的聚氨酯涂料一般为双组分聚氨酯涂料。双组分中的一个组分即异氰酸酯部分也称含异氰酸基（— NCO）组分，常称甲组分或硬化剂、固化剂，另一个组分即羟基部分，也称含羟基（— OH）组分，常称乙组分或主剂。目前涂料市场的习惯称呼为主剂与硬化剂。双组分漆贮存需分装，施工时主剂和硬化剂按一定的配比混合，再加入适量的稀释剂调整施工黏度，即可进行施工。混合后异氰酸酯基与羟基发生加成聚合化学反应，形成聚氨酯高分子化合物，配漆后有施工

时限，在时限内应及时涂于制品表面，若超过施工时限，配漆桶中配好的漆液黏度逐渐增稠，聚合化学反应照常进行，直至固化报废。聚氨酯漆仍然是由成膜物质、溶剂、辅助材料（助剂）、着色材料组成，主剂与硬化剂都是成膜物质的原料。

② 聚氨酯涂料的固化机理　聚氨酯涂料的固化机理是甲乙组分混合后异氰酸酯基与羟基发生加成聚合化学反应，形成聚氨酯高分子化合物而成膜。

③ 聚氨酯涂料的性能　聚氨酯涂料近几十年在世界上发展迅速，品种繁多，综合性能优异，几乎用于国民经济的各个部门，也是国内外木制品涂装用漆极为重要的品种之一，以其涂装木制品不仅具有优异的保护性能，而且兼有装饰性能。其具体性能特点如下：

优点　氨酯键的特点是在高聚物分子之间结合力强，使聚氨酯涂料膜具有高度机械耐磨性和韧性。

聚氨酯对各种表面均有良好的附着力，尤其对木材的附着性更好，因此极适于作木材的封闭漆与底漆，其固化不受木材内含物以及节疤、油分的影响。

漆膜具有优异的耐化学腐蚀性能，漆膜能耐酸、碱、盐液、油、水、溶剂等化学药品。

聚氨酯涂料涂层能在高温下烘干，也可在低温下固化，因此施工不受季节限制。

聚氨酯涂料膜可根据需要调节其成分配比，可从极坚硬的调节到极柔韧的弹性涂层。

聚氨酯涂料膜具很高的耐热、耐寒性。漆膜能在 $-40 \sim 120℃$ 条件下使用，因此能制得耐高温的绝缘漆。

涂料中有些品种（如环氧、氧化橡胶等）保护功能好而装饰性稍差，有些品种（如硝基漆等）则装饰性好而保护功能差，而聚氨酯涂料则兼具优异的保护功能和装饰性。聚氨酯清漆透明度高，颜色浅，漆膜平滑光洁，丰满光亮，不仅具一系列保护性能，也有很高的装饰价值，故广泛用于高档家具、高级木制品、钢琴以及大型客机的涂装中。由于具有上述优良性能，聚氨酯涂料在各方面都得到广泛的应用，新品种不断涌现，发展前途广泛。

缺点　聚氨酯涂料也有不足之处，如双组分漆的调配使用不便，配漆后有施工时限；有些聚氨酯涂料中含部分游离异氰酸酯，人体吸入有害健康，施工中应加强通风；异氰酸酯很活泼，对水、潮气、醇类都很敏感，贮存需密闭，施工中宜避水；对溶剂要求要无水无醇；施工中需精细操作，否则易引起针孔气泡、层间剥离等。用芳香族多异氰酸酯（如 TDI）作原料制的漆易变黄，近年用脂肪族多异氰酸酯（如 HDI）作原料，可制成不黄变的聚氨酯涂料。

④ 聚氨酯涂料的施工应用　由于聚氨酯涂料属于反应性涂料，对环境敏感，故其涂膜质量与施工有密切关系，对基材表面处理、施工环境的温度、湿度、施工遍数的衔接等均须注意。除一般性涂料施工共同注意事项外，对其还需特别注意下列各点：

a. 注意配漆的比例，主要是 NCO/OH（即异氰酸基/羟基）的比例，也就是主剂（乙组分）和固化剂（甲组分）的比例。调漆时，若固化剂（— NCO）加入太少，则与羟基（— OH）反应不充分，易导致漆膜交联度较低，漆膜的抗溶剂性、抗化学品性、抗水性、机械强度等性能明显下降，漆膜发软。若固化剂加入太多，则多余的— NCO 基吸收空气中潮气转化成脲，增加了交联密度，提高了抗溶剂性、抗化学品性，但漆的施工时限较长，漆膜较脆。因此涂料生产厂家在产品使用说明书中注明了配漆比例，用户在使用前要严格按说明书中规定比例调漆。

b. 应根据具体型号、涂料产品说明书规定的比例配漆，按当日需要量调配，用多少配多少。两组分混合后充分搅匀，需静置 20min 左右待气泡消失后再涂装。如配漆当日未用完，则以专用配套稀释剂稀释至 3 倍，密封后可于次日与新漆混合使用，但混合的新漆应占 80% 以上。

c. 涂料量取后漆罐要盖严，以免吸潮变质（尤其硬化剂组分）。

d. 聚氨酯涂料原液黏度可能因不同型号而异，冬季与夏季也不一样，施工时黏度高易发生气泡，故需用配套的专用稀释剂稀释，由于上述原因稀释比例不同，应针对具体施工方法参考说明书建议的稀释比例经试验后确定最佳的黏度，自选溶剂可用无水醋酸丁酯、无水二甲苯、无水环己酮等，最好使用配套稀料，不可乱用其他稀料（如硝基稀料等）代替，因为硝基漆稀释剂内含醇、微量水和游离酸等。

e. 配漆与涂装过程中，忌与水、酸、碱、醇类接触，木材含水率不可过高，湿木材或下涂层均需干透再涂漆。注意空气喷涂时压缩空气中不得带入水、油等杂质。

f. 不宜一次涂厚，可多次薄涂，否则易发生气泡、针孔。双组分聚氨酯涂料可采取"湿碰湿"工艺喷涂，即表干接涂。需参考说明书建议的重涂时间间隔，可先试验后再确定最佳的重涂时间。间隔时间也不可过长，否则涂层间交联不好，影响涂层间的附着力。对固化已久的漆膜需用砂纸打磨或用溶剂擦拭后再涂漆。

g. 某些颜料、染料及醇溶性着色剂等可与聚氨酯发生反应，不宜放入漆中，或使用前需经试验。当漂白木材使用酸性漂白剂时，涂漆前需充分中和，以免反应变黄。

h. 施工环境温度过低，涂层干燥慢；温度过高，可能出现气泡与失光。此外含羟基组分的用量不当，或涂层太厚也可能使其干燥慢。溶剂含水、被涂表面潮湿、催化剂用量过多、树脂存放久等均可使涂层暗淡失光。

l. 施工完毕即用配套稀释剂或环己酮与重质苯的混合物将工具、容器、设备等充分洗净。

j. 由于聚氨酯涂料中游离的异氰酸酯有毒，一定程度上影响施工人员身体健康，并污染涂装环境，故施工应特别注意劳动保护，工作场所必须通风良好，操作人员应中午休息或下班后应漱口。

（3）聚酯漆

聚酯漆是以不饱和聚酯树脂为基础的一类涂料，亦称 UPE 涂料。在此介绍的以气干型不饱和聚酯为主要成膜物质的涂料，综合理化性能优异。聚酯涂料属于无溶剂涂料，一次可成厚膜，涂膜固体分高，特别适合作底漆，使面漆表现出高丰满度，这些优点使 UPE 漆在近年来获得较大发展。

① 聚酯漆的组成及各组分作用　不饱和聚酯涂料，属于多组分涂料，不饱和聚酯漆的成膜物质主要是不饱和聚酯树脂，溶剂用苯乙烯，辅助材料有引发剂、促进剂与隔氧剂等，色漆中包括各种颜料，着色清漆中含有染料。市售 UPE 涂料包括主剂（不饱和聚酯为主）、引发剂（俗称白水）、促进剂（俗称蓝水）及稀释剂。

主剂一般是含有一定数量的不饱和二元酸的聚酯与某一单体（如苯乙烯、丙烯酸酯）的混合物。苯乙烯是一种无色易挥发的液体，它含有不饱和单体，既能参与聚合反应，固化成膜后苯乙烯就成为漆膜的组成部分；又能作不饱和聚酯的稀释剂。故苯乙烯既是稀释剂又是成膜物质。

白水（引发剂）通常是指各种过氧化物和过氧化氢化合物溶液，它们能够分解生成自由基；虽然不饱和聚酯与苯乙烯都有带活性的不饱和双键存在，但通常情况下，聚合反应却很难发生，因此，需要有辅助材料来引发聚合反应的发生，这种材料称为引发剂（或称交联剂、固化剂）。引发剂在一定条件（光或热）下分解产生游离基，这个游离基可使单体的双键断裂与它结合成为一个新的游离基，新游离基同样能很快攻击另一个单体的双键，使它断裂并与它结合成一个更大的新游离基。如此反复进行，就能使分子链增长，最后完全聚合。常用的引发剂是各种过氧化物，如过氧化环己酮、过氧化甲乙酮和过氧化苯甲酰等。

蓝水的种类也很多，通常是一些环烷酸盐等。引发剂只有在加热时才能使涂料在短时间内聚合固化成膜，为了提高聚合反应速度，需要有一种材料来促进引发剂过氧化物在常温下快速分解游离基，这种材料称为促进剂。

当在空气中涂装聚酯漆时，涂层中的过氧化物产生的游离基极易与空气中的氧反应，而不再引发聚酯与苯乙烯之间的聚合反应，结果涂层表面不固化。因此，传统的聚酯漆需隔氧施工。生产中主要采用膜封法与蜡封法隔氧施工。前者是在涂层上覆盖涤纶薄膜；后者是在漆中加入少量高熔点石蜡，涂漆后石蜡能够浮在涂层表面，形成蜡膜，隔离空气。在此石蜡就是隔氧剂。但漆膜固化后涂层表面有一层蜡膜，表面无光，需将蜡层磨掉才能显现出漆膜光泽。生产上一般将石蜡与苯乙烯配成约含蜡4%的苯乙烯溶液作隔氧剂。

鉴于聚合反应中不饱和聚酯、苯乙烯、引发剂、促进剂和隔氧剂等的不同性质和作用，不饱和聚酯漆是多组分包装。传统聚酯漆中有3~4个组分，组分一是不饱和聚酯的苯乙烯溶液（加一定量的阻聚剂），组分二是引发剂，组分三是促进剂，组分四是蜡液。如果采用膜封隔氧法施工，只需前三个组分而无蜡液。气干聚酯漆一般分四组分：组分一是不饱和聚酯漆（主剂）、组分二是引发剂（又称固化剂、硬化剂，俗名白水），组分三是促进剂（俗名蓝水），组分四是苯乙烯溶液稀释剂（稀释水）。涂装前应按产品说明书上的规定进行调配，但要注意的是引发剂与促进剂不能直接接触，否则会引起燃烧或爆炸。

② 聚酯漆的固化机理　聚酯漆是由饱和的二元醇（如乙二醇、丙二醇等）与不饱和的二元酸（如顺丁烯二酸酐）经缩聚反应而制得的，是一种线型聚酯，其分子结构中含有双键，含有不饱和的碳原子，故称为不饱和聚酯树脂。它能溶于苯乙烯中，在一定条件下（如在引发剂或加热作用下）能与苯乙烯发生聚合反应而形成体型结构的不饱和聚酯漆膜。

③ 聚酯漆的性能特点　聚酯漆是木器漆中独具特点的漆类，具有优异的综合性能，其特点如下。

优点　有其他漆类所不具备的特点，即漆中的交联单体苯乙烯兼有溶剂与成膜物质的双重作用，而使聚酯成为无溶剂型漆，其涂层成膜时没有溶剂挥发，漆中组分几乎全部成膜，固体分含量近100%（配漆与涂漆前后可能有极少量苯乙烯挥发），涂料转化率极高，涂装一次便可形成较厚的涂膜，可减少施工遍数，施工中基本没有有害气体挥发，对环境污染小。

目前，国内外木器涂料中绝大部分都是溶剂型漆，例如酚醛漆、醇酸漆、硝基漆、聚氨酯涂料、酸固化氨基醇酸漆等，均含有大量的挥发性溶剂，经稀释后调配好的施工漆液中溶剂含量占60%~80%，涂装后全部挥发到空气中去，增加成本并污染环境。

聚酯是合成树脂中的上品，因此聚酯漆漆膜综合性能优异，表现为漆膜坚硬耐磨，硬度可达3H以上，因而机械强度高；漆膜有良好的耐水、耐热、耐油、耐酸、耐溶剂、耐多种化学药品性，并具电气绝缘性；漆膜对制品不仅有良好的保护性能，并具有很高的装饰性能，聚酯漆漆膜有极高的丰满度，并有很高的光泽与透明度，清漆颜色浅，漆膜具有保光保色性，经抛光的聚酯漆膜可达到十分理想的镜面效果。

缺点　多组分漆贮藏使用比较麻烦，配漆后施工时限短，如环境气温高、引发剂与促进剂用量过多，易使调好的漆来不及使用便固化，一般需现用现配，用多少配多少。胶化时间短，涂膜有绿化现象。聚酯漆与基材、配套材料的相容性差并具有选择性，如基材表面的脏污或木材内含物会影响聚酯漆的固化，对后续涂层、着色剂均有选择性。现场施工操作要求较高，使用聚酯漆需特别注意安全，蓝水和白水要分开存放并按要求使用，否则易引起爆炸和火灾。涂膜一般较脆，易开裂，品种较单一，以底漆为主；对底层处理要求严格，否则影响附着力。

（4）紫外光固化涂料

紫外光固化涂料亦称 UV 涂料，是通过紫外线照射漆膜引起自由基化学反应，使漆膜快速干燥的一种固化涂料。一般常用于板式家具辊涂涂装，目前 UV 淋涂涂装工艺也得到了较多的应用。

紫外光固化涂料优点：

① 固含量极高，漆膜硬度高，耐磨性优异；

② 干燥迅速，适合机械化大规模流水线生产；

③ 使用辊涂或淋涂时，油漆浪费少；

④ 挥发性溶剂少，环境污染低；

⑤ 丰满度好、附着力好、遮盖力强，具有抗刮伤性，手感细腻。

（5）水性涂料

水性涂料是指成膜物质溶于水或分散在水中的漆。它不同于一般溶剂型漆，是以水作为主要挥发分的涂料。由于其独特性能以及可用多种树脂制作，故与光敏漆一样不属于我国涂料标准分类的 18 大类之中。

① 水性涂料的组成　水性涂料一般分为水乳型和水溶性两大类，其中水乳型使用较为广泛。树脂能均匀溶解于水中成为胶体溶液的称为水溶性树脂，用于制造水溶性漆；以细微的树脂粒子团（粒子直径 $0.1 \sim 10.0 \mu m$）分散在水中成为乳液的则称为水乳型。水乳型主要品种有聚氨酯分散体（PUD）、纯丙烯酸乳液（PA）、丙烯酸-聚氨酯改性乳液（PUA）等，包装形式分为单组分、双组分。水乳型漆的主要组成是水分散聚合物乳液与各种添加助剂。聚合物乳液一般由乙烯基单体在乳化剂、引发剂等助剂存在下经聚合制得；助剂有交联剂、增稠剂、成膜助剂、消泡剂、防霉剂等。色漆中则加入颜料水浆。目前水性木器涂料使用的树脂主要有水性醇酸、丙烯酸乳液或分散体、水性聚氨酯分散体、水性丙烯酸聚氨酯分散体、双组分水性聚氨酯分散体等，配漆时用上述树脂配合水、增稠剂、添加剂来调制而成。

② 水性涂料的固化机理　水性涂料成膜机理与溶剂性涂料在原理上是一致的，与涂料所选择的树脂体系密切相关，同样有挥发干燥、交联固化、加热固化、UV 固化等，但因为水性涂料中的特殊溶剂"水"的存在，使得其固化机理变得更复杂一些。如水性双组分聚氨酯涂料，在其成膜过程中包括可挥发物（溶剂、水）的挥发、多元醇和多异氰酸酯粒子的共凝结、多异氰酸酯和水的反应、多元醇和多异氰酸酯的反应等，这些反应将伴随涂料干燥的整个过程。

③ 水性涂料的性能特点

优点　用水作溶剂与稀释剂，价廉易得，净化容易，代替了有机溶剂，节省了资源。

水性涂料无毒、无味，施工中不产生挥发性气体，不污染环境，施工卫生条件好。贮存、运输与使用中无火灾与爆炸危险。

水性涂料调漆方便、使用时间长、易修补。

漆膜柔韧性和附着力较好。

水性涂料施工方便，可刷涂、喷涂、淋涂与辊涂，一般具有很好的流平性，尤其施工工具、设备及容器等均可用水清洗。

缺点　水性涂料固含量偏低，一次无法得到高厚膜的涂装，漆膜在耐溶剂性、耐药品性、耐热性、硬度及手感方面与 NC、PU 相比有一定差异，涂料单价亦偏高，光泽不如同类的溶剂型漆，部分品种冻融稳定性差。施工时涂层中的水分必须挥发充分才能进行下一道工序。随着各国环保法规对 VOC（挥发性有机物）的限制及人们环保和健康意识的增强，溶剂型涂料受到前所未有的挑战，水性涂料日益受到重视。

3. 喷涂工具和设备

随着对环境与油漆工保护意识的增强以及消费者对家具涂装质量要求的提高，手工涂装方法在现代家具涂装技术中所占比例越来越小，取而代之的是各种机械涂装方法，如空气喷涂、无气喷涂、静电喷涂、淋涂、辊涂及浸涂等，且技术含量不断提高，如全自动喷漆房、智能化喷涂系统、机器人涂装和自动涂装生产线的出现，大大提高了生产效率和涂装质量，同时还彻底改善了涂装环境，有效地保护了油漆工的身心健康。

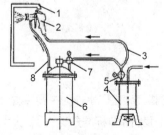

图 1-35　空气喷涂设备
1. 喷涂室　2. 喷漆枪　3. 输气软管
4. 油水分离器　5、7. 调压器
6. 贮漆罐　8. 输漆软管

喷涂工具和设备的种类很多，以下主要介绍用于空气喷涂的工具和设备。喷涂原理已在任务 1.1 中介绍。

空气喷涂的主要设备是由喷枪、压缩空气机、贮气罐、油水分离器、水帘机、排风设备、转台、风管、油管等设备加上必需的喷漆房、烤漆房组成的，如图 1-35～图 1-38 所示。

图 1-36　烤漆房（内有干燥小车）

图 1-37　喷漆房

图 1-38　喷烤房控制箱

（1）喷房

为了使喷房内的空气清洁、无尘，喷房的门窗都应装有空气净化过滤装置，常用 200 目绢丝布安装在门窗上，使进入喷房的空气被过滤、除尘，达到净化的目的。工作台前方是水帘机及排气风扇，可使喷涂作业时产生的飞扬漆雾被排气扇排出室外，保持室内的空气清新，这样有利于操作者的身体健康，也可防止飞扬的漆雾溅落在喷涂后的被涂物面上，保证了被涂面的平整、光滑。

涂装操作时，因涂料在空气中雾化会污染施工场所，影响人体健康，需设置喷漆水帘机，这是涂装作业喷房所必须具备的排气装置，原理是在抽走含有漆雾的空气时，用水幕洗下漆雾而排出干净空气，通过湿式水幕来净化操作环境。另外喷房还需配备控制风速、防尘、控制温湿度、照明的设备。

（2）空气压缩机

空气压缩机如图 1-39 所示，通常放在喷房之外。空气压缩机的大小随生产规模的大小而定。如供一支口径为 1.5mm、漆罐为 700mL 的喷枪采用的压缩机为 1.5～2m³，生产规模大的选用更大的空气压缩机，另应增设合适的贮气罐。贮气罐的贮量应与选用的压缩机排气量相对应。喷枪用的压缩空气压力一般调节在 0.8MPa 以内的状态。空气压缩机的压力过大，喷枪出口的压力往往会增大，漆雾飞扬

图 1-39　空气压缩机

浪费较多，涂层就会容易起橘皮；反之，空气压缩机的压力过小，则喷枪口的压缩空气压力不够，使漆液难于雾化而造成涂膜表面粗糙、有条纹等弊病。空压机的压力还受使用喷枪数量的多少而变动。喷枪多，空压机的压力就应该大一点，喷枪少则空压机的压力就可以小一点，只要空气压缩机的压力能维持喷枪使用时的空气压力在 0.4～0.6MPa 即可。空气压缩机在班前、班后或连续运行 2h 之后都应将积聚的水排空。

（3）空气清净器

空气被压缩之后，空气中原有的水分、油脂会被压出而游离于高压空气中，油水分离器用来把水分、油脂与高压空气分离开，不让水分和油脂随压缩空气经喷枪口喷涂在膜面上，否则会造成跑油、气泡、发白等漆膜病态。它一般设置在贮气罐底部、输气管路或各用气点上（即每支喷枪连接处）。

空气清净器如图 1-40 所示，作用是除去空气中的灰尘、杂质、油污。在涂装操作时，减压阀和空气清净器是连成一体的，减压带压力表，作用是可以对压力进行调整，并将其保持为一个定值。在小型作业时常选用油水分离器，如图 1-41 所示。压缩空气进入油水分离器后，水珠、油滴就会被分离出来，其内部放入毛毡、焦炭（木炭、活性炭）等用来过滤。常用油水分离器的结构如图 1-42 所示，油、水沿分离的切线沉积在分离器的底部，干净的压缩空气则从分离器的顶部排出并用作喷涂，达到分离油、

图 1-40　空气清净器

图 1-41　小型油水分离器

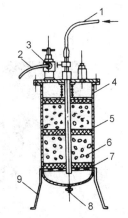

图 1-42　油水分离器结构

1. 进气管　2. 出气管　3. 减压阀
4. 筒体　5. 毛毡层　6. 焦炭
7. 格板　8. 排污管　9. 支架

水的作用。油水分离器在喷涂作业中很重要，但往往不被操作者重视，甚至在喷涂作业中出现漆膜病态时也不去检查并排放油水分离器底部的积液，这是在实际生产中经常能碰到的操作错误。因此在实际操作过程中，要求生产者操作前首先排放油水分离器中的积液，一般在管道上安装的油水分离器在班前、班后或连续运行 2h 之后都应将积聚的水排空。在梅雨季节则要求隔 15min 或更短的时间放一次积液。当油水分离器使用一段时间后需进行清理和更换，过滤材料过 23 个月后要检查清理一次，毛毡需新换，焦炭、木炭经高温烘干后可重新使用。

（4）喷枪结构

喷枪结构分解如图 1-43 所示，喷枪功能件如图 1-44 所示。

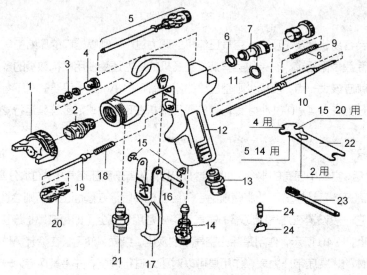

图 1-43　喷枪结构分解

1. 空气盖　2. 涂料喷嘴　3. 针阀密封圈　4. 针阀螺丝　5. 喷幅调整装置　6. 油量调节钮　7. 针阀导管
8、9. 针阀弹簧　10. 针阀　11. 针阀密封圈　12. 枪柄　13. 空气管接口　14. 气量调节钮　15. 扳机固定环
16. 扳机横插销　17. 扳机　18. 空气阀弹簧　19. 空气阀　20. 空气阀座　21. 涂料输送接口
22. 工具扳手　23. 清洁刷　24. 进气管接头

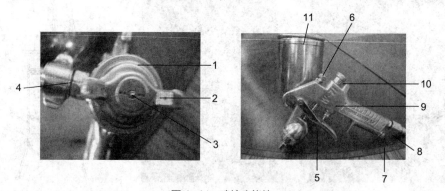

图 1-44　喷枪功能件

1. 空气盖　2. 枪嘴　3. 枪针　4. 进油口　5. 扳机　6. 幅度调节阀
7. 空气调节阀　8. 进气口　9. 枪体　10. 油量调节　11. 杯体

4. 喷枪的使用和保养

（1）喷枪的选择

底漆在涂层中主要起填平补缺、增加涂层厚度的作用，因此底漆的粒度、黏度、密度较大，强调出漆量要大，所以喷涂底漆的喷枪应该是大口径的喷嘴，下边贮漆罐也要大一些。而喷涂面漆的，在雾化程度方面要求高，常选用口径较小而雾化好的喷枪。常用喷枪的喷嘴有不同口径，如 0.6mm、0.8mm、1.0mm、1.2mm、1.3mm、1.5mm、1.6mm、1.8mm、2.0mm、2.2mm、2.5mm 等，可根据所喷的涂料及喷涂的物件大小来选择。如口径 2.0～2.5mm 的喷枪常用来喷粒度较粗、黏度较大的底漆或大面积喷涂；口径 1.5～1.8mm 的喷枪主要用来喷涂面漆；口径 0.6～1.3mm 的喷枪主要用于喷涂小型部件或工艺品。

（2）喷涂工艺条件

① 涂料黏度与喷涂压力　涂料黏度要与空气压力相适应。一般条件下空气压力以 0.3～0.5MPa 为宜。喷涂气压过低（低于 0.2MPa），则漆液雾化不充分，漆膜不均匀；喷涂气压过高时，漆液雾化好，但喷射速度过快，涂料损耗加大，且高压气流喷到未固化的漆膜上，容易产生凹坑和细小的气泡等漆膜缺陷。涂料黏度高，空气压力要大些，否则喷涂困难，雾化不匀，漆膜粗糙；反之，涂料黏度低，则空气压力不应过高，不然也会造成强烈漆雾，或在表面产生流挂。硝基漆和热塑性丙烯酸漆的黏度以 16～18s（涂-4 杯，25℃）为宜，热固性氨基醇酸漆和热固性丙烯酸漆以 18～25s 为宜，自干型醇酸树脂漆以 25～30s 为宜。空气喷涂聚酯或聚氨酯树脂涂料时，不同的气候、不同的温度条件下施工，漆液的黏度一般控制为 14～25s。夏季室温在 35℃以上时溶剂容易挥发，漆液的黏度应低一些，可取 14～18s，否则漆膜的流平性差；冬季室内在 17℃左右时，漆膜中溶剂挥发慢，漆液的黏度可以控制为 18～25s，否则容易产生流挂。常用涂料喷涂工艺条件见表 1-32。

表 1-32　常用漆类喷涂工艺条件

工艺条件	硝基漆	酸固化漆	聚氨酯漆	聚酯漆
空气压力（MPa）	0.22～0.40	0.25～0.40	0.35～0.40	0.15～0.20
喷嘴直径（mm）	1.5～1.8	1.5～1.8	1.2～1.9	0.8～1.2
涂料温度（℃）	20～24	20～24	20～24	20～24
涂料黏度（s）	18～28	25～45	14～18	26～30

② 喷涂距离　喷涂距离是指喷枪喷嘴到被涂装表面的距离。喷涂距离大，涂料的利用率低，同时涂料微粒在空中的时间也长。这对快干漆来说，可能因漆雾到达工件表面时因黏度过大而影响流平，从而产生橘皮与颗粒。若距离太近，就容易产生流挂、起皱和喷涂不均匀等问题。涂装经验表明，用大型喷枪时，喷涂距离以 200～250mm 为宜，用小型喷枪时则以 150～200mm 为宜，如图 1-45 所示。

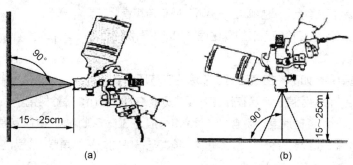

图 1-45　喷涂距离与角度

（a）立面部件喷涂　（b）水平部件喷涂

③ 喷枪的移距　如图 1-46 所示，当喷涂距离（a）和喷涂射流断面一定时，则喷到表面上的漆痕宽度（b）也一定，当喷涂第二条漆痕时，假设喷枪横向移动的距离为 s，如果 $s>b$，那么两漆痕之间有漏喷之处；如果 $s<b$，则两条纵向漆痕之间有重叠；如果 $s=b$，则两条纵向漆痕刚好相接。从图 1-46 中所见，每条漆痕的断面厚度是不均匀的，中间部分厚，两边薄，所以当 $s=b$ 时，涂层厚度是不均匀的，显而易见，应该取 $s<b$，即两条漆痕有所遮盖。根据生产经验，当喷涂宽表面时，可取喷枪移动的距离 $s=$（$0.6\sim0.7$）b；当喷涂狭窄表面时，$s=$（$0.4\sim0.5$）b。

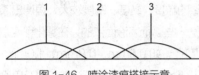

图 1-46　喷涂漆痕搭接示意

1. 第一条漆痕　2、3. 第二、三条漆痕

④ 喷枪的速度和角度　喷涂时喷枪的速度要均匀一致，切忌忽快忽慢，以保证漆膜厚度均匀。一般速度在 $0.3\sim1.0$m/s 范围内调整。

喷角要始终垂直于喷涂表面，因为角度变，就等于喷涂距离变，也会导致漆膜厚度不均，在大平面和曲面喷涂时更应注意。

水平和垂直表面喷涂时，分别按图 1-47、图 1-48 所示路线喷涂。

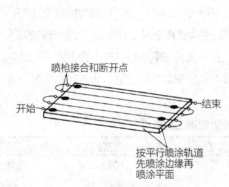

图 1-47　水平表面的喷涂路线

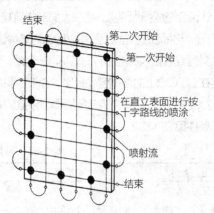

图 1-48　垂直表面按十字路线的喷涂

（3）喷枪的调整

喷枪的调整主要是指对出气量和出漆量的调整，这是两个互相关联的主导因素。出气量太小，不易使漆液雾化，使漆液成滴状洒落，会使涂膜不平整。出漆量大小是对应于出气量的大小的，在喷涂之前要调整好合适的出气量和相应的出漆量，使漆液雾化好，均匀地喷涂于物面上。调整喷枪一要听，听气流声音，知道气流大小；二要看，看喷枪口漆液的雾化程度和扇形面积的大小及扇形断面形状，如图 1-49 所示。

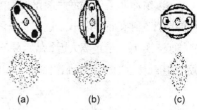

图 1-49　射流断面形状的调节

（a）圆形射流断面　（b）水平射流断面
（c）垂直射流断面

喷枪的几个重要参数如下：空气压力，喷涂的空气压力一般为 $0.4\sim0.6$MPa；喷幅宽度，喷涂在作业表面的宽度约为 10cm；喷涂距离，喷涂时枪嘴与被喷物间的距离为 $15\sim20$cm；移动速度，喷枪的移动速度一般为 $30\sim60$cm/s；重叠范围，喷涂时每一枪的重叠范围为 $1/2\sim1/3$（裂纹漆除外）；喷涂角度，枪嘴与被喷物之间的角度一般为 90°。调枪顺序见表 1-33 及图 1-50，作业顺序见表 1-34。

表 1-33　调机顺序及简图

步　骤	调试动作名称	用　具	基　准	图　片
1	空气盖	手	呈90°	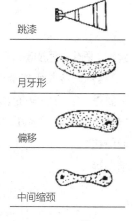
2	调气阀	手	按喷涂要求做气压调整	
3	幅度调节阀	手	按喷涂要求做适当调整	
4	扣扳机	手	压倒底	
5	油量调节装置	手	按喷涂要求做适当调整	

图 1-50　喷枪调整

表 1-34　作业顺序及简图

步　骤	操作名称	图　片
1	握枪动作	
2	喷枪调试	
3	试喷涂	
4	运　枪	

（4）喷枪的故障

喷枪故障如图 1-51 所示。具体原因如下：

① 跳漆　喷料嘴与枪体密封不严，料灌接头帽漏气，针塞螺丝过松漏气。

② 弧形漆雾（月牙形）　气流喷嘴尖头两侧小孔有脏物堵塞，两尖头小孔出气量不等。

③ 漆雾两端不均匀（偏移）　涂料喷嘴的外周及空气盖组件中心粘有固形物，或有缺陷，喷料嘴组装不良。

④ 漆雾两端多中间少（中间缩颈）　幅度调节螺钉开启过大，产生气量过大，漆液过稀。

⑤ 扇形漆雾面不宽（中间隆起）　空气压力过低，涂料黏度过高，涂料喷出量少。

⑥ 喷不出漆（或喷出量少）　脏物或漆干固后将漆道堵塞，料灌盖透气孔堵塞，针阀调节螺钉旋得太紧，针塞行程小。

⑦ 漆雾无圆形雾状　幅度调节阀没关紧，喷料嘴与枪体的安装密封面有脏物，影响扇形与圆雾状气流沟通，气流喷嘴与喷料嘴的安装密封面有脏物，影响扇形和圆形雾状气流沟通。

跳漆

月牙形

偏移

中间缩颈

中间隆起

喷出量少

图 1-51　喷枪故障

5. 喷涂缺陷

家具厂在涂装生产过程中，常常面对以下各种漆病，极大地影响家具生产效率，导致不合格率高，返工量大。

（1）漆膜泛白（或发白）

① 异常现象　涂料在干燥过程中或干燥后漆膜呈现出乳白色或木纹、底材底色不清晰的现象，严重时甚至会无光、发浑，如图1-52所示。

② 产生原因　在高温、高湿环境下施工；涂料或稀料中含有水分；施工中油水分离器出现故障，水分带入涂料中；格丽斯未干；手汗沾污工件或水磨后工件未干；一次性分厚涂；基材含水率过高；打磨后放置时间过长，水分吸附在漆膜表面；含粉量偏高的底漆厚涂于深色板材上等。

③ 预防或处理措施　尽量避免在高温、高湿环境下施工；控制基材含水率，必须充分干燥后才能进行涂装；涂料或稀料在贮存和涂装施工过程中要避免带入水分；定期检查并清除油水分离器中的水分；格丽斯未干不进行下一阶段涂装；热天施工时要防止操作员手汗沾污工件；如水磨后，要等工件完全干透后再行涂装；尽量避免一次性厚涂；层间打磨后放置时间不应太长，以免水分吸附在漆膜表面，应尽快进行下一工序的喷涂；含粉量高的底漆避免厚涂于深色板材上等。

喷涂后发现泛白（或发白），可加入防发白水，用一定量的防发白水代替原用稀释剂，比例从小到大，少量解决问题，就不用多量，防发白水的极限用量是原稀释剂的25%。正确方法是调漆前先把防发白水与稀释剂按需要量调配、搅匀，再加入到涂料中。

（2）气泡或针孔

① 异常现象　涂层在施工过程中漆膜表面呈现圆形的凸起形变，一般产生于被涂面与漆膜之间，或两层漆膜之间。气泡是一种在涂膜中存在的细胞状的病态，若涂料在涂装过程和涂膜干燥过程中气泡破裂但又不能最终流平，则形成针孔。针孔是一种在涂膜中存在类似于用针刺成的细孔的病态，如图1-53和图1-54所示。

② 产生原因　木材含水率高；没有封闭或封闭不好；木眼过深；油性或水性泥子未完全干燥或底层涂料未干时就涂装面层涂料；稀释剂选用不合理，挥发太快；涂料中带入水分；一次涂装过厚；施工黏度偏高；固化剂添加量过多；施工温度过高，表干过快；通风对流强烈，造成表干过快；喷枪操作不当。

③ 预防或处理措施　控制木材的含水率小于12%；尽量多地使用封闭底漆，对于深木眼板材更要进行封闭；应在泥子、底层涂充分干燥后，再施工面层涂料；添加慢干水，调节挥发速度；严格避免涂料带入水分；薄涂多遍，尤其是底漆和亮光面漆；适量调低施工黏度；按比例添加固化剂；避免在35℃以上施工，如不可避免，则可加入适量慢干水；改造喷房通风环境；加强喷涂人员操作培训等。

（3）漆膜脱落或附着力不良

① 异常现象　漆膜产生脱落、剥落、起鼓、起皮等病态现象，如图1-55所示。

② 产生原因　底漆和面漆不配套，造成层间附着力欠佳；没有使用封闭底漆，底材过于光滑或不干净；PU漆层间未打磨或打磨不彻底；实色漆刮涂泥子过厚；所用的擦色剂（如木纹宝等）附着力不好；漆膜太薄；一次性喷涂太厚，干燥时间过快。

图1-52　漆膜泛白（附彩图）　　图1-53　气泡（附彩图）　　图1-54　针孔（附彩图）　　图1-55　漆膜脱落（附彩图）

③ 预防或处理措施　选择配套的底漆和面漆；底材要打磨至一定的粗糙度，基材用封闭底漆做好封闭；层间打磨至表面毛玻璃状；薄刮泥子，表面打磨彻底，泥子只填木眼，不填木径；选用附着力好的擦色剂，且着色后进行封闭；底层要处理好。

（4）开裂

① 异常现象　漆膜表面出现深浅、大小各不相同的裂纹，如从裂纹处能见到下层表面，则称为"开裂"；如漆膜呈现龟背花纹样的细小裂纹，则称为"龟裂"，如图 1-56 所示。

② 产生原因　漆膜干燥太快；一次性厚涂；固化剂或催干剂加入过多；底材自身开裂，导致漆膜开裂；泥子刮涂过厚，打磨不彻底；环境不好，昼夜温差过大；涂料本身性能较差；未经封闭的软木类底材，喷上较稀涂料，漆膜也会发生开裂。

③ 预防或处理措施　固化剂按比例添加并搅拌均匀；先处理底材开裂问题再处理涂料；薄刮泥子，打磨彻底，使泥子只填木眼，不填木径；保持温度平衡，避免温差过大；注意涂料的适用范围，换用合格涂料，做好封闭。

（5）缩孔或跑油

① 异常现象　漆膜流平干燥后存在若干大小不等、不规则分布的圆形小坑（火山口）的现象，如图 1-57 所示。

② 产生原因　涂层表面被油、蜡、手汗等污染；有油或水被空气带入涂料中；环境被污染；涂料本身被污染；喷涂的压缩空气含油或水；被涂物面过于光滑；双组分涂料有时调配不均也会出现收缩现象。

③ 预防或处理措施　避免涂层表面被油、蜡、手汗等物污染；处理好油水分离器，放掉空气压缩机内的水；更换涂料；定期清理油水分离器；表面进行打磨预处理；配漆后充分调匀静止后，再进行涂装；涂料要配套使用。用丙酮溶剂清洗工件表面后再用底得宝封闭。对已经产生跑油的地方打磨平整后再重新涂装。

（6）咬底

① 异常现象　漆膜在干燥过程中或干燥后出现上层涂料溶胀下层涂料，使下层涂料脱离底层产生凸起、变形甚至剥落的现象，如图 1-58 所示。

② 产生原因　上层和下层涂料不配套；下层涂料一次喷涂太厚；下层未干透就施工上层涂料；上层涂料中含太多强溶剂；漆膜表面被污染。

③ 预防或处理措施　要根据涂装需要选好合适的涂料品种，并注意上层和下层涂料配套性能；下层涂料不能一次性喷涂太厚，以免底层干燥时间过长或不干；下层涂料要充分干燥，才能进行下一步涂装工艺；一般上层涂料的稀释剂中强溶剂不能过多，以免造成对下层漆膜的损伤；被涂物表面有污染物应清除干净后再施工。打磨掉咬底层，再重新涂装。

（7）慢干或不干

① 异常现象　涂料施工后干燥速度异常，出现慢干或不干的现象，如图 1-59 所示。

图 1-56　开裂（附彩图）　　图 1-57　缩孔或跑油（附彩图）　　图 1-58　咬底（附彩图）　　图 1-59　慢干或不干（附彩图）

② 产生原因　未加 PU 漆固化剂或加量不够；施工时温度太低或湿度太高；处理发白时，防发白水添加过量；板材有油污或油脂含量高；涂料不配套；一次性喷涂太厚；层间间隔时间太短；面漆表干太快，面干底不干。

③ 预防或处理措施　按配比添加固化剂；提高室内施工温度或延长干燥时间；防发白水的添加量要合适；当板材油污或油脂含量较高时，用溶剂清洗后再用封闭底漆进行封闭处理；涂料要配套使用；涂装时不能一次性喷涂太厚，并保证足够的层间干燥时间；调整好面漆的干燥时间，避免面干底不干。

（8）颗粒

① 异常现象　干膜表面颗粒较多，颗粒形同痱子般的凸起，手感粗糙、不光滑，如图 1-60 所示。

② 产生原因　涂料本身有粗粒；涂料未经过滤即使用；调油后放置太久；涂料稀释剂溶解力差，涂料施工黏度太高；施工工具不洁；打磨时灰尘处理不干净；除尘系统不好，作业环境较差；喷枪气量、油量未调好。

③ 预防或处理措施　选用合格的涂料产品；调好的涂料使用前必须经过过滤后才用，且控制调漆量，以免放置时间过长；稀释剂溶解力度及加入量要合适；施工工具必须清洁干净，并保持好喷房环境卫生；打磨工序要注意除尘，保证除尘系统的效果，正确操作喷枪。

（9）失光

① 异常现象　有光漆在固化成漆膜后没有光泽或光泽不好、不均匀的现象，如图 1-61 所示。

② 产生原因　高温、高湿天气容易引起失光；喷涂气压太大，油量太小；施工黏度太低，稀释剂添加太多；稀释剂挥发速度太快，导致失光；配错固化剂；亚光漆未搅拌均匀即进行涂刷；涂膜太薄，流平不好。

③ 预防或处理措施　加入适量慢干水，控制涂布量，恶劣天气停止施工；控制好喷涂气压、油量；减少稀释剂的添加量；选用慢干稀释剂或添加慢干水；配套使用固化剂；亚光漆配漆前要搅拌均匀；保证漆膜厚度足够。

（10）流挂

① 异常现象　涂料施涂于垂直面上时，由于其抗流挂性差而使湿漆膜向下移动，表面出现下滴、下垂、漆膜不平的现象，如图 1-62 所示。

② 产生原因　被涂物表面过于光滑；涂料施工黏度低；一次性喷涂涂层过厚；喷涂距离太近，喷枪移动速度太慢；凹凸不平或物体的棱角、转角、线角的凹槽处，容易造成涂布不均、厚薄不一，较厚处的涂料会流淌；施工环境温度过低，漆膜干得慢；物体基层表面有油水等污物与涂料不相容，影响黏结，造成漆膜下垂；涂料中含重质颜料过多，部分涂料下垂。

③ 预防或处理措施　施工黏度保持正常；严禁一次性厚涂；调整施工环境温度；物体表面应处理平整、光洁，清除表面油、水等污物；选择合适涂料。

（11）橘皮

① 异常现象　涂膜表面呈现出许多半圆形突起，形似橘皮状斑纹，如图 1-63 所示。

图 1-60　颗粒（附彩图）　　　图 1-61　失光（附彩图）　　　图 1-62　流挂（附彩图）　　图 1-63　橘皮（附彩图）

② 产生原因 稀释水加入过多；每次喷漆太多太厚，重喷时间不当；施工环境温度过高或过低；物面不平、不洁，基材形状复杂及含有油水；施工操作不当。

③ 预防或处理措施 按比例加稀释剂；如需较厚涂膜应多次薄喷，每次间隔以表干为宜，每道涂膜不宜过厚；环境温度过高或过低时不宜施工；处理好喷涂表面，不得有水和油；正确施工等。

（12）色分离

① 异常现象 色漆施工后漆膜出现色泽不均匀、深浅不一或不规则的现象。

② 产生原因 下层色漆未干透即涂上层漆；稀释剂溶解力不够；施工前搅拌不充分；涂料颜料选择不当或分散不良；漆料本身质量问题。

③ 预防或处理措施 提升操作技能；控制漆膜厚度，下层充分干透后再涂上层漆；选用合格稀释剂；施工前充分搅拌；选用质量优良的涂料。

（13）起皱

① 异常现象 在施工面漆或面漆干燥时，漆膜表面收缩形成皱纹的现象，如图1-64所示。

② 产生原因 涂料干速过快，涂膜干燥不均匀；一次性厚涂，表里干燥不一致；施工环境温度过高；底漆未干透即施工面漆；固化剂使用不当或异常；底层漆打磨不均匀。

③ 预防或处理措施 调整涂料施工干速；控制涂膜均匀一致；控制好环境的温度；底层漆充分干燥后再涂面漆；正确选择固化剂；底层漆打磨均匀。

（14）回粘

① 异常现象 漆膜干燥后，漆膜部分或全部在一段时间后发生软化、粘手、不干的现象，打磨粘砂纸，影响下一道工序，不能码堆。

② 产生原因 涂料慢干溶剂含量过多，施工后未能充分挥发出来；交联型涂料固化剂含量不足；漆膜表面可能受污染；晾干房通风不良；高湿环境施工；底层漆未干透即涂面漆；漆膜厚涂，未干透就包装；涂料本身质量问题。

③ 预防或处理措施 控制涂料慢干溶剂的加入量；涂料固化剂按施工比例添加；改善晾干房通风条件；控制施工环境的温度和湿度；底层漆干透后才上面漆；严禁一次性厚涂，漆膜必须充分干透后再包装；选择合格涂料。

（15）干膜砂痕

① 异常现象 涂装完成后，能清晰地看到底层漆打磨过的砂痕或基材着色打磨过的砂痕痕迹，如图1-65所示。

② 产生原因 基材被逆向打磨；砂纸太粗；底层漆未完全干透就打磨；涂料干速过慢；面漆涂膜太薄；打磨后未清洁干净，影响上层漆的润湿。

图1-64 起皱（附彩图）　图1-65 干砂痕（附彩图）

③ 预防或处理措施 基材打磨时一定要顺木纹方向打磨；选用合适砂纸，先用粗砂纸打磨，再换细砂纸；正确使用封闭漆，底层漆必须完全干透后再打磨，并除去漆粉灰尘；选用干速正常的施工涂料；如底层漆膜不够，可再加一遍底漆；面漆要足够厚；定期检查并更换打磨砂纸。

（16）发汗

① 异常现象 漆膜表面析出漆基的一种或多种液态组分的现象，渗出液呈油状且发黏，称为发汗或渗出。

② 产生原因　素材表面处理不好，基材含蜡、矿物油、其他油类；涂膜未干就涂装下一道或进行打磨；漆膜虽经加热强制干燥，但通风不良。

③ 预防或处理措施　喷涂前要处理好素材表面；涂料颜基比要合适，树脂含量较少的涂料，漆膜避免放在潮湿与气温高的环境中；涂膜干透后再涂装下一道或进行打磨；加热强制干燥时，要保证通风良好。

（17）起霜

① 异常现象　涂膜表面呈现许多冷霜状或烟雾状细小颗粒的现象，称为起霜或起雾，一般是在喷涂后 1~2d 或数周后，整个或局部的漆膜上罩上一层类似梅子成熟时的雾状细颗粒，常在清漆中出现。

② 产生原因　喷涂时湿度大、风大；环境中有污染性气体；有潮气，因为抗水的漆膜会把大气中吸收的水分积聚在表面形成起雾；喷涂时室温变化太大；固化剂加入太多；用快干溶剂太多；涂料本身问题。

③ 预防或处理措施　避免喷涂在湿度大、风大等环境中进行，喷涂后也要注意防潮、防烟、防煤气等；要注意保持室温恒定；固化剂不要加得过多；用相对慢干的溶剂等。

任务实施

1. 工作流程

工作流程如图 1-66 所示。

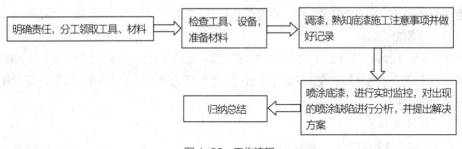

图 1-66　工作流程

2. 操作前准备

涂装车间检查水电（水压、电压）是否正常，是否停水停电；面漆喷漆房、烤漆房检查是否干净；打磨间、面漆房、烤漆房检查抽风设施是否正常运行，必须能随时将喷涂产生的漆雾抽吸走；涂装车间检查照明是否正常；烤漆房检查加热系统是否正常；维护温湿度仪器，检查仪器的准确性，查看温湿度是否达到施工要求，喷涂设施是否正常运行；检查面漆（主剂、固化剂、稀释剂配套情况，库存量剂贮存期）等。喷漆房必须无条件满足劳动保护、健康保护方面的技术要求。

3. 涂料的调配

新买来的涂料在商店大多数放置了一段时间，涂料中的颜料一般都发生沉淀（清漆没有这种现象，但放置时间长会增稠）。使用前最好将漆桶倒置过来，放置 1~2d，使沉淀的颜料松动，然后再开桶搅拌，使漆料和颜料调和均匀。如果有颗粒或漆皮，要用过滤网过滤。若涂料的黏度合适就可以使用了。

4. 涂料的测定

测定黏度的方法很多，目前多采用涂-4杯黏度计测定涂料黏度。涂料在使用时，可分为：原始黏度（出厂黏度），为原漆的黏度；施工黏度（工作黏度），即适合某种涂饰方法使用的黏度。

施工黏度是根据生产中的具体情况（如涂料品种与涂饰方法等）经过实验确定的最适宜的黏度，并用具体数字表示出来（如涂-4杯黏度的秒数）。它是制定涂饰工艺规程的重要参数之一。

涂料黏度可用溶剂调节，因此，涂料黏度与涂料组成中溶剂含量有关，当涂料中溶剂含量高时，其黏度就低。涂料黏度还与环境气温以及涂料本身温度有关，当气温高或涂料被加热时，黏度会降低。在施工过程中，如果溶剂大量挥发，涂料就会自然变稠。

流出法是通过测定液体涂料在一定容积与孔径容器内流出的时间来表示此涂料黏度大小，常用各种黏度杯（计）测定。

涂-4杯黏度计是一个杯状仪器，上部为圆柱形，下部为圆锥形，在锥形底部有直径4mm的漏嘴，容积为100mL。黏度计有塑料制与金属制两种。涂-4杯黏度计依据流出法原理测试较低黏度的涂料，即测试100mL涂料试样在25℃时从黏度杯底4mm孔径流出的时间，以秒作为时间单位，黏度高的涂料自然流得慢，时间长。

硝基漆（图1-67）的调配属于单组分漆的调配，调配过程同基材处理中封闭底漆的调配，不再讲解，但要注意施工注意事项（图1-68）。在单色漆的调配过程中，根据给定的配比直接进行调配即可。喷涂底漆与面漆的施工黏度与涂装量参考数值见表1-35。

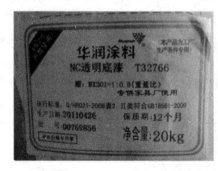 

图1-67 硝基漆及安全贮存标示

表1-35 喷涂黏度与涂装量表

品　种	头度底漆		二度底漆		面　漆	
	黏度（s）NK-2型	涂装量（g/m²）	黏度（s）NK-2型	涂装量（g/m²）	黏度（s）NK-2型	涂装量（g/m²）
NC	8～12	60～90	17±2	100～120	16±2	60～80
PU	8～10	60～90	14±2	120～160	12±1	100～120
PE	—	—	50±5	220～240	33±3	140～180

注：表内NK-2型为日本岩田2号杯黏度计，同一涂料相同条件下用我国涂-4杯黏度计测得数值比其高3～4s。

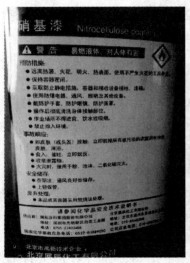

图 1-68 硝基漆使用注意事项

稀释注意事项

① 稀释剂份量不宜超过漆重的 20%。若超过 20%，会使涂料过稀（黏度过小），涂饰时容易产生流淌、露底。又因漆膜过薄，会降低漆膜的性能。

② 如是自己用碱性颜料和酸性高的清漆调制的防锈底漆，要当即使用，不可久放。否则油漆会出现猪肝般的结块而影响使用。

③ 色漆中如果颜料过多，比较黏稠不便使用时，应加入相同品种的清漆调匀，尽量少加稀释剂，否则会影响漆膜的性能。当连续的涂饰几道色漆时，应将前一道色漆的颜色调得稍浅一些，这样在涂饰下一道色漆时，能够及时发现是否有漏刷的地方，便于保证涂饰质量。

④ 调涂料黏度的稀释剂最好用规定的配套品种。例如油性漆应用松节油，油基漆应用松香水，虫胶漆用酒精，硝基漆用香蕉水等，不能随便兑其他稀释剂。比如在油性漆或者油基漆中，如果加入香蕉水，漆料就会呈现脑状而报废。同样的原因，各种涂料厂的油漆，在没有确定用途性能之前，都不可掺兑，以免发生变质报废现象。

---

5. 喷涂

（1）喷涂作业操作

喷枪错误操作作业如图 1-69 所示，正确操作作业如图 1-70 所示。

（2）喷涂底漆

喷涂前把调配好的底漆进行过滤，按"湿碰湿"工艺喷涂（参照总结评价部分）。对喷涂后的喷枪进行及时清理和维护。针对出现的喷涂缺陷进行检查和控制。

"湿碰湿"工艺通常应用于 PU 底漆、NC 硝基底漆的喷涂。PU、NC 涂料一次厚喷往往容易产生针孔、气泡、流挂等现象。为了避免这种情况，可先喷涂第一道（通常一道指喷涂一个十字形路线）。

持枪方式不正确

持枪不稳，导致喷涂喷枪不稳，涂料喷涂不匀

油幅过窄

雾化不充分，容易产生漏枪、流油、橘皮等现象

枪距不当

枪距太远涂膜薄而粗糙无光，枪距太近则厚而易流挂

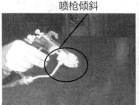
喷枪倾斜

喷枪未与喷涂表面垂直，导致涂料喷涂不均匀

油幅过宽

油幅过宽导致油漆分散，涂料喷涂不均匀，并易形成漆雾点子影响产品涂膜与手感

错误压枪

错误压枪使压枪重叠不一，走斜线、弧线，容易造成喷涂后产品油漆产生厚薄不一致等现象

图 1-69 错误操作作业

持枪：右手无名指和小指握住枪柄，食指和中指扣压扳机，枪柄夹在虎口处

调枪：调节气压（0.3~0.5MPa）、出漆量（200mL/min）和油幅（8~12cm）

站立产品正前方，调整好枪距（15~25cm）进行喷涂

从产品外部开始喷涂，以 30~60cm/s 的速度进行喷涂

正确压枪：每一枪均压上一枪的 1/2，枪走直线，重叠一致

喷枪与被涂物表面成 90° 距离时为 15~25cm

图 1-70 正确操作作业

对于挥发型 NC 类底漆，在第一道漆膜表干时，漆膜中的大部分溶剂已经挥发，触摸以不起气泡为宜。对 PU 底漆而言，第一道漆膜开始初步固化，此时再喷涂第二道漆，由于第一道漆膜不是完全固化，两道漆膜互相渗透共同交联，加强了层间附着力，又不会咬起。NC 类两道漆膜互相渗透更无问题。无论是 PU 类或是 NC 类，两道漆膜干结后就会融为一体，不用层间打磨，

附着力也很好，就好像是一次喷涂的漆膜一样。而对于 UPE 底漆，其本身的特性是一次厚喷不产生针孔、气泡，因此，UPE 底漆一般不采用"湿碰湿"喷涂工艺，通常是一次连续喷涂完成的。

① 表面除尘　被喷涂表面首先用抹布清除灰尘。

② 按十字形路线涂底漆　底漆的作用是连接木材表面和漆膜，其应形成一硬质的"基础"，以使涂料覆盖层坚固、不脱落、不撕裂而很好地附着在表面。因此，底漆必须能较深地渗入木材细胞内，并牢固地嵌入其中。只有良好的调整和正确的运行喷枪才能得到无瑕疵的喷涂结果。喷涂压力要检验和调整：清漆 0.25～0.35MPa，色漆 0.3～0.4MPa。

喷嘴孔直径为：清漆 1.5～1.8mm，色漆 2.0～2.5mm。

喷嘴调整是为得到垂直的喷涂射流，因此喷涂开始前要检查喷头的位置。

为形成一定的漆膜厚度，按十字形路线在表面喷涂涂料。通过喷枪地来回运行，在表面"湿碰湿"，并在水平和垂直方向变换地进行喷涂，如图 1-71 所示。

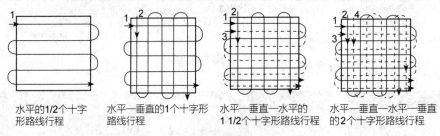

水平的1/2个十字形路线行程　　水平—垂直的1个十字形路线行程　　水平—垂直—水平的1 1/2个十字形路线行程　　水平—垂直—水平—垂直的2个十字形路线行程

图 1-71　十字形路线喷涂底漆

当喷枪不保持相同的速度移动或表面有的地方不与漆雾射流相遇，就可能产生缺陷。因此，重要的是在板边缘外面开始喷涂，且当喷枪转向时使其伸到板端外面。同时必须使随后平行的喷涂带与此前的喷涂带重叠，此时特别注意喷枪的停止和运动。

喷涂时必须注意让喷枪正确地运行，弯曲的喷枪运行路线以及不均匀的速度都会造成不均匀的漆层厚度。

喷枪到工件的距离大约为手掌张开时拇指端至中指端的距离。太大的距离导致在空气中形成过多喷雾，且由于溶剂蒸发提前使油漆流展性能变差。若距离太小，又造成漆层厚度不均匀。

水平放置的表面是按与垂直站立表面不同的工作顺序进行喷涂。为了不喷已喷过的表面，当板件水平放置时，在远离自身的边缘喷出第一个条带，接着一个条带挨着一个条带地按水平方向从上到下完成整个表面的喷涂。

③ 干燥　每次喷涂后应使表面很好地干透，这对于后面的漆层效果是非常重要的。

按干燥条件的不同，第一个漆层底漆的干燥时间约为 30～45min。

室温约为 20℃，房间通风良好，涂漆表面不挨得太近时，即为良好的干燥条件。

④ 中间研磨　涂饰底漆后，表面必须足够干燥，才能进行中间研磨。然后用细砂纸（如 320# 砂纸）并施以小的压力进行研磨，以使表面平滑。应顺着纹理方向研磨，尽可能使表面平滑（用手指端来检验）。

⑤ 除尘　清除研磨灰尘是十分重要的，若研磨灰尘留在表面，其后续的油漆或第二次涂底漆时会溶解它，从而妨碍涂料的均匀性、流平性。清除灰尘可以使用纤维刷或管孔刷。

喷枪维护

喷枪使用完毕，用所喷涂的涂料的稀释剂进行喷射清洁，直到喷枪涂料通道洗净为止。否则枪内涂料干固堵塞会影响喷枪的正常使用。具体清洗方法：关闭压缩空气，拆下贮漆罐，将枪内涂料倒回贮漆罐中，将罐中的涂料倒入容器中；向贮漆罐内倒入约 1/4 体积的溶剂进行冲洗，装上贮漆罐，接通压缩空气，反复摇滚喷涂几次；拆开喷头，用溶剂刷洗干净后装上；擦除枪身上的涂料。

洗刷喷枪时应注意如下几点：刷洗时要用软刷子，禁止使用金属刷子，不准用硬物去捅、刮，防止磨损喷嘴，使射流形状发生变化；避免喷枪直接泡在溶剂中，以防残余涂料附在机件上和溶掉枪上的润滑油，可使用蘸有溶剂的软布擦；枪上的辊花部件均用手调节，避免使用钳子等工具；定期在针阀及枪机销轴处滴润滑油；定期应用轻油脂或凡士林润滑针阀及针阀弹簧，不得使用含硅的油。

防火安全规则

（1）经常对涂料检查人员进行防火教育。

（2）施工场所或车间内外醒目处，应设立"严禁吸烟"等标牌。不准携带各种火种进入施工现场以及涂料仓库。

（3）对于燃点低的涂料（如 NC 漆）或溶剂（香蕉水），在开桶时，应使用非钢铁件工具，以免产生火花，造成火灾和爆炸事故。

（4）清洗工作物用过的棉纱等物品因含有汽油、香蕉水等易燃物质应集中存放，并派专人妥善保管，定期清除，不要乱扔、乱堆、乱放，更不要放在阳光直射或灼热的地方，以防自燃。

（5）大量的易燃物品，应放在指定安全区内，施工现场应尽量避免积存数量过多的涂料和稀释剂。

（6）施工场所的电线、电缆，照明灯、通风设备的电动机和配电设备，必须按防爆等级规定进行安装。

（7）在涂装施工过程中，应尽量避免猛烈敲打、碰撞、冲击、摩擦等动作，以免产生火花引起燃烧。

（8）为避免静电积聚，喷漆室和各种固定容器必须有接地装置。

（9）每一个施工场所，必须有足够数量的适用于该场所、该物料的灭火器等消防器具。每个员工都必须懂得各种灭火方法和消防知识，并能熟练掌握各种灭火工具。

（10）万一发生火灾，切勿惊恐乱跑，应该做到一面立即通知消防队，一面组织力量进行扑救。扑救时首先要扑灭员工身上的火，切断各种转动、设备和照明装置的电源，关闭邻近车间的门窗，防止火势蔓延。

（3）喷涂效果检查

在初次喷涂底漆时，常常会出现喷涂缺陷。要求各组把喷涂效果进行展示，讨论解决问题，操作流程如图 1-72 所示。参照"总结评价"中的缺陷，根据表 1-36 分析原因。

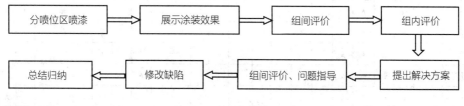

图 1-72　操作流程

表 1-36　涂装缺陷的现象及其原因一览

发生阶段	漆病	涂料本身	含水率	含油脂	材质	形	清洁	调漆搅拌	调漆静止	调漆过滤	工具清洁	操作熟练	做封闭底	干燥速度	涂膜厚度	层间打磨	底面配套	涂装方法	通风	空气清洁	温度	湿度	气候变化	设备
			基材					涂装工艺与施工操作											设备环境					
涂装前	黏度偏高或低	★						☆	☆			☆												
	活化期短	★						☆				☆									☆		☆	
	返粗	★								☆	☆										☆	☆		
	结块	★						☆		☆														
	沉淀	★						★	★			☆												☆
	分层	★						★	★			☆												
	浮色	★						★	★			☆						☆						☆
	色差	★									☆													☆
	浑浊	★																						
涂装中	脱落或附着力不良	★	★	★		★	☆	☆				☆	☆	★	★	★	★	★						
	开裂	☆	★	★								☆	☆	☆	☆	★	★	☆					☆	
	发白（泛白）	★	★	★								☆		☆	★		☆	☆	☆		☆	★	☆	
	起泡或针孔	★	★		☆	☆								★				☆			★	☆		☆
	缩孔及跑油	★	★	★												★	☆							
	咬底	☆												★	★		★						☆	
	慢干或不干	★	☆	☆										★	★		★		★		★	★	☆	
	颗粒	★				★				★	★					☆	☆			★				★
	失光	★	★	★								★					★		☆		☆	☆	★	
	流挂	★				★		☆	☆			★				★	★	☆			☆			
	橘皮	☆	☆									★			★				★		★			
	色分离	★						★	☆						☆			☆						
	起皱	☆	★									★		★	★		★	☆	★		☆	★		
	回粘	★	☆	☆			☆					☆					★		☆		★	★	☆	
	砂痕重									☆	☆	★		☆		★	★							☆
	发汗	★		★			★					☆		★		★	☆		★		★	★		
	起霜	★	★				☆					★	☆					☆					★	★
涂装后	黄变	★	★	★	★		☆						☆				★						★	
	漆膜下陷	★	★	★		★		☆					★	★	★		★	☆						
	泛白（后期）	★	★	★	★							☆		☆			☆	☆					★	★
	光泽不均匀	★	★		★		☆	★				☆			☆		★						☆	☆

注：★表示主要原因，☆表示次要原因。

■ 总结评价

1. "湿碰湿"工艺

"湿碰湿"是指第一道漆膜还没有实干时接着就喷涂第二道漆，是一种节约能源、减少工序的喷涂方法。具体地说是指喷涂第一道漆待其表干一定时间后，无需进行打磨，直接喷涂第二道漆，既节省打磨时间，又可获得理想的漆膜丰满度，省时省料。

"湿碰湿"工艺关键是何时"碰"上去，一般要求第一道湿膜的溶剂在当时环境条件下、在适当的层间间隔时间内最大限度地挥发掉，以"碰"上去的第二道漆膜在固化过程中没有针孔、气泡、流挂为准。适宜的层间间隔时间，视天气、底材、漆种、湿膜厚度而异，通常在表干后的一段适宜的时间内。原则应是"下宜稍薄，上可较厚"。在具体施工时，往往要先进行测试，通过试验来确定具体参数。

通过以上分析，对"湿碰湿"喷涂工艺要根据实际情况灵活掌握应用，才能在质量和经济上获得良好的效果。

2. 影响漆膜弊病的因素

影响漆膜性能的因素很多，一般可以从以下方面考虑。常见缺陷见表 1-36。

（1）涂料本身品质

主要与涂料配方设计、涂料生产制造有关，具体来说包括涂料的稳定性、涂料施工性能、涂料漆膜性能等。不同品种的涂料，在涂装过程中遇到的问题亦会有差异，需根据实际情况采取相应措施。

（2）基材与处理

基材的选择与处理是涂装的关键，基材处理不好，再好的涂料、再高的涂装技术，涂饰效果也不会好。

（3）施工工艺

主要包括生产工艺流程、各工序验收标准、管理规范等，不同家具厂、不同产品线、不同生产条件，其施工工艺均不完全一致，因而遇到的涂装问题不一定相同。

（4）施工设备

不同施工设备如辊涂设备、浸涂设备、淋涂设备、喷涂设备、干燥设备、抽风设备等，其设备状态、操作水平亦会影响到最终涂装效果。

（5）施工环境

指温度、湿度、灰尘、通风等状况。

（6）施工水平

主要是生产管理状况、施工人员操作技能、人员综合素质等。

3. 评价表

成果评价见表 1-37。

表 1-37　成果评价表

评价类型	项目	分值	考核点	评分细则	组内自评（40%）	组间互评（30%）	教师点评（30%）
过程性评价（80%）	调配底漆	15	材料选择与调制；调配；操作符合规程	材料选择正确；0~2 调制娴熟规范；0~3 颜色和黏度符合要求；0~5 工具选择得当；0~2 操作符合规程；0~3			

评价类型	项目	分值	考核点	评分细则	组内自评（40%）	组间互评（30%）	教师点评（30%）
过程性评价（80%）	喷枪的调整与维护	15	喷枪结构；喷枪调整；喷枪清理与维护；操作符合规程	结构及其功能熟悉；0~2 调枪顺序规范正确；0~2 喷涂设备能简单调试；0~2 练习试喷符合安全规程；0~2 练习试喷娴熟程度；0~3 喷枪清理部位明确，清洗到位，取放到位；0~4			
	喷涂底漆	10	工具的选用；设备的调试；喷涂符合规程；清洗维护	工具（喷枪及过滤网口径）选择正确；0~2 喷涂与烘干符合安全操作规程；0~2 调试（空气压力、漆雾形状及雾化情况）与喷涂顺序；0~2 喷涂后表面缺陷；0~2 喷枪清理部位明确，清洗到位，取放到位；0~2			
	砂光	10	砂纸与工具选择；操作规程	类型、粒度号选择正确；0~2 手工打磨符合操作规程，用力均匀、轻快；0~2 电动砂光机使用符合操作规程，操作熟练；0~2 顺纤维方向打磨，无砂痕、表面光滑；0~4			
	自我学习能力	10	预习程度；知识掌握程度；代表发言	预习下发任务，对学习内容熟悉；0~3 针对预习内容能利用网络等资源查阅资料；0~3 积极主动代表小组发言；0~4			
	工作态度	10	遵守纪律；态度积极或被动；占主导地位与配合程度	遵守纪律，能约束自己、管理他人；0~3 积极或被动地完成任务；0~5 在小组工作中与组员的配合程度；0~2			
	团队合作	10	团队合作意识；组内与组间合作，沟通交流；协作共事，合作愉快；目标统一，进展顺利	团队合作意识，保守团队成果；0~2 组内与组间与人交流；0~3 协作共事，合作愉快；0~3 目标统一，进展顺利；0~2			
终结性评价（20%）	底漆喷涂效果	10	缺陷处理效果；喷涂效果	喷涂缺陷种类与认识；0~3 喷涂缺陷分析与解决方案提出；0~4 喷涂缺陷处理后效果；0~3			
	操作完成度	10	在规定时间内有效完成方案与任务工单的程度	尽职尽责；0~3 顾全大局；0~3 按时完成任务；0~4			
评价评语	班级：		姓名：	第　　组			
	教师评语：		总评分：				

■ 拓展提高

1. 涂料组成

（1）主要成膜物质

主要成膜物质是一些涂于制品表面能够干结成膜的材料，是液体涂料中决定漆膜性能的主要成分。作为涂料主要成膜物质的原料，早年是用天然树脂（如大漆）与植物油（桐油、梓油、亚麻仁油、苏籽油、豆油等），现代主要是用人造树脂与合成树脂（酚醛树脂、醇酸树脂、聚氨酯树脂、聚酯树脂等）。

主要成膜物质可以单独成膜，也可以黏结颜料等物质共同成膜，所以也称为黏结剂、固着剂，它是涂料的基础，因此也常称为基料、漆料或漆基。

涂料中主要成膜物质具有的最基本特性是它涂布于制品表面后能形成薄层的涂膜，并使涂膜具有制品所需要的各种性能，它还能与涂料中的其他组分混合，形成均匀的分散体。具备这些特性的化合物都可作为涂料的主要成膜物质。它们的形态有液态，也有固态。

① 油料　油料有植物油和动物油之分。在涂料工业中用得最多的是植物油，是一种主要的原料，用来制造各种油类加工产品、清漆、色漆、油改性树脂以及用作增塑剂等。

许多植物油涂于物体表面都有干结成膜的性能，但是干燥有快有慢，有的还需改性之后才能成膜。按干性快慢常将植物油分为干性油、半干性油与不干性油三类。涂于物体表面干燥较快的油类称为干性油；涂于表面干燥很慢的油类称为半干性油；涂于表面不能干燥的油类称为不干性油。

干性油与半干性油多直接用作主要成膜物质，而不干性油有的需经改性再作主要成膜物质或者用于制造增塑剂等。

植物油是被人类较早用来制漆的原料，在目前的涂料生产中，含有植物油的品种仍占一定比重。植物油的涂膜柔韧耐久，附着力强，耐候性好，但是干燥缓慢。在涂膜的光泽和硬度方面不如含树脂的涂料。

单独用植物油作主要成膜物质制成的漆就是油脂漆，如清油、厚油、油性调和漆等；也有用植物油与树脂共同作成膜物质制成的漆，如酯胶漆、酚醛漆等。

② 树脂　涂料用树脂按其来源可分为天然树脂、人造树脂与合成树脂三类。用树脂制漆比单纯用植物油制成的漆能明显地改善油漆的硬度、光泽、耐水性、耐磨性、干燥速度等性能，所以现代涂料工业大量应用树脂为主要原料制漆，有些涂料完全使用合成树脂。合成树脂涂料在涂料生产中是产量最大、品种最多、应用最广的涂料。

③ 醇酸树脂类　用于双组分木器涂料的含羟基组分，也是调制硝基漆的主要原料。常用品种有色浅快干的椰子油醇酸树脂，丰满度好、价格不贵的大豆油醇酸树脂，综合性能全面而又不泛黄的合成脂肪酸醇酸树脂，一些植物油酸改性醇酸树脂等。

④ 丙烯酸树脂类　多用于双组分木器涂料的羟基组分，也可制成单组分自干涂料。外观水白、色浅、保光保色性好，是丙烯酸树脂的主要特点。由于配方灵活多变，在产品的固体分、稠度、交联密度、干燥速度等指标上可有不同搭配和多种选择。

⑤ 硝基纤维素树脂（硝化棉）　主要用于各种硝基漆的配制，也可加入 PU 漆中调配干速及光泽。

⑥ 不饱和聚酯树脂　用于不饱和聚酯涂料的配制，多用作底漆及泥子。

⑦ 光固化涂料用树脂　带有活性基团的丙烯酸类树脂、环氧类树脂、经改性的其他树脂，活性基团可被光引发剂引发反应，是光固化涂料的主要原料。

⑧ 各种类型的水性树脂　用于水性涂料，主要有纯丙烯酸、聚氨酯、聚氨酯改性丙烯酸。

（2）次要成膜物质

各色颜料和染料，是涂料中的次要成膜物质。它不能离开主要成膜物质而单独构成涂膜。

① 颜料　颜料又分为着色颜料与体质颜料（填料）。着色颜料是指具有一定的着色力与遮盖力，在色漆中主要起着色与遮盖作用的一些颜料，用于调制各种着色剂，能为基材表面着色，具有白色、黑色或各种彩色。着色颜料还有防止紫外线穿透的作用，提供遮盖力（不透明性）、耐久性、机械强度及对底材的保护作用，可以提高涂膜的耐老化性及耐候性。

体质颜料（又称填料）是指那些不具有着色力与遮盖力的白色和无色颜料。如碳酸钙（老粉、大白粉）、硅酸镁（滑石粉）等，外观虽为白色粉末，但是不能像钛白粉、锌钡白（立德粉）那样当白色颜料使用。由于这些填料的遮光率低（多与油和树脂接近），将其放入漆中不能阻止光的穿透，因而无遮盖和着色力，但能增加漆膜的厚度和体质，增强漆膜的耐久性，故称体质颜料。其常用品种有碳酸钙、硅酸镁。

② 染料　木器家具产品涂装常用染料有酸性染料、碱性染料、分散性染料、油溶性染料和醇溶性染料。染料一般不作为涂料的组成部分，只在透明有色清漆中放入染料。但是在木器家具涂装施工过程中却广泛使用染料溶液进行木材表层着色、深层着色以及涂层着色。

染料是一些能使纤维或其他物料牢固着色的有机物质。大多数染料的外观形态是粉状的，少数有粒状、晶状、块状、浆状、液状等。一般可溶解或分散于水中，或者溶于其他溶剂（醇类、苯类或松节油等），或借助适当的化学药品使之具有可溶性，因此也称为可溶性着色物质。

③ 颜料和染料的品种和特性　各种着色颜料赋予涂膜色彩、遮盖力，如钛白粉、炭黑、氧化铁红、氧化铁黄、酞菁蓝、柠檬黄等。各种填充料，如碳酸钙、滑石粉以及性能介于颜料与填料之间的立德粉等，可在配方中增加固体分，调整稠度、流平性、触变性、打磨性。超细粉料颜料及填料的很多品种都已发展出超细产品，便于分散使用，在配方中显示出在透明度、稠度、遮盖力、光泽方面的多选择性。透明粉料透明颜料越来越普遍地被应用，使着色力与透明度之间更易平衡。很多超细粉料都有透明效果，但不是所有透明粉料都是超细的。染料是颜料、填料之外的另一种粉料，它是完全溶解而不是分散于涂料之中。染料与颜料、填料合理搭配使用使配方可变性大大加强。闪光类粉料、金属类粉料多用于各种闪光漆中，但能闪光的粉料不一定都是金属粉料。闪光类粉料和金属类粉料用于木器涂料中可获得各种高雅、特殊的质感。

（3）辅助成膜物质

辅助成膜物质包括溶剂和助剂。

① 溶剂　溶剂的主要作用是用于溶解、稀释固体或高黏度的主要成膜物质，使之成为有适宜黏度的液体，便于施工，此外对涂料的制造、贮存、施工、漆膜的形成与成膜的质量都有很大的影响。

溶剂是液态涂料的主要成分，一般在50%以上，少数挥发性漆中能占到70%～80%（如虫胶漆、硝基漆等），将涂料涂于制品表面后，溶剂蒸发，涂料逐渐干燥硬化，最终形成均匀、连续的涂膜。溶剂最后并不留在涂膜中，因此称为辅助成膜物质。

选用溶剂时，需要了解溶剂的溶解能力、挥发速度、安全性、颜色、纯度与成本等。

木器涂料用溶剂，除水性涂料中用到水外，一般都是挥发性的有机溶剂，按化合物类型分类，有脂肪烃、芳香烃、醇类、酯类、酮类、醇醚类、醚酯类等。有机溶剂多为易燃品且大部分有机溶剂有毒性，因此溶剂的安全使用非常重要。对于溶剂品种的选用要根据涂料和涂膜的要求来确定。一种涂料可以使用一个溶剂品种，也可以使用多个溶剂品种，实践证明，混合使用溶剂比单独使用一种溶剂好，可得到较大的溶解力、较缓慢的挥发速度，能获得良好的涂膜。

木器涂料常用有机溶剂如下。

要求溶解力好的溶剂：酯类，如醋酸丁酯、醋酸乙酯，以及酮类和醇醚类溶剂。

作稀释剂用的溶剂：甲苯、二甲苯。

调整干燥速度的溶剂。

用作化白水的溶剂：醇醚类。

用活性单体作为活性稀释剂使用。

② 助剂　助剂是涂料不可缺少的组成部分。助剂也称为涂料的辅助成膜物质，是涂料的一个组成部分，但它不能单独形成漆膜在涂料成膜后可作为涂料中的一个组分而在涂膜中存在，在涂料配方中用量很少（一般只占涂料的百分之几），但作用很显著。不同种类的助剂分别在涂料的制造、贮存、运输、施工、干燥成膜等不同阶段发挥作用，对涂料和涂膜性能有极大的影响，有些助剂还可赋予涂料以某些特殊的功能。

在涂料制造中发挥作用的助剂有湿润剂、消泡剂、分散剂等；

在贮存和运输时发挥作用的助剂有防沉剂、防结皮剂，对乳液类涂料还需增加防腐剂、防霉剂、冻融稳定剂等；

在施工和涂膜干燥过程中发挥作用的助剂有防流挂剂、流平剂、防浮色发花剂、促进剂、催化剂等；

在干燥后的涂膜中发挥作用的助剂有紫外线吸收剂、光稳定剂、划痕防止剂等。

具有特种功能的助剂往往能赋予涂料某种新的功能，并常以其功能来命名涂料，如阻燃涂料。

不论溶剂型涂料、水性涂料或无溶剂型涂料的生产和使用，都离不开涂料助剂。

随着涂料工业的不断发展，涂料助剂的种类和品种日益增多，用途各异，正是由于涂料助剂的应用，为涂料生产品种的扩大、质量的提高、成本的降低创造了条件，更促进了涂料工业的良性发展。

2. 喷枪种类

喷枪的种类繁多，分类方法也很多。按涂料与压缩空气的混合方式，可分为内混合式和外混合式两种（表 1-38）；按涂料的供给方式，可分为吸入式、自流式和压入式三种（表 1-39）。

表 1-38　喷枪按混合方式分类

形　式	结构示意图	特　点
内混合式		此种方式的涂料和压缩空气在喷头内混合后喷出。该形式用于涂料受压力喷涂的喷枪，射流断面呈圆形；也适用于狭长缝隙形涂料喷嘴的喷枪。为防止过量涂料喷出，涂料所受压力不宜过高
外混合式		此种方式的涂料和压缩空气在喷头外混合后喷出。该形式用于涂料受压力或真空力喷涂的喷枪，射流断面形状可以调节，使之呈扁平形（水平或垂直椭圆形）

表 1-39　喷枪按供料方式分类

形　式	结构示意图	特　点
吸入式		① 贮漆罐安装在枪身下方，涂料添加和更换方便； ② 喷出量受涂料黏度影响； ③ 贮漆罐容量小，仅适合小面积喷涂； ④ 喷枪重，不适合长时间作业； ⑤ 过度倾斜贮漆罐，涂料易溢出

形　式	结构示意图	特　点
自流式		① 贮漆罐安装在枪身上方； ② 少量涂料也可喷涂； ③ 若贮漆罐换成吊桶，则适合大面积喷涂； ④ 喷出量受涂料液面高度影响； ⑤ 多种涂料要多个贮漆罐或吊桶； ⑥ 涂料吊桶输料管长，清洗困难
压入式		① 适合大面积大批量喷涂； ② 喷涂量可调； ③ 喷枪方向不受限制； ④ 无贮漆罐，喷枪质量轻； ⑤ 多种涂料要备多个压力漆桶及输料连管或吊桶； ⑥ 需配空气压缩机，费用高； ⑦ 清洗困难

3. 喷涂室

喷涂室的主要作用是排除空气中的漆雾和溶剂蒸汽，创造良好的喷涂环境。喷涂时，从射流脱离的、从工件反弹的以及从工件边缘飞逸的涂料粒子，形成漆雾悬浮在空气中；从高速射流蒸发的溶剂蒸汽，也充满于空气中。这些漆雾与溶剂蒸汽，如不及时排除，不仅危害人体健康，还有引起火灾及爆炸的危险。另外，合理的喷涂环境对提高涂层质量也是很重要的。因此，应采用通风的喷涂室将喷涂限制在一定的空间内，排除有害气体，控制涂料的温度、湿度、照明等条件。

喷涂室的主要结构包括室体、工件的放置和装卸设备、通风设备以及过滤设备等。室体一般由金属板制作，防止火灾。

（1）喷涂室分类

根据不同的需要，喷涂室的种类很多，通常有以下几种分类法。

① 按被涂装工件的装卸及作业方式分类　分为连续式和间歇式两种。连续式喷涂室常用悬吊式运输机、地面式运输机等运输工件通过喷涂室进行喷涂，常用于大批量生产。间歇式喷涂室是工件放在室内回转的圆台上或用小车等推入进行喷涂，喷好后的工件从同一门取出，此种方式适于小规模生产。

② 按抽风机的气流流向分类　分为横向抽风、纵向抽风和底部抽风三种。

③ 按漆雾的过滤方式分类　分为干式和湿式两种，见表 1-40。图 1-73 为湿式喷涂室结构示意图。

表 1-40　喷涂室分类

分类形式		结构示意图	工作原理、特点
干式	折流板式		由数块梳状边缘的槽型板交错排列组成。含漆雾及溶剂的气流经两次折流后，涂料质点粘附在板上。 这种形式结构简单，成本低，不产生堵塞现象。但过滤效果差，需定期清扫，适于小量喷涂
	垫网式		由玻璃纤维或其他材质构成过滤垫网。气流经过时，涂料质点粘附在网上。 这种形式结构简单，较折流板式过滤效果好。但垫网易堵塞，需经常更换，适于小量喷涂

分类形式		结构示意图	工作原理、特点
干式	组合式		由上两种形式组合而成。折流板作为粗过滤，垫网作为精过滤。 这种形式结构简单，结合两种过滤的特点，过滤效果好，更换次数少，适于小量喷涂
湿式	普通式		普通形式的室体为一面敞开的。在风机的作用下，气流首先经过折流板或垫网过滤，再经过两次逆气流喷水过滤。气流经两喷水头之间圆弧面时，由于离心力的作用，涂料质点附于其上，用水冲下，流入水槽中，气流经气水分离器排出。 这种形式结构紧凑，过滤效果好，占地面积小。但喷嘴易堵塞，适于小量喷涂
	喷水式 上侧吸入式		上侧吸入式是气流从过滤设备的上方进入。从喷水管喷出的水流，经其上方的凸板凹面折射向两侧，然后从淌水板流下来。在风机的作用下，气流绕喷水头经四层水层后经气水分离器排出。 这种形式过滤效果好。但需要水循环系统，设备费用高，喷嘴易堵塞。适于通过式大批量工件的喷涂漆雾多处于上方时的情况
	下侧吸入式		下侧吸入式是气流从下方进入。因喷大型制品时，喷枪常向上，工件的移动多为地面运输机。 这种形式适于较大工件的喷涂。常伴有上送风系统，以改善气流流向
	上下吸入式		上下吸入式是气流从上下两个方向进入。从喷水管喷出的水，经折射后从淌水板流下。 这种形式适于漆雾多处于中部时的情况
	溢流式		溢流式是溢流槽中的水在淌水板上溢流而下。从水管流出的水，经侧边的隔板稳流后从边部溢出，气流经底部水膜时被吸附。 这种形式的淌水板下部呈圆弧状向内弯曲，可以减小气流的阻力。其水膜厚度应适宜，既不产生飞溅，也不产生断流。 溢流式与喷水式可以组合使用

（2）喷涂室选择原则

① 生产规模 大量连续喷涂宜采用湿式喷涂室，小量或零散喷涂宜采用干式喷涂室。

② 涂料种类 使用各种涂料时，漆雾与溶剂蒸汽排除室外，无危险时，宜采用干式喷涂室。若喷涂快干性涂料，漆雾与溶剂蒸汽排除室外有危险时，宜采用湿式喷涂室。

③ 工件的形状、尺寸 工件的形状不同（如回转件和平面件）占有的空间也不一样。尺寸小的或回转件可考虑采用干式喷涂室，尺寸大的可考虑湿式喷涂室。

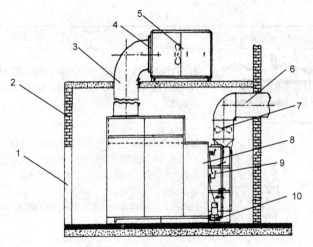

图 1-73　湿式喷涂室结构示意图

1. 门　2. 墙体　3. 进风管道　4. 空气净化装置　5. 引风机　6. 排气管道
7. 排气风机　8. 不锈钢水帘导流板　9. 水槽　10. 循环水泵

（3）喷涂室的设计原则

① 喷涂作业应限制在密封或半密封的喷涂室内进行，避免漆雾与溶剂蒸汽扩散到其他地方。

② 应及时直接排走喷涂产生的漆雾与溶剂蒸汽。

③ 排除的漆雾及溶剂蒸汽应进行有效的过滤，以免污染空气及设备本身。

④ 喷涂操作人员在喷涂区之外的，应在有新鲜空气气流的地方作业。

⑤ 喷涂室内的照明应便于喷涂操作人员的观察，室内的通电设备均应防爆。

⑥ 室内的结构尺寸应设计合理。

（4）喷涂室的维护

应检查以下方面：

① 折流板和垫网是否粘附过多的涂料。

② 喷水嘴是否堵塞。

③ 溢流水层是否正常，是否有水飞溅或断流现象。

④ 气水分离器工作是否正常。

⑤ 排气通风机和排气管是否粘附涂料和水。

⑥ 喷涂室内风速是否正常。

⑦ 风机和水泵电动机电流是否超出规定。

4. 热喷涂

将涂料与压缩空气加热后再进行喷涂称为热喷涂，而喷涂未加热的常温涂料称为冷喷涂。前者是预先将涂料加热到 70℃左右再进行喷涂，涂料从贮漆罐中被齿轮泵抽出，流经蛇形管的过程中被加热器加热后返回，继续被加热使用。

一般情况下采用空气喷涂法时，要求涂料黏度低，通常采用加稀释剂稀释的方法降低涂料黏度。但这也使涂料的固体分含量降低，为达一定涂层厚度，则需增加喷涂遍数。用稀释的方法也消耗了大量有机溶剂。热喷涂法则用加热的方法代替稀释的方法来降低涂料黏度，便于空气喷涂操作。因此，热喷涂法有下列优点：

① 减少了稀释剂用量（一般可节省 2/3 左右），节省了有机溶剂的消耗。喷涂时挥发的有害气体

少，环境污染轻。

② 由于稀释剂用量少，相对的固体分含量提高，因此每次喷涂的漆膜厚度增加，喷涂次数减少，简化了工艺。相应地提高了劳动生产率。

③ 由于喷出的涂料本身温度高，使落在表面上的液体涂层的流平性得到改善，有利于提高干燥后漆膜的平整光滑与光泽。

④ 挥发型漆加热喷涂时，即使在湿度较大的条件下施工，也不易泛白（而冷喷涂则易泛白）。

冷喷涂与热喷涂硝基漆的性能比较见表 1-41。

表 1-41 硝基漆冷热喷涂比较

项　目	冷喷涂	热喷涂
原漆固体分含量（％）	25～30	40～45
稀释率（涂料与稀释剂之比）	1∶1	1∶（0～0.2）
稀释后的固体分含量（％）	12.5～15.0	33～45
常温下的黏度（涂-4 杯）(s)	20～25	85～105
喷涂时的漆温（℃）	常　温	70～75
干燥时间：表干（min）	5～10	15～20
实干（min）	60～80	120～180
喷涂一次漆膜厚度（μm）	10～12	30～40
漆膜光泽	较　高	很　高

采用热喷涂法需在输漆与输气系统中增设加热器，热源多用电和热水。采用电加热时，有的加热器设置在喷枪上。各种加热器应能准确调控温度，操作安全，装卸简便。

5. 高效低压环保喷涂

普通空气喷涂空气压力大，易造成涂料的过喷和反弹，喷涂质量不理想，涂料留着率低。高效低压环保喷涂的工作原理是降低压缩空气压力（常用 20～80kPa），通过增大压缩空气流量来保证涂料得以正常雾化，以减少涂料的反弹和过喷。

高效低压环保喷涂具有如下特点：

① 涂膜表面质量好。

② 涂料传递效率中等。

③ 涂料浪费少，利用率不低于 65％。

④ 符合环保要求。

适用性：适合对单件、小批量、形状复杂、表面质量要求高的工件精细喷涂，也可喷低黏度的染料着色剂。

6. 高压无气喷涂

高压无气喷涂也称无气喷涂，是靠密闭容器内的高压泵压送涂料，使涂料本身增至高压（15～30MPa），经软管送入喷枪，当高压涂料通过喷嘴进入大气时，立即剧烈膨胀而雾化成极细微的颗粒喷在被涂装表面上。

（1）高压无气喷涂的特点

高压无气喷涂的优点：

① 涂料利用率高　与空气喷涂相比，由于没有空气参与雾化，喷雾飞散少，雾化损失小，减少了

溶剂的使用，也减少了溶剂的挥发，保护了环境，改善了施工条件。

② 可喷涂黏度高的涂料　由于喷涂压力高，即使黏度很高的涂料（100s）也易于雾化，而且每次喷涂可获得较厚的漆膜（100~300μm），特别适合木制品的底涂或建筑室内外墙壁乳胶漆的喷涂，提高了工效和涂料利用率。

③ 生产效率高　它的效率比空气喷涂高许多倍，每支喷枪每分钟可喷3.5~5.5m²。尤其喷涂大面积制品如车辆、船舶、桥梁、建筑物时，更显示其高的涂装效率。

④ 应用适应性强　被喷涂表面形状不受限制，对于平表面的板件、整体制品、有缝隙的凹凸表面都能喷涂。

高压无气喷涂的缺点：

① 高压无气喷涂的喷涂量不易调节，它只能靠更换不同口径的喷嘴来调节，比较麻烦，喷嘴易损坏。

② 不宜喷涂薄的涂层，漆膜的装饰性较差。

③ 设备比较复杂，而且高压操作，需要十分注意安全。

（2）高压无气喷涂设备

高压无气喷涂设备包括高压泵、蓄压器、过滤器、高压软管及喷枪。

① 高压泵　高压泵是高压无气喷涂的关键设备，常用电动隔膜泵或气动活塞泵。

电动隔膜泵是电动机驱动的，由液压泵和涂料泵两部分组成，电动机通过联轴器带动偏心轴高速旋转，偏心轴上的连杆驱动柱塞在油缸内直线往复运动，将油箱中的液压油吸上并使它变为脉动高压油，推动一个高强度隔膜。隔膜的另一面接触涂料，隔膜向下时为吸入冲程，打开吸入阀吸入涂料到涂料泵；隔膜向上时为压力冲程，此时吸入阀关闭，输出阀打开，并以高压力将涂料经软管输送至喷漆枪。压力可在0~25MPa范围内任意调节，而且压力稳定，不会过载。机件不承受冲击载荷，工作可靠。

气动活塞泵实际上是一个双作用式的气动液压泵。它的上部是汽缸，内有空气换向机构，使活塞作上下运动，从而带动下部柱塞缸内的柱塞做上下往复运动，使涂料排出或吸入。因为活塞面积比柱塞有效面积大而实现增压。这种有效面积之比根据所需的涂料出口压力来确定，通常为（20~35）:1，即进入汽缸的压缩空气压力为0.1MPa时，高压柱塞缸内的涂料压力可达到2~3.5MPa。如果所用压缩空气压力为0.5MPa，涂料就可以增压到10~17MPa的高压。

② 过滤器　无气喷枪的喷嘴孔很小，涂料稍有不净，就很容易使喷嘴堵塞。因此，涂料必须严格过滤，才能保证喷涂工作正常地进行。

无气喷涂设备共有三个不同形式的过滤器：其一是装在涂料吸入口的盘形过滤器，用以除去涂料中的杂质和污物；其二是装在蓄压器与截止阀之间的，用于滤清上次喷涂后虽经清洗，但仍残留在柱塞缸及蓄压器内结块的残余涂料；其三是装在无气喷枪接头处的小型管状过滤器，用于防止高压软管内有杂物混入喷枪。

③ 蓄压器　用于稳定涂料压力，减少喷涂时的压力波动，保证喷涂质量。它是一个简单的筒体，上下有2个封头，涂料从底部进入，在进口处装有一个滚珠单向阀。

④ 高压软管　用于输送高压涂料至喷枪。它应耐高压、耐腐蚀、耐油、耐涂料中的强溶剂腐蚀。常用尼龙或聚四氟乙烯外包不锈钢丝网制成。

⑤ 喷枪　高压无气喷枪由枪身、喷嘴、过滤网、接头等组成，与气压喷涂常用的喷枪不同之处

在于其内部只有涂料通道，而且要求密封性强，不泄漏高压涂料。扳机要开闭灵活，能瞬时实现涂料的切断或喷出。喷嘴是无气喷枪的重要零件，种类也较多。喷嘴孔的形状、大小及表面光洁度对于涂料分散程度、喷出涂料量及喷涂质量都有直接影响。喷嘴因高压涂料喷射而易于磨损，常用硬质合金、蓝宝石制成，已磨损的喷嘴喷出涂料射流不均匀，易形成流挂、露底等缺陷。无气喷枪喷嘴口径与应用性能见表 1-42。

表 1-42　无气喷枪喷嘴口径与应用性能

喷嘴口径（mm）	适用涂料的特性	实　例
0.17~0.25	非常稀薄	溶剂、水
0.27~0.33	稀　薄	NC
0.33~0.45	中等稠度	底漆、油性清漆
0.37~0.77	黏　稠	油性色漆、乳胶漆
0.65~1.8	非常黏稠	浆状涂料

用于加热喷涂的高压无气喷涂设备，高压泵的压缩比率较低，约为 1∶9，由此产生的涂料压力为 2~5MPa。加热到 65~100℃的涂料，不仅黏度明显降低，而且处于高压状态，其中的部分溶剂达到沸点，蒸气压增高。当涂料从喷嘴喷出时，其中的溶剂立即转化为气态，其膨胀率可达 1∶1500，极有利于涂料高度微粒化。

专用于不饱和聚酯涂料的高压无气喷涂装备，由高压泵驱动两只柱塞泵，分别对含有引发剂和含有促进剂的树脂涂料进行定量加压，并在调混器内按准确的比例混合，然后输往喷枪。当喷涂操作结束时，由另一泵将稀释剂送入调混器内清洗。这样就有效地解决了混合后的聚酯树脂漆因为活性期短而造成浪费的问题。国产高压无气喷涂设备的主要技术参数见表 1-43。

表 1-43　国产高压无气喷涂设备的主要技术参数

技术性能	GP2 型（双喷枪）	GP1 型（单喷枪）
压力转换比	36∶1	35∶1
汽缸直径（mm）	180	130
泵的行程(mm)	90	75
泵的往复次数（次/min）	25~35	30~40

（3）高压无气喷涂工艺

① 涂料黏度　涂料黏度应与涂料压力相适应，涂料黏度低应采用较低的涂料压力，反之则要使用较高的涂料压力。部分品种的涂料常用黏度与涂料压力见表 1-44。

表 1-44　高压无气喷涂使用条件

涂料种类	黏度 （涂-4 杯）（s）	涂料压力 （MPa）	涂料种类	黏度 （涂-4 杯）（s）	涂料压力 （MPa）
硝基漆	25~35	8.0~10.0	热固性氨基醇酸漆	35~25	9.0~11.0
挥发性丙烯酸漆	25~35	8.0~10.0	热固性丙烯酸漆	25~35	10.0~12.0
醇酸磁漆	30~40	9.0~11.0	乳胶漆	35~40	12.0~13.0
合成树脂调和漆	40~50	10.0~11.0	油性底漆	25~40	12.0 以上

② 涂料压力　一般涂料压力与涂料喷涂量成正比，并对喷涂漆形影响较大。当压力过低时，有可能出现不正常漆形（如尾漆形），当涂料压力过高时，喷涂可能产生流淌或流挂。要提高喷涂量需更换喷嘴，而不应单纯提高压力。

③ 喷枪移动速度　喷枪移动速度决定涂层厚度与均匀性，其选择应依据喷嘴与具体喷涂条件（喷嘴口径、涂料黏度与压力、喷涂距离与涂料喷涂量等）而定，一般以 50~80cm/s 为宜。

④ 喷涂距离　喷枪喷嘴与被喷涂表面之间的距离可比空气喷涂稍远，一般为 300~500mm。距离太远可能使漆面粗糙，损耗涂料；距离太近可能产生流挂和使涂层不均匀。喷枪的角度一般应与表面垂直。喷涂搭接的幅度要小，搭接上即可。

（4）注意事项

由于高压无气喷涂时涂料压力很高，当涂料从喷嘴或输漆管损坏处的小孔中喷出时，速度非常高，有可能伤及人的皮肤，而且涂料组成中含有对人体有害的物质，因此喷枪绝对不能朝向人体，枪头和喷嘴不应直接接触皮肤。

当涂料从喷枪高速喷出时，会产生静电，积聚在喷枪和被喷涂表面上，放电时会伤害操作人员，有时还会产生火灾和引起爆炸。因此，喷枪与输漆泵应用地线接地。

当喷涂装置长期不使用时，涂料管路应完全用溶剂洗净，此时不可开动扳机喷射溶剂，否则大量雾化极细的溶剂蒸汽充满空间，这不仅能引起火灾与爆炸，而且对人体也有危害。

输漆管的弯曲半径应大于 50mm，否则容易损坏内侧胶管，缩短使用寿命。此外还应注意其不可被踩踏和重物压住。

7. 空气辅助高压无气喷涂

空气喷涂涂料损耗大，而高压无气喷涂质量不理想。空气辅助高压无气喷涂的工作原理是降低高压无气喷涂的涂料压力（5MPa 以下），减小喷涂射流的前进速度。借助少量压缩空气（压力为 100kPa）帮助改善雾化效果，故称空气辅助高压无气喷涂，其具有如下特点：

① 涂料损失少，AA 喷涂的涂料留着率为 70%。

② 雾化质量好，AA 喷涂实际上是经过二次雾化过程，因此雾化效果好，喷涂质量比无气喷涂好。

③ 可以调节喷束形状。

AA 喷涂应用范围广泛，适于各类高档家具与工艺品的涂装，尤其适合家具面漆和中间涂层修色剂的涂装。在国外家具喷涂应用较多，近年在我国家具行业中也开始使用。

8. 混气喷涂

混气喷涂最近几年出现在工业涂装各领中，是在 AA 喷涂技术的基础上发展起来的，二者原理相同，只是喷枪的空气帽的结构不同，被誉为工业喷涂的标准，其具有如下优点：

① 喷涂质量极佳。

② 涂料的留着率高达 80%。

③ 喷涂速度低，减少过喷和反弹，喷台维护减少，现场环境清洁，符合有关法规要求。

④ 对空压机功率要求低，生产效率高。

⑤ 喷涂所需的涂料压力比无气喷涂低。

⑥ 溶剂使用少，换色快，便于维修，喷幅可调。

9. 静电喷涂

静电喷涂是利用涂料与被涂装表面带不同的正负电荷互相吸引，在被涂装表面上形成漆膜的喷涂方法。

（1）基本原理

把被涂装工件接地作正极，把喷具作负极接高频静电发生器，工作时，由高频高压静电发生器产生高压电，形成高压电场，在高压电场的作用下负极产生电晕放电，使喷具喷出的涂料带负电，同时被分散成颗粒；带负电的涂料微粒在电场力、机械力共同作用下，沿着电力线方向移动，并被吸附在涂装表面上，固化后形成漆膜，如图1-74所示。

转杯式静电涂漆装置工作过程是：喷具是转杯，作负极，旋杯中空无底，安装在以一定速度旋转的传动轴上，涂料用泵或放在高处的漆桶中借重力送到转杯的内表面，在离心力的作用下，流到转杯的尖削部分并被甩出，在高压电场的作用下，产生电晕放电，电场力也使涂料分散成很细的带负电微粒，被吸附、沉积在被涂装物表面，如图1-75所示。图1-76为静电涂装生产线示意图。

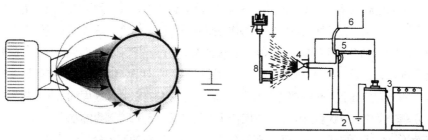

图1-74 静电喷涂原理示意图　　　图1-75 转杯式静电涂漆装置示意图

1. 支柱　2. 电动机　3. 高压整流装置　4. 转杯
5. 油漆供给量调节装置　6. 油漆贮槽　7. 运输带　8. 木制品

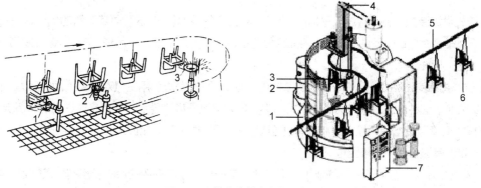

图1-76 静电涂装生产线示意图

1. 圆形喷涂室　2. 排气系统　3. 圆形喷头　4. 往复机　5. 架空式输送链　6. 工件　7. 电器控制柜

国产D-100型固定旋转杯式静电喷涂设备由下列部件组成：

① 旋转杯喷具2支及其支架1套。

② 高频高压静电发生器1台。

③ 输漆系统——涂料增压箱1套。

④ 涂料电阻测试器1台。

⑤ 高压放电棒1支。

（2）静电喷涂的设备

① **高压静电发生器**　高压静电发生器是供静电喷涂用高压直流电源，一般小型设备中要求电压为60～90kV，大型设备中要求电压为 80～160kV。高压静电发生器常由升压变压器、整流回路、安全

回路等组成。应用较多的是利用工频或高频电源，采用多级倍压整流以获得高压直流电。

② 喷具（静电喷枪） 静电喷涂时涂料经过喷具喷出雾化并喷向被涂装表面，多数情况下喷具既是放电电极又是涂料雾化器，其作用不仅能使涂料分散雾化，还要使漆滴充分带电荷。喷具种类很多，结构也不一样，使涂料雾化的方法常是合用几种作用力，除静电斥力外，常辅以其他动力。按其雾化方式的不同，喷具可分为机械静电雾化式、空气雾化式、液压雾化式、静电雾化式与静电振荡雾化式等五种，生产中常用的是前三种。

机械雾化喷具是靠高速旋转的机械力（离心力）与高压静电场的电场力（静电斥力）使涂料雾化。此类喷具按其形状与结构又可分为杯状、圆盘状与蘑菇状等。

杯状喷具喷头呈杯形，多用铝合金制作，其电晕边缘（杯口）直径有 50mm、100mm、150mm 等多种规格，一般用电动机驱动，转数为 900～3600r/min。此类喷具作用于漆滴上的离心力与静电引力不在同一方向上，带电漆滴沿两者合力方向被吸往涂装表面，喷涂射流呈中空环形。

圆盘状喷具常为铝合金或不锈钢制的圆盘，盘的直径有 100～300mm 多种。驱动圆盘转动的动力有电动与风动两种，转数为 3600～4000r/min。盘面可朝上或向下，供漆方式有内输漆或外供漆。此种喷具其电场力的方向与圆盘回转的离心力方向一致，便于涂料在被喷涂表面的沉积。与杯式相比涂料飞散少，涂着效率非常高。盘状喷具可以沿轴向作定期的升降运动和沿圆盘的水平方向摆动，以适应制品的形状进行喷涂。盘状喷具还可用于喷涂双组分涂料，这时涂料的两组分分别输送到圆盘的两面，随着喷具的旋转，两种组分就在圆盘的边缘混合并喷出。

③ 供漆装置 供漆装置的作用是向静电喷具提供均匀、连续、稳定的漆流，常用如下三种形式的供漆装置：

自流式供漆装置 将涂料注入吊桶内，借助涂料自身的重力供漆。这种供漆装置的优点是设备简单，能适合于大量喷涂；缺点是供漆不稳，随涂料面高度改变，喷具必须低于吊桶，不同涂料必须更换不同吊桶，且清洗困难。

气压式供漆装置 将涂料注入密封的漆桶内，通以压缩空气，利用空气对涂料上面的压力，将涂料送入喷具喷涂。这种供漆装置的优点是设备简单、压力可调、供漆稳定，缺点是漆在桶内有沉淀。

泵压式供漆装置 利用输漆泵将漆输送至喷具处，这种供漆装置的优点是能够同时给多处喷具供漆，缺点是设备造价高，维修困难。

④ 静电喷涂室 静电喷涂室的作用和空气喷涂室一样，是将多余的漆雾及溶剂蒸汽排走。静电喷涂室以砖结构为多，也可用金属板焊制。为了便于清理，喷涂室内壁要求平整，可贴瓷砖、塑料板等，还可以在内壁涂上脱漆剂或贴上蜡纸。室体应设有观察窗，便于观看喷涂情况。

静电喷涂室的所有电气元件均应采用严格的防爆措施，保证通风装置及时排走室内的漆雾与溶剂蒸汽。需安装安全的电源开关，当开门时，要保证全部断电以防危及人体及场所安全。

（3）静电喷涂工艺

① 电场强度 电场强度是静电喷涂的动力，它的强弱直接影响静电喷涂的效果。在一定范围内，静电场中电场强度越大，涂料静电雾化与静电吸引的效果越好，涂着效率越高；反之电场强度小，电场中电晕放电现象变弱，漆滴荷电量小，静电雾化和涂着效果就变差。

生产实践经验与试验研究指出，喷涂金属制品时，适宜的平均电场强度为 2400～4000V/cm，而涂装木材与其他导电性差的材料时，电场强度以 4000～6000V/cm 较为适宜。电场强度过大，可能出现火花放电，当喷涂室内通风不足时，容易引起火灾和爆炸。电场强度过大还可能造成反电晕，也就是在正极附近的空气强烈电离，空气中负离子浓度增大，有可能聚集在被涂装表面凸出部位，将会推斥带有负电荷的涂料微粒，反而使这些地方的表面涂不上涂料。

木材表面静电喷涂常用的电压为 60~130kV，电极到被涂装表面之间的距离为 20~30cm。极距小于 20cm 就有产生火花放电的危险，而当极距大于 40cm 以上时，涂着效率可能非常差。最适宜的电场强度数量值应在具体条件下通过试验确定。

② 涂料与溶剂　静电喷涂法对所用涂料与溶剂跟其他涂装方法相比的特殊要求就是导电性，即适于静电喷涂的涂料，应能在高压静电场中容易获得电荷，易于带电，因而能很好地静电雾化。被喷散雾化的涂料能均匀地沉降到工件表面上，并能在表面上均匀流布。这些性能多与涂料电阻率、介电系数、表面张力以及黏度有关。其中，因介电系数、表面张力等难以测定与控制，因而影响较明显的是涂料的电阻率与黏度。

电阻率一般表示涂料的介电性能。涂料的介电性能直接影响涂料在静电喷涂时的荷电性能、静电雾化性能与涂着效率。涂料电阻率过高，涂料微粒荷电困难，不易带电，静电雾化与涂着效率变差。但电阻率过小，在高压静电场中易产生漏电现象，使喷具上放电极的电压下降，可能送不上高压。适宜的电阻率范围应通过工艺试验或测定涂料的静电雾化性能来确定。有关资料认为适宜的电阻率为 5~50MΩ·cm。

调整涂料电阻率的方法有两种：一种是溶剂调节，涂料电阻率高可添加电阻率低的极性溶剂（如二丙酮醇、乙二醇乙醚等），在电阻率低的涂料中添加非极性溶剂；另一种是在设计涂料配方时添加有关助剂。电阻率可用电阻率测定器测定。

静电喷涂所用涂料黏度较一般空气喷涂的黏度要低些。涂料黏度高雾化效果差，黏度降低，涂料的表面张力减小，雾化效果好。一般用沸点高、挥发慢、溶解力强的溶剂调节黏度。较适宜的黏度为 18~30s（涂-4 杯）。

在木材涂装中，酸固化氨基醇酸漆、硝基漆、醇酸漆、聚氨酯漆、丙烯酸漆均可用于静电喷涂，其中尤以酸固化氨基醇酸漆应用最多，效果很好。

静电喷涂宜用高沸点、高极性与高的闪点温度的溶剂。静电喷涂与空气喷涂相比，雾化过程中涂料微粒的扩散效果好，静电喷涂射流断面一般要比空气喷涂大，因而涂料粒子群的密度小，溶剂蒸发较快。如涂料中含低沸点溶剂多则蒸发更快，可能在涂料沉降到工件表面时，大量溶剂已经跑光，所剩溶剂已不足以维持涂料在工件表面流平，造成漆膜表面出现橘皮等缺陷，因此静电喷涂多使用挥发慢的高沸点溶剂。

极性溶剂能降低涂料电阻，使其容易带电，因而在涂料中添加高极性溶剂（酮、醇、酯类）能有效地降低涂料电阻，有利于涂料的带电和雾化。

由于高压静电场中有可能发生火花放电，因此使用闪点温度低的溶剂容易引起火灾，所用溶剂的最低闪点宜在 20℃以上。

③ 木材性质　木材是电的不良导体，干燥木材中的自由离子数很少，绝干木材的电阻率极大，因此木材的导电性很差，所以对木制品进行静电喷涂是比较困难的，但是经过处理的木材也能正常进行静电喷涂。

木材的表面湿度对木材的导电性影响较大。当木材表层含水率低于 8%时，涂料微粒在其表面的沉降效果很差，但是当木材表面含水率在 8%以上时，其导电性已能适应静电喷涂的需要。根据有关工厂的实验资料，含水率为 10%以上的木材，电压为 80kV，喷涂效果很好；含水率在 15%以上的木材最适宜。

当在木材表面直接进行静电喷涂时，如含水率较低则需适当提高木材表层含水率。使木材表层增湿的方法很多，可以在涂漆前将被涂装制品或零部件在空气比较潮湿（相对湿度高于 70%）的房间放置24h；或用水蒸气处理，房间内设置水雾、蒸汽喷雾或用增湿器喷水等。但是不宜把木材搞得过湿，否则喷后的涂膜将会模糊混浊，并降低漆膜对木材的附着力。

经过调湿处理的木制品在喷涂时，静电喷涂室内的温度不宜过高，否则不利于木材表层吸附水膜的保持。一般相对湿度在60%～70%，温度在（25±5）℃较为适宜。

在木材涂装过程中的许多工序实际上也能不同程度地提高木材的导电性。一般用酸类、盐类化学药品处理过的木材都有益于木材导电。木材表面静电喷涂的质量与基材的表面处理有关，对白坯木材表面的光洁度要求极高。白坯砂光时必须完全除去木毛，否则有木毛处很容易产生反电晕（在木材表面木毛尖端带上与涂料同名电荷）。

（4）静电喷涂的特点

① 改善涂装条件　静电喷涂装置都是安装在与其他生产车间隔离的静电喷涂室内，并自动工作，喷涂室内无须人员近距离看守，制品或零部件是用运输机送入室内，既减轻了体力劳动，又减少了人与溶剂接触的机会，使涂装施工环境条件大为改善。

② 提高涂料利用　静电喷涂法是由带负电荷的涂料微粒被带正电荷的制品表面吸引到表面上，所以在电场中，已获得电荷的涂料微粒，一般只能按一定轨迹飞向工件表面，基本上没有漆雾损失。涂料的利用率比空气喷涂和无气喷涂大为提高。

③ 涂装质量好　静电喷涂所形成的涂层均匀、完整，干后漆膜平整光滑，光泽极好。漆膜附着力好，适合各种形状的制品。空气喷涂中常见的针孔、露底等各种缺陷，在静电喷涂中可以完全避免。所以静电喷涂的涂层质量很高。

④ 涂装效率高　固定式静电喷涂法一般都要配合人工强制干燥设备与机械化运输装置，组成机械、自动化涂装流水线，实现涂装工艺的连续化作业。因而可提高生产效率，适用于大批量流水线生产，涂装效率极高。

静电喷涂的缺点是设备较复杂，喷具是特制的。工作状态是在几万伏高压下，需要严格执行安全操作规程。此外，静电喷涂的火灾危险性大。

10. 淋涂

淋涂法就是使被涂装木制品以恒定的速度，通过淋漆机头连续淋下的漆幕时，被覆盖上一层涂料，形成均匀的漆膜。此法在木制品、家具生产中应用日益广泛。

（1）淋漆过程及淋漆机结构

淋漆机的工作原理如图1-77所示。贮漆槽中的涂料，由涂料泵通过调节阀，送入淋漆机头，从淋漆机头流出的是均匀的漆幕，淋在由传送带送来的工件上，形成漆膜。多余的涂料落入受漆槽中，再回到贮漆槽中循环使用。

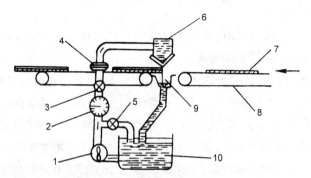

图1-77　淋漆机的工作原理

1. 涂料泵　2. 压力表　3. 调节阀　4. 过滤器　5. 溢流阀　6. 淋漆机头　7. 工件　8. 传送带　9. 受漆槽　10. 贮漆槽

淋漆机主要由四大部分组成：淋漆机头、贮漆槽、涂料循环装置和传送带。

① 淋漆机头　机头是淋漆机的主要部件，根据成幕的方式不同可分为如下五种形式：

底缝成幕式　如图1-78（a）所示，底缝是由两把刀片构成，一把刀片是固定的，另一把可移动，用以调节底缝宽度。一般底缝宽度为0.5~5mm，这种机头性能完善，应用广泛，缺点是沿整个底缝长度上保持漆幕厚度不变很困难，清洗不方便。

斜板成幕式　如图1-78（b）所示，涂料是从倾斜的板面上流下而形成漆幕的，涂层厚度靠改变涂料供给量和工件移动速度来调节。此种机头结构简单，制造方便，涂装质量较好。但是，倾斜板是敞开的，溶剂挥发量大，淋涂过程中涂料的黏度会很快增加。

溢流成幕式　机头侧方有开口，涂料从中溢流而出，形成漆幕，如图1-78（c）所示。淋涂量可以通过改变单位时间内注入机头的涂料量来调节，此种机头结构简单、易于维护，工件的进给速度较低，适合于聚酯漆的淋涂。

斜板溢流成幕式　如图1-78（d）所示，涂料首先经过溢流落到斜板上，再从斜板流下形成漆幕。它的优点是能很好地消除涂料中的气泡，并适用于各种涂料。

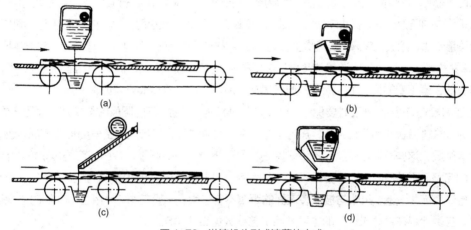

图1-78　淋漆机头形成漆幕的方式
（a）底缝成幕式　（b）斜板成幕式　（c）溢流成幕式　（d）斜板溢流成幕式

挤压成幕式　上述几种机头、涂料都是靠自重流下成幕的，而图1-79所示为挤压式机头，涂料由泵压入机头，在压力下从底缝中被压出而形成漆幕。它是由两把刀片对合用螺钉紧固而成，涂料经泵由上部或端部压入均压腔内，经节流缝、贮漆腔、淋漆刀缝而挤出成幕。节流缝的作用是保持均压腔内断面的压力均匀一致。缝隙宽度根据涂料黏度而定，可选择在0.6~1mm（黏度低取小值，黏度高取大值）。淋漆刀缝为0.1~0.12mm，刀口内壁的高度约20mm。此种机头的优点在于能形成较薄而均匀的漆幕，从而能够采用较低的工件进料速度。

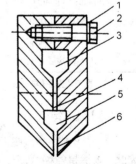

图1-79　挤压式机头断面图
1. 垫圈　2. 螺钉　3. 均压腔
4. 节流缝　5. 贮漆腔
6. 淋漆刀缝

② 传送带　传送带设在漆幕的两侧，以相同的速度运行，要求平稳、等高。为保证获得薄的涂层，就要求工件有相当高的进给速度，通常为40~150m/min，可以无级调速。

③ 贮漆槽　贮漆槽为双层结构，内部是贮漆筒，要求能除去涂料循环

中产生的气泡。夹层内通冷水或热水，以保持涂料的一定温度。

④ 涂料循环装置　贮漆槽中的涂料用循环泵，经过滤器、压力表流入淋漆机头，流在工件以外涂料落到受漆槽中，再流回贮漆槽，供循环使用。

淋漆机按机头数量又可分为单头淋漆机和双头淋漆机。双头淋漆机可用于淋涂双组分涂料，两个组分分别在两套系统内循环，形成两个漆幕，在被淋涂表面上混合形成涂层。

按功能淋漆机又可分为平面淋漆机、方料淋漆机和封边淋漆机，可分别淋涂平面、方料和侧边。

（2）淋涂工艺

在淋涂作业中，涂层厚度的控制与漆膜两面的均匀性是淋涂作业中影响质量的关键因素。

① 涂料黏度　淋涂法可用的涂料黏度范围较大，黏度在 15～130s（涂-4 杯）之内的涂料都可淋涂，黏度高可节省稀释剂的消耗，并可减少涂层数。但是，高黏度涂料流平性不好，影响涂装质量。反之黏度太低时，往往难以形成良好的漆幕。淋涂常用的黏度在 25～55s（涂-4 杯）。

② 传送带速度　传送带速度快，涂装效率高。但是涂料淋涂量越少，涂层厚度就越薄，传送带速度过快会使漆膜不连续，一般速度在 70～90m/min。

③ 底缝宽度　底缝宽，淋涂量增多，涂层厚，底缝宽度一般为 0.2～1.0mm。当底缝宽度一定时，淋漆量与机头内的压力有关，机头内压力高时，淋漆量大。当底缝变小时，机头内压力增高，漆的流速加快，涂料漆幕变薄，涂层也变薄。当底缝变宽时，机头内的压力降低，流速慢，漆幕厚，涂层也厚。

④ 涂料输送量　涂料的输送量与漆幕的厚度关系很大，输漆量大，机头内的压力就大，漆的流速加快，在其他因素不变的情况下，涂层的厚度增加，所以，应注意调节好泵的输漆量。

除上述因素外，在淋涂施工时要保证所成漆幕的连续均匀完整，不能因风吹与堵塞等原因产生破裂。淋涂作业时，涂料沿着封闭系统循环，在这个过程中，涂料往往会夹带大量空气而形成气泡，还有可能混入灰尘等杂质，这些气泡与杂质如不设法除去，会严重影响淋涂质量，杂质还可能堵塞机头的底缝，破坏漆幕的完整。所以在淋漆机的循环系统中要有专门的过滤器与消泡装置，并且整个循环系统都要在结构上考虑避免产生气泡。机头与被涂装表面的距离不宜过大，一般在 100mm 左右，同时应保证进料速度平稳。各类涂料在具体条件下的主要淋涂工艺参数见表 1-45。

表 1-45　常用漆类主要淋涂工艺参数

项　目	硝基漆	酸固化漆	聚氨酯漆	聚酯漆
涂料黏度（涂-4 杯）(s)	30～50	35～80	15～20	40～50
底缝宽度（mm）	0.8～1.0	1.0～1.2	1.0～1.2	0.6～0.9
进料速度（m/min）	40～90	50～90	50～80	50～65
涂料水平高度（mm）	80～160	120～180	120～180	120～160

注：表内数据系指敞开式淋头底缝成幕的淋漆机。

（3）淋涂特点

① 涂装效率高　由于漆幕下被涂装零部件只能以较高速度通过，传送带速度通常为 70～90m/min，因此，淋涂是各种涂装方法中效率最高的。

② 涂料损耗少　因为没有喷涂的漆雾，未淋到零部件表面上的涂料可循环再用，因此，除了涂料循环过程中有少量溶剂蒸发外，没有其他损失。与喷涂法相比，可节省涂料 30%～40%。

③ 涂装质量好　淋涂能获得漆膜厚度均匀平滑的表面，没有如刷痕或喷涂不均匀现象，在大平面

上淋涂漆膜厚度误差可控制在 1～2μm 内。

④ 设备简单适应性广　淋涂法设备简单，操作维护方便；施工卫生条件好；可淋涂较高黏度的涂料，既能淋涂单组分涂料，也能淋涂多组分涂料（使用双头淋漆机）。

淋涂法也有不足之处：只适于淋涂平表面的板件，形状复杂的或组装好的整体制品都不能淋涂；在同一台淋漆机上经常更换涂料品种时，需要多次清洗整个装置，既费时又不经济。

11. 辊涂

工件从几个组合好的转动着的辊筒之间通过时，粘附在辊筒上的液态涂料被转移到工件表面上，形成一定厚度的连续涂层。

（1）辊涂漆过程及辊漆机结构

辊涂机能够涂装工件的上表面、下表面或者同时涂装工件的上下两面，但是应用最多的还是涂装工件上表面的辊涂机。辊涂机根据涂漆辊与进料辊的转向不同，可分为顺转辊涂机和逆转辊涂机。

图 1-80 为顺转辊涂机的工作示意图。供料辊是镀铬的钢辊，涂漆辊与被涂工件表面紧密接触，在它表面包覆着一层耐溶剂橡胶，进料辊表面包覆着一层普通橡胶。它的工作过程是：涂料被送到供料辊和涂漆辊之间，供料辊控制附在涂漆辊上的涂层厚度，再由涂漆辊涂在工件表面上，工件由进料辊进给。图 1-80 中两种辊涂机的区别是（a）图的供料辊与涂漆辊是同向转动的，因此，需要在供料辊上安装一个刮刀，以保持供料辊和涂漆辊之间等厚度的涂层，此种辊涂机常用于涂装高黏度的涂料（100～150s，涂-4 杯）；（b）图的供料辊与涂

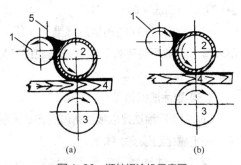

图 1-80　顺转辊涂机示意图

1. 供料辊　2. 涂漆辊　3. 进料辊
4. 被涂装工件　5. 刮刀

漆辊是反向旋转的，它不需要刮片，此种辊涂机多用于涂装低黏度的清漆，如亚光清漆的薄涂层涂装等。这类辊涂机结构简单，操作方便，而且对被涂装工件表面的不平有一定的适应性。

逆转辊涂机（图 1-81）工作时，由刮辊调整涂漆辊上的涂料。涂漆辊逆工件进给方向旋转，将涂料辊涂在由进料辊进给的工件表面上，此种辊涂机可以涂装高黏度涂料，涂装一次就可获得较厚涂层，不易产生辊筒痕迹，涂层厚度均匀，涂装面光滑，故广泛用来涂底漆或填孔。其缺点是要求工件平整光滑，此外结构也较为复杂。

辊涂机除了可以进行涂层涂装外，还可以进行填孔，图 1-82 所示为用于填孔的辊涂机，它有

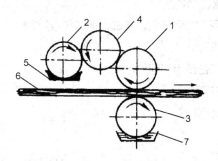

图 1-81　逆转辊涂机

1. 涂漆辊　2. 拾料辊　3. 进料辊　4. 刮辊
5. 涂料容器　6. 工件　7. 洗涤剂槽

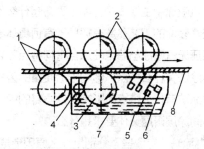

图 1-82　填孔辊涂机

1. 进料辊　2. 压紧辊　3. 涂漆辊　4. 分料辊
5. 刮板　6. 气垫　7. 贮漆槽　8. 工件

一对进料辊、两个压紧辊以及涂漆辊、分料辊和三个装在贮漆槽中的刮板。刮板机构的作用是把已涂于工件表面的填孔材料压入木材管孔中，并按工件进给方向，第一个刮板边缘较钝，用于将填孔材料压入管孔，第二个和第三个刮板的边缘锐利，用于刮掉涂在表面上的多余填孔材料，第三个刮板的压力是用气垫的压缩空气调节。所有的辊筒都是钢制的，涂漆辊表面刻有槽沟。刮板系统装在盛漆槽内，以便刮掉的填孔漆能够再用。此种填孔辊涂机的工作进给速度为 2.5～9.7m/min。

（2）影响辊涂作业的因素

① 涂漆辊与分料辊的间隙，决定涂料用量的大小与涂层厚度，一般二者之间的间隙为 50～150μm。

② 涂漆辊对工件的压力应合适，如果压力不足，涂漆辊就会打滑，工件表面就会出现涂料漏空甚至完全涂装不上的现象；压力过大，涂料将在工件两端或辊筒两侧被挤出来。辊涂施工时应根据涂料的黏度等具体情况来调节压力。

③ 辊涂时涂料的黏度应适当，一般地说涂料黏度低时，可以得到较薄的涂层，黏度越高则涂层越厚，但流平性不好。辊涂法适应的黏度为 20～250s（涂-4 杯）。生产上常用的黏度为 100s（涂-4 杯）。

（3）辊涂法的特点

① 由于辊涂法是以板件通过的方式涂装，并且有较低的传送速度（5～25m/min），使辊涂机便于组装在机械化油漆流水线上。

② 辊涂法除能进行涂层涂装外，还可以完成填孔、着色等工序，这是其他涂装方法无法比拟的。

③ 辊涂法最大的优点是能够涂装从低黏度到高黏度的各种涂料。

④ 与喷涂法比较辊涂法，生产效率高，涂料损耗少，但比淋涂法稍差。辊涂法最大的缺点是只能涂装平板状工件，使用范围受到限制。

■ **思考与练习**

1. 名词解释：表干、可打磨时间、实干、活性期、附着力

2. 液体涂料和干漆膜各包括哪些性能？这些性能对涂饰施工或漆膜质量有何影响？如何检测？

3. 请指出下列涂料各用什么溶剂？
   虫胶漆、NC、PU、PE、醇酸漆、酚醛漆、 水性漆。

4. 空气喷涂中主要设备有哪些？各起什么作用？如何安装、调试、操作和维护？

5. 空气喷涂的工艺参数有哪些？有何具体要求？

6. 高压无气喷涂与静电喷涂各有何特点？它们各适用于何种涂料？

7. 辊涂法有什么特点？影响辊涂质量的因素有哪些？

8. 淋涂法有什么特点？影响淋涂质量的因素有哪些？

9. 中间涂层研磨具体要求是什么？

10. 淋涂缺陷有哪些？分别是什么原因造成的？

11. 辊涂缺陷有哪些？分别是什么原因造成的？

12. 喷涂缺陷有哪些？分别是什么原因造成的？

■ **巩固训练**

在特殊涂装效果中需要粉刷操作，在底漆喷涂、干燥后，可进行粉刷。

（1）粉刷练习目的

通过白石灰膏填充木材管孔，增强纹理图像对比。

（2）工作安全

为磨光粉刷表面，板材需固定夹紧。

（3）知识准备

① 粉刷膏　带管孔的木材，如橡木、桦木、榆木等通过用白色颜料填充管孔能得到特别朴素的外观，这种颜色改变称为表面粉刷，来自通过涂刷熟石灰取得这种效果。

当今用于粉刷效果的通用填充料是一种溶于溶剂的白色奶油状颜料膏。

粉刷膏是以成品样在罐中提供，使用者用合适的、专门的稀释剂按涂饰方法来稀释。涂饰方法包括用毛刷、布团或橡胶刮板进行涂饰。因膏泥由于溶剂蒸发而会浓缩，粉刷膏应很好地封闭于罐中保存。

② 橡木粉刷　橡木粉刷源于如下操作：当石灰沉积于木材管孔中时，管孔显出白色，此效果很具有装饰性，且特别在具有大而深管孔的木材（如橡木、桦木、榆木）上很成功。此效果不适合于密管孔木材，相反在"带花纹理"的木材上作用却很好。人们应很仔细地选择木材，表面必须特别仔细地准备。

在用粒度 120#、180#和最小 240#的砂纸精细地研磨后，将研磨灰尘仔细地从管孔中刷净，木材管孔必须绝对无灰尘。

着色或保持天然状态的表面用耐光的底漆饱满地涂饰一次，干燥后用 280#砂纸轻轻研磨。

（4）工艺操作

① 木材管孔刷擦　具体操作见刷擦使凸显木纹练习。

② 除尘。

③ 粉刷　用刷子或针织品团或亚麻布团将石灰膏（橡木白石灰）垂直于木材纤维饱满地涂擦于木材管孔中。涂擦时注意用石灰膏填满填实管孔，不产生气泡。

多余的石灰用一清洁的布团同样在垂直于纤维方向清除，以仅使管孔内保持白色，如图 1-83 所示。

④ 干燥　经过管孔填充的板件放于两个板条上，按石灰膏品种不同存放干燥 3~5h。

为使溶剂蒸气蒸发，室内要充分地通风。干燥时间按使用说明书规定，不允许缩短；因干燥时间太短，在研磨之后可能出现管孔填充料大量脱落，如图 1-84 所示。

⑤ 研磨　在干燥时间后，研磨到消除紊乱的模糊图像，如图 1-85 所示。

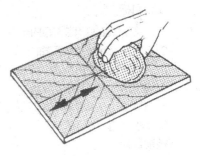

图 1-83　涂抹石灰膏和清除多余部分

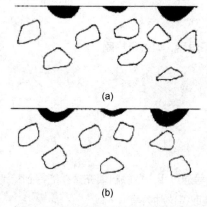

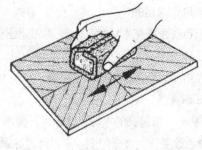

图1-84 石灰膏填充的木材管孔剖面　　　图1-85 与纤维斜向磨去石灰膏层
（a）研磨后平的平面　（b）过早研磨的表面填料脱落的小孔

■ **自主学习资源库**

1. 国家级精品课网站 http：//218.7.76.7/ec2008/C8/zcr-1.htm

2. 叶汉慈.木用涂料与涂装工[M].北京：化学工业出版社，2008.

3. 王恺.木材工业大全（涂饰卷）[M].北京：中国林业出版社，1998.

4. 王双科，邓背阶. 家具涂料与涂饰工艺[M].北京：中国林业出版社，2005.

5. 华润涂料 http://www.huarun.com/

6. 威士伯官网 http://www.valsparpaint.com/en/index.html

7. 阿克苏诺贝尔官网 http://akzonobel.cn.gongchang.com/

 任务 1.4　面漆涂装与品质控制

知识目标

1. 理解家具企业涂装工段的安全生产常识；

2. 理解实色涂装所用面漆的种类、成膜机理、工艺特点；

3. 掌握面漆涂装的方法、所用工具、设备及施工要领；

4. 掌握调色基本理论知识；

5. 掌握面漆涂装时易产生缺陷的原因及解决对策；

6. 掌握所选用面漆的安全贮存常识、安全管理要求。

技能目标

1. 能根据工艺方案要求合理选用面漆；

2. 能较熟练使用和维护常用工具和设备，独立完成面漆涂装；

3. 能对家具表面缺陷进行准确分析，提出解决措施，进行修补；

4. 能根据喷涂底漆的湿试样色彩，进行初步调色；

5. 能借助工具书查阅英语技术资料，自我学习、独立思考；

6. 能自我管理，有安全生产意识、环保意识和成本意识；

7. 工作中能与他人协作共事，沟通交流；

8. 能根据"6S"管理要求，安全准确地取放材料、工具。

工作任务

任务介绍

根据调配好的底漆颜色，进行面漆色彩的调配，按照工艺方案要求，选择涂料和工具进行面漆喷涂，操作中控制喷涂量和喷涂缺陷。

任务分析

选用面漆应确认其光泽、硬度、透明度、固化速度、重涂时间、配比等理化性能、使用方法与配套性等参数。按照工艺方案，结合涂饰效果和色彩配色理论，调配面漆颜色，按照施工技术要求完成面漆涂饰。

工作情景

实训场所：一体化教室、打磨间、喷涂作业室。

所需设备及工具：涂装板件、砂纸、调色材料、面漆涂料、喷涂设备、漆膜质量检查设备。

工作场景：教师结合涂装工艺方案，下发任务书，将任务要求进行讲解。在喷涂作业室中，教师讲解演示面漆的调配、调色和喷涂操作要领和技术要求，学生模仿进行操作练习。然后小组同学结合设计的涂装方案，进行面漆涂饰的工作准备，制定面漆涂饰实施方案，对施工要领及技术参数进行讨论、分析。小组到指定位置领取工具、材料，分工明确后进行任务实施，教师巡回指导，督促检查。完成任务后，各小组对完成作品进行漆膜质量检查，并将数据和作品展示，小组之间互相交流学习体会，进行互评，教师对各组的方案设计进行评价和总结，指出不足及改进要点。学生根据教师点评，对实施过程存在问题作分析、改进，填写相关学习文件（任务书、评价表）。

知识准备

---

1. 调色知识

色彩与材质是家具设计的构成因素之一。"远看颜色近看画"，一件家具给人的第一印象首先是色彩，其次是形态，最后是材质。色彩与材质具有极强的表现力，在视觉、触觉上给人以心理与生理上的感受与联想。

（1）影响色彩因素

同样的红苹果，却有着不同的描述，如图 1-86 所示，我们可以从图中找到影响颜色比对的因素答案。

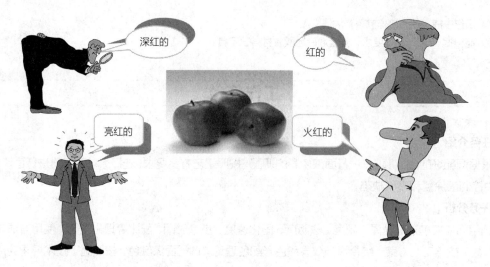

图 1-86　对苹果颜色的描述（附彩图）

影响人对色彩感知的因素如下：

① 观察者（性别、年龄、色弱、色盲）；

② 对色的光线（光源）；

③ 物体（大小、粗糙度）；

④ 背景色；

⑤ 对色的角度（视角）；

⑥ 物体的温度。

（2）色彩三要素

任何一种色彩都有三种基本要素：色相（色调）、明度（亮度）、饱和度（纯度、彩度）。若是比较两个物体的色彩是否相同，就得比较它们这三种基本要素是否相同，只有当三种要素都相同时，才能说明它们是相同的，如图 1-87 所示。

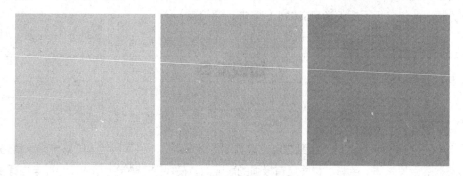

图 1-87　色彩对比（附彩图）

在色调上的描述有：偏黄、偏绿，可以说它是色彩最重要的特征，是鉴定色彩的基本特征。

在明度上的描述有：较亮、较深。例如，黄色比橙色的亮度高，而橙色又比蓝色亮度强。如果把红、黄、蓝三色通过黑白底片照相，则出现灰、浅灰、深灰三种不同的亮度。光线对于色彩的亮度又有直接的影响，向光面亮度强，背光面亮度弱。

在饱和度上的描述有：较鲜艳、较暗。如果物体既能反射某一色光，又能反射一部分其他色光，则认为该物体的色彩明度较大。在同一色调的行列内，饱和度可以用同一颜料与不同比例的白颜料混合，这就组成了同一色调而纯度不同的颜色。白颜料越少，纯度越低；反之，纯度就越高。

（3）调色原理

① 色光混合是一种加色法混合，选用红、绿、蓝为三原色（选用原则是其中任何两种混合都不能产生第三种原色），其结果可用混色三角形（图1-88）表示。红光＋绿光＋蓝光＝白光。

色光混合的能量等于各色光能量值相加，明度也是增加的。

② 涂料是一种减法混色，它得到的结果和色光加法混合的不一样，如黄光和蓝光按一定比例投射到屏幕上，可以得到白色，而混合黄油漆和蓝油漆得到的是绿色，永远不会得到白色，这反映了颜料吸收了一定波长的光线后所剩余光线的色调。减法混色的三原色是黄、蓝（青）、红（品红），其混色关系如图1-89所示；减法混色中明度是减少的，颜色会比较灰暗。

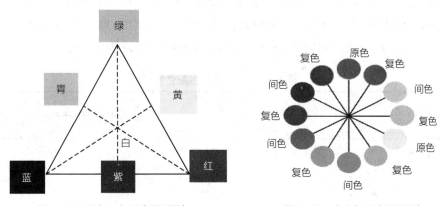

图1-88　混色三角形（附彩图）　　　　　　图1-89　十二色环（附彩图）

加入白色颜料将原色或复色冲淡，可得到纯度不同的颜色（即深浅不同的复色），如淡蓝、浅蓝、天蓝、中蓝、深蓝等色调相同而纯度不同的色彩。

加入黑颜料可得到亮度不同的各种暗灰的色调，如（蓝＋黑）＝黑蓝；（红＋黑）＝红棕；（黄＋黑）＝绿棕；（绿＋黑）＝橄榄色。

请大家举例说明其在生活中的应用。

（4）色彩的对比

色彩并列时，因色调、亮度和纯度的不同，互相映衬，相映成趣，起着一种协调的作用。

① 色调的对比　颜料的三原色互相并列，就会产生对比作用，如红←→黄，黄←→蓝，蓝←→红。一种原色和另外两种原色相混合而成的复色相互排列时，因两者的色调不同，也会产生较强烈的对比作用，如红←→绿（黄＋蓝），黄←→紫（红＋蓝），蓝←→橙（红＋黄）。

② 亮度的对比　同一种色调但亮度不同，如淡红与深红排列在一起时，则亮者越亮，暗者越暗；不同种的色调（如淡红与深绿）其亮度也不同，排列在一起时，则淡的越亮，深的越暗。

③ 纯度的对比　色彩的纯度本来是离不开色调和亮度的，但必须注意纯度的对比。如深红和淡绿相比，感到深红很红，但与大红相比，则大红显得更好一些，因此红的纯度也就更高。

（5）色彩的调和

① 同种色的调和　即同一种色调，将深浅不同的色配在一起，只是亮度有差别，所以能取得调和

效果。如淡红—红—深红、淡蓝—蓝—深蓝、淡绿—绿—深绿。配制时，应注意色阶的差别要恰当，两色不要过于接近，但也不要过远，过远会显得生硬，通常是采用跳格的办法。

② 类似色的调和　色调都含有同一种原色，如红—红橙—橙—黄橙，均含有红色，性质相似；又如绿—灰绿—黄—黄灰，均含有黄色，性质相似，故称类似色。调和时注意色彩亮度的变化。

③ 对比色的调和　有三种调和方法。首先，可把其中某一种的纯度减弱，或把两者的纯度同时减弱。如大红配淡绿，或深红（减弱红）配淡绿（减弱绿）等；其次，两个对比色并置时，亮度不能相等，面积大小也不能相等；第三，在对比色并置时，如双方的纯度都不能减弱，可在两色之间用黑、白、灰、金、银等中间色加以隔断，形成缓冲区域，以求得调和、显眼的效果。

2. 调和漆颜色的调配

在了解了色彩的基本知识后，主要靠施工经验，并与样板进行对照，识别样板的颜色是由哪几种原色组成，各原色比例大致多少，用的是哪类涂料和涂层厚度等。然后用同种类的涂料进行试调，作出小样板，经客户认为满意后，可大致计算出各种颜色涂料的用量。如是按文字要求进行调配，灵活性就较大，重点掌握主题颜色，再配以其他合适的颜色。调和漆常用配合比见表 1-46。

表 1-46　调和漆常用配合比

色　相	原　色				
	红	黄	蓝	白	黑
淡青绿		20	10	70	
葱心绿		92	8		
冰　蓝		2.5	1	96.5	
天　蓝			5	95	
湖　绿		6	3	91	
浅　灰			1	95	4
中　灰			1	90	9
粉　红	3			97	
橘　红	9	91			
枣　红	71	24			5
浅　棕	20	70			10
铁　红	72	16			12
栗　色	72	11	14		3
鸡蛋色	1	9		90	
淡　紫	2		1	97	
紫　红	93		7		
深　棕	67				33
国防绿	8	60	9	13	10

色 相	原 色				
	红	黄	蓝	白	黑
褐 绿		66	2		32
解放绿	27	23	41	8	1
茶 绿		56	20		24
灰 绿		56	20		24
蓝 灰			13	73	14
奶油色	1	4		95	
乳 黄		9		91	
沙 黄	1	8		89	2
浅灰绿		6	2	90	2
淡豆绿		8	2	90	
豆 绿		10	3	87	

3. 木用涂料底面漆配套原理

正确选择涂料体系、正确进行底面漆的搭配，对涂装效果和涂膜性能有重大影响，也会影响涂装质量、施工效率及施工成本。

涂料封闭底漆主要考虑防止涂料被基材吸收，封锁基材的油分、水分，以免影响附着力，防止漆膜下陷。封闭底漆黏度较低，对基材有良好的渗透性，故一般选择 NC 与 PU 体系，而尤其是 PU 体系使用最为广泛，封闭底漆还可胶固基材木纤维，打磨除木毛后便可得到平滑的表面。

底漆是漆膜骨架重要组成部分，因各种底漆的特点、配套性、施工性都有很大的差异，所以采用不同底漆就会有不同的涂装效果。如表 1-47 所示（2）的情况，对应的评价是好，NC 底 NC 面，同体系，且底面的干速、施工容易的特点统一，故应用非常广泛，特别用于美式涂装及家居装修中。AC 底 AC 面也是同理，在采用 AC 漆的地区，这个配套也很普遍，效果很好。而在 AC 底上用 PU 面，则发挥了 AC 底干速快的优势，用 PU 面虽然慢干，但用提高装饰性来作为补偿，让人们多一种选择也是好的。PU 底 PU 面是目前国内家具涂装中应用最广泛的配套。PU 用作底漆时评价也居前列，而用作面漆时，同体系干速同步，配合无瑕，其装饰性最好。

表 1-47　底层和面层配套选择及评价

底 层	面 层	评 价	涂膜效果
NC	NC	（2）	宜做开放效果
PU	NC	特	特殊要求，易损坏的木制品
AC	AC	（2）	国内少用
AC	PU	（2）	国内少用
PU	PU	（2）	漆膜丰满度、光泽和手感都好，是最普遍采用的配套
UPE	UPE	—	理论上没问题，实际上很少用气干型不饱和聚酯涂料做面漆。蜡型不饱和聚酯涂料不在本讨论范围内
UPE	PU	（1）	经典配套

底　层	面　层	评　价	涂膜效果
UV	UV	（1）	未来发展趋势，效率好、环保
UV	PU	（3）	视工艺需要选择、搭配没问题，要解决好前快后慢的问题
W	W	（1）	未来发展趋势
W	PU、NC	特	视工艺需要选择

注：（1）代表最好，（2）代表好，（3）代表可用，特代表特殊情况下使用。

表 1-47 中（3）对应的评价是可用。UV 底 PU 面的配套没有问题，要考虑的一点是，底的生产效率远高于面，在生产量的处理上前后应怎样衔接。如果单从效率上讲，UV 底 UV 面就可以满足要求，选择 UV 底 PU 面是从 PU 面的装饰性上来考虑，或者是从 PU 涂装逐步转向 UV 涂装的一个过渡来考虑。

表 1-47 中（1）的评价分两方面。UV 底 UV 面、W 底 W 面这两种配套，一方面除了本身性能、效果、配套均无问题外，另一方面环保因素也是一个重要原因。

封闭底漆可把 NC 托起来，木门涂装时，如选用 PU 底漆，托起效果更好。另外，木门涂装表面保持 NC 特性，又是易损坏的表面，仍用 NC 作面漆，容易进行无痕修补。表 1-47 是指导性的，要根据实际情况灵活运用。

4. 抛光

封闭型涂饰工艺过程中涂膜经多次涂覆并达到一定的涂层厚度之后，膜面上常会有一些微粒、气泡、橘纹等涂膜疵点。为了获得更理想的表面，就要进行一项涂膜精细整理工序，称为抛光。抛光多用于对漆膜表面要求高的中、高档家具的表面涂饰，经抛光处理后的漆膜表面可以得到无粗粒、平整、有近乎镜面效果的光泽、无瑕疵的表面。

抛光可分手工抛光和机械抛光。

（1）手工抛光

手工抛光是用旧棉毛布等软性材料包裹海绵等制成球状，蘸取经煤油冲稀的抛光膏，然后双手紧握棉球，在经水砂以后的涂膜面上作来回往复的用力揩擦，膜面就会慢慢出现柔和的光泽；抛光时间越长，膜面光泽也会越亮，最终可以获得像镜面一样的光泽。手工抛光是一项繁重的体力劳动，抛光要求有一定的力度，达不到这个力度就难以抛出光来。

（2）机械抛光

机械抛光主要指通过使用各种抛光机来进行抛光。机械抛光要注意被抛光漆膜的承受能力，要注意抛光辊的转速、抛光辊与工件之间的压力，做到涂膜能抛出光来，但又不能过度抛光而损伤了涂膜。抛光后为了防止辊上的砂蜡干燥结饼，使布片粘在一起，要经常用钢丝刷"梳刷"，使其疏松，便于下一次使用。

任务实施

----

1. 有色面漆的调配步骤

有色面漆调配步骤如图 1-90 所示。

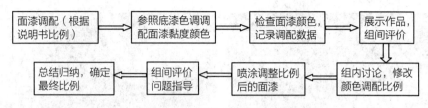

图 1-90 有色面漆的调配步骤

2. 面漆黏度调配

流出法是通过测定液体涂料在一定容积与孔径容器内流出的时间来表示此涂料黏度大小，常用涂-4 杯黏度计测定涂料黏度，如图 1-91 所示。操作要领参照任务 1.3 的底漆黏度调配。

3. 面漆颜色调配

（1）选择着色材料

① 颜料是一种微细粉末状的有色物质，一般不溶于水、油和溶剂，但能均匀地分散在其中；颜料是色漆的次要成膜物质，成调制成格丽斯、底漆、面漆等，使涂膜具有某种色彩和遮盖力，还能增强涂膜的耐久性、耐候性、耐磨性等性能。

② 染料是能溶于水、醇、油或其他溶剂等液体中的有色物质。染料溶液能渗入木材，与木材的组成物质（纤维素、木质素与半纤维素）发生复杂的物理化学反应，能使木材着色而又不致模糊木材的纹理，能使木材染成鲜明而坚牢的颜色。

（2）色料颜色的辨别

配色前，选择的色料与标准色卡或样板置于标准的自然光或标准光源下，对比辨别主色料和底色料的色相、明度和纯度。检查色料是否都是红、橙、黄、绿、青、蓝、紫等原色的涂料和颜料，如不是原色料，则配色会不准确。多种色料配色时，因颜料的密度不同而易产生浮色和浑浊，因此选择时应特别注意不要选择密度差别太大的色料。如确实需要作如此选择，可备助剂加以调整。

（3）色料选择

涂料配色大多是配制复色涂料，需要几种原色色料。选择时，原色涂料必须选用类型、品种、性能、用途等相一致的色料，要求相互之间配套，互溶性好，稀释剂也应配套，辅助添加剂的加入要与之适应。按照色料允许配合的原则，否则会无法成色或调配色相不准确，涂料产生质量弊病，使用时分层不溶或出现树脂析出、颜料沉淀等。颜料则应选择着色力、遮盖力等性能好、色泽纯正的色料。一般情况下，透明调色使用色精来进行，实色漆的调色采用色母来进行。

（4）调色原则

调色原则为"先主后次，由浅至深"。无论配制小样或大量调配，都要遵循先调配拟调颜色的主色（色相），混合调配成基本的色相（色调），再由浅至深地调整色相、明度、纯度以及光泽和浮色等。配色时要进行充分搅拌，使之均匀互溶，如图 1-92 所示。

（5）调配色彩时应注意的事项

① 深色调成淡色时，应先浅后深。先在白色或浅色的桶中，逐渐加添深色，一步一步地加深，一直达到要求的颜色。

图 1-91　黏度测量　　　　　　　　　　　图 1-92　调　色

② 调暗色时先深后浅，方法和调浅色时正相反。先将要调暗色的颜色放在桶内，最后再加入黑色。因为黑色的色染着力强，若先放黑色就不易配准用量，容易造成浪费。

③ 调色时，一般先放含色量多的，后加含色量少的，调对比色时更要注意。

④ 调浅色时，桶和稀料要干净，以免影响色调的纯度。

（6）颜色的比对

配色的色料选择正确与否，可以在配色后涂装一块较大面积的样板与色卡对比。未干燥前对比很难准确一致，最好干燥后对比，则会准确无误。配色量较大时，配制好以后，使用前要涂装几块标准样板，对颜色的色相、明度、纯度进行认可。对于调好后的透明色，应与客户提供的湿样对比，看是否有色差。

（7）目测法比色注意事项

① 照明光的条件　不同光源其光谱成分是不同的，应当在统一的光源下进行比色，使用太阳光时应控制为日出 3h 后、日落 3h 前的太阳光。

② 照明光观察方向　应垂直方向照明 45° 方向观察，或 45° 方向照明垂直方向观察，避免镜面反射光的影响。

③ 试样位置　标准色与试样色应该放在中性灰色下进行比色，因为在彩色背景下会诱导出相应的补色。

④ 观察者　必须是色觉正常者。

⑤ 对比的因素　要进行色调、饱和度、明度之间的对比。明度即黑白度，色调即色相，饱和度即彩色的浓度。

（8）试样干燥

已着色的湿表面应在室温下干燥，着色板放在两根板条上，环绕的空气由于流动而不断更新，避免太阳直接照射，干燥时间大约为 2h。

（9）评判着色效果

与未着色表面相比可以看出：年轮中松软浅色的早材部分通过水性着色剂着色之后变成了较深颜色，而深色、硬质的晚材部分变成了较浅颜色，表面的颜色图像相反。

要注意：采用颜料着色剂着色仅改变了木材的颜色，对表面不起保护作用。为保护表面还必须涂饰保护覆盖层。以紫罗兰色为例说明实色漆调色步骤，见表 1-48 所列。

表 1-48　调色步骤案例

序　号	步　骤	操　作
1	紫罗兰色样	实色漆一般色浆配比为 20%～30%，该色调由红与蓝混合呈现紫红色调，因其纯度与明度高所以不宜用大红与蓝混合，选择色调相近色浆玫瑰红，色浆为主色，钛青蓝为辅色，用白浆调整色彩的纯度与明度并提高色漆的遮盖力
2	加入基漆	分散均匀并预留一定基料，留的基漆多少视具体情况定
3	加入白浆	适量
4	加入玫瑰红主色	大约占总量的 60%～80%，观察色浆着色能力及遮盖力
5	加入蓝色色浆	大约占总量的 60%～80%，观察色调变化，制膜对比
6	加入色浆	调整对比，用白色色浆调整颜色纯度、明度及遮盖力
7	加入色浆	喷板制膜观察对比
8	记录装罐	样板对比确定颜色一致、漆膜良好，客户验收并记录

配色注意事项

（1）配色时以用量大、着色力小的颜色为主，称主色；着色力强、用量小的颜色为次色和副色。调配时要徐徐将次色、副色加入主色中，并不断地搅拌、观察，直到调到所需的颜色。不能相反地将主色加到次色和副色中去。

（2）对不同类型、厂家的产品，在未了解其成分、性能之前不要互相调兑。原则上只有在同一品种和型号之间才能调配，以免互相反应，轻则影响质量，重则造成报废。

（3）加不同分量的白色，可将原色和复色冲淡，得到纯度不同的颜色。加入不同分量的黑色，则得到明度不同的颜色。

（4）配色时，要考虑到各种涂料湿时颜色较浅、干后颜色转深的规律。因此，配色时，湿涂料的颜色要比样板上的涂料颜色略浅一些。最后的对比结果，须待新样板干透后才能确定。

（5）调色过程中，各容器、搅拌棒要干净、无色。各桶的备用料要上下搅匀，并保持原桶的稠度。

（6）各浮色较重的色漆和木器的清漆拼色，其颜色的深浅程度都与施工有关。浮色轻与重取决于色漆的稠度，漆稠的浮色浮得轻，漆稀的浮色浮得重。清漆的基底为白色，用色要重；基底色重，用色要轻。

（7）如果在冬天调配调和漆，因气温低需加催干剂时，应先把催干剂加入再开始调配，否则会影响色调。

4．底、面漆配套选择

正确选择涂料体系、正确进行底面漆的搭配，对涂装效果和涂膜性能有重大影响，也会影响涂装质量、施工效率及施工成本。

面漆是涂装的最后工序，由于面漆实际上是在底漆上的重涂，很讲究层间附着力及施工操作，因而底面搭配显得尤其重要。搭配合理，面漆才能发挥出最好的效果。在不同体系涂料的搭配使用方面，要特别注意各种涂料的性能特点合理配套，否则容易出现咬底、离层、龟裂等问题。同种类涂料底、面漆搭配是最佳配套方案，如 PU 底漆 PU 面漆，如用 NC 底漆就不宜用其他类型的面漆，只能配 NC 面漆。

另一方面，UPE 底 PU 面，不考虑 UV 涂装的话，是公认的"经典配套"。如要做实色涂装、全封闭透明涂装，这个配套均是"第一选择"。选 UPE 为底，是因为它可一次性厚涂，PU 底要达到这个厚度，一般要涂三次。打磨性好是其另一个优点，但这样操作较烦琐，收缩性大。PU 做面漆是因为其不可替代的自然装饰性（与打磨、抛光后的那种效果要分开）。

特殊情况下可使用如下两种配套：W 底、PU 或 NC 做面，在家装时使用，可解决着色不均匀、施工期短等问题；PU 底加 NC 面，这里的 PU 可视为封闭底漆，也可视为真正的 PU 底漆。底、面漆具体配套选择见表 1-47。

5. 有色面漆喷涂

有色面漆喷涂操作流程如图 1-93 所示，操作要领、技术要求参考任务 1.3 中的任务实施。

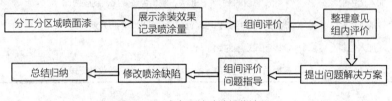

图 1-93　有色面漆喷涂操作流程

6. 涂装缺陷控制

参考任务 1.3 中缺陷控制表（表 1-36）。

7. 光泽度的控制

若需要亮光涂装，可以选择亮光清漆进行罩光或待面漆干燥后在其表面进行抛光处理。因硝基漆耐热性差，硝基漆做面漆可选择亮光清漆进行罩光。聚氨酯或聚酯漆可以在其干硬的表面抛光。以聚酯漆膜为例说明操作步骤，如图 1-94 所示。

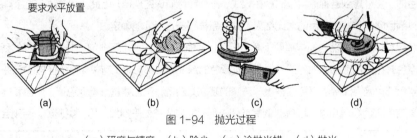

图 1-94　抛光过程

（a）研磨与精磨　（b）除尘　（c）涂抛光蜡　（d）抛光

（1）预研磨

硬化后的聚酯漆膜，在工件的木材表面类似塑料膜，其表面无光泽的石蜡覆盖层需要磨掉。此时宜将板材边缘围绕的胶带拉掉。表面的石蜡层一般用装有 320# 砂纸的摆动式研磨机来研磨。在边缘突出的边应同时被磨掉，因蜡层约有 0.2mm 的厚度，必须充分地研磨表面，同时产生的灰尘在此期间要用抹布不断擦掉。

（2）精磨

在石蜡层磨光后，用摆动式研磨机进行后续的研磨工序。用砂纸（400#）对较粗糙聚酯漆膜进行精磨。在此研磨的任务是使漆膜表面平滑，磨至表面具有均匀的乌光时可结束此工序。若需提高光泽度，可选择抛光油，用白洁布和更细水砂纸（800#、1000#、1200#甚至更细型号）反复磨光。

（3）除尘

上述研磨操作之后，漆膜表面的磨屑必须随时用抹布仔细地清除。

（4）抛光

用手提抛光机抛光聚酯漆膜，将抛光蜡用力贴在旋转的抛光布轮上，以便将蜡擦在布轮上，使抛光轮具备抛光性能。为抛光得到更高的光泽，可用两种不同的蜡进行初抛光和精抛光。为此将研磨好的板牢固夹紧在工作台上，运转抛光轮用一定的压力在板件的表面纵向做约20cm的往复运动，由此漆膜表面可获得很强的光泽。抛光的过程中，漆膜表面还有些局部未抛出光泽处，直到整个表面都抛出均匀的高光泽时抛光操作结束。大的制品部件的平表面在装有抛光带的带式研磨机上进行抛光较为合理。

■ 总结评价

1．黏度的调整

涂料的出厂黏度一般高于施工要求的黏度，因此施工前，油漆中必须加入适量的稀释剂调节。调节时注意：

① 按施工要求选择稀释剂，对某些新型涂料要严格掌握配套使用的原则。

② 根据施工季节和条件不同，调整油漆的黏度。

③ 连续自动化涂漆的涂料黏度调节，应按技术要求用黏度计测定。

④ 添加稀释剂应边加边搅拌，随时试样，直到调成合乎施工要求的黏度。还要根据油漆和涂漆方式的不同特点和要求，严格控制稀释剂的加入量。

⑤ 在大型设备和大面积施工时，为保证色调和光泽等质量要求，应当统一调料，并将所需涂料一次性调好。

2．底漆面漆涂装注意事项

（1）PU漆的主剂、固化剂、稀释剂要配套使用

不同的PU漆，拥有不同的稀释体系，固体含量也不同。如采用不配套的稀释剂或固化剂，会影响油漆的交联反应，产生硬度不够、不干、成膜开裂等毛病。

（2）调配PU漆时要按规定比例配漆

PU漆与固化剂的配比是通过化学反应分子式计算得出的，比例应严格控制。如果多加固化剂，漆膜易脆裂，施工时易产生气泡，亚光光泽偏高；如果少加固化剂，漆膜硬度不够，耐划性差，慢干甚至不干。

（3）涂料在使用前要充分搅拌均匀

涂料是树脂、颜料、溶剂等的混合物，不是溶液。其中的颜料，如亚光漆中的亚光粉等，分散在漆液里，因此通常在贮存过程中都会有一定程度下沉，形成平常讲的油漆分层。所以油漆在调配前需充分搅拌（必须要搅拌的油漆有：亚光漆、透明有色面漆、实色漆、木纹宝等）。

（4）要精细操作

尽量喷涂或刷涂均匀，避免涂层厚薄不均匀以及颜色与光泽不同，尤其是喷面漆时更应小心操作。

（5）注意施工环境卫生条件

刷涂或喷涂以及晾干或烘干场所都应是干净无尘的环境，最好能在调温调湿和空气净化除尘的喷涂室中操作，以确保预期的涂装效果。

涂面漆后应有足够的时间，干透后方可研磨抛光或包装出货。

3. 成果评价

成果评价见表 1-49 所列。

表 1-49　成果评价表

评价类型	项目	分值	考核点	评分细则	组内自评（40%）	组间互评（30%）	教师点评（30%）
过程性评价（70%）	调配面漆	10	调配准备；调配符合规程	材料选择正确；0~2			
				调配娴熟规范；0~3			
				工具选择得当；0~2			
				操作符合规程；0~3			
	喷枪的调整与维护	10	喷枪结构；喷枪调整；喷枪清理与维护；操作符合规程	结构及其功能熟悉；0~2			
				调枪顺序规范正确；0~2			
				喷涂设备能简单调试；0~2			
				喷枪清理部位明确，清洗到位，取放到位；0~4			
	喷涂面漆	10	工具的选用；设备的调试；喷涂符合规程；清洗维护	工具（喷枪及过滤网口径）选择正确；0~2			
				喷涂与烘干符合安全操作规程；0~2			
				调试（空气压力、漆雾形状及雾化情况）与喷涂顺序；0~3			
				喷涂后表面缺陷；0~3			
	砂光	10	砂纸与工具选择；操作规程	类型、粒度号选择正确；0~2			
				手工打磨符合操作规程，用力均匀、轻快；0~2			
				电动砂光机使用符合操作规程，操作熟练；0~2			
				顺纤维方向打磨，无砂痕、表面光滑；0~4			
	自我学习能力	10	预习程度；知识掌握程度；代表发言	预习下发任务，对学习内容熟悉；0~3			
				针对预习内容能利用网络等资源查阅资料；0~3			
				积极主动代表小组发言 0~4			
	工作态度	10	遵守纪律；态度积极或被动；占主导地位与配合程度	遵守纪律，能约束自己、管理他人；0~3			
				积极或被动地完成任务；0~5			
				在小组工作中与组员的配合程度；0~2			
	团队合作	10	团队合作意识；组内与组间合作，沟通交流；协作共事，合作愉快；目标统一，进展顺利	团队合作意识，保守团队成果；0~2			
				组内与组间与人交流；0~3			
				协作共事，合作愉快；0~3			
				目标统一，进展顺利；0~2			
终结性评价（30%）	面漆颜色的调配	10	调配颜色与黏度；调配符合操作规程	颜色和黏度符合要求；0~5			
				符合操作规程及安全规程；0~5			
	面漆喷涂效果	10	缺陷处理效果；喷涂效果	喷涂缺陷种类与认识；0~3			
				喷涂缺陷分析与解决方案提出；0~4			
				喷涂缺陷处理后效果；0~3			
	操作完成度	10	在规定时间内有效完成方案与任务工单的程度	尽职尽责；0~3			
				顾全大局；0~3			
				按时完成任务；0~4			
评价评语	班级：		姓名：	第　　　组			
	教师评语：			总评分：			

■ 拓展提高

1. 溶剂的选择

各种不同的涂料采用何种溶剂，调配方法如何，需根据涂料中所含成膜物质的性质决定。其在一定程度上影响漆膜的光泽度。

（1）醇酸树脂漆溶剂

长油度的用 $200^{\#}$ 溶剂汽油，中油度的用 $200^{\#}$ 溶剂汽油和二甲苯按 1∶1 混合，短油度的用二甲苯。

（2）油基漆溶剂

$200^{\#}$ 溶剂汽油或松节油。若涂料的树脂含量高，含油量低，应将两者以一定的比例混合使用或用二甲苯。

（3）聚氨酯漆溶剂

① 无水二甲苯 50%，无水环己酮 50%；

② 无水二甲苯 70%，无水环己酮 20%，无水醋酸丁酯 10%。

（4）沥青漆溶剂

重质苯 80%，煤油 20%。

（5）环氧树脂漆溶剂

① 环己酮 10%，丁醇 30%，二甲苯 60%；

② 丁醇 30%，二甲苯 70%；

③ 丁醇 25%，二甲苯 75%。

（6）过氯乙烯溶剂

① 醋酸丁酯 20%，丙酮 10%，甲苯 65%，环己酮 5%；

② 醋酸丁酯 28%，丙酮 12%，二甲苯 60%。

（7）氨基漆溶剂

① 二甲苯 50%，丁醇 50%；

② 二甲苯 80%，丁醇 10%，醋酸丁酯 10%。

（8）硝基纤维素漆溶剂

① 醋酸丁酯 25%，醋酸乙酯 18%，丙酮 2%，丁醇 10%，甲苯 45%；

② 醋酸丁酯 18%，醋酸乙酯 14%，丁醇 10%，甲苯 50%，酒精 8%；

③ 醋酸丁酯 20%，醋酸乙酯 20%，丁醇 16%，甲苯 44%。

2. 特殊效果涂装技术

对物件进行涂装时，一般都采用前面所讲过的施工方法，但是有的物件表面需要做成各种不同的花纹，或者是要适应某种特别需要，这时就要用其他方法、其他材料及特种工具结合涂装技术来制作，此类装饰技术称为"特种涂装技术"或"美术漆"。

（1）裂纹效果

采用各色裂纹漆喷涂在物面上，可形成均匀美观的裂纹。裂纹漆与一般喷漆不同的是颜料成分所占的比例特别大，并采用挥发快的低沸点溶剂（如丙酮等），它可减低漆液的黏度，形成的漆膜韧性较小，致使漆膜形成均匀的裂纹。

其操作工艺如下：先选好底漆的色泽，底色漆采用硝基喷漆。做裂纹漆的底层处理可不必像喷漆那样精细，但所喷涂物面应保持平滑，如有缺陷应用泥子填平。底漆的颜色应与裂纹漆有对比，不能采用同一颜色。底漆喷涂后，应用水砂纸轻轻地把漆膜表面砂磨平滑，并用布擦抹干净，干燥后便可喷涂裂纹漆；喷前把裂纹漆用稀释剂稀释到喷涂的黏度，再用扁嘴喷枪进行均匀喷涂，要一气呵成，不回喷或补喷。如裂纹漆喷得厚，裂纹就大；喷得薄，裂纹就小；如果太薄就会显现不出裂纹。裂纹漆喷上后大约间隔 50min，裂纹就会显示出来；裂纹漆干后，用水砂纸蘸水砂磨平滑，待其彻底干燥后，在裂纹漆上喷涂 1~2 道硝基清漆，使裂纹牢固。若要使裂纹呈金色或银色，可用毛笔在裂纹处填上金粉或银粉（金粉或铝银粉中加点胶水），不是裂纹处的金粉、银粉要擦净，待干后罩上硝基清漆即可。如在已制好的裂纹漆上罩上一层棕黄色或咖啡色的硝基磁漆，便可得到人造革状花纹。

施工裂纹效果时常见问题及处理方法如下：

① 裂纹太细甚至不开裂　裂纹图案是靠漆膜均裂而呈现，且漆膜对温度、湿度较为敏感，应小心控制出油量及枪数，以选择最佳图案，不能一次性喷得太厚。环境湿度过大、温度过高或过低时均不宜施工（一般以温度 25℃，相对湿度 75% 为佳），否则裂纹会很细甚至裂纹面不开裂。

② 裂纹大小不均匀　大裂纹要求底漆膜要厚，施工时多喷 2~3 次，气量不需太大；小裂纹底漆不需太厚，施工时漆膜应喷薄一些，气量可稍大一点。裂纹大小主要影响因素是施工人员喷涂技巧，应保持喷涂的均匀性，喷涂时只能喷涂一道，应当一枪成功，不得回枪或补枪（在喷涂过程中，裂纹正在形成但尚未终止时，可在裂纹上再喷，以控制裂纹大小，但这需要施工人员具有非常高超的技术手法，一般施工人员不建议使用）。

③ 裂纹开裂后漆面脱落　裂纹漆的粉性大、收缩性大，柔韧性小，附着力差，漆面干燥收缩后较容易脱落。为了使裂纹漆坚固耐久，更加光亮美观，在裂纹漆干透后，打磨平滑、表面清除干净后应及时罩光。

（2）仿木纹

仿木纹是指用各种特制工具在基材上做出形态自然、轻重粗细相适应的珍贵木材的色泽纹理。这些特制工具指：锯齿状的橡皮刮刷、剪有缺口状的橡皮掸刷、油印刷、羊毛排笔以及用竹片劈成的竹丝掸刷、汽车内胎橡皮等，依靠这些工具及方法，可逼真地模仿出各种木纹效果，能与原木纹媲美，是家具漆涂装技术的一个突破。它可根据不同的需要，制造出不同的、各具风格的木纹效果，能创造木纹贴纸家具所不能达到的艺术效果和美感，使仿木纹家具更加完美，体现更高的价值。通过仿木纹施工能使刨花板、中纤板、树脂压模板、实木板等低值素材经过艺术加工，仿制成具有实木家具的神韵。

仿制木纹的方法有以下几种：

① 用油色涂画木纹　先用无光漆配制成象牙色或肉色、中黄色等，涂在已经处理平整的底层上，如果没有无光漆，可用油性调和漆代替，不过待干后需用水砂纸磨掉光泽。然后用旧油刷蘸深色调和漆涂于表面，要刷得薄而匀（一般应选择干性较慢的油性调和漆便于操作），不等涂料干燥，即用干净的画木纹工具（如橡皮刮刷等）在漆膜上移刮成木纹。被划过或刷过的地方即显露出底层浅木色，待干后再用清漆罩光。木纹漆的调配方法是：用黄厚漆、红厚漆加少量的黑厚漆搅拌均匀，再加入松香水或酚醛清漆，调匀即可。

② 用水色涂画木纹　用水色涂画木纹的特点是工具简单、方法简单、用料少、干燥快、经济。方法如下：

a. 用浅黄广告色 28g、大红广告色 2g、温水 30g 搅拌均匀，在做好的白色漆底层上薄刷一遍，然后用大画笔顺物面中间先画出树心纹，再用干排笔或干长毛鬃刷顺树心纹两旁画出边纹，最后刷清漆 1~2 遍。

b. 用黑褐广告色 30g、温水 30g 搅拌均匀，在做好底层的黄漆表面薄刷一遍，事前准备好一块专用橡胶板，规格为：厚 2～3mm，一头宽 20～25mm、另一头宽 40～50mm，长 60～80mm。此时用这块专用橡胶板立即画出树心纹。画道应先细而后粗，在年轮纹角处要用胶板的宽头部画出呈山峰状的年轮纹，再由宽到窄画出物面。年轮纹画完后，立即用橡皮刮刷，紧贴年轮两旁刷出边纹。待纹色半干时，用干净长毛鬃刷，顺年轮角纹轻轻来回扫出棕眼。干后用清漆罩光。有时在仿制木纹时需要呈现鬃眼和细毛孔，常用干排笔掸刷成毛孔和鬃眼，效果很好。

③ 木纹拼花　先在处理平整的涂有浅色无光漆的基底上用铅笔轻轻地画出菱形拼花图案的轮廓线，然后用剪有缺口的旧排笔蘸水色画出深浅不一、粗细疏密相间、带水波浪式的直条木纹，待水色干后用水砂纸反面把部分盖住，用湿布将粘在其他部位的多余木纹擦去，干后用虫胶漆在已经画好木纹的版面上涂刷一遍，待虫胶漆干后用同样的方法画出直条木纹，画时木纹线条应与部分的木纹对称，干后仍用水砂纸盖住，将多余的木纹擦去。依照以上画的方法分别将其他部位画出木纹，最后将四边画好，通过以上操作后版面便出现拼花图案。

（3）仿大理石

要仿制大理石，必须先将被涂木坯的底子做平，不得有裂缝。然后涂上底漆（一般为白漆），待干，打磨平滑，再涂大理石纹。用刷子涂刷大理石纹的操作方法如下：

将白漆满涂后，静置 15min。待半干半不干时，在白漆的局部地方随即涂上灰色漆，涂在何处可以任意选择。然后在灰色漆上用油画笔描上黑色线纹，可以大小不一，形状各异，再用灰色刷子轻轻地往返涂过，这时黑色和灰色交错的大理石纹就制作成功。也可以用白色与灰色事先无规则地涂上，再点上少量黑漆，然后用刷子或油画笔轻重适度、纵横交错地涂刷成大理石纹，最后再用清漆罩光。

仿制大理石纹所用的涂料，最好选择油性或干燥较慢的调和漆。不要使用醇酸调和漆交叉画纹，这种漆干燥太快，画纹不容易均匀。用刷子涂刷大理石纹比较呆板，色彩不自然，许多油漆工都用丝棉网来喷涂大理石纹，其操作工艺如下：施工前先做木框（按大理石规格 330mm×330mm、500mm×500mm），将丝棉不规则地绷在框上，然后放在干燥透的白喷漆面上，喷枪喷上一层绿色或紫红色的色漆，随即将网拿开，漆面上即呈美丽的单色大理石纹。干后用清喷漆罩光。操作时，应特别注意物面的干净整洁，要一块接一块地连续喷涂，接缝处的线条要挺括，给人以大理石饰面的感觉。如还需要在大理石纹上加点其他颜色的脉络，可用刻有不规则"裂纹"的镂空板紧贴在干透的漆面上，加喷几道，"裂缝"即成。但喷枪喷嘴要小，气压要低。

■ **思考与练习**

1. 手持电动磨光机有哪几种类型？各有什么特点？

2. 下列哪些涂料适合抛光处理，哪些不适合抛光处理：PU、UV、PE、丙烯酸漆、油性漆、酚醛漆。

3. 如何控制裂纹大小效果？分析无裂纹效果产生的原因。

4. 实色面漆配色时注意事项有哪些？

■ **巩固训练**

1. 根据特殊效果的要求，可以在喷涂有色底漆（硝基漆）的基础上，干燥后，喷涂裂纹漆。

2. 参照任务 1.1 中仿大理石纹的工艺方案和效果，选择相应色调的醇溶性色精调配，然后进行拍色和底面的喷涂。

■ 自主学习资源库

1. 国家级精品课网站 http://218.7.76.7/ec2008/C8/zcr-1.htm

2. 叶汉慈. 木用涂料与涂装工[M]. 北京：化学工业出版社，2008.

3. 王恺. 木材工业大全（涂饰卷）[M]. 北京：中国林业出版社，1998.

4. 王双科，邓背阶. 家具涂料与涂饰工艺[M]. 北京：中国林业出版社，2005.

5. 华润涂料. http://www.huarun.com/

6. 威士伯官网 http://www.valsparpaint.com/en/index.html

项目 2
透明涂装工程设计与施工

课程导入

透明涂装是指采用透明涂料或者用含染料及染料与颜料结合的透明色漆直接对木材进行涂装,形成木本色或透明彩色涂膜,多用于材质花纹较好的实木制品或者经过实木贴面的人造板材料。常有面着色和底着色、面修色等工艺。透明涂装在木制品表面涂装技术中应用非常广泛。本项目通过透明涂装工艺方案设计、基材处理与品质控制、底漆涂装与品质控制和面漆涂装与品质控制四个工作任务,引导学生独立完成透明涂装样板施工完整过程,进而使学生掌握透明涂装工艺方案设计、透明涂装作业施工、透明涂装质量控制等透明涂装技术。

知识目标

1. 了解家具透明涂装所用材料选用原则及市场状况;
2. 了解家具透明涂装常用木器涂料的性能、贮存条件、成膜机理、工艺特点;
3. 掌握家具透明涂装常用涂装方法和工具施工要求;
4. 掌握典型家具透明涂装工艺设计原则、方法、施工技术规范;
5. 掌握家具透明涂装缺陷的概念、产生原因及解决对策;
6. 掌握家具透明涂装成本的计算方法;
7. 了解家具企业涂装工段的安全生产规范、涂装材料的管理要求和常识。

技能目标

1. 能够正确区分和识别有色涂装木器家具常用涂料;
2. 能根据家具基材种类、涂装效果、涂装成本、施工条件、环保要求等合理选用涂料、方法、工具;
3. 能根据色卡或样板制定科学合理的有色涂装工艺流程方案,并优化方案,独立完成家具样品的制作;
4. 能把握主流色彩,准确调色,独立完成着色施工;
5. 能独立完成基材处理、漆膜研磨施工作业;
6. 能正确使用和维护常用工具和设备,独立完成家具透明涂装工艺底、面漆涂饰;
7. 能对家具表面缺陷进行准确分析,提出解决措施,进行修补;
8. 能根据国家标准对漆膜质量进行检测;
9. 能根据客户需求制定家具透明涂装工艺方案,核算综合成本;
10. 能根据家具透明涂装工艺方案,进行简单的生产管控、品质监控。

工作任务

1. 根据客户提供的色板或实样,设计科学合理的家具透明涂装工艺方案;

2. 按照工艺要求，完成基材表面处理，并进行品质监控；

3. 合理选用底漆，进行底漆的调配与喷涂，实时监控；

4. 把握主流色彩，准确调色，独立完成面漆涂装；

5. 根据国家标准对完成样板（或家具）进行漆膜质量检测。

 # 任务 2.1　透明涂装工艺方案设计

知识目标

1. 了解家具企业涂装工段的安全生产规范、涂装材料的管理要求和常识；

2. 了解市场常见透明涂装效果；

3. 掌握典型家具透明涂装工艺设计原则、方法、施工技术规范；

4. 理解家具透明涂装各工序的施工方法、所用工具和材料、施工要领；

5. 掌握涂装成本的计算方法；

6. 理解着色材料的特性。

技能目标

1. 能通过网络查询，确定制作工艺及材质的特点；

2. 能正确区分和识别木器家具常用涂料，合理选择家具透明涂装工艺需要的涂装材料；

3. 能根据涂饰工艺和实际工作任务编制家具透明涂装工艺方案，合理选择各工序的施工方法、工具。

工作任务

任务介绍

结合市场调研资料，根据家具透明涂装效果图，分析涂装流程，确定所选用的涂装材料、工具、设备、涂装成本，进行工艺方案设计。

任务分析

透明涂装是指直接针对木材进行透明涂料的涂装或者用含染料及染料颜料结合的透明色漆涂装木制品，形成木本色或透明彩色涂膜，如图 2-1 所示，多用于材质花纹较好的实木制品或者经过实木贴面的人造板材料。在工艺方案设计时，结合制品的着色效果，各小组以底着色面，修色着色的工艺，从不同装饰效果样板（图 2-2）中选择一款，进行涂装方案设计。

(a)　　　　　　　(b)　　　　　　　(c)

图 2-1　透明涂装（附彩图）

（a）本色透明样板　　（b）有色透明样板　　（c）有色家具涂装效果

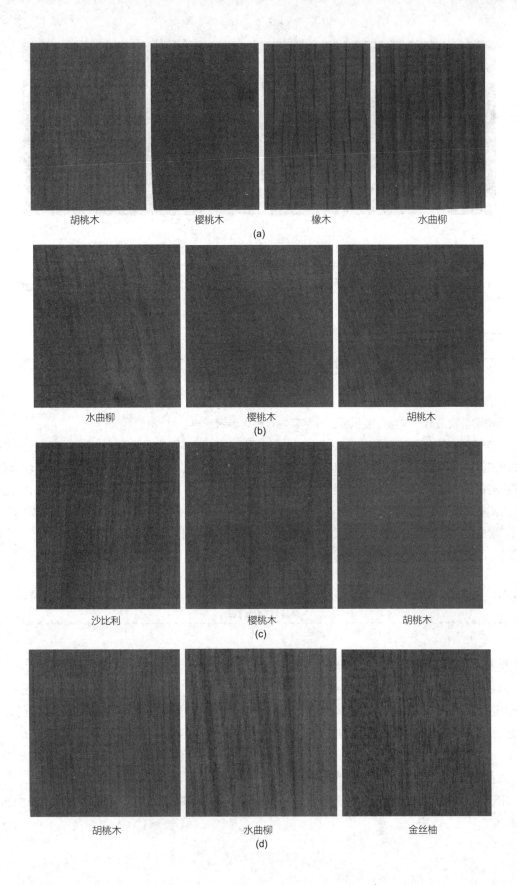

胡桃木　　　　　樱桃木　　　　　橡木　　　　　水曲柳

(a)

水曲柳　　　　　　樱桃木　　　　　　胡桃木

(b)

沙比利　　　　　　樱桃木　　　　　　胡桃木

(c)

胡桃木　　　　　　水曲柳　　　　　　金丝柚

(d)

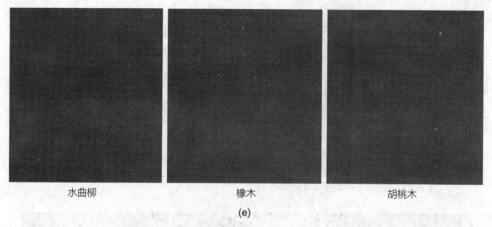

水曲柳　　　　　　　　橡木　　　　　　　　胡桃木

(e)

图2-2　不同基材表面所呈现的有色透明效果（附彩图）

（a）橙啡色涂装效果　　（b）红棕色涂装效果　　（c）酸枝色涂装效果　　（d）茶青色涂装效果　　（e）红木涂装效果

工作情景

实训场所：一体化教室。

所需设备及工具：电脑、展示板、涂装实物样板、参考资料。

工作场景：在家具表面装饰一体化教室内，教师利用实物和多媒体课程导入，布置学习任务，将任务要求进行讲解，结合涂装实物样板工艺流程进行分析说明，各组同学根据教师布置的任务要求和不同工作任务进行方案设计，小组同学结合任务和相关资料互相探讨，教师巡回指导。完成任务后，各小组进行方案的展示。小组同学之间进行互评，教师要对各组的方案设计进行评价和总结，指出不足及改进要点。学生根据教师点评，重新对整个方案设计进行修改，撰写相关实训报告（包括工作过程、小组自评总结、改进措施、收获心得体会等）。

知识准备

1. 基材种类与特性

涂装基材是被涂装工件的总称，包括实体木材（实木板方材、集成材、刨切薄木或旋制单板等）、装饰人造板。由于透明涂装对基材的遮盖力不强，本色透明涂装中更是直接展示基材的纹理及颜色，所以用于透明涂装的基材材料一般用材质较好的实木材料或者经过实木贴面的人造板材料为宜。

2. 成膜材料

用于透明涂装的木器涂料主要有聚酯漆、聚氨酯漆、光敏漆、硝基漆，前三种在项目一中已经介绍。

3. 基材处理材料

（1）脱脂剂

脱脂剂主要是去除树脂中所含松节油等成分，后者引起涂料固化不良、染色不匀，降低漆膜的附着力。只有去树脂的表面能够顺利着色和涂漆。

所有针叶材、少数热带和亚热带木材要去树脂，针叶材如松木、落叶松和云杉等。

有机除树脂剂包括：酒精、丙酮、松节油、四氯化碳等。

碱性除树脂剂包括：氨、氢氧化钠、钠皂、钾皂、碳酸钾、碳酸钠等。

按其对健康伤害程度分，伤害小或没有的如松节油、酒精、汽油、丙酮等，有害健康的如四氯化碳。

（2）漂白剂

漂白剂能引起木材内含物质产生化学反应，能破坏形成颜色的木材内含物质，并通过外部的影响而产生颜色变化，形成颜色均匀的浅色木材表面，使制品或零部件上材面色泽均匀，消除污染色斑，再经过涂装，可渲染木材高雅美观的天然质感与显现着色填充的色彩效果。其与造纸漂白含义不同，没有必要把木材漂成白纸一样白，所以木材漂白准确地应称为木材脱色，如针对铁污染、酸污染、碱污染、青变菌污染等污染变色的脱色处理。

应用较多的漂白剂与助剂有过氧化氢（双氧水）、冰醋酸、草酸、柠檬酸、亚硫酸氢钠、亚氯酸钠、亚磷酸钠、次氯酸钙、次氯酸钠、碳酸钠、高锰酸钾、硫黄、氨水等。

漂白少鞣质木材，有械木、桦木、赤杨木、松木、樱桃木等；漂白多鞣质木材，有橡木、胡桃木、栗木、刺槐木、白坚木、美国核桃木等。常用过氧化氢腐蚀作用较强，柠檬酸和醋酸，正常使用下无毒。

4. 填孔着色材料

（1）擦色宝

擦色宝可直接对木材施工，也可在底面漆上施工，干燥后用软棉布擦拭，但通常施工后不打磨，直接上涂底漆。

（2）木纹宝

有的称为填充剂，可直接对木材施工，也可在封闭底漆后施工，但一般填料较多，干性好，施工后需待干较久且需打磨，否则会附着不良。

（3）格丽斯

格丽斯是一种擦拭用着色剂，可刷可擦可喷施工，为颜料型半透明，具有优良的着色力。可将着色剂填于木材的管孔内，并能够擦拭调整颜色明暗深浅，增加涂膜颜色的层次感与木纹的清晰度，更能增加家具的附加价值，提高产品档次。实木或贴木皮家具底材擦拭着色，一般使用毛刷刷涂或喷涂后，用棉布擦拭着色或密度板封边封固后作拉花作业。可用松香水稀释使用。品种主要有 NC 格丽斯和 PU 格丽斯，NC 格丽斯一般用来做美式涂装，做仿古效果。PU 格丽斯不做仿古效果，但可以着色，突出木纹层次感，可直接在木材或 PU 漆上施工，一般情况下格丽斯是在头度底漆后施工。

PU 格丽斯作业技术要求如下：

① PU 格丽斯为单液型着色剂，视需要使用松香水稀释调整浓度，也可以根据施工的具体要求添加专用稀释剂 PX003（华润涂料）调节黏度。但稀释剂不可过量，以防着色不均，可使用 GLAZE 透

明主剂辅助添加调整，以得到均匀的着色效果。

② 透明与各色格丽斯均可单独直接使用，格丽斯刷涂或喷涂后干燥缓慢，容易擦拭或拉花，可以随意调整颜色深浅，但对于较大面积的作业，操作需较快，在未干燥前完成施工，表面不可残留擦拭布痕迹。

③ 各单色格丽斯可以互相以任意比例调配出所需要的颜色，假木纹的拉花作业可以添加少量调好的 PU 底漆，再进行作业，干燥后不会沾手掉色。

④ PU 格丽斯含有蓄热物质，擦拭布是多孔物，与空气具有广大接触面积，容易呈蓄热状态，多量堆积或置于桶内，数小时后可能导致发火。用毕的擦拭布应存在盛水的桶内，尚需的布应拉开置于网上，勿堆积。

⑤ 使用前，请阅读"PU 涂料使用注意事项"。

（4）优丽斯着色剂

优丽斯着色剂是一种以天然原料及优异着色材料调配的新一代着色产品。它是华润涂料新推出的一种着色剂。

① 优丽斯着色剂的作用原理　优丽斯着色剂使用天然成分树脂调配，具备优异的渗透性，可以充分的渗透进木材，与木材紧密结合；优异的着色颜料相对传统颜料具备更好的透明度、颜色层次感、着色力及环保性。优丽斯着色剂在给家具着色的同时，又赋予家具更好的环保功能。

② 优丽斯着色剂的主要特点　采用天然成分树脂及符合国际环保标准的着色颜料，绿色环保、健康安全；有优异的渗透性与着色力，可以与木材纤维牢固结合，赋予家具更加灵动的色彩；领先的国际色彩技术使得优丽斯着色剂在施工性、着色力、层次感、附着力等方面表现更加优异；成品色配方，调配使用更加方便，解决了复杂调色剂贮存带来的诸多问题。

5. 现代涂装工艺的分类

目前木材涂装工艺常用以下分类方法。

（1）按涂层透明度分类

① 透明涂装　指完全使用透明涂装材料（如透明清漆、透明着色剂等）涂装木制品，在其表面形成透明涂膜，保留并显现基材的真实质感，多用于实木制品或刨切薄木贴面人造板制品的涂装。

② 不透明涂装　用含颜料的不透明色漆涂装木制品，形成不透明彩色或黑白涂膜，遮盖了被涂装基材表面，多用于材质花纹较差的实木制品或未贴面的人造板（刨花板、中纤板）制品。

（2）按涂膜光泽分类

① 亮光装饰　采用亮光面漆涂装，涂装施工中注意填孔效果，并使漆膜达到足够厚度以做成特亮的"镜面效果"，漆膜丰满厚实、雍容华贵、光可鉴人，涂膜呈现高光泽。

② 亚光装饰　采用不同的亚光漆可做成不同光泽（全亚、半亚）的亚光效果涂膜，亚光漆膜具有柔和幽雅、质朴秀丽、安详宁静的低光泽装饰效果。因亚光装饰多为薄涂层，相对亮光装饰可使涂装工程简化，省工省料，又可部分掩盖基材与涂装技术不良的一些缺点。但是应该说，亮光和亚光装饰各具特色，风格不同。

（3）按是否填孔分类

① 填孔装饰（全封闭）　是在涂装过程中用专门的填孔剂与底漆将木材管孔全部填满填实填牢，主要用作高光厚涂层。漆膜丰满厚实，表面平整光滑。

② 显孔装饰（全开放） 不填孔，多为薄涂层，管孔显露充分，表现木材的天然质感。

③ 半显孔装饰（半开放） 介于二者之间。

（4）按透明着色作业分类

① 底着色中修色涂装工艺 是指用着色剂直接在木材表面着色，视着色效果可进而涂装透明底漆与透明面漆，也可在涂层中（底面漆涂层之间）进行修色和补色后，再涂装透明清漆。其着色效果好，色泽均匀，层次分明，木纹清晰。

② 面着色涂装工艺 用有色透明面漆在涂装面漆时同时着色，工艺简化，也无底色磨花之虑，但有时木纹清晰度可能受到影响。

（5）按表面漆膜是否抛光分类

① 抛光涂装工艺 是在整个涂层（包括底面漆漆膜）实干后先用砂纸研磨，然后用抛光膏或蜡液擦磨抛光，使表面漆膜研磨平整光滑显出光泽，几乎可以消除任何涂装缺陷。抛光光泽文雅柔和、光亮均匀，有时可达镜面效果。

② 原光装饰 是指制品全部涂装（包括最后一遍面漆）后经过实干便已完工，漆膜表面不再进行任何修饰研磨处理，已涂装的木制品或零部件可包装出货，简化了工艺。其涂装质量在过去涂装条件较差时不及抛光装饰，而现代随着涂装条件的改进，原光装饰也可达到很高的装饰质量。

（6）按涂装基材分类

① 实木制品涂装工艺 为了体现实木制品表面的天然质感和纹理而多采用透明涂装，涂装过程中可能采取漂白、填孔、着色等作业。

② 人造板涂装工艺 未贴面人造板表面多直接涂装含颜料的不透明色漆以及具现代感的闪光、幻彩、裂纹、珠光等艺术效果的不透明色漆，此外贴过木纹装饰纸的人造板表面往往再涂透明清漆。

（7）按产品销售地域分类

① 内销产品的涂装工艺 前述各类工艺多为内销作法，实木制品多为透明涂装，亮光或亚光装饰，填孔与原光较多，底、面着色工艺均用。

② 外销产品的涂装工艺 部分外销欧美的产品采用一种所谓"美式涂装工艺"，多为透明半透明薄涂层显孔亚光处理，涂料则以硝基漆（NC）为主。最突出特点是呈现仿古风味，一件新家具要做成经年陈旧古老的效果，涂装过程中包括做旧工序（如喷点、甩牛尾纹、白坯敲破等）。

6. 有色透明涂装案例

（1）实木底着色全封闭的透明涂装

实木底着色全封闭的透明涂装工序：实木→泥子→封闭（可选择）→底着色一封闭（可选择）→PU/UPE透明底漆→PU透明面漆（变化工艺可得开孔或封闭效果），见表2-1所列。

表2-1　实木底着色全封闭的透明涂装工艺

序 号	工 序	材 料	施工方法	施工要点
1	实 木	砂 纸	手磨、机磨	去污迹，白坯打磨平整
2	泥 子	各种透明泥子	刮 涂	打磨时木眼里的泥子填实，外边的泥子要磨干净
3	封闭底漆	PU封闭底漆	刷涂、喷涂	去木毛、防渗陷、增加附着力

序 号	工 序	材 料	施工方法	施工要点
4	底着色	选择有色水灰、有色士那、木纹宝、格丽斯等着色材料	刮涂、擦涂、喷涂	着色均匀，颜色主要留在木眼里面，木径部分残留要少
5	封闭底漆	PU 封闭底漆	刷涂、喷涂	对底材、颜色进行有效封闭，保护底色，增加附着力，3~4h 后可轻磨
6	底 漆	透明底漆	喷涂、可湿碰湿	彻底打磨平整
7	面 漆	面 漆	喷 涂	均匀喷涂

注：底材为实木，涂料为 NC、PU 或 UPE。施工温度 25℃，湿度 75% 以下。

对涂装工艺说明如下：

① 实木清除白坯板上的油污和胶印，以避免在底着色时，产生着色不均的现象。

② 泥子进行底着色工艺时，一般选择刮水性泥子较多；若刮涂油性泥子，一般采取面着色工艺，因为油性泥子不易底着色。

③ 在着色前对板材进行封闭时，采取喷涂、擦涂、刷涂均可，其目的是防止下陷和便于均匀着色；为避免颜色上不去的问题，封闭不宜厚，封闭底漆应适当调稀，但边角、木材的端头部分要封闭厚一些，以避免在底着色时出现着色不均的现象。着色后进行封闭时，不要把产品颜色擦花，所以必须喷涂，其目的是对底色进行保护，以避免在喷涂底漆后出现浮色的现象，还能增加底漆的附着力，防止下陷。"可选择"是指二选一或二选二，最少一次。

④ 底着色根据所需做的表面效果及施工要求可选用不同的着色材料，用 PU 格丽斯底着色，其着色性比较好，也易于擦拭，填充性比木纹宝差；木纹宝既能填充又能着色；而士那则既能底着色又能进行面修色，便于修补磨穿的底色。

⑤ PU 或 UPE 透明底漆，按标准配比施工，喷涂均匀。

⑥ PU 面漆，按标准配比调到黏度 12s 喷涂。

（2）红木家具封闭加生漆涂装

红木家具封闭加生漆涂装工序：红木→补色→封油士那→泥子（有色木灰）→打磨→封油士那（可选择）→打磨→修色→PU 底漆→打磨→面漆（大漆）五遍。红木涂装亦可全部用大漆，具体工艺见表 2-2 所列。

表 2-2　红木家具封闭加生漆涂装工艺

序 号	工 序	材 料	施工方法	施工要点
1	红 木	砂 纸	手磨、机磨	去污迹，白坯打磨平整、光滑
2	补 色	PU 修色剂	擦 涂	使白坯的颜色基本一致
3	封 闭	封油士那	刷涂或揩涂	用封油士那再封闭，天那水兑稀，厚薄适中；可视基材含油量的多少，适当增加 1~2 遍封油士那
4	泥 子	有色木灰	刮 涂	刮有色木灰两遍，3h 后打磨
5	打 磨	砂 纸	手 磨	除木毛、木刺，光滑无亮点
6	封闭（可选）	封油士那	刷涂或揩涂	用封油士那再封闭
7	打 磨	砂 纸	手 磨	平整、光滑
8	修 色	PU 修色剂	喷 涂	颜色均匀一致
9	底 漆	PU 透明底漆	喷 涂	湿碰湿一次
10	打 磨	砂 纸	手 磨	平整、光滑
11	面 漆	大 漆	喷涂，揩、擦 4~8 遍	均匀涂布，使漆膜光泽一致，手感细腻

注：底材为红木，涂料为 PU、大漆。施工温度 25℃，湿度 80% 左右。

国漆、大漆、生漆是同一个事物几种不同的名称，悠久的历史、优越的性能，使它成为名副其实的"涂料之王"。生漆成分复杂，因时因地因品种而异，即使是最先进的化学检测技术，也很难解释它的综合结果。我国生漆按其性质可以分为：毛坝漆、西南漆、建始漆、西北漆。其中以毛坝漆性能较全面，质量较高。我国漆树资源丰富、品种繁多，有3个大类42个品种，具有突出的耐久性、耐腐蚀性、耐热性、绝缘性及良好的工艺性能、力学性能。

生漆主要用于红木家具的涂饰。红木家具在我国作为高档、贵重的木质家具，既是人们日常生活用品，又是具有传统文化特征的工艺品。它比一般的普通木质家具对涂料有更高的要求，涂饰工艺也较为复杂，通常使用传统揩漆工艺（俗称"生漆工艺"）来处理家具表面。涂层成膜的机理为漆汁（含漆酚、水、有机物及漆酶等成分）中有效成分漆酚在漆酶催化作用下自然干燥成漆膜（环境条件：温度25℃左右；相对湿度80%左右，如太干燥，施工环境要喷水以增加湿度）。在当代红木家具的制作工艺中，涂饰工艺（指生漆工艺）一般可分为两种：一种是采用纯生漆的揩漆工艺，多用于油性较大的红木如大红酸枝、紫檀木、乌木等制作的名贵家具，但现已较少使用；另一种封闭工艺采用PU漆，表面涂饰使用生漆，目前市场上所售的红木家具基本上都采用此新工艺，其特别适用于鸡翅木、花梨木所制作的红木家具，漆膜成型后丰满、光泽度高耐腐蚀坚韧耐磨。

对涂装工艺说明如下：

① 打磨　红木用砂纸顺木纹打磨平整、光滑，清除污迹。

② 补色　使白坯的颜色基本一致。

③ 封油士那　对底材进行封闭，避免树脂、单宁等物质渗出而影响涂装效果。确保大漆不往下陷，确保附着力。

④ 有色底灰　填平木眼、毛孔，彻底打磨平整，只填木眼，不填木径；若一遍没有填平，还可以多刮几次有色底灰；注意一定要把木径表面打磨干净并彻底清理余灰。

⑤ 打磨　除木毛、木刺，打磨平整、光滑无亮点。

⑥ 封油士那　二次封闭，对底材、有色底灰进行封闭，增加底漆对基材的附着力，有助于防止漆膜下陷。此工序根据实际情况可省去。

⑦ 修色　颜色均匀一致。

⑧ 底漆　按标准配比施工，喷涂均匀。

⑨ 打磨　打磨平整、光滑。

⑩ 面漆　PU透明面漆采用的是喷涂方式，而生漆、大漆一般采取的施工方式是揩涂，一般需4~8次才可达到质量要求。

（3）实木或中纤板贴木皮PU底NC面底着色全封闭涂装

实木或中纤板贴木皮PU底NC面底着色全封闭透明涂装工序：实木或中纤板贴木皮→封闭→打磨→底着色→封闭→打磨→底漆→打磨→底漆→打磨→修色→打磨→清面漆（亮光或亚光），见表2-3所列。

表2-3　实木或中纤板贴木皮PU底NC面底着色全封闭涂装工艺

序　号	工　序	材　料	施工方法	施工要点
1	白坯处理	砂　纸	手磨或机磨	去胶印、污渍、毛刺，打磨平整
2	封　闭	PU封闭底漆	喷涂、刷涂	去毛刺，平衡底着色均匀度，3~4h后打磨
3	打　磨	砂　纸	手磨或机磨	去毛刺、打磨平整

序号	工序	材料	施工方法	施工要点
4	底着色	有色士那、木纹宝、PU格丽斯	擦涂	配套稀释剂调整到合适施工浓度，擦涂，干燥后再施工透明底漆
5	封闭	PU封闭底漆（可选择）	喷涂	保护底色，增加附着力，3~4h后打磨
6	打磨	砂纸	手磨或机磨	彻底打磨平整
7	底漆	PU或UPE透明底漆	喷涂、淋涂	按标准配比调漆施工
8	打磨	砂纸	手磨或机磨	打磨均匀、平整，切勿磨穿
9	底漆	PU或UPE透明底漆	喷涂、淋涂	按标准配比调漆施工
10	打磨	砂纸	手磨或机磨	打磨均匀、平整，切勿磨穿
11	修色	PU透明面漆加油性色精	喷涂	按标准配比调漆施工
12	打磨	砂纸	手磨或机磨	干后轻磨，切勿磨穿
13	清面漆	NC清面漆	喷涂	按标准配比调到12s施工黏度喷涂

注：底材为实木，中纤板贴木皮，涂料为封闭底漆、透明底漆、清面漆。施工温度25℃，湿度70%。

对涂装工艺说明如下：

① 白坯处理　要平整光洁。

② 封闭底漆　使底着色均匀，增加层间附着力。

③ 底着色　先按照顺时针或逆时针圈擦，然后顺木纹擦拭干净。

④ 封闭底漆　可视需要选择，至少一次。

⑤ 底漆　按标准配比施工。如要做全封闭效果，底漆可湿碰湿喷涂两遍。干后打磨，切勿磨穿。

⑥ 修色　可用调色金油加油性色精调色，也可用 PU 清面漆加油性色精调色，黏度要适宜，最好调到黏度 9~10s 进行修色施工。

⑦ 清面漆　NC 亮光或亚光清面漆，按标准配比调到合适施工黏度（通常为 12s），均匀喷涂。

（4）实木地板透明底着色全封闭涂装

实木地板透明底着色全封闭涂装工序：实木地板→做底色（水性）→封闭（可选择）→打磨→PU 单组分或双组分地板漆（亮光或亚光）→打磨→PU 单组分或双组分地板漆（亮光或亚光），见表 2-4 所列。

表 2-4　实木地板透明底着色全封闭涂装工艺

序号	工序	材料	施工方法	施工要点
1	白坯处理	砂纸	手磨或机磨	去污渍、毛刺，打磨平整
2	做底色	水性着色剂	喷涂、刷涂	着色均匀，颜色主要是浸润进入到木材表层里
3	封闭	PU封闭底漆	喷涂、刷涂	对底材、底色进行有效封闭和保护，增加附着力，3~4h后可轻磨
4	打磨	砂纸	手工	轻轻打磨，切勿磨穿露白
5	面漆	PU（单组分或双组分）地板漆	喷涂、刷涂	按标准比例调到合适施工粘度（通常为12s），刷涂、喷涂均匀到位
6	打磨	砂纸	手磨或机磨	均匀打磨
7	面漆	PU（单组分或双组分）地板漆	喷涂、刷涂	按标准比例调到合适施工黏度（通常为12s），刷涂、喷涂均匀到位

注：底材为实木地板，涂料为着色剂、封闭底漆、PU 地板漆。施工温度25℃，湿度70%。

对涂装说明如下：

① 白坯处理砂光时注意到位，顺纹砂光，不可漏砂。

② 着底色按照需要选择水性着色材料，可采用刷涂、辊涂、喷涂、浸涂等施工方式，颜色要相对均匀。

③ 封闭底漆（可选择）有效封闭基材、底色，增加层间附着力。

④ 单组分 PU 地板漆或双组分 PU 地板漆，按标准配比调到合适施工黏度（通常为 12s），刷涂、喷涂均匀到位。

（5）中纤板贴纸涂装

中纤板贴纸涂装工序：中纤板→刮泥子→贴纸→PU 或 UPE 透明底漆→修色→清面漆（亮光或亚光），见表 2-5 所列。

表 2-5 中纤板贴纸涂装工艺

序 号	工 序	材料（按要求）	施工方法	施工要点
1	中纤板	砂 纸	手磨、机磨	白坯打磨平整，去污痕
2	刮泥子	专用水灰等	刮 涂	刮涂平整，宜薄刮
3	贴 纸	各色木纹纸	手贴、机贴	无气泡、无皱纹、整齐一致，7h 实干
4	底 漆	PU 或 UPE 透明底漆	喷 涂	PU 底漆湿碰湿两次或 UPE 底漆两遍
5	修 色	透明封闭底漆或面漆加色	喷 涂	由浅入深均匀着色
6	面 漆	PU 面漆	喷 涂	均匀喷涂，注意过滤、防尘

注：底材为中纤板贴纸，涂料为 PU 或 UPE。施工温度 25℃，湿度 75% 以下。

对涂装工艺说明如下：

① 清除白坯板上的油污和胶印，便于将纸贴平整。

② 刮泥子用水灰等来填补板材的钉眼、拼缝和缺陷，尽量减少因板材的缺陷而影响贴纸的平整度。

③ 贴纸后要求无气泡、无皱纹、整齐一致，需干燥 7h 以上。

④ PU 或 UPE 透明底漆，按标准配比施工，喷涂均匀。

⑤ 用透明封闭底漆或面漆自行加色，或用已调好颜色的透明封闭底漆或面漆修色，由浅入深均匀着色。

⑥ PU 面漆按标准配比调到黏度 12s 喷涂。

（6）中纤板贴木皮全封闭涂装

中纤板贴木皮全封闭涂装工序：中纤板→贴木皮→封闭（可选择）→底着色（按照需要选择使用：有色水灰、有色士那、木纹宝、格丽斯）→封闭（可选择）→PU 或 UPE 透明底漆→修色→清面漆（亮光或亚光），见表 2-6 所列。

表 2-6 中纤板贴木皮全封闭涂装工艺

序 号	工 序	材 料	施工方法	施工要点
1	中纤板	砂 纸	手磨、机磨	去污迹，白坯打磨平整
2	贴木皮	各种木皮、胶水	手贴、机贴	贴平整
3	封闭底漆	PU 封闭底漆	刷涂、喷涂、擦涂	对底材进行有效封闭，干后轻磨

序号	工序	材料	施工方法	施工要点
4	底着色	选择有色水灰、有色士那、木纹宝、格丽斯等着色材料	刮涂、擦涂、喷涂	着色均匀，颜色主要留在木眼里面，木径部分残留要少
5	封闭底漆	PU 封闭底漆	刷涂、喷涂	对底材、颜色进行有效封闭，保护底色，增加附着力，3～4h 后可轻磨，切忌磨穿及把底色打花
6	底漆	PU 或 UPE 透明底漆	喷涂、可湿碰湿	干后要彻底打磨平整，忌磨穿
7	修色	士那/面漆加色	喷涂	由浅入深均匀着色
8	面漆	清面漆（亚光或亮光）	喷涂	均匀喷涂

注：底材为中纤板贴木皮，涂料为 PU、NC 或 UPE。施工温度 25℃，湿度 75% 以下。

对涂装工艺说明如下：

① 清除中纤板油污和胶印，对高档板式家具有时还需进行定厚砂光，才能进行贴木皮。

② 将木皮贴平整，以机器贴为主，一些边角可以人工贴或者用实木线条来取代。

③ 封闭底漆（可选择）去木毛、防渗陷、增加附着力。

④ 按照需要选用有色水灰、有色士那、木纹宝、格丽斯等着色材料，采用刮涂、擦涂、喷涂等施工方式，颜色要擦拭均匀。

⑤ 再用 PU 封闭漆封闭，喷涂均匀，其目的是对底色进行保护，以避免在喷涂底漆后出现浮色的现象；还能增加底漆的附着力，防止下陷。封闭底干后必须轻磨，以免磨穿及把底色打花。"可选择"是指二选一或二选二，最少一次。

⑥ PU 或 UPE 透明底漆，按标准配比施工，喷涂均匀。

⑦ 参照色板来修色，原则是先里后外、先难后易、由浅入深均匀着色。

⑧ PU 面漆按标准配比调到 12s 施工黏度喷涂。

任务实施

----

1. 实施步骤

市场调研当前流行透明涂装效果及其在现代生活中的应用。根据调研结果，各组以演示文稿展示汇报调研结果和透明涂装效果图。

工艺方案的设计包括 3 个环节：涂装效果图分析；讨论选用涂装方法、工具、材料、色彩；设计制定具体方案。每个环节按组内讨论→展示作品→组间评价→修改、组内讨论→展示作品→组间评价、问题指导→评价、验收→总结评价等步骤进行。

2. 涂装效果图分析

分析讨论来样涂装效果，确定涂装质量等级、基材种类、表面色彩、涂料种类、设计风格等。图 2-3 所示为透明涂装效果。

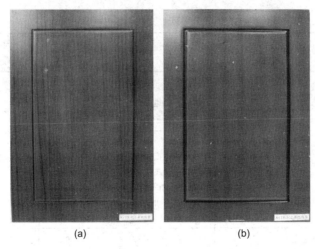

(a)   (b)

图2-3　本色透明涂装（附彩图）

（a）柚木　（b）沙比利

3. 材料、工具及设备的选用

　　根据市场或客户需求，结合家具基材种类、涂装效果、涂装成本、施工条件、环保要求等，讨论分析如何合理选用涂料、涂装方法、涂装工具等。

4. 填写任务工单，设计工艺方案

　　按任务工单格式要求进行工艺方案设计，任务工单见附录。

■ 总结评价

　　成果评价见表2-7。

表2-7　成果评价表

评价类型	项目	分值	技术要求	评分细则	组内自评（40%）	组间互评（20%）	教师点评（40%）
过程性评价（70%）	案例（来样）分析能力	20	设计为客户服务，设计内容符合来样要求；明确所用工具、材料及相关施工方法；提出相关安全操作规程	正确提出涂装效果、质量等级和设计要求；0~10 提出所用工具、材料及相关施工方法；0~5 列举相关安全操作规程；0~5			
	方案设计能力	20	设计合理；符合规程	设计符合功能性、艺术性、文化性、科学性、经济性；0~10 满足客户（市场）需求；0~5 符合实际操作规程，能结合实际环境、设备等，工艺步骤连贯；0~5			
	自我学习能力	10	预习程度；知识掌握程度；代表发言	预习下发任务，对学习内容熟悉；0~3 针对预习内容能利用网络等资源查阅资料；0~3 积极主动代表小组发言；0~4			

评价类型	项　目	分值	技术要求	评分细则	组内自评（40%）	组间互评（20%）	教师点评（40%）
过程性评价（70%）	工作态度	10	遵守纪律；态度积极或被动；占主导地位与配合程度	遵守纪律，能约束自己、管理他人；0~3 积极或被动地完成任务；0~5 在小组工作中与组员的配合程度；0~2			
	团队合作	10	团队合作意识；组内与组间合作，沟通交流；协作共事，合作愉快；目标统一，进展顺利	团队合作意识，保守团队成果；0~2 组内与组间与人交流；0~3 协作共事，合作愉快；0~3 目标统一，进展顺利；0~2			
终结性评价（30%）	方案的创新性	10	较其他方案在某方面（工艺、成本、环保、管理等）有改进	工艺流程复杂程度；0~3 成本节约；0~3 操作管理；0~4			
	方案的可行性	10	符合总体设计要求；符合实际操作规程	符合总体设计要求；0~3 能结合实际环境、设备等，使方案可执行；0~3 工艺步骤连贯；0~2 操作难易程度适中；0~2			
	方案的完成度	10	在规定时间内有效完成方案与任务工单的程度	尽职尽责；0~3 顾全大局；0~3 按时完成任务；0~4			
评价评语	班级：		姓名：	第　　组			
	教师评语：		总评分：				

■ 拓展提高

1. 本色透明涂装案例

（1）柚木本色涂装工艺

柚木本色涂装工序：实木→封闭→打磨→刮泥子→打磨→底漆→打磨→底漆→打磨→面漆→打磨→面漆，见图2-3（a）及表2-8。

表2-8　柚木本色涂装工艺

序　号	工　序	材　料	施工方法	施工要点
1	白坯处理	砂纸	手磨、机磨	将白坯打磨平整，去污痕
2	封　闭	PU封闭底漆封闭	刷涂、喷涂、擦涂	对底材进行封闭，3~4h后可打磨
3	打　磨	砂纸	手　磨	轻磨，清除木毛、木刺
4	刮泥子	PU透明泥子	刮　涂	填平木眼，3h后可打磨
5	打　磨	砂纸	手磨、机磨	彻底打磨平整，多余泥子清除干净
6	底　漆	PU透明底漆	喷涂，可湿碰湿	喷涂均匀，5~8h后可打磨
7	打　磨	砂纸	手磨、机磨	彻底打磨平整
8	底　漆	PU透明底漆	喷涂，可湿碰湿	喷涂均匀，5~8h后可打磨
9	打　磨	砂纸	手　磨	彻底打磨平整

序　号	工　序	材　料	施工方法	施工要点
10	面漆	PU 清面漆	喷　涂	注意喷涂均匀，8～10h 后轻磨
11	打磨	砂纸	手　磨	轻磨颗粒，切忌磨穿
12	面漆	PU 清面漆	喷　涂	注意喷涂均匀

注：底材为实木，涂料为 PU、NC 或 UPE。施工温度 25℃，湿度 75% 以下。

说明如下：

① 刮泥子要刮平、填实。也可以用配套的稀释剂调稀后进行擦涂。

② 底漆使用 NC 底漆时，要多涂 1～2 遍获得一定厚度的涂膜。

③ 面漆，用配套的面漆稀释剂调到 12s 施工黏度喷涂。

（2）实木门全封闭透明涂装

实木门（沙比利）全封闭透明涂装常用工序：白坯打磨→封闭→打磨→刮泥子→打磨→底漆→打磨→面磨→打磨→面磨，见图 2-3（b）及表 2-9。

表 2-9　实木门全封闭透明涂装工艺

序　号	工　序	材　料	施工方法	施工要点
1	白坯打磨	砂纸	手磨或机磨	去污迹、打磨要平整
2	封　闭	PU 封闭底漆	喷涂、刷涂、擦涂	对底材进行封闭，3～4h 后可打磨
3	打　磨	砂纸	手　磨	轻磨、消除木毛
4	刮泥子	PU 透明泥子	刮　涂	填平木眼，3h 后可打磨
5	打　磨	砂纸	手磨或机磨	彻底打磨平整，多余泥子清除干净
6	底　漆	专用 PU、UPE、NC 木门透明底漆	喷涂可湿碰湿	均匀喷涂，5～8h 后可打磨
7	打　磨	砂纸	手磨或机磨	彻底打磨平整
8	底　漆	专用 PU、UPE、NC 木门透明底漆	喷涂可湿碰湿	均匀喷涂，5～8h 后可打磨
9	打　磨	砂纸	手磨或机磨	彻底打磨平整
10	面　漆	专用 PU、UPE、NC 木门透明面漆	喷　涂	均匀喷涂，8～10h 后轻磨
11	打　磨	砂纸	手　磨	轻磨颗粒，切忌打穿
12	面　漆	专用 PU、UPE、NC 木门透明面漆	喷　涂	均匀喷涂

注：底材为实木，涂料为 PU、UPE、NC。施工温度 25℃，湿度 75% 以下。

说明如下：

木门属比较特殊的木制品，涂饰面全部是见光面，所以，应尽量做到防止木门的变形和开裂，拆封的半成品应在第一时间内做完封闭底漆，防止基材吸收空气中的水分变形。

底漆尽量使用 UPE 类透明底漆或实色底漆，这对木门的形状稳定有很大帮助。

2. 半透明涂装工艺案例

所谓半透明涂装，指使用带有色彩呈半透明的清漆涂饰制品，在被涂饰面上形成具有色彩的半透明的涂膜，使被涂面基材纹理不清晰，只能隐约可见。这种涂饰多用于木制品，由于对木材表面着色要求不高，一般就是利用填纹孔进行基础着色，不再进行染色与拼色，对着色的均匀性、木纹清晰度、制品材质及制作精度等要求远低于一般透明涂饰。只是依靠在所用面漆（清漆）中加入少量着色颜料（或颜料与染料混合物或仅用染料）配制的所谓色精，使整个涂膜形成所需要涂饰的色彩。为此将此种涂饰称为"面着色"涂饰。这种涂饰不能很好地显现出木材纹理的天然美，整体涂饰效果较差。但由于涂饰工艺简单，生产成本低，对涂饰技术要求不高，所以被不少涂饰厂家采用。

实木面着色透明（半透明）涂装工序（半开放、全开放的不同效果，取决于底漆及面漆厚度及打磨程度）：实木→封闭→打磨→透明底漆→打磨→透明底漆→打磨→透明有色面漆，见表2-10所列。

表2-10 实木面着色透明（半透明）涂装工艺

序　号	工　序	材　料	施工方法	施工要点
1	白　坯	砂纸	手磨、机磨	将白坯打磨平整，去污痕
2	封　闭	PU封闭底漆	刷涂、擦涂	对底材进行封闭，3~4h后可打磨
3	打　磨	砂纸	手　磨	轻磨、清除木毛
4	底　漆	透明底漆（PU、NC、UPE均可）	喷　涂	均匀喷涂，5~8h后手工打磨
5	打　磨	砂纸	手磨、机磨	彻底打磨平整
6	底　漆	透明底漆（PU、NC、UPE均可）	喷涂、可湿碰湿	均匀喷涂，5~8h后手工打磨
7	打　磨	砂纸	手磨、机磨	彻底打磨平整
8	透明有色面漆	PU透明面漆	喷　涂	厚度必须均匀，如NC底对应NC透明有色面漆

注：底材为实木，涂料为PU、NC或UPE。施工温度25℃，湿度75%以下。

说明如下：

① 透明有色面漆，用配套的面漆稀释剂调到12s施工黏度喷涂。

② 透明或半透明效果的影响因素，有漆膜总厚度及颜色的浓、淡。

3. 半开放涂装工艺方案

中纤板贴木皮的半开放涂装工序：中纤板→贴木皮→封闭（可选择）→底着色→封闭（可选择）→PU或UV透明底漆→PU透明面漆，见表2-11所列。

表2-11 中纤板贴木皮的半开放涂装工艺

序　号	工　序	材　料	施工方法	施工要点
1	中纤板	砂纸	手磨、机磨	去污迹，白坯打磨平整
2	贴木皮	各种木皮、胶水	手贴、机贴	贴平整
3	封　闭	PU封闭底漆	刷涂、喷涂	去木毛、防渗陷、增加附着力
4	底着色	按照需要选择有色士那、木纹宝、格丽斯等着色材料	刮涂、擦涂、喷涂	着色均匀，颜色主要留在木眼里面，木径部分残留要少
5	封　闭（可选择）	PU底得宝	刷涂、喷涂	对底材、颜色进行有效封闭，保护底色，增加附着力，3~4h后可轻磨
6	底　漆	PU或UV透明底漆	喷　涂	根据开放效果再加一道底漆，中间需打磨，5~8h后可打磨
7	面　漆	面漆	喷　涂	均匀喷涂

注：底材为中纤板贴木皮，涂料为PU、NC、UV或UPE。施工温度25℃，湿度75%以下。

说明如下：

① 中纤板　将底材打磨平整，去除污迹、胶印。对高档板式家具有时还需进行定厚砂光才能进行贴木皮。

② 贴木皮　木皮要求木眼粗深、纹理清晰，着色前用铜刷，沿木材导管方向刷导管，清除污迹、灰渍及扩充木眼，使木材纹理突出、清晰。

③ 底着色　选用士那、木纹宝或格丽斯等着色材料，对底材进行着色，突显木材纹理；用木纹宝来做底着色半开放工艺时，需将木纹宝调稀一些，以免填平木眼。

④ 封闭　在着色前对板材进行封闭时，采取喷涂、擦涂、刷涂均可，其目的是防止下陷和便于均匀着色；为避免颜色上不去的问题，封闭不宜厚，封闭底漆应适当调稀，但边角、木材的端头部分要封闭厚一些，以避免在底着色时出现着色不均的现象。着色后进行封闭时，不要把产品颜色擦花，所以必须喷涂，其目的是对底色进行保护，以避免在喷涂底漆后出现浮色的现象；还能增加底漆的附着力，防止下陷。

⑤ 底漆　PU 底漆或改性 PU 底漆适合开放效果，黏度控制在 12~14s。

⑥ 喷涂　UV 透明底漆辊涂 1~2 遍（视木眼的深浅来定）。

⑦ 面漆　面漆的施工黏度控制在 12~14s，以亚光为主。

4. 实木底着色开放透明涂装工艺案例

实木底着色开放透明涂装工序：实木→封闭→打磨→着色→底漆→打磨→修色→打磨→面漆，见表 2-12 所列。

表 2-12　实木底着色开放透明涂装工艺

序　号	工　序	材　料	施工方法	施工要点
1	白　坯	砂纸	手磨、机磨	将白坯打磨平整，去污痕
2	封　闭	PU 封闭底漆封闭	刷涂、喷涂	对底材进行封闭，3~4h 后可打磨
3	打　磨	砂纸	手　磨	轻磨、清除木毛
4	着　色	格丽斯等着色材料	擦　涂	擦涂可加放适量慢干水，也可采用喷涂方式着色
5	底　漆	透明底漆	喷　涂	根据开放效果如要加一道底漆的话，中间需要打磨，5~8h 后可打磨
6	打　磨	砂纸	手磨、机磨	彻底打磨平整，切忌磨穿
7	修　色	清面漆：色精	喷　涂	可适当用稀料调稀
8	打　磨	砂纸	手　磨	轻磨颗粒，不可打穿，也可省去此工序
9	面　漆	清面漆	喷　涂	喷涂均匀

注：① 底材为实木，涂料为 PU、NC 或 UPE。施工温度 25℃，湿度 75%以下。
　　② 如果要做面修色，可在"8"工序后进行修色。面漆使用配套的面漆稀释剂调到 12s 施工黏度喷涂。

■ **思考与练习**

1. 透明着色作业有哪几种方法？各有什么特点？

2. 涂饰工艺过程包括＿＿＿＿、＿＿＿＿＿、＿＿＿＿＿、＿＿＿＿＿、＿＿＿＿＿等环节。

3. 试举出几种木器家具常用透明涂饰工艺过程。

■ **巩固训练**

各小组根据半透明涂装案例，结合实物样板涂装效果，制定半透明涂装工艺方案。

任务 2.2　基材处理与品质控制

知识目标

1. 理解家具企业涂装工段的安全生产常识；

2. 理解透明涂装所用基材的种类、特性；

3. 掌握常用透明涂装基材处理的方法、所用工具和材料、施工要领；

4. 掌握基材处理所用材料的安全贮存常识、安全管理要求;

5. 掌握基材处理时易产生缺陷产生的原因及解决对策。

技能目标

1. 能根据工艺方案要求合理选用基材;

2. 能合理选用基材处理常用材料、施工方法和工具;

3. 根据"6S"管理要求,安全准确取放材料、工具;

4. 工作中能与他人协作共事,沟通交流;

5. 能借助工具书查阅英语技术资料,自我学习、独立思考;

6. 能自我管理,有安全生产意识、环保意识和成本意识。

工作任务

任务介绍

各小组结合制品的材质、表面状况,根据设计的工艺方案合理选择工具,依据施工技术规范,对家具(样板)表面进行基材处理。

任务分析

木制品表面涂饰之前,基材表面存在较多缺陷,如虫孔、开裂、节子、变色、树脂、污染、木毛等,需要经过不同操作工序对缺陷进行处理。家具表面需要不同质感和色彩,根据设计的涂装工艺方案,对基材进行封闭(开放)或着色处理,如图 2-4 所示。

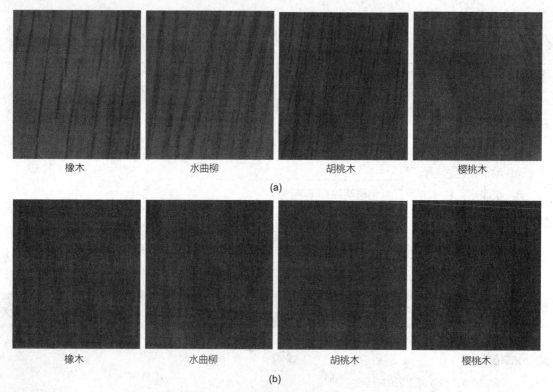

图 2-4　底着色效果(附彩图)

(a)浅棕色　　(b)红棕色

工作情景

实训场所：家具表面装饰一体化教室、基材处理工作间。

所需设备及工具：涂装板件、砂纸、泥刀、铲刀、调色材料、擦拭工具、喷涂工具。

工作场景：教师利用实物和多媒体对基材处理目的和作用作讲解说明，布置学习任务，下发任务书，小组同学结合设计的涂装方案，对基材处理涉及的工具、材料、施工要领及技术参数进行讨论、分析，制定出实施方案。小组到指定位置领取工具、材料，分工明确后进行任务实施，教师巡回指导，督促检查。完成任务后，各小组进行作品展示，互相交流学习体会。同学之间进行互评，教师要对各组的方案设计进行评价和总结，指出不足及改进要点。学生根据教师点评，对实施过程存在问题分析、改进，填写相关学习文件（任务书、评价表）。

知识准备

---

1. 基材处理的作用

基材处理又称基材修整，也可称为表面准备工艺，是在没有形成漆膜前的表面处理，是木制品涂装之前重要的工艺环节。过去木材行业流行"三分木工七分油工"，现代涂料行业流行"三分油漆七分木材"，都是说木材原有素质好或经过材面整修良好时，可用最少的材料（涂膜）获得最佳的涂装效果。当材面整修不良或材质实在太差，而想依赖涂饰底漆面漆的涂膜来弥补，是一错误的想法。一定要重视涂漆之前的表面处理，也称表面准备，做好准备工作涂漆才能获得良好效果。基材处理是涂装成功的第一步，也是完成一套优良产品的必要条件。材面处理的好坏，关系到涂装与成品的优劣。一般有以下处理内容：基材预处理、改变纹理、改变颜色。

不同基材对色彩的效果会有很大差异，例如要做出深棕色、红棕色等效果，填孔着色后喷涂同色底材封闭剂（有色士那），做出的效果会有差异。另外，基材处理得好坏对涂装效果影响很大，基材处理不佳，就很难获得好的涂装效果。因此，涂漆之前的基材表面处理十分重要。

在有色透明涂装效果中常做成封闭、开放或改变颜色等效果，这就需要在基材表面作去除缺陷、漂白、去树脂等预处理后，进行改变纹理、改变颜色的处理。

2. 基本要素作业规范

手砂砂带使用规定：150#以下砂带严禁用于手砂作业，手砂只能用 180#或 240#砂带；180#用于倒角倒边，240#用于检砂木皮拼花部件的砂光。图 2-5 所示为打磨错误作业现象，图 2-6 所示为正确作业方法。

手砂作业标准：

（1）手砂作业是在砂光设备上无法砂光的地方进行手工砂光。

（2）手砂所用的砂带只能是 180#、240#，严禁使用 150#以下型号砂带。

（3）手砂作业时砂带的运动方向必须顺着木材或木皮的纹理方向。

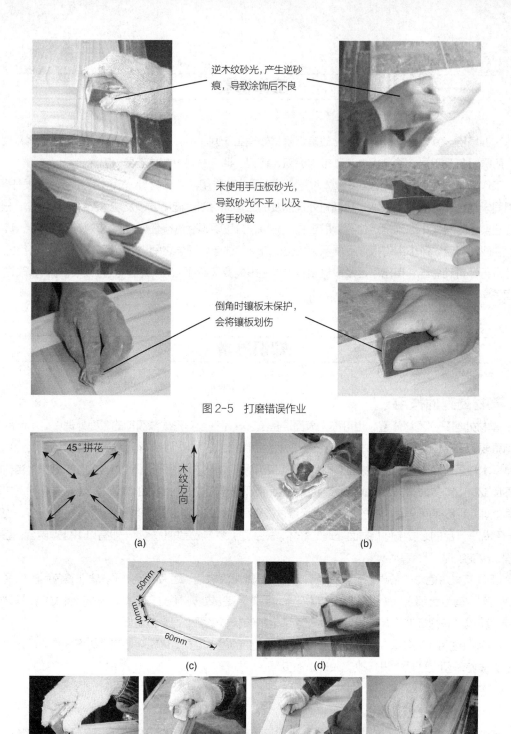

图 2-5　打磨错误作业

逆木纹砂光，产生逆砂痕，导致涂饰后不良

未使用手压板砂光，导致砂光不平，以及将手砂破

倒角时镶板未保护，会将镶板划伤

(a)　　　　　　　　　　　(b)

45°拼花

木纹方向

50mm
40mm
60mm

(c)　　　　　　　　　(d)

(e)

图 2-6　打磨正确操作

（a）箭头指示为拼花木皮纹理方向　（b）必须顺纹砂光，对大面积部位用手提砂光机砂光　（c）手压板制作标准
（d）对部件上碰划伤、胶印、欠差等小缺陷的处理　（e）用手压板外面包砂带倒角作业，操作方便

（4）所有带镶板的部件在倒边倒角时要注意对镶板的保护，防止对镶板划伤或产生逆砂痕。

（5）大面积的砂光处理，应该用手提砂光机或卧式砂光机砂光。

3. 去脂

针叶材（如红松）所含树脂在涂漆前必须去除，因为这类木材的节子、晚材等部位，往往聚积了大量树脂（又称胶囊）。树脂中所含的松节油等成分会引起油性漆的固化不良、染色不匀及降低漆膜的附着力。

去除树脂可采取挖补填木、溶剂溶解、碱液洗涤、混合溶液、漆膜封闭与加热铲除等方法。

（1）挖补填木法

木材表面上不断渗出松脂的虫眼等缺陷，应挖除并顺纤维方向胶补同种木块。

（2）溶剂溶解法

松脂中的主要成分（松香、松节油等）均可溶于多种溶剂中，因此可用相应溶剂溶解去除。常用溶剂有丙酮、酒精、苯类、煤油、正己烷、四氯化碳。局部松脂较多的地方，可用布、棉纱等蘸上述一种溶剂擦拭。如松脂面积较大时，可将溶剂浸在锯屑中放在松脂上反复搓拭，如果在擦或搓试的同时，提高室温或用暖风机加热零部件或板面，则去脂效果更好。采用溶剂去脂的缺点是成本较高，溶剂有毒，容易着火。

（3）碱液洗涤法

采用碱液洗涤去脂时，可用 5%～6% 的碳酸钠或 4%～5% 的苛性钠（火碱）水溶液。采用碱液处理是因为碱可与松脂反应生成可溶性的皂，就能用清水洗掉。但如清洗不完全可能会出现碱污染（材面颜色变深）。采用碱处理与溶剂去脂比较，前者一般去脂后材面颜色都会不同程度地变深。因此作浅色与本色装饰时最好用溶剂处理。

（4）混合溶液法

将氢氧化钠等碱溶液（占 80%）与丙酮水溶液（占 20%）混合使用，效果更好。配制丙酮溶液与碱溶液时，应使用 60～80℃ 的热水，并应将丙酮与碱分别倒入水中稀释。将配好的溶液用草刷（不要用板刷等）涂于含松脂部位，3～4h 后再用海绵、旧布或刷子蘸热水或 2% 的碳酸钠溶液将已皂化的松脂洗掉。

（5）漆膜封闭法

材面表层去脂后深处的树脂还有可能渗出，故需用与松脂不溶的漆类封闭，早年多用虫胶漆，近年多用 PU 类底漆。目前该方法在生产中使用广泛。

（6）加热铲除法

实木板材可用高温干燥方法（100～150℃）除掉松脂中可蒸馏成分（主要是精油等低沸点成分）。已制成制品的材面还可以用烧红的铁铲、烙铁或电熨斗反复铲、熨含松脂的部分，待松脂受热渗出后用铲刀马上铲除。此法需注意安全，防止烧焦木材。另外家具生产企业可在板材干燥时采用真空脱脂罐处理木材，可将木材中大部分树脂去掉，效果较好。

4. 漂白

（1）目的

漂白的目的在于使木材颜色变浅，使制品或零部件上材面色泽均匀，消除污染色斑，再经过涂装可渲染木材高雅美观的天然质感与显现着色填充的色彩效果。

（2）方法

选用适当漂白剂涂于木材表面，待材面颜色变浅后再用清水洗掉作用过的漂白剂。应用较多的漂白剂与助剂有过氧化氢（双氧水）、草酸、柠檬酸、亚硫酸氢钠、亚氯酸钠、碳酸钠、高锰酸钾、氨水等。将这些材料配成适当浓度的漂白剂溶液涂于木材表面即可，举例如下：

① 浓度为 30%～35% 的双氧水与 28% 的氨水在使用前等量混合，涂于木材表面，有效时间约 30min。也可先涂氨水，然后再涂双氧水，待木材颜色变浅后要充分水洗。

② 将无水碳酸钠 10g 溶于 60mL 的 50℃ 温水中作 A 液；在 80mL 浓度为 35% 的双氧水中加入 20mL 水作 B 液。先将 A 液涂于木材表面，待均匀浸透 5min 后，用木粉或旧布擦去表面渗出物，接着再涂 B 液，干燥 3h 以上。如果漂白效果不佳，可将干燥时间延长至 18～24h。漂白后要水洗。操作时注意，两种溶液不可预先混合，每种溶液要专用一把刷子。此法对不同的树种漂白效果有差异，按由好到差的顺序大约为：柳桉→柞木→水曲柳→桦木→刺楸→山毛榉。

③ 35% 的双氧水与冰醋酸以 1：1 的比例混合涂于材面。

④ 35% 的双氧水中加入无水顺丁烯二酸，待完全溶解后涂于材面。

⑤ 35% 的双氧水中加入有机胺或乙醇，涂于材面。

⑥ 在密闭室内燃烧硫黄，产生的二氧化硫气体直接接触木材表面，也可使其脱色。

此外对受各种污染变色的木材表面，还可用以下方法脱色处理：

① 铁污染　木材与铁接触后，其中所含单宁、酚类物质与铁离子发生化学反应，形成单宁铁化合物和酚铁等化合物，表面出现青黑色的络合物。可用浓度为 2%～5% 的双氧水（pH 值约为 8）涂擦被污染部位，干后用水清洗。铁污染也可用 4% 的草酸水溶液处理，除去污染后，再以 50g/m² 的用量涂以浓度 7% 的亚磷酸钠的水溶液。经过这样处理后的木材表面，将不再发生铁污染。

② 酸污染　木材接触酸类便受到酸污染，表面呈淡红色，变色程度因树种而不同。消除酸污染时，先在 2% 的双氧水中加入氨水，将其 pH 值调到 8～9，再涂于木材表面被污染处，处理过程中，随时观察去污情况，逐渐提高双氧水的浓度，到 10% 为止。为防止脱色后表面颜色不均匀，可在未被污染部位也涂上极稀（0.2%）的双氧水溶液。

③ 碱污染　木材表面受到碱性物质污染后，变色的情况因树种和木材表面的 pH 值而不同，有灰褐色、黄褐色、红褐色等。用草酸处理碱污染的表面，往往效果不佳，草酸溶液浓度过高，又将引起酸污染。可先用 pH 值为 5～7 的弱酸性双氧水溶液处理，并按处理后的脱色情况，逐渐提高其浓度，最高不超过 10%。用浓度为 1% 的漂白粉溶液（pH 值为 5）也能有效地清除碱污染。

④ 青变菌污染　青变菌类侵入松木，常使其边材发生局部青、红等色变，清除此类污染，宜用氧化作用较强的次氯酸系列的漂白剂，如次氯酸钠、次氯酸钙（漂白粉）等，其溶液的 pH 值为 12。也可用浓度为 10% 的二氯化三聚异氰酸钠的水溶液（pH 值为 6.2～6.8），处理后再用水洗。如发现材面泛黄，耐光性差时，再用 pH 值为 8 的双氧水处理。

因木材树种繁多，每块木材所含色素不同，分布情况也不一样，上述配方均是在特定情况下的试验结果。同一配方在不同情况下，其具体使用效果可能不一样，有些树种可能很好，有的可能很差，有的树种也许根本无法漂白，因此对具体木材，所选漂白剂品种、浓度、涂装遍数与所用时间等尚需试验摸索。

具体漂白操作尤需注意如下事项（图 2-7）：

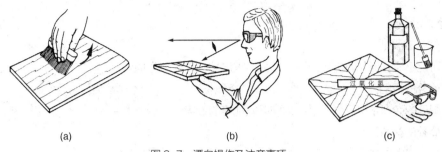

图2-7　漂白操作及注意事项

（a）用草刷或丙纶圆刷涂装漂白液　（b）检查表面是否湿润　（c）漂白工具与警示

① 漂白剂多属强氧化剂，贮存与使用须多加注意。不同的漂白剂一般不可直接混合使用（可在木材表面混合，或经他人试验有文字介绍才可混合），否则可能燃烧或爆炸。

② 配好的漂白剂溶液适于贮存在玻璃或陶瓷容器里（容器应稍大或盛量少些，因混合溶液可能发热膨胀起泡沫）。不能放入金属容器内，否则可能与金属反应，不但不能漂白，反而可能使木材染色。

③ 配好的漂白剂溶液要放在隔绝光线和阴凉的地方，放置不可过久，否则可能变质。

④ 有些漂白剂有毒（如草酸），多数漂白剂对人体与皮肤都有腐蚀作用，漂白剂均会刺激鼻眼，因此操作时应戴口罩、橡皮手套与橡皮或棉纤维的围裙等，室内应适当换气，不可将漂白液弄到嘴里或眼里，如已溅到皮肤上，要用大量清水冲洗，并涂擦硼酸软膏。

⑤ 漂白液可以使用喷枪、橡皮、海绵、纤维、尼龙或草的刷子涂装，不宜使用动物性毛刷，要在干燥和清净的木材表面上，顺纤维方向均匀地涂上漂白液。涂装量要合适，不宜用过量，过量其作用可能快，但增加成本。用喷枪喷后，还应用刷子或海绵把药液擦入木材里。

⑥ 漂白液的漂白作用仅在湿润期间有效，干燥后则失效；因此与涂漆相反，漂白操作可选在高湿天气或下雨时进行，一般不宜加热干燥以免降低漂白效果。两液混合的漂白液一般在混合后 10h 内效果最好。

⑦ 依材质的不同漂白液有时需涂 1~3 次，漂白后用水洗或以浸水海绵擦漂白面至黄色消失，可用吹风机吹除水分。如仅需漂白局部材面时，其他部分可先涂水，而使漂白不致有明显的界线，需漂白部分如是细长条状（顺纤维方向），可先在其两侧涂水后再漂白，小的局部漂白还可以用一小团洁净的棉纱浸透漂白液后压在要漂的表面，在达到漂白要求之前始终保持棉纱团上有漂白液。

⑧ 薄单板或薄木可采用浸渍法漂白，将漂白液放入浸槽，可一片片浸渍漂白，时间依材质与漂白程度要求而定，一般约 3min 左右，然后以流水洗涤。浸渍时漂白液可能起泡沫，故容器需大些，以防溢出造成损失。

⑨ 漂白胶合板部件，注意避免过多的漂白液流到胶合板端头，防止胶合板开胶。用后剩余的漂白液，不可倒回未用的漂白液中，以防影响漂白效果。由于漂白液都是水溶液，故漂白操作同时会使木材表面被水湿润，易引起木毛。在漂白完毕后，待木材完全干燥，要用细砂纸轻轻砂光木材表面，除去药剂残余与木毛，使材面平滑。

⑩ 单宁含量较多的木材，事先可用 5%~10% 碳酸钠水溶液处置，可获得较佳漂白效果；不得过度漂白，否则会破坏木质素，减弱木材强度；双氧水会使人体毛发变黄变红，漂白后材面未除干净时，也可能使 PU 漆层变色。

5. 修补标准

（1）修补的原则

在尽可能不浪费原材料的情况下，以最大限度地减少修补为原则。

（2）修补的目的

最大限度的弥补木材天然缺陷，达到以假乱真的效果。

（3）修补的材料

果树枝、实木块如图2-8所示，木丝、木皮结疤如图2-9所示。

(a)　　　　　　　　　　　　　　　(b)

图2-8　实木修补材料

（a）月牙木块　（b）果树枝

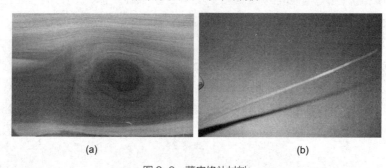

(a)　　　　　　　　　　　　　　　(b)

图2-9　薄皮修补材料

（a）木皮结巴　（b）木丝

（4）修补的效果

严丝合缝，自然美观。

（5）修补的方式

非覆盖色产品：死节等缺陷用果树枝修补，胶囊等缺陷用实木块修补。

覆盖色产品：死节与胶囊等缺陷都用实木块修补。

（6）修补的要求

① 必须是圆形或椭圆形修补块，严禁使用方形、三角形或菱形等多边形修补。

② 实木块和挖补坑要配合紧密。刀具磨损变形后要及时更换。保证修补后严密无缝，且自然平整，不和零部件周围形成明显反差。

③ 果树枝修补要有活节的效果，圆形实木块只适用于覆盖色产品的修补。

④ 死节、胶囊等缺陷部位要挖干净，保证修补块完全能覆盖缺陷部位。

⑤ 严禁重节修补，严禁多个节疤的密集修补。

⑥ 修补块要顺木纹，要求木色纹理搭配一致，不得与零部件整体形成反差。

⑦ 修补块要完好无破损，且能全部覆盖缺陷部分，不得作重节或并列节修补，修补块和孔径大小适宜，四周布胶后以用力敲进去为准，不得留有缝隙，修补后要表面平整，修补块不得下陷，以高出部件表面 0.5mm 为宜。

⑧ 无论是产品的正面还是侧面，均要求修补的节疤直径：松木等针叶类不超过 30mm，桦木等阔叶类不超过 20mm。同时，节疤直径以不大于零部件宽度的 1/3 为限。

⑨ 修补的节疤间距视样板定。

⑩ 活节开裂在 1mm 之内可以补土，1~2mm 可用果木片修补，2mm 以上要把活节打掉用果树枝修补。

（7）修补标准

① 新西兰松 主要缺陷有死节、鸟眼、胶囊、表裂等。

a. 非覆盖色产品的正面部位，允许修补的死节直径在 20mm 以内。20~30mm 的死节修补，只允许在床下横板等较宽且不铣型的零部件上。

b. 胶囊、表裂等缺陷在 50mm×5mm 之内可用新西兰松的实木块修补，纹理搭配要一致。此类修补应避免出现在产品正面。

c. 覆盖色产品修补的节疤直径不超过 30mm，修补的部位和节疤间距不限。

② 芬兰松 主要缺陷有死节（小而多）、胶囊（较多），活节开裂、表裂等。

a. 死节修补用果树枝，最大应控制于 20mm 之内，因为芬兰松死节小而密，所以应尽量采用大小不等的果树枝修补，打孔用手提电钻和较小的钻头，避免出现一块零部件上有多块大小等同的节疤。

b. 胶囊、表裂在 50mm×5mm 之内要用挖补机挖干净，再用胶囊块修补。胶囊块要用芬兰松制作，顺木纹修补，且纹理搭配要一致。

③ 桦木 主要缺陷有活节开裂（较严重），死节等。

a. 非覆盖色产品：允许修补的死节直径在 20mm 以内。

b. 桦木节疤较多，所以应尽量采用大小不等的果树枝修补，打孔用手提电钻和较小的钻头，避免出现一块零部件上有多块大小等同的节疤。

c. 覆盖色产品的修补间距不限，死节用实木块修补，要避免密集的节疤修补。

④ 水曲柳 主要缺陷是死节（数量较少）。

a. 非覆盖色产品零部件的正面不允许有修补。

b. 非覆盖色产品零部件的侧面允许直径 15mm 以内的修补。

c.（覆盖色）产品的正面，允许修补的节疤直径不超过 15mm，柜类侧面允许修补的节疤直径不超过 20mm，修补材料可用果树枝。

d.（覆盖色）产品如用实木块修补，修补块要完全覆盖缺陷，且要严密合缝。

⑤ 枫木 主要修补缺陷为死节（较少）。

a. 产品正面不允许有修补。

b. 产品侧面允许有 15mm 之内的死节修补。

⑥ 橡胶木 主要缺陷为黑节、夹皮（不可修补）。

a. 产品正面与侧面、里面都只允许用果树枝修补，修补的节疤直径不大于 15mm。

b. 注意尽量把有修补的面放在零部件的背面。

⑦ 赤杨 主要修补缺陷为死节（较少）。

a. 产品正面与侧面、里面都只允许用果树枝修补，修补的节疤直径不大于 15mm。

b. 注意尽量把有修补的面放在零部件的背面。

6. 基材着色作业

着色作业即使家具外观呈现某种色彩的操作。木制品的外观色彩是其装饰质量装饰效果的首要因素，因为人们选购木制品的第一印象即外观色彩，其次才是家具的款式造型与用料做工等，因此外观色彩对木制品的商品与使用价值是很重要的。

着色的目的就是使木材的天然颜色更加清晰鲜明，或是使一般木材具有名贵木材的色彩，同时，也可以掩盖木材表面的色斑、青变等缺陷。

着色作业按照所使用的材料不同，有颜料着色、染料着色和色浆着色之分，它们的实质和着色效果是不同的。

着色作业按照着色过程的不同，有基材着色（涂底色）和涂层着色（涂面色）之分。

着色作业按照着色后颜色是否透明，通常分为不透明着色与透明着色两种。不透明着色是木制品表面涂装 1~2 遍含有颜料的不透明色漆形成的颜色，例如表面涂了白、黑或多种色彩的不透明色漆，人们便看到一件白色、黑色或各种彩色甚至黑白相间的家具，但是基材被遮盖了，材质看不见。透明着色则是既看到某种色彩，同时还能看到基材的材质、树种和花纹图案，透明色彩可能是在实木板方材或实木皮上用着色剂直接着色，也可能是在涂层中着色（即施工中所谓底色与面着色工艺），最后外罩透明清漆的效果，也可以是在用各种装饰纸（木纹纸、石纹纸等）贴面的家具表面涂几遍透明清漆的效果。在实木表面的透明涂装着色不仅要给制品外观以某种颜色，同时还应清晰显现木材花纹与天然质感，有时还有可能使一般树种（如木材花纹接近）通过着色模拟珍贵树种，从而提高木制品的附加值。

用含颜料的不透明色漆作面漆在木制品外表涂 1~2 遍所形成的色漆涂层，使制品外观呈现某种色调的方法，在工艺上与透明着色比较相对简单，而透明涂装着色则较为复杂，首先需选好适宜的着色剂才可对木材直接着色，也可以对涂层着色（包括在底漆膜上，底面漆中间与面漆层中），即通常所说的底着色与面着色（也有的厂家专指使用有色透明面漆着色兼涂面漆，称为面着色）工艺。

（1）颜料着色

颜料着色就是用各种颜料溶液对木材基材着色，主要用于透明涂装。常用的着色剂有水性颜料着色剂和油性颜料着色剂两种。早年多由木制品厂的油漆车间油工师傅自行调配，如调制水老粉和油老粉等。20 世纪 90 年代以来，我国各木器漆生产厂家纷纷推出各种成品填孔着色剂，如擦色液、擦色宝等。

① 水性颜料着色剂着色　水性颜料填孔着色剂也称水老粉或水粉子，在生产中由于填孔和基材着色同时进行，故也称为水性填孔着色剂。它是由着色颜料（铁红、铁黄、铁黑等）、体质颜料（老粉、滑石粉等）与水调配而成。有时加少量的胶（乳白胶、皮胶、骨胶等），有时不加胶。表 2-13 所列为常用水性填孔着色剂的配方。

表 2-13　水性颜料填孔着色剂的配方

材　料	质量比（%）					
	本　色	淡黄色	淡柚木色	栗壳色	蟹青色	红木色
碳酸钙（老粉）	60	58	59	55	56	56
立德粉	0.5~1.0	0.5~1.0	—	—	—	—

材　料	质量比（%）					
	本　色	淡黄色	淡柚木色	栗壳色	蟹青色	红木色
铁　红	0.01	—	1.0~1.5	1	0.5~1.0	1
铁　黄	0.1~0.3	1~2	0.5~1.0	—	1.0~1.5	—
铁　黑	—	—	—	0.5~1.0	1.5~2.0	1~2
哈巴粉	—	—	0.1~0.5	4~6	1.0~1.5	1.0~1.5

水性填孔着色剂在调配时，可按表 2-13 中比例，先将老粉（大白粉）放入水中（水与颜料的比例约为 1：1）调成粥状，并搅拌均匀，再陆续加入着色颜料。也可先将着色颜料与体质颜料混合拌成色粉，再逐渐加水搅拌均匀。如用炭黑、铁黑等，应先将其用酒精溶解之后再放入水中。用于粗孔材（如水曲柳等）着色要调得稠厚一些，用于细孔材着色可调得稀一些。

用水性颜料填孔着色剂进行填孔着色时，木材表面应先经过清净、泥平、砂光等处理，调配好的水粉应先在样板上试验后再用。生产中一般用棉纱或软布等直接蘸水粉进行涂擦，较稀的水粉可先刷后涂。

涂擦时，应将整个需着色的表面涂擦一遍，趁涂上的水粉没干之前要快速涂擦，先横纹方向后直纹方向，用力将水粉擦入管孔、管沟，应填满、填实所有孔隙，并使表面均匀着色。制品表面凡需着色部位不应有遗漏，均应涂擦均匀，不留横丝。在基本涂擦均匀而水粉还未干时，换用干净的棉纱或软布顺木纹方向将多余的粉浆擦掉而不留浮粉，使表面颜色均匀木纹清晰。

涂擦时要注意木材对着色剂的吸收（吃色）情况和材质的差别，材质疏松、材色较深处涂擦要重一些，反之应轻一些。涂擦时用力过度或反复涂擦过多，有可能把已经擦入管孔的水粉又带出来，在水粉全部干透之前将不易擦掉的边角积存的浮粉，用细软的布包着小刀修剔干净。

水粉干燥速度快，在大面积表面上涂擦时，最好分段进行，以保证填孔着色的质量。在涂擦水粉过程中或涂擦完了，如发现有色泽不均处，可以再局部甚至全面重涂。

水性颜料填孔着色剂干透之后，一般涂装一遍封固底漆（虫胶、硝基、聚氨酯等）进行封闭保护。

② 油性颜料着色剂着色　油性颜料着色剂也称油老粉、油粉子或油性填孔颜料着色剂。它是由体质颜料、着色颜料清油或油性漆及相应的稀释剂调配而成，特点是透明度高，附着力强，木纹清晰，便于涂擦，不会引起表面润胀起毛，填孔性能好于水性颜料着色剂，多用于中、高档木制品着色。但干燥速度慢（常温下需 8~12h），使用时有溶剂气味，成本高于水性颜料着色剂。部分油性颜料孔着色剂的配方见表 2-14。

表 2-14　油性颜料填孔着色剂的配方

材　料	质量比（%）						
	本　色	淡黄色	红木色	柚木色	咖啡色	棕色	浅棕色
碳酸钙（老粉）	74	71.30	57	68.1	57	—	55
硫酸钙（石膏）	—	—	—	—	—	46.0	—
立德粉	1.3	—	—	—	—	—	—
哈巴粉	—	0.41	—	—	2	—	2
铬　黄	0.05	—	—	—	—	—	—
铁　黄	—	0.10	—	1.8	—	—	—
铁　红	—	0.21	1	1.8	1	—	1

材　料	质量比（%）						
	本　色	淡黄色	红木色	柚木色	咖啡色	棕色	浅棕色
铁　黑	—	—	3	1.3	1	—	1
地板黄	—	—	—	—	—	5.5	—
红　土	—	—	—	—	—	10.0	—
樟　丹	—	—	—	—	—	1.8	—
炭　黑	—	—	—	—	—	0.9	—
清　油	4.55	5.30	10	4.5	10	5.8	10
煤　油	7.60	10.34	—	10.0	—	—	—
松香水	12.50	12.34	29	12.5	29	30.0	29

　　调配油性填孔着色剂时，一般先用清油或油性清漆与老粉调和，并用松香水与煤油稀释之后再加入着色颜料调匀即可。油性填孔着色剂挥发快、易结块，故一次不宜调配过多，最好现配现用。

　　油性填孔着色剂的涂擦方法与水性填孔着色剂基本相同，但因其表干速度快于水性填孔着色剂，故施工操作的速度要快。此外需注意的是，油性填孔着色剂干燥之后，必须涂装几道封固底漆封闭起来加以保护，防止在涂装底漆时造成"咬底"而形成色花。

　　（2）染料着色

　　染料着色就是用各种染料溶液对木材或涂层进行着色，作用是使透明涂装的色泽更加鲜艳。常用的着色剂有水性染料着色剂、醇溶性染料和油溶性染料着色剂等。

　　① 水性染料着色剂着色　水性染料着色剂是将能溶于水的染料，按一定比例用热水冲泡溶解配成染料的水溶液，生产上也称为"水色"。

　　调配水色时用得最多的是酸性染料，根据产品色泽要求选择酸性原染料（如酸性红、酸性橙等），也可使用成品酸性混合染料（如黄纳粉、黑纳粉等），最好使用同类染料调配。如酸性红、酸性黄等可以调配。但是直接染料（或酸性染料）与碱性染料就不宜混用，否则可能产生不易溶解的沉淀色料。

　　调配水色的水温一般为60～80℃，但有的品种水温高较好，例如黄纳粉和黑纳粉可在沸水中溶解。而有的品种（如槐黄）遇高温则可能分解退色，一般以50～60℃热水溶解为宜。

　　调制水色时，应用清洁的软水，无软水时可将硬水煮沸，或添加少量（约1%）纯碱或氨水，水色常常是热溶冷用，如用冷水应加热到80～90℃，然后注入染料中，冷却至室温再用。根据色泽和选用染料的染色特性，可将染料溶液配成各种不同的浓度。

　　每种染料溶液都有一定的溶解度，一般1L温水只能溶解15～35g染料。超过溶解度即达到饱和，再多加染料也不能溶解，颜色也不会变浓，因此使用水色欲着染较浓色调时，需多次重涂。

　　酸性染料水溶液参考的配方见表2-15。碱性染料水溶液参考的配方见表2-16。

表2-15　酸性染料水溶液配方

原　料	质量比（%）											
	浅木色	深木色	浅黄色	橘黄色	浅棕色	紫红色	紫棕色	咖啡色	栗壳色	柚木色	红木色	古铜色
酸性嫩黄	0.4	0.8	0.5	—	—	—	—	—	—	—	—	—
酸性金黄	—	—	0.1	0.7	—	—	—	—	—	—	—	—

原料	质量比（%）											
	浅木色	深木色	浅黄色	橘黄色	浅棕色	紫红色	紫棕色	咖啡色	栗壳色	柚木色	红木色	古铜色
酸性橙 I	—	—	—	0.3	—	—	—	0.1	0.1	—	—	—
酸性棕黄	—	0.2	—	—	0.8	—	3.0	1.0	1.0	1.5	—	—
酸性大红	—	—	—	—	—	0.2	—	—	—	—	—	—
酸性桃红	—	—	—	—	—	0.5	0.4	—	—	—	—	—
酸性紫红	—	—	—	—	—	1.0	2.0	—	—	—	—	—
酸性黑	—	—	—	—	—	0.5	0.2	—	—	0.5	2.0	1.0
酸性蓝	—	—	—	—	—	0.1	—	—	—	—	—	—
黑纳粉	—	—	—	—	0.1	—	—	0.3	2.0	—	8.0	—
黄纳粉	—	—	—	—	0.1	—	—	0.2	8.0	2.0	—	5.0
热　水	99.0	98.5	99.0	98.5	98.5	97.0	94	98.0	89.0	95.5	89.5	93.5
乳白胶	0.6	0.5	0.4	0.5	0.5	0.7	0.4	0.4	0.5	0.5	0.5	0.5

表 2-16　碱性染料水溶液配方

原　料	质量比（%）											
	浅木色	深木色	浅黄色	橘黄色	浅棕色	紫红色	紫棕色	咖啡色	栗壳色	柚木色	红木色	古铜色
碱性嫩黄	0.5	—	1	—	—	—	—	—	—	4	—	—
碱性金黄	—	0.3	—	0.2	—	—	—	0.3	0.2	—	—	—
碱性金红	—	—	—	1.0	—	—	—	—	—	—	2	2
碱性棕	—	0.5	—	—	1	—	4	0.2	4.0	1	3	1
碱性紫	—	—	—	—	—	0.2	2	—	—	—	—	—
碱性品红	—	—	—	—	—	1.0	—	—	—	—	—	—
碱性桃红	—	—	—	—	—	0.5	—	—	—	—	—	—
墨　汁	—	—	—	—	—	—	—	—	2.0	3.0	5	8
热　水	99.0	98.7	98.5	98.5	98.5	97.5	93.5	97.2	93.3	94.3	89.5	88.5
乳白胶	0.5	0.5	0.5	0.3	0.5	0.5	0.5	0.5	0.5	0.5	0.5	0.5

　　涂装水色可以用刷子、棉球、海绵等手工操作，也可以喷涂或辊涂。水色可用于木材白坯表面直接染色，也可用于涂层着色，即在填孔着色并经过封固底漆封罩的涂层表面上涂装水色。用水色在木材表面直接染色比较复杂，影响染色效果的因素很多，不容易染均匀。用水色进行涂层着色时，刷水色前，木材表面应首先经过水粉填孔着色和涂过虫胶清漆并干燥砂光，用排笔蘸适量水色满涂一遍之后，马上用较大的干燥漆刷（硬鬃刷或大排笔）先横后竖地顺木纹方向涂均匀，用力要轻而匀，直至水色均匀分布为止。不要留下刷痕，造成流挂、过楞与小水泡等毛病，小面积和边角可用纱布揩擦均匀。

　　刷水色如出现"发笑"现象（即表面上水色分布不均匀，局部不沾水色），这时可将蘸水色的排笔在肥皂上擦一擦，使它带点肥皂，再刷就可消除"发笑"现象。刷水色时应注意以下两点：第一，在进行下道工序前，不能用湿手触摸表面，也不可使水滴洒在水色上，以免留下指痕或水迹；第二，水色干燥后可用虫胶清漆封罩，但刷涂时，刷子来回次数最好不超过三次，以免把水色溶解拉起或刷掉，使表面颜色不均匀。

　　涂水色，除以上的方法外，还可用刷擦的方法，即用排笔刷水色在涂装面上后，用湿抹布轻轻圈擦，最后顺木纹方向擦均匀。这种方法用在形状复杂的交接面的交接处等部位。

水色容易调配，干燥快，着色后涂层色泽艳丽，透明度高，是中高档木制品常用的染色方法，但在木材表面直接染色会引起木材的膨胀，产生浮毛，染色不均，所以多用于涂层着色。

② 醇性染料着色剂着色　醇性染料着色剂是将能溶于醇类（主要是酒精）的染料（碱性染料、醇溶性染料与酸性染料等）用酒精或虫胶漆调配而成，生产上称为"酒色"。

酒色常用于如下两种情况：一是木材表面在经过水粉填孔着色之后，色泽与要求的仍有差距，当不涂水色时，可用涂刷酒色的方法，增强涂层的色调，达到所要求的颜色，或者是在用过水色之后，色泽仍未达到要求，也常用酒色进行找补；二是使用酒色进行拼色。因而酒色是一种辅助性的着色方法。部分色泽的酒色参考配方见表 2-17。

表 2-17　醇性染料着色剂（酒色）配方

原　料	质量比（%）											
	浅黄色	橘黄色	橘红色	浅黄纳色	深黄纳色	浅紫红色	浅红木色	深红木色	浅柚木色	深柚木色	浅栗壳色	乌木色
黄纳粉	—	0.2	—	5.0	12.0	—	—	—	2.0	8.0	3.0	—
黑纳粉	—	—	—	—	—	—	10.0	—	0.5	—	—	10.0
碱性金黄	—	0.8	—	—	—	—	—	0.1	—	—	—	—
碱性金红	—	—	0.2	—	0.8	—	—	1.0	—	—	—	—
酸性嫩黄 G	1.0	—	—	—	—	—	—	—	—	—	—	—
酸性橙 II	—	—	0.8	—	—	—	—	—	—	—	—	—
碱性品红	—	—	—	—	—	0.8	—	—	—	—	—	—
碱性紫	—	—	—	—	—	0.2	—	—	—	—	—	—
炭　黑	—	—	—	0.5	1.0	—	—	0.5	0.1	0.5	0.3	1.0
碱性桃红	—	—	—	—	—	0.5	0.5	—	—	—	—	—
虫胶片	10.0	10.0	10.0	10.0	7.5	10.5	9.5	7.5	9.4	8.5	9.7	9.0
酒　精	89.0	89.0	89.0	84.5	84.5	88.0	80.0	77.0	88.0	83.0	87.0	80.0

调配酒色时，可预先将碱性染料放在瓶内用酒精浸溶，当用虫胶漆调配酒色时再适量移入漆中，搅拌均匀即可。

由于酒色中的酒精挥发快，所以涂层干燥快，施工方便。酒色的色调也很鲜明，但不及水色艳丽耐光；酒色的渗透性好，不会引起木材膨胀和产生浮毛。酒色一般用在普中级木制品的油漆中，高级产品则很少应用。由于酒精与木材相容性大，对木材的渗透性良好，干燥速度快，故醇性着色剂适于机械涂装（如淋涂、辊涂、喷涂等），手工涂装需要相当熟练的技术。手工涂刷酒色时，首先要根据涂层色泽与要求色泽的差距，调配酒色的色调，一般要淡一些，以免一旦刷深不好处理。酒色常需连续涂刷 2～3 次，用宽软毛排笔快速顺木纹方向刷涂，中间不要停顿，避免产生搭接重叠，造成颜色不均。每一次干透后用细的旧砂纸轻轻砂光之后再涂下一次，到最后一次涂完，达到要求的颜色。待表干后用几道虫胶漆封罩保护。

（3）色浆着色

色浆是指用不同材料作黏结剂的着色剂。着色材料可以是颜料、染料或颜料与染料并用，黏结剂可以用胶黏剂、油类、清漆、树脂等。因此色浆有水性色浆、油性色浆和树脂色浆等。由于色浆中含有成膜物质（胶、油与树脂等），故色浆能够将填孔、着色与打底几道工序合并。色浆着色的效果好，颜色鲜艳，木纹清晰，附着力好。

① 水性色浆着色　水性色浆是用水溶性黏结剂与颜料、染料和填料调配而成，并用水作稀释剂。水性色浆的优点是干燥快，无毒、无味，成本低，附着牢固，色泽鲜明纯正；缺点是在干燥过程中水分挥发后，填实的管孔有收缩现象，封闭性略差。水性色浆的参考配方见表 2-18、表 2-19。表中所用羧甲基纤维素是纤维醚的一种，呈白色粉末状，易吸湿，溶于水，可制成黏性溶液，常用作胶黏剂。在此作胶黏剂使用，可提高填孔着色层的附着力。

表 2-18　水性色浆配方之一

成　分	材　料	质量比（%）	规　格
胶黏剂	4%羧甲基纤维素	24.5	505 型
	聚醋酸乙烯乳液	8.0	
着色材料	酸性染料	6.5	工　业
	氧化铁颜料	1.5	工　业
填充材料	滑石粉	33.5	工　业
	石膏粉	7.0	工　业
稀释剂	水	19.0	自来水

表 2-19　水性色浆配方之二

成　分	材　料	质量份			
		红木色	中黄纳色	淡柚木色	蟹青色
胶黏剂	4%羧甲基纤维素	110	110	110	110
	聚醋酸乙烯乳液	36	36	36	36
着色材料	酸性煤介棕	5.1	10.0	0.5	4.0
	弱酸性黑	1.1	2.5	—	—
	酸性大红	0.4	1.0	—	—
	酸性红	0.05	1.0	—	—
	酸性嫩黄	2.1	4.0	—	—
	酸性橙	4.5	10.0	—	—
	墨　汁	—	2.0	—	—
填充材料	氧化铁红	1.8	4.0	0.5	3.0
	氧化铁黄	1.5	4.0	—	1.0
	氧化铁棕	—	—	1.5	1.0
填充料	滑石粉	150	150	140	150
	石　膏	30	30	30	30
稀释剂	水	84	84	84	84

　　着色材料多用酸性原染料与氧化铁颜料，不宜用成品混合酸性染料（黄纳粉、黑纳粉等）。部分色泽的参考配方见表 2-18。

　　调配水性色浆时，按表 2-19 选定某种色泽配方后，先称取羧甲基纤维素用水浸渍溶解，大约 8～12h 以后，呈透明糊状，搅拌均匀（不可成块状）。然后称取各种染料混合后再放入着色颜料，均匀混合在一起，用沸水冲泡混合的染料与颜料，使其均匀溶解与分散，再加入聚醋酸乙烯乳液和已溶解好的羧甲基纤维素，最后加入填料，搅拌均匀即可。

　　水性色浆可以用辊涂机涂装平面的板式部件，也可以手工刮涂。

手工刮涂水性色浆时，先用漆刷蘸色浆满涂于部件表面，然后快速用刮刀刮净，显露清晰的木纹。在室温下隔20min再复刮一次，干燥后砂光便可涂装底漆。

在机械化连续涂装流水线上使用水性色浆时，被涂装过的板件通过80℃的远红外辐射烘道时，经7min便可达到实干。二度涂装水性色浆经烘道约需14min后便可涂底漆。

② 油性色浆着色　油性色浆是用油类或油性清漆作黏结剂与颜料、染料、填料及相应稀释剂调配而成的。生产中可以根据不同的色泽要求，选择不同的材料，例如调配浅色的油性色浆，可用立德粉、铁黄、涂料黄等与清油（或醇酸清漆）以及松香水（或汽油）、二甲苯等混合调配；如调配中等色调，可用铁红、铁黄、哈巴粉等与清油（或酚醛清漆）及汽油等混合调配；当调配深色时，可用铁黑、哈巴粉等与油性漆及汽油混合调配。如需在着色的同时填孔，则可放入碳酸钙与滑石粉等体质颜料。

表2-20所列配方是一种用蓖麻油作黏结剂，专与聚氨酯配套使用的油性色浆，它的特点是填孔着色效果好，色泽鲜艳，木纹清晰，填孔牢固，装饰质量较高。

表2-20　油性色浆配方

成 分	材 料	质量比（%）
填充材料	老 粉	34.48
	滑石粉	17.24
着色材料	油性染料	适 量
	着色颜料	适 量
黏结剂	蓖麻油	13.29
稀释剂	松节油	34.48

上表中油溶性染料可视产品色泽要求而选择油溶黄、油溶红等；着色颜料则可用铁红、铁黄等。调配时先将油溶性染料用松节油加热溶解，再加入其他材料一起搅拌均匀，着色材料的具体数量可根据色泽要求试验确定。

这种油性色浆既可手工刷涂，也可机械辊涂。使用时，在白坯木材表面清理干净、砂光并涂水色（浅色不必涂水色，深色需涂水色）干燥的基础上，涂擦油性色浆，不必干燥便可涂装聚氨酯底漆与面漆。注意只能与聚氨酯漆配套使用。

③ 树脂色浆着色　树脂色浆是用合成树脂（如聚氨酯、醇酸树脂等）作黏结剂，用染料、颜料作着色剂再配以相应的填料及稀释剂调配而成。根据黏结剂不同，有聚氨酯树脂、醇酸树脂及用硝基漆等调配的；根据着色材料的不同，有用染料调配的、颜料调配的，也有用染料与颜料混合调配的，因此有颜料树脂色浆、染料树脂色浆和混合树脂色浆之分。

颜料树脂色浆着色　颜料树脂色浆是指只用颜料作着色剂的树脂色浆，主要用于木材表面的填孔着色，其配方见表2-21。

表2-21　颜料树脂色浆配方

材 料	质量比（%）							
	本 色	浅黄色	柚木色	红木色	栗壳色	咖啡色	蟹青色	古铜色
滑石粉	40	40	40	40	40	40	40	40
铁 红	—	—	0.2	0.5	0.2	—	—	0.5
铁 黄	0.05	0.9	0.2	0.3	—	—	—	—
群 青	—	—	—	—	—	—	1.5	0.1

材　料	质量比（%）							
	本　色	浅黄色	柚木色	红木色	栗壳色	咖啡色	蟹青色	古铜色
哈巴粉	—	—	0.6	0.2	0.8	1.0	0.5	0.4
聚氨酯乙组	20	20	20	20	20	20	20	20
二甲基甲酰胺	1.55	2.1	2.0	2.0	4.0	4.0	4.0	4.0
二甲苯	38.4	37	37	37	35	35	34	35

这种色浆是用有机溶剂（二甲苯）稀释，干燥速度快，一般涂装一遍数分钟即可干。使用时宜用较宽的排笔或宽羊毛画笔进行涂刷，尽量缩短涂刷时间，以防溶剂挥发过快，影响着色均匀。手工操作时先将色浆充分搅拌均匀，而后用宽排笔蘸色浆迅速顺木纹涂刷 1 或 2 个来回，如刷 1 道不够均匀时，可连续涂刷 2 或 3 道（每道间隔 8~10min），直到整个颜色均匀为止。

用这种着色剂对管孔较深的木材表面着色时，必须及时用干净棉纱或软布顺木纹将管孔擦满、擦平、擦净，以保证填满管孔，着色均匀，木纹清晰，平整光滑，无残渣与积色。

染料树脂色浆着色　染料树脂色浆是指只用染料作着色剂的树脂色浆，此种色浆可用于木材表面与涂层着色，但不能填孔。常见的染料树脂色浆配方见表 2-22。

表 2-22　染料树脂色浆配方

材　料	质量比（%）		
	红　色	黄　色	黑　色
分散红 3B	5.0	—	1.0
分散黄 RGFL	—	5.5	0.7
分散蓝 2BLN	—	—	0.5
硝基清漆	15.0	15.0	15.0
信那水	80.0	79.5	82.8

上表中的色浆在调配时，先将染料与信那水混合并充分搅拌均匀，直到染料全部溶解，再加入硝基清漆搅拌均匀，经过滤后即可使用。此种色浆只是单色，多用作面色，类似酒色的作用。使用时需根据底色的情况将三色进行调配。

此种色浆干燥很快，调配好之后应尽快使用，涂一遍常温下表干仅需几分钟，而实干也仅需 20~30min。可以连续涂刷多道，直至达到要求的色泽为止，干后用聚氨酯清漆、丙烯酸清漆或油性清漆进行封罩。

混合树脂色浆着色　混合树脂色浆是指用染料与颜料混合后作着色剂的树脂色浆。树脂主要用聚氨酯。这种色浆适用于木材表面的填孔和着色，色泽纯正鲜艳，木纹清晰，填孔效果好。不同色泽的混合树脂色浆的配方见表 2-23。

表 2-23　混合树脂色浆配方

材　料	质量比（%）							
	本　色	茶　色	古铜色	蟹青色	咖啡色	板栗色	红木色	国漆色
酸性金黄	—	0.03	0.01	—	—	0.01	—	—
油溶黄	0.01	0.01	0.02	—	0.02	—	0.01	—
油溶红	—	—	—	0.02	—	0.01	—	0.03

材料	质量比（%）							
	本　色	茶　色	古铜色	蟹青色	咖啡色	板栗色	红木色	国漆色
油溶黑	—	微量	0.01	微量	0.01	0.01	0.01	微量
分散红 3B	—	—	—	—	—	0.01	0.02	0.03
分散黄棕 H2R	—	微量	0.01	—	0.01	微量	—	—
分散蓝 2BL	—	—	—	微量	—	—	—	微量
铁　红	—	0.02	0.20	—	0.50	0.10	0.30	0.20
铁　黄	0.04	0.10	—	—	—	—	0.05	—
铬　黄	0.02	—	—	—	—	—	—	—
群　青	—	—	—	2	—	—	—	—
滑石粉	100	100	100	100	100	100	100	100
聚氨酯乙组	50	50	50	50	50	50	50	50
二甲基甲酰胺	—	4	5	5	5	5	5	5
二甲苯	100	100	100	100	100	100	100	100

由于染料着色鲜明艳丽，因此用染料着色可进一步加强色调，完善着色过程，提高装饰质量和制品的档次。

生产中常将染料加入到漆中进行涂装，这样既做到涂层着色，又加厚了涂层，因此，涂层着色与涂底漆常常合并进行。

任务实施

---

1. 修补

（1）死节修补

一定尺寸范围内的死节或可用修补块覆盖的其他待修缺陷常用修补工序：果树枝或实木块（圆形）锯切成 10mm 左右长度的木片→冲床冲制各种规格的修补块（如 25mm、20mm、15mm、10mm 等）→零部件在台钻上打孔去缺陷→孔内四周均匀布胶→将修补块敲进孔内或用果树枝嵌入修补→刨平、砂光，如图 2-10 所示。

死节不能大于 15mm　　用钻将死节钻空孔的大小不能大于15mm　　将果枝木塞刷胶塞上　　将其削平、刨平　　砂光

图 2-10　死节修补过程（附彩图）

（2）树脂囊修补

胶囊或可用修补块覆盖的其他待修缺陷常用修补工序：实木锯切成木片（材质同待修产品）→制块机制作胶囊块→用挖补机将缺陷部分顺木纹挖去→孔内四周均匀布胶→将胶囊块按进孔内并敲紧→削平砂光，如图 2-11 所示。

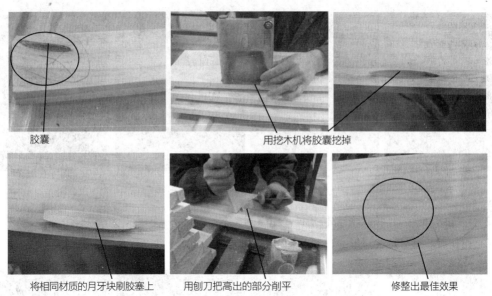

胶囊　　　　　　　　　　　用挖木机将胶囊挖掉

将相同材质的月牙块刷胶塞上　　用刨刀把高出的部分削平　　　　修整出最佳效果

图2-11　胶囊修补过程（附彩图）

（3）特殊部件或已成型部件曲面的修补

修补程序：挖缺陷→布胶→装修补块→等待胶干→立轴机装型刀铣平。

（4）劈裂修补

修补程序：刨刀刨平→顺木纹粘合→等待胶干→立轴机装型刀铣平，如图2-12所示。

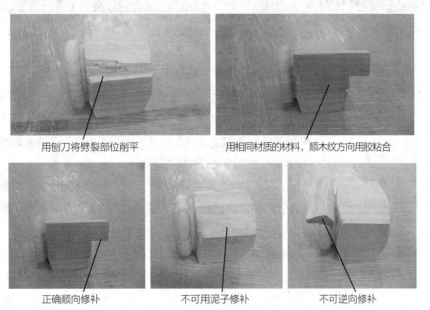

用刨刀将劈裂部位削平　　　　　　用相同材质的材料，顺木纹方向用胶粘合

正确顺向修补　　　　　不可用泥子修补　　　　不可逆向修补

图2-12　劈裂修补（附彩图）

（5）薄皮修补

① 用美工刀把开裂的部位修规范，用同类的木皮裁出相同大小的形状，刷胶，顺木纹方向将其粘在挖出的孔内，再用熨斗加热烫干，最后修整出最佳效果，如图2-13所示。

图 2-13　开裂修补（附彩图）

② 用美工刀把带节疤的缺陷部位挖掉，再用同类木皮的材料裁出相同大小的形状，顺木纹方向粘贴在挖出的孔内，如图 2-14 所示。

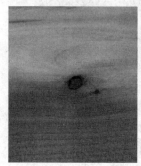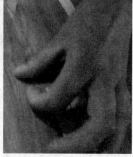

图 2-14　结疤修补（附彩图）

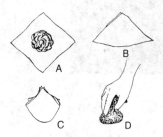

图 2-15　棉球的制作过程及
握法（A→D）

2. 擦涂

擦涂所用的工具是棉球。棉球内的材料应是在涂料溶剂作用下不致失去弹性的细纤维，过去多用脱脂棉、羊毛、旧绒线或尼龙丝等，现多用旧绒线或尼龙丝。外包布通常为棉布、亚麻布或细麻布等。棉球的制作过程如图 2-15 所示。

擦涂（擦涂方式见图 2-15）时蘸漆不宜过多，只要轻轻挤压时有适量的漆从内渗出即可。擦涂时用力要均匀，棉球不能捏得过紧，动作要轻快，棉球初接触表面或离开表面应呈滑动姿式，不应垂直起落。整个擦涂过程中，棉球移动要有规律有顺序，不能无规律的乱涂，也不能固定在一块地方来回擦，更不能太缓慢或中途停顿。擦涂的方式有直涂、圈涂、"8"字涂、横涂和斜涂，如图 2-16 所示。具体擦涂时，一般先在表面上顺木纹擦涂几遍，接着进行圈涂，圈涂要有一定规律，棉球在表面上一边转圈一边顺木纹方向以匀速移动，从表面的一头擦涂到另一头。圈涂几遍后，圆圈直径增大，可由小圈、中圈到大圈。除圈涂外，轨迹也可以呈波浪形、"8"字形等。圈涂进行几十遍，这时可能留下曲形涂痕，因此还要采用横涂、斜涂数遍后，再顺木纹直涂的方法，以求漆膜平整，并消除涂痕。这样就完成了一次擦涂。之后表面经过一段时间的静置（12h 以上），进行第二次擦涂。最后经过漆膜修整，完成涂装过程。擦涂法虽然能获得高质量的漆膜，但操作者体力劳动繁重，施工周期长，生产效率低。

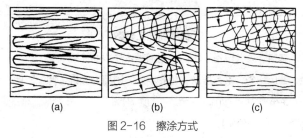

图 2-16　擦涂方式

（a）直涂　（b）圈涂　（c）"8"字形擦涂

3. 填充（有色补土）

有色补土：即用来填充木皮的表面木纹导管（只针对木纹导管粗的工件表面），使工件表面平整以便于涂饰、使表面木纹导管显得既清晰又丰满的一种油性填孔剂。

（1）准备工作

把气管与风枪的接嘴、活塞连接，同时也把气管与供气管连接起来。需把工件移至光线明亮、通风处，并用吹尘枪把工件表面粉尘、木屑等吹干净。对于宽度小于 600mm 的工件，可同时将多件工件水平铺于地台板或垫木上。所需填充的工件表面必须先用 180# 以上的砂带机作砂光处理。

技术标准

工件表面纹理、导管粗犷和微小的裂纹部分允许用有色补土填充。

填充此有色补土的工件，涂饰风格一般为透木纹类。

填充时必须是工件的整个面。

适用范围

适用表面木纹导管粗的 A 级面，并且涂饰风格一般是透木纹类的产品。

所需工具

抹布、气管、吹尘枪。

（2）填充操作（以优丽斯着色剂为例）

优丽斯着色剂可以赋予家具灵动的色彩，它具备半透明至透明的特性，对木材着色后，可以彰显靓丽的纹理，增加彩色的层次感，充分满足家具着色剂施工应用方面的要求，为家具色彩提供最佳的解决方案。

施工前可用 180#～240# 砂纸对木材进行仔细打磨，确保木材表面光滑平整，无污物。

擦涂优丽斯着色剂时，用碎布蘸取适量的着色剂，用圈涂的方式将着色剂在家具工件表面涂布均匀，再用干净的碎布顺木纹方向收色，大面积施工可用刷涂、喷涂方式进行施工，效果更佳。

优丽斯着色剂多个成品色可互相加入调整色相；当着色剂色彩不能满足时，可在优丽斯透明主剂中添加一定色浆混合均匀即可，色浆添加量 30%～60%。

深木眼的底材如水曲柳、橡木、榆木等，擦涂前需要用封闭底漆进行封闭，以免木材导管残留着色剂太多，影响干燥，致后期木眼发白。

在温度 25℃、湿度 70% 条件下，着色剂施工干燥 3～4h，可以上涂、中涂、底漆，低温或高温天气干燥时间会延长，需要实地测试。

擦拭完着色剂的碎布需要用清水浸泡处理，以免出现安全隐患。

操作步骤：开罐搅拌均匀→调配颜色→比对色相→擦涂优丽斯着色剂。

擦涂优丽斯着色剂操作要领：

① 第一次填充，采用手工擦涂的方法。先将有色补土刷涂在工件表面（注意量不可过大，主要是填充工件表面的管孔），用抹布将有色补土逆木纹或圈擦，尽量使有色补土填入导管孔内部，顺木纹整理。

② 待干30min左右，待干过程中注意对工件表面的保护，防止粉尘、碎屑等粘附在上面。用180#砂纸顺木纹砂磨（手砂）工件表面，后用240#砂纸顺木纹砂磨（手砂）工件表面。砂完后用风管把工件表面木屑吹干净。

③ 在风枪吹填充部位时，风枪与工件表面必须成45°（不允许正面对着吹），并且风枪头与工件表面距离不能小于300mm。

④ 第二次填充，由于粗而深的导管槽已填充的有色补土风干后表面收缩，以及在填充时未压结实，在砂磨时容易脱落，从而使局部区域管孔填充效果不良，需进行二次填充（方法同①）。

⑤ 待干（要求同②）后再进行砂磨，与第一次砂磨处理要求相同。

优丽斯着色剂是针对市场流行色专业开发的，开罐后须搅拌均匀，添加10%~40%专用稀释剂兑稀即可使用。

主要控制点

在涂饰过程中，填充导管效果至关重要。有色补土的填充应尽量做到填实填牢，这有利于后期涂饰的顺利进行，同时能显现木材表面纹理清晰和饱满的特点。

检测规则

平整度：有色补土填充后可把工件对着光线目测，看填充部位是否有堆积（暗影）。

工件填充并且完成砂磨（砂磨按原精砂标准），再由本工序的检验人员检验，合格（盖上合格印章或签字确认后）方可流入下一工序。

■ 总结评价

总结评价见表2-24所列。

表 2-24　结果评价表

评价类型	项目	分值	考核点	评分细则	组内自评（40%）	组间互评（30%）	教师点评（30%）
过程性评价（70%）	缺陷处理与泥平	10	泥子选择与调制；泥平；操作符合规程	材料选择正确；0~2 调制操作熟练；0~2 泥子颜色和黏度符合要求；0~2 工具选择得当；0~1 泥平（嵌补）符合规程，操作娴熟规范；0~3			
	去木毛	10	方法、材料、工具选择；操作符合规程	方法选择正确；0~1 材料选择与调配正确；0~3 工具选择正确；0~2 操作符合规程；0~2 操作娴熟程度；0~2			
	基材着色	10	工具材料的选用；操作符合规程；处理效果	工具选择正确；0~2 操作符合规程；0~3 改变纹理、颜色效果明显；0~5			
	砂光	10	砂纸与工具选择；操作规程	类型、粒度号选择正确；0~2 手工打磨符合操作规程，用力均匀、轻快；0~2 电动砂光机使用符合操作规程，操作熟练；0~2 顺纤维方向打磨，无砂痕、表面光滑；0~4			
	自我学习能力	10	预习程度；知识掌握程度；代表发言	预习下发任务，对学习内容熟悉；0~3 针对预习内容能利用网络等资源查阅资料；0~3 积极主动代表小组发言；0~4			
	工作态度	10	遵守纪律；态度积极或被动；占主导地位与配合程度	遵守纪律，能约束自己、管理他人；0~3 积极或被动地完成任务；0~5 在小组工作中与组员的配合程度；0~2			
	团队合作	10	团队合作意识；组内与组间合作，沟通交流；协作共事，合作愉快；目标统一，进展顺利	团队合作意识，保守团队成果；0~2 组内与组间与人交流；0~3 协作共事，合作愉快；0~3 目标统一，进展顺利；0~2			
终结性评价（30%）	缺陷处理与泥平	10	缺陷处理效果；泥平效果	缺陷处理效果（色差、填平、污染范围）；0~6 泥子厚度适中，无凹陷，无污染部位；0~4			
	基材着色	10	去木毛效果；填孔着色效果	正面和侧面等木毛去除彻底干净，无新木毛产生，手感光滑；0~4 表面着色均匀，填充丰满；0~6			
	操作完成度	10	在规定时间内有效完成方案与任务工单的程度	尽职尽责；0~3 顾全大局；0~3 按时完成任务；0~4			
评价评语	班级：		姓名：	第　　　组			
	教师评语：			总评分：			

■ **拓展提高**

1. 零部件修补品质标准

针对各品号柜类（门料、前框料、侧档料、抽面、装饰线条），各品号床类（横板、竖板、床柱），各品号镜类（上下横档及侧档以及其他外露部分所需修补的材料），制定如下修补标准。

（1）节疤修补

① 修补的节疤直径不得超过 30mm，见表 2-25。

表 2-25　节疤修补要求

节疤直径（mm）	打孔直径（mm）	工　具	修补材料
≤5	挖补槽	挖补机	挖补块
5~10	10	手电钻	果木枝
10~15	15	台　钻	ϕ15 修补块
15~20	20	台　钻	ϕ20 修补块
20~25	25	台　钻	ϕ25 修补块
25~30	30	台　钻	ϕ30 修补块

② 修补的零部件表面，要求修补的节疤分布均匀，且数量在 3 个以下。

长度在 500mm 以内的零部件，一个平面只允许修补 1~2 个直径不同的修补块；

长度在 500~1500mm 的零部件，一个平面只允许修补 2 个直径不同的修补块；

长度在 1500mm 以上的零部件，一个平面只允许修补 3 个直径不同的修补块。

③ 打孔深度适中，不得小于修补块的厚度。

④ 打孔时，工件在台钻上放稳不得有轻微移动，以保证孔径标准。

⑤ 修补后，要求修补的节疤平整、严密、合缝，不得有黑边。

⑥ 节疤分散修补，一般间距在 300mm 以上。

⑦ 严禁有重叠节疤和修补不全的节疤，零部件边缘的节疤用果木枝修补。

⑧ 修完的节疤只允许轻微补土。

⑨ 修补块与修补表面应颜色一致。

⑩ 不同的缺陷修补严格参照修补标准件看板。

（2）胶囊和夹皮、树心的修补

① 可以修补的胶囊宽度不得超过 3mm，长度不得超过 30mm。

② 挖补的方向与木纹一致，不允许出现横向挖补。

③ 挖补块与挖补槽必须严密、合缝。

④ 挖补块颜色与纹理必须和材料表面一致。

⑤ 禁止重叠挖补和并列挖补。

⑥ 挖补数量适中，分布均匀。

⑦ 新西兰松挖补不得多于 1 处。

⑧ 芬兰松长度 500mm 以内可有 1 处挖补；500~1500mm 以内可有 2 处挖补；1500mm 以上可有 3 处挖补。挖补最多不得超过 3 处。

⑨ 其他缺陷严格参照修补标准件看板。

2. 填充透明泥子

透明泥子有硝基透明泥子、PU 透明泥子、PE 透明泥子等多种，是用来填充木皮表面细小缝隙，使木皮表面平整以便于油漆的一种浅色黏土。

（1）技术标准

工件（实木料）表面毛孔（也称豆腐孔）的深底在 1mm 内，直径在 3mm 内，每 10mm^2 有 1~2 个毛孔，允许用透明泥子填充。

工件（木皮）表面拼合位缝隙和裂缝的宽度在 0.5mm 内，允许用透明泥子填充。

工件表面凹陷处在填充透明泥子时，透明泥子必须高于凹陷周边 0.5~0.75mm，确保硬化后表面平整。

（2）适用范围

对于涂饰风格为透木纹类产品，连续填充面积不允许大于 5mm^2。

（3）所需工具

刮刀、气管、吹尘枪、杯。

（4）准备工作

把气管与风枪的接口、活塞连接，同时也把气管与供气管连接起来。

需把工件移至光线明亮处，并用风枪把工件表面粉尘、木屑等吹干净。

工件表面必须用 180$^\#$以上的砂带机砂过，并且填补后不再进行机砂。

将透明泥子倒到口杯里，大约为杯的 1/2。

（5）主要操作

一次填充：对于有凹陷处，用刮刀把透明泥子压入有缺陷处（根据填充量的需要选择刮入量，过多则易玷污附近良好表面），然后顺木纹方向先压后刮平，使泥子填满缺陷并略高出表面，并使泥子接触的范围尽量缩小在缺陷附近。刮刀刀刃在压与刮的使用过程中应保持与工件表面平行，避免刮花工件表面。刮时应顺木纹方向有力而迅速地从工件表面刮过，达到顺滑的效果。

干燥：待干 1~2min（时间因填充厚度不同而不同，一般越厚所需的时间越长，以泥子达到表干为准，即泥子表面形成一层干燥膜），待干过程中注意对泥子填充部位的保护，防止粉尘、碎屑等粘附在上面。

砂磨：用 180$^\#$或 240$^\#$砂纸顺木纹砂磨（手砂）填泥子处，尽量减少砂磨对工件周围良好质量的影响。砂完后用风管把工件表面木屑吹干净。在风枪吹填充部位时，风枪与工件表面必须成 45°（不允许正面对着吹），并且风枪头与工件表面距离不能小于 200mm。

二次填充：由于透明泥子的收缩性，填充表面会出现凹凸不平，一次填充达不到理想效果的，需进行二次填充。方法同一次填充。

待干（要求同干燥）后二次砂磨，与第一次砂磨要求相同。

（6）主要控制点

透明泥子填充缺陷时，应填满并略高出表面（待干后透明泥子收缩，过低将达不到填充效果）。

泥子接触的范围应尽量缩小在缺陷附近（如玷污表面质量好的周围，会留下较大的刮痕，增加砂磨量，并影响着色质量）。

（7）检测规则

平整度：透明泥子填充后可将工件对着光线目测，看填充部位是否有暗影。

工件填充后完成砂磨（砂磨按原精砂标准），再由本工序的质检人员检验，合格（盖上合格印章或签认后）方可流入下一工序。

3. 去除树脂

（1）工艺目的

由于针叶材如云杉、松木、落叶松木、北美洲的黄杉木和北美油松木等含有树脂，使表面处理很困难。通过当今的干燥工艺，使针叶材表面树脂特别强烈地显露出来，因干燥时的加热加强了其对表面的渗出。

存在于表面的树脂可通过皂化或通过有机溶剂的溶解而去除。皂化剂是一些在水中能溶解的碱性溶剂，如钠皂、钾皂、氨水、苏打和钾碱。酒精、丙酮、乙醇、汽油、松节油、四氯化碳和硝基稀释剂都可用作树脂的溶剂，这些树脂溶剂应用方便，但易燃，对健康有害。

在大量去除树脂时皂化工艺很重要。此外，有所谓综合的除树脂剂，能同时起皂化和溶解作用，专业商店以成品溶剂方式提供此种除树脂剂。

（2）具体工艺操作

① 表面准备　用 80#～150#砂纸进行平整和预研磨，用 180#～240#砂纸进行随后的中间研磨。具体操作见前文打磨部分。由于纤维方向不同，贴面接缝处不要过度研磨。

研磨软质或多树脂木材时，为防止砂纸过早堵塞，宜采用敞开分布的砂纸，后者在砂纸背面印有"OP"（敞开），指示了这种砂纸的品质，如图 2-17 所示。

② 去除树脂　经研磨和清洁的表面通过皂化去除树脂。将约 20g 切成小片的钠皂在塑料容器（量杯）内在搅拌下溶解于 500mL 热水中。加入 50mL 氨水，并在搅拌下加入皂溶液，如图 2-18 所示。

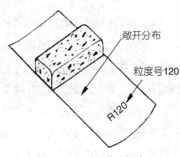

图 2-17　砂纸背面标志

图 2-18　调配除树脂碱液

准备好的碱液尽可能热地刷涂在表面，因为热的碱液不仅直接皂化表面而且能深入木材。用无金属的装有贝纶毛的圆刷在表面纵向和横向刷涂除树脂碱液。在约 5min 后，重新饱满地涂刷碱液，如图 2-19 所示。

在再次等待 5min 后，用根刷（一种具有纤维硬毛的手工用刷）顺纤维方向有力地刷擦表面，当表面出现浓烈的泡沫时结束。

经化学反应产生的树脂皂化残留物用海绵涂刷大量的水后用根刷刷擦掉，如图 2-20 所示。

接下来对木材中保留的碱进行中和处理，按 1 份醋酸（200mL）和 5 份水（1L）的比例调配酸溶液（注意：一定要将酸加入水中）。

用海绵和很多中性液体再清洗表面，如图 2-21 所示。再清洗后，用挤干的海绵将表面揩干。以上步骤中涉及酸的操作，均要戴橡胶手套和护目镜。

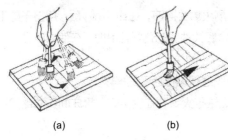

(a)   (b)

图2-19　刷涂除树脂碱液

图2-20　刷擦皂化表面   图2-21　再清洗表面

（a）纵向和横向刷涂　（b）纵向饱满刷涂

③ 干燥　在室温和良好的通风情况下（无阳光直接照射）至少放置5h干燥。

④ 研磨　虽然用皂化溶液重复渗透表面，但木材仅在最上面细胞层去除了树脂。在最终研磨时，用180#砂纸加适度压力地轻轻研磨粗糙的表面。

⑤ 除尘　用清洁刷清除表面存在的灰尘残余。

4. 火燎（使突现纹理）木材表面

（1）应用例子

通过火燎的表面处理限于针叶树种，如云杉和冷杉木材。仅少数应保持朴素外观的木制品用这种工艺来处理，如木材天花板、墙壁衬里、厨房和餐室家具、餐饮业室内装修。

（2）使用材料

云杉贴面的刨花板或实木板、水、火燎用盐。

（3）工序

平整→除尘→涂刷火燎盐→干燥→火燎→刷擦。

（4）检验项目

烧焦过程，刷擦后色调和纹理的均匀性。

（5）火燎

火燎的目的是使木材表面在纹理和颜色上定型，一般是在针叶材如云杉木材上进行。在木材表面涂刷火燎盐溶液后，用发弱光的气体喷灯将木材表面烧焦，随后利用刚性根刷进行刷擦，产生富于对比的木材纹理。

根刷是一种具有纤维或稻草硬毛的手工用刷，由于其刷毛粗硬因而具有较大的刚度，可以用这种刷子进行要求清理能力大的工作。此外还使用贝纶毛刷，对于带腐蚀性的着色或油漆工作要求用带塑料毛的无金属刷。人造刷毛具有开裂的毛尖和锥形轮廓，为改善吸收液体能力，其断面为十字形。用于刷涂腐蚀性材料的刷子不应有金属的连接夹头。

为"烧灼"木材表面，一般采用以丙烷作燃料的喷灯。小的火燎加工适宜用手提式燃气喷灯，其由气筒（燃气）供应燃料。

对于较大面积的灼烧，采用由燃气瓶供给燃料的喷灯。

（6）火燎具体操作工艺过程

① 平整　压制光亮的云杉木材表面，用80#砂纸磨平。

② 除尘　通过顺纤维方向有力的刷擦，仔细研磨木材表面产生的磨屑。

③ 涂刷火燎盐溶液　为避免在火燎过程中的高热造成木材表面开裂，须用火燎盐溶液刷涂木材。火燎盐在专业商店能买到，按操作规定，一般每升水加50g火燎盐，后者在不断搅拌下溶于冷水。

用无金属人造毛（贝纶）刷顺纤维方向均匀而饱满地涂刷火燎盐溶液，在约 1min 后，用挤干的毛刷通过顺纤维地刷擦清除多余的溶液。注意，当火燎盐溶液含腐蚀性强的化学药品时，在使用时必须保护眼睛，戴橡胶手套和橡胶围裙。

④ 干燥　在室温下干燥 15min 后，仍稍潮湿的表面可以继续进行后面的操作。

⑤ 火燎　必须选择在防火规定允许的无火灾危险的地点进行火燎，在钳工间、机床间和油漆间不允许进行火燎。

当遇到好天气时，应在远离易燃材料如刨花、贴面板、油漆、稀释剂等的情况下，在露天进行火燎。

板件水平地放于支架上并被灼烧。将煤气喷灯或燃烧喷灯调整成稍微发光的火焰，对仍潮湿的木材表面烧灼。

火焰尖到木材表面的距离，必须保证木材表面仅仅在软质年轮部分受强烈灼烧。烧焦程度还可通过火焰往复运动方式来改变。

⑥ 刷擦　在火燎的表面用根刷顺纤维方向刷擦。

将深度烧焦的木材残余清除。硬质年轮区木材得到均匀的黑色色调，深度烧焦的早材区木材变得很清楚，如此形成的朴素的木材表面耐抗性很好，无须其他保护覆盖层。

■ 思考与练习

1. 什么是基材处理？包括哪些工序？

2. 实木基材上较大裂缝、虫眼、贯通节、树脂囊等缺陷该如何处理？面积较小的裂缝、虫眼、钉眼、凹陷、碰伤等缺陷该如何处理？

3. 去除树脂可采用_____、_____、_____、_____与_____等方法。

4. 作浅色与本色装饰时，为什么不能用碱液洗涤法去除树脂？

5. 漂白的目的是什么？常用的漂白剂有哪些？试举出几种漂白配方。漂白作业时应注意哪些问题？

6. 简述填孔的作用、类型、用料调制和施工方法。

7. 擦涂工具如何制作？擦涂要领有哪些？

8. 什么是水老粉、油老粉？各有何特点？如何调制？怎样施工？

■ 巩固训练

1. 去除树脂练习

（1）练习任务

通过除树脂剂皂化除去木材所含树脂。

（2）操作注意事项

使用酸碱时应用橡胶手套和护目镜。

操作区间严禁吸烟和明火。

操作区间应通风良好。

剩余残液以及清理废液只能倾倒入预订的废料容器中。

2. 火燎木材表面练习

（1）练习任务

本练习的目的是通过喷灯"烧灼"，使木材表面形成可视的老化效果。相应操作步骤为预处理（湿润）、火燎（表面烧焦）和刷擦（为得到木材图像颜色对比的后处理）。

（2）练习内容

涂刷火燎用盐溶液。

火燎木材表面。

刷擦（使出现纹理）。

使用强腐蚀溶液。

（3）操作注意事项

涂刷火燎盐溶液时要戴保护眼镜、橡胶手套和橡胶围裙。

使用火燎盐溶液操作后应洗手。

在露天火燎木材表面，禁止在木材加工和油漆车间内火燎。

准备好灭火器以防火灾。

任务 2.3　底漆涂装与品质控制

知识目标

1. 理解调色理论基本知识；
2. 掌握着色剂的调配方法和工艺要点；
3. 理解家具企业涂装工段的安全生产常识；
4. 掌握底漆调配与喷涂的操作要领；
5. 掌握底漆喷涂时易产生的缺陷，产生的原因及解决对策；
6. 掌握底漆涂装中常用工具的使用和清洗维护方法；
7. 掌握底漆及着色剂等所用材料的安全贮存常识、安全管理要求。

技能目标

1. 能根据工艺方案要求合理选用底漆；
2. 能熟练使用和维护常用工具和设备，独立完成底漆涂装；
3. 能对家具表面缺陷进行准确分析，提出解决措施，进行修补；
4. 能自我管理，有安全生产意识、环保意识和成本意识；
5. 能借助工具书查阅英语技术资料，自我学习、独立思考；
6. 能根据"6S"管理要求，安全准确取放材料、工具；
7. 工作中能与他人协作共事，沟通交流，积极配合使用同一工具和设备，进行清洗维护。

工作任务

任务介绍

根据工艺方案要求，在完成前面工序基础上，进行底漆涂饰，要求按照操作标准能独立调配与涂饰底漆，按照质量标准对施工过程进行管理。

任务分析

在进行操作时，根据设计的工艺方案，选择涂料品种、涂饰方法，设计涂饰的施工参数，按照产品说明书比例准确调配底漆。按照可实施方案，小组成员沟通协助，合理分配工具、材料，完成底漆的涂装。针对所出现的问题，要及时发现，并提出解决措施及时解决。

工作情景

实训场所：家具表面装饰一体化教室、打磨间、喷涂作业室。

所需设备及工具：涂装板件、砂纸、调色材料、底漆涂料、喷涂设备。

工作场景：教师结合涂装工艺方案，布置学习任务，下发任务单，将任务要求进行讲解。在喷涂作业室中，教师讲解演示底漆的调配、喷涂操作要领和技术要求，学生模仿进行练习。然后小组同学结合设计的涂装方案，进行底漆涂饰的工作准备，制定底漆涂饰实施方案，对施工要领及技术参数进行讨论、分析。小组到指定位置领取工具、材料，分工明确后进行任务实施，教师巡回指导，督促检查。完成任务后，各小组进行作品展示，互相交流学习体会。同学之间进行互评，教师要对各组的方案设计进行评价和总结，指出不足及改进要点。学生根据教师点评，对实施过程存在问题作分析、改进，填写相关学习文件（任务书、评价表）。

知识准备

---

1. 底漆涂饰（中涂）

中涂一般使用二度底漆（也称砂磨底漆），常涂装 2~3 遍，底漆的施工遍数应以彻底填平管孔即通过打磨能得到平整的漆膜效果为准。构成涂膜的主体即木材涂装所形成的整个涂膜主要靠中涂底漆完成，中涂涂层可使上涂面漆不致被木材吸收而影响成膜，失去光泽，所以要求中涂底漆必须流平性好、透明度高、干燥快、易研磨、附着力好。有时也会因木制品品种、材质、用途的不同而对其硬度、韧性、渗透性等有所要求。

二度底漆在涂料组成中除含有适于砂磨的树脂、助剂之外，还含少量易于渗入管孔的填充料，一般呈乳白色黏稠液体，固体分含量较高，有一定的填充性，干后涂膜易磨，可获得较为平滑的底漆层，再上涂面漆便可获得平整光滑的表面效果。根据涂装质量要求可选用适宜的二度底漆品种，当前应用较多的是 PU 类二度底漆，除有较好的底漆品质外还有突出的附着力。欲获得丰满坚韧的涂膜，可用不饱和聚酯（PE）二度底漆。NC 类因是挥发型漆，干后漆膜易渗，且耐溶剂性与耐热性差，故多用于显孔装饰而不适于丰满度要求高的高厚涂膜的涂装。

涂膜的厚度与丰满度常取决于涂料类别、固含量、喷涂次数与涂装量，例如中涂使用 PU 类常需喷涂 2~3 遍，如使用 PE 则喷 2 遍即可。

在涂面漆之前，底漆要彻底打磨平整，其目的一是增强附着力，二是防止面漆塌陷。若底漆不平，则涂面漆后，涂膜效果平整度差。底漆打磨平整的标准是逆光 45°角查看无光亮点，呈毛玻璃状，并且手感平整光滑。

2. 华润家具漆的应用及产品特点

（1）家具漆品类

华润家具漆品类包括 PU、NC、PE、UV、WB 五大类。不同种类的涂料具有不同的性能，并适用于不同的需求。五种类型涂料在性能、操作等方面的对比见表 2-26 所列。

表 2-26　涂料性能对比

性能 产品	施工固含量（%）	可使用时间（配漆后）	干速	打磨性	施工性	丰满度	硬度	耐溶剂型	耐热性	可修复性
PU	40~70	2~8h	正常	很好	很好	很好	HB~2H	很好	好	稍差
NC	15~30	不限制	快	很好	非常好	一般	B~H	一般	一般	非常好
PE	70~100	30min 以内	正常	好	好	非常好	H~2H	很好	好	差
UV	70~100	不限制	非常快	好	很好	非常好	H~3H	很好	很好	差
WB 单组分	15~35	不限制	稍慢	很好	一般	一般	B~HB	一般	一般	一般
WB 双组分	15~35	3~4h	稍慢	很好	一般	一般	B~HB	一般	一般	一般

（2）各种风格的家具漆产品应用

不同的涂料应用在不同的家具类型乃至不同的涂料效果上，适应性各不相同。五种不同类型家具及涂饰上的涂料适用度评估，见表 2-27 所列。

表 2-27　各种风格的家具漆产品应用

家具风格	PU	NC	PE	UV	WB
现代简约	10	10	10	10	10
美式仿古	5	10	0	0	4
欧式古典	10	10	0	0	4
中式古典	10	5	10	0	4
欧式简约	10	5	10	0	4

注：按 0~10 评分，0＝不适合，1＝差，5＝中等，10＝优异；其余分值每居间的状态。

（3）不同涂装方式的家具漆产品应用

不同的涂料对于不同的涂装方式的适用度有所不同。五种涂料在目前较常见的 5 种涂装方式中的适用度和一些相关评估，见表 2-28 所列。

表 2-28　不同涂装方式的家具漆产品应用

涂装方式	对各种涂料的适用度					涂料设备投资	涂料损耗	涂装效率	表面效果	最适合的工件造型
	PU	NC	PE	UV	WB					
手工空气喷涂	10	10	10	6	8	低	高	中	很好	所有工件
自动空气喷涂	10	10	2	6	10	高	低	较高	好	板式工件
静电喷涂	8	10	6	4	6	高	中	较高	一般	小型复杂工件
淋涂	8	10	2	5	5	低	低	高	一般	板式工件
辊涂	6	6	0	10	5	高	低	高	一般	板式工件

注：按 0~10 评分，0＝不适合，1＝差，5＝中等，10＝优异；其余分值为居间状态。

（4）各种涂料工艺的家具漆产品应用

不同的涂料对于不同的涂装工艺适用度也有所不同。五种涂料对于三种不同涂装工艺的适用度评估，见表2-29所列。

表2-29　各种涂料工艺的家具漆产品应用

涂装品类　　涂装工艺	PU	NC	PE	UV	WB
全开放涂装	5	10	0	0	10
半开放涂装	10	10	0	5	8
全封闭涂装	10	1	10	10	1

注：按0~10评分，0＝不适合，1＝差，5＝中等，10＝优异；其余分值为居间状态。

3. 不饱和聚酯漆（PE）

目前，我国聚酯漆多用于钢琴与部分高档家具的涂装，各类品种均有使用，如聚酯泥子、底漆、面漆，透明与不透明品种，亮光与亚光品种。大量应用聚氨酯（PU）的涂装工艺中，为了提高涂层丰满度或追求镜面效果，往往选用聚酯底漆做中涂处理，上面罩聚氨酯面漆，这样不仅效果好，而且比涂聚氨酯底漆节省施工遍数，简化工艺，提高效率。聚酯漆可用手工刷涂、单头与双头喷枪喷涂、同心嘴喷枪喷涂、双淋头淋漆机淋涂等。

近年来我国涂料市场品种丰富，许多厂家均有具体牌号的不饱和聚酯漆，由于厂家原料来源不同，配方设计不同，故产品性能以及配比也会有差异。应按涂料厂家产品使用说明书的规定比例来配漆。

下面以百川涂料制造有限公司的PE产品为例，重点介绍气干聚酯漆的配漆及使用方法。

PE透明底漆系列（系列号940××）包括高度透明底（94001）、中度透明底（94000 94008）、透明底（94002 94003 94005 94006）等产品，其理化性能指标见表2-30。

表2-30　PE透明底漆理化性能指标

指　标	规格及条件	性能指标					
		94000	94002	94003	94005	94006	94001
黏度（20℃）（s）	Stormer黏度计（20℃）	90~110					
细度（μm）	刮板细度计	45	50	50	50	40	45
固体分含量（%）	120℃、3h	97±2	96±2	96±2	96±2	97±2	97±2
配漆质量比	主剂：稀释剂：蓝水：白水	100：（20~40）：（1.0~1.5）：（1.0~2.0）					
施工（稀释）黏度（s）	涂-4杯	35~40					
涂布量（g/m²）	不含喷涂损耗	约220					
表干时间（min）	25℃、湿度70%	30~40					
施工时限（胶凝）（min）	25℃、湿度70%	15~25					
可打磨时间（h）	25℃、湿度70%	4					
硬度（H）	马口铁上涂装（25℃、24h）后	3H					
附着力（级）		2					
冷热循环法	三合板上涂装	5个循环					
流平性	目测	良					
丰满度	目测	良					

使用方法：

稀释水的加入量（质量比）为主剂的 30%～40% 左右，施工黏度为 30～35s（涂-4 杯）为宜。夏季用 10901，冬季用 10902，94001、94008 专用 10903。

蓝水、白水加入方法根据如下配比（温度 20℃，相对湿度 70%）

漆：稀释剂：蓝水：白水 = 100：40：1.3：1.5

如 20kg 油漆，现分为 A、B 两份，A 份为油漆 10kg＋稀释水 4kg＋蓝水 0.26kg，B 份为油漆 10kg＋稀释水 4 kg＋白水 0.3kg。两份各搅拌均匀，使用时再等量加入搅拌均匀即可。

不同温度下的添加量见表 2-31 所列，不同湿度下的校正量见表 2-32 所列。

表 2-31　不同温度下的添加量

温度（℃）	蓝　水		白　水	
	体积比	质量比	体积比	质量比
＜5	1.68	1.6	2.3	2.5
5	1.58	1.5	2.0	2.2
13	1.58	1.5	1.8	2.0
15	1.47	1.4	1.4	1.8
20	1.37	1.3	1.3	1.5
25	1.16	1.1	1.2	1.3
30	0.95	0.9	1	1.1
35	0.73	0.7	0.72	0.8

表 2-32　不同湿度下的校正量

湿度（%）	蓝　水		白　水	
	体积比	质量比	体积比	质量比
50	－0.2	－0.2	－0.2	－0.2
60	－0.1	－0.1	－0.1	－0.1
70	0	0	0	0
80	0.1	0.1	0.1	0.1
90	0.2	0.2	0.2	0.2

下面以广东华润涂料有限公司的 PE 产品及性能为例对 PE 漆进行介绍，见表 2-33～表 2-35 所列。

表 2-33　华润涂料 PE 产品

产品名称	型　号	经济型产品	产品特性	用　途
PE 透明泥子	ED0600		硬度高、填充性好、打磨性好、干燥迅速	PE 补土、原子灰，主要起填充作用
PE 透明底漆	ED3100 T1800		硬度高，高透明度，其中 ED3100 比 T1800 更适用于低温环境（干速、打磨性更好）	高档贴纸、贴木皮及实木家具
PE 透明底漆	ED3300 ED0200	T18006	填充性、透明性、打磨性、硬度综合性能突出，具有很高的性价比，其中 ED3300 比 ED0200 和 T18006 更适合于低温环境	主要用于实木、贴木皮家具，也可用于贴纸家具
PE 透明底漆	ED0000		填充性高，打磨性、硬度好，干燥迅速	主要用于实木、铁木皮家具
PE 全透明漆	ED3000	T20029	全透底，硬度高，附着力好，可作亮光面使用	高档贴纸、实木家具或乐器

产品名称	型号	经济型产品	产品特性	用途
PE 白底漆	ED0510		遮盖力强、硬度高，填充性好，打磨性好	刨花板、中纤维板家具
PE 黑底漆	ED0570		遮盖力强、硬度高，填充性好，打磨性好	刨花板、中纤维板家具
PE 稀释剂	EX808		活性高，稀释能力强	
PE 蓝水	EZ809		PE 促进剂，与 PE 漆混融性好	
PE 白水	EZ810		PE 引发剂，引发效率高，色泽浅	
PE 封闭底漆	ES600	硬化剂 ES601	对基材的附着力高，封闭性好	用于 PE 漆底层涂装，增强 PE 漆对基材的附着性

表 2-34　PE 漆物理性测试方法说明

物性项目	规格及条件
温　度	室温，液温
固体分	电热烘烤箱 150℃，取样 1~2g，1h 烘干
配　比	磅秤，质量比，主剂：蓝水：白水：稀释剂
稀释固成分	依涂料固成分及溶剂比率换算
稀释黏度	涂-4 杯黏度计
涂布量	喷涂后以磅秤测量质量（g），不含喷涂耗损
指触时间	依涂布量保丽板上喷涂一回的时间
指压时间	依涂布量保丽板上喷涂一回的时间
可打磨时间	依涂布量保丽板上喷涂一回的时间
硬　度	依涂布量保丽板上喷涂经 48h 后测试（铅笔）
附着力	依涂布量保丽板上喷涂经 24h 后百格切割测试
冷热循环性	依涂布量胶合板上喷涂待干 48h 后，置于冷热循环机中测试（-20℃，2h→50℃，2h 为一个冷热循环）
流平性	依涂布量胶合板上喷涂 24h 干燥后观察
丰满度	依涂布量胶合板上喷涂 24h 干燥后观察
抗下陷性	依涂布量胶合板上喷涂 48h 干燥后观察
抗起泡性	依涂布量胶合板上喷涂 24h 干燥后观察
透明度	桦木板上厚涂干燥后观察之

表 2-35　PE 漆物理性能一览表

物性项目	PE 封闭底漆	PE 透明泥子	PE 透明底漆	PE 实色底漆
温度（室温/液温）（℃）	25/25	25/25	25/25	25/25
固体分（%）	≥35	≥70	≥60	≥70
配　比	1：0.3（ES601）	100：1.5（白水）	100：1.5：1.0：（30~40）	100：1.2：1.6：（30~50）
稀释固成分（%）	≥35	≥70	46	50
稀释黏度（s）	12~15		18~30	18~30
涂布量（g/m²）	80~110		220	220

物性项目	PE 封闭底漆	PE 透明泥子	PE 透明底漆	PE 实色底漆
指触时间（min）	60	58	65	45
指压时间（min）	120	105	130	100
可打磨时间（min）		300	360	300
硬　度	H+	3H	3H	3H
附着力	10	10	10	10
冷热循环性	5 循环 OK	5 循环 OK	5 循环 OK	5 循环 OK
流平性			F	G
丰满度			E	E
抗下陷性	F	F	F	F
抗起泡性	F	F	F	G
透明度	E	G	E	

注：E 为优，F 为佳，G 为良好，P 为劣。

4. 聚氨酯漆（PU）底漆（华润涂料致美系列）

致美系列 PU 家具漆产品目录见表 2-36 所列。

表 2-36　致美系列 PU 家具漆产品目录

产品编号	产品名称	配套固化剂	配套稀释剂	配比比例	包装规格（kg）
GAD22	PU 透明底漆（致美系列）	GAR22	PX803（PX801）	1：0.5：0.6	20
GAD21	PU 透明底漆（致美系列）	GAR21	PX803（PX801）	1：0.4：0.5	20

（1）GAD22

产品用途：木制品底漆涂装。

产品特性：打磨性和填充性优良，透明度好，适合实木底材的底漆涂装，也适合低档贴纸底材使用，干燥速度快。如需要更快的干速，可以选用固化剂 PR66，需更慢的干速，可以选用固化剂 PR501。

（2）GAD21

产品用途：木制品底漆涂装。

产品特征：打磨性和填充性优良，透明度一般，适合中纤板封边及贴纸前填平底材，如用于透明涂装工艺应该尽量采用面着色的工艺，不要采用底着色的工艺，并应同时考察透明度对产品的适用性。

任务实施

---

1. 操作前准备

操作前检查工作参照任务 1.3 要求，检查登记后各组领取工具、材料。具体实施步骤可参照任务 1.3 底漆喷涂部分内容。

2. 涂料调配

（1）PE 涂料调配（华润涂料）

① 蓝水（促进剂）、白水（引发剂）混合添加调配，见表 2-37 所列。

表 2-37　蓝水、白水混合添加比例

添加剂		涂装环境温度（℃）					
		5~10	10~15	15~20	20~25	25~30	30~35
PE 主剂（g）		1000	1000	1000	1000	1000	1000
蓝　水	质量（g）	28~32	24~28	20~24	16~20	12~16	8~12
	体积（mL）	32.2~36.8	27.6~32.2	23~27.6	18.4~23	13.8~18.4	9.2~13.8
白　水	质量（g）	30~35	26~30	22~26	18~22	14~18	10~14
	体积（mL）	28.5~33.3	24.7~28.5	20.9~24.7	17.1~20.9	13.3~17.1	9.5~13.3
PE 稀释剂	质量（g）	300~500	300~500	300~500	300~500	300~500	300~500

PE 涂料调配注意事项：

依上述调和方式三液混合后，涂料可使用时间为 20~25min，请在此时间用完涂料。

添加顺序：主剂加蓝水加 PE 稀释剂调至喷涂黏度，搅拌均匀后再加白水。绝对不可以蓝水与白水两液体同时混合，否则会发生火灾。也不允许颠倒顺序添加。

PE 透明泥子只需加入白水，不用加入蓝水和稀释剂。

② 蓝水、白水分开调配，分开混合比例，见表 2-38、表 2-39。因主剂加入蓝水、白水后，涂料可使用时间很短，不便操作，故采用蓝、白水不加在同一容器内而分开添加的方式，使用时取出两液相等份混合搅拌喷涂。

表 2-38　分开添加蓝水的比例

添加剂		涂装环境温度（℃）					
		5~10	10~15	15~20	20~25	25~30	30~35
PE 主剂（g）		1000	1000	1000	1000	1000	1000
蓝　水	质量（g）	56~64	48~56	40~48	32~40	24~32	16~24
	体积（mL）	64.4~73.6	55.2~64.4	46~55.2	36.8~46	27.6~36.8	18.4~27.6
PE 稀释剂	质量（g）	300~500	300~500	300~500	300~500	300~500	300~500

表 2-39　分开添加白水的比例

添加剂		涂装环境温度（℃）					
		5~10	10~15	15~20	20~25	25~30	30~35
PE 主剂（g）		1000	1000	1000	1000	1000	1000
白　水	质量（g）	60~70	52~60	44~52	36~44	28~36	20~28
	体积（mL）	57~66.6	49.4~57	41.8~49.4	34.2~41.8	26.6~34.2	19~26.6
PE 稀释剂	质量（g）	300~500	300~500	300~500	300~500	300~500	300~500

按表 2-38 和表 2-39 分别调配好后，1:1 混合搅拌均匀即可使用。主剂单独添加蓝水的 PE 涂料可于隔天继续使用。主剂单独添加白水的 PE 涂料可于 4h 内继续使用。PE 透明泥子只需加入白水，不用加入蓝水和稀释剂。

使用注意事项

（1）PE 封闭底漆是 PE 涂装专用封闭底漆，PE 涂料喷涂之前先喷一次，可以增加对下层（素材、底漆）的密着性；

（2）PE 涂料二液型，主剂与硬化剂比率需正确调合，以免发生干燥与涂膜缺陷；

（3）请注意涂料可使用时间，只调和在规定时间内可以用完的涂料；

（4）涂料因与空气中的水分会发生反应，开封后未用完的涂料需再予密封；

（5）请勿使用非指定的涂料或其他品牌涂料主剂、硬化剂随意混合，这会影响涂膜的干燥及带来不可预知的的不良问题；

（6）PE 涂料因涂装环境温度过高，发生针孔起泡时，请适当减少 ES601 的用量（1：0.2）。

③ PE 封闭底漆调配。

涂料代号：ES600。

调和比例：（质量比）主剂：硬化剂＝1：0.3。

可使用时间：涂料经主剂与硬化剂调和后，12h（25℃）以内可以使用，超过此时间不可以再使用。

用途：PE 封闭底漆是使用在 PE 涂装之下的封闭底漆，作为架桥作用，可以抑制木材的不安定物质，如控制木材含水率、油脂等，使 PE 涂料能与基材完全附着，并且可以防止涂料被基材吸陷。

④ PE 聚酯透明底漆调配。

涂料系统：不饱和聚酯树脂涂料。

喷涂黏度：18～30s（涂-4 杯/25℃）。

可使用时间：15～25min。

涂料用途：PE 透明底漆适用于透明木器家具的底漆涂装，可以多次喷涂。主要适用于实木以及中密度板贴木皮或贴人造木板面的底漆涂装。各种木制家具需求高涂膜涂装的底漆。

使用时注意事项

（1）PE 涂料三液型，分别有主剂、蓝水、白水，请依涂料调和使用说明按比例正确调和。

（2）PE 涂料储存在阴凉处，并请注意涂料桶上安全贮存期。

（3）PE 涂料的蓝水、白水两液不可直接接触，否则会发生火灾，请密闭封口分开保存置放。

（4）调漆方法是先取出一定量的主剂，按调和说明比例先添加蓝水，同时添加 PE 稀释剂搅拌均匀，调至所需要的黏度，最后取出在可使用时间以内的量，依照调和比例添加白水搅拌均匀喷涂。切勿先添加白水，将顺序颠倒，或两样同时添加。

（5）较适合的调漆方法是将 PE 主剂取出两份（相同质量），分别置于油漆桶内，一边添加蓝水，另一边添加白水，两边各加 PE 稀释剂搅拌均匀，喷涂时各取出相同的量，混合搅拌进行喷涂（请参考涂料调和说明），此时涂料使用时间如下：

主剂单独添加蓝水的 PE 涂料可于隔天继续使用；

主剂单独添加白水的 PE 涂料可于 4h 内继续使用。

（6）涂料调和后黏度已降低，容易沉淀，使用中需经常搅拌均匀。

（7）开封后未用完的涂料需再予密封，避免溶剂挥发结块情形。

（8）残余硬化之 PE 涂料及研磨末，囤积有可能发生火灾，请充分收集清除，并以水浸湿。

（9）请勿使用非指定天那水溶剂，或混用其他品牌的涂料，否则可能出现不可预知的问题。

（10）涂装工作暂停时或工作完毕时，需立即清洗涂装工具及器具，应使用溶解力好的丙酮彻底清洗，避免残余涂料干燥硬化后无法再使用。

（2）聚氨酯漆（PU）底漆调配（华润涂料致美系列）

① GAD22PU 透明底漆，GAR22 底漆固化剂

使用方法：GAD22：GAR22：PX803（PX801）＝1：0.5：0.6（质量比）充分搅拌均匀。

施工黏度：岩田 2#杯 12～18s（喷涂），15～21s（刷涂）。

② GAD21PU 透明底漆，GAR21 底漆固化剂

使用方法：GAD21：GAR21：PX803（PX801）＝1：0.4：0.5（质量比）充分搅拌均匀。

施工黏度：岩田 2#杯 12～18s（喷涂），15～21s（刷涂）。

3. 底漆喷涂（以华润涂料为例）

（1）聚氨酯漆（PU）底漆喷涂参数（致美系列）

使用 GAD22PU 透明底漆、GAR22 底漆固化剂。

涂布量：110～150g/m²。

施工方式：喷涂，刷涂。

施工条件：温度 5～35℃，湿度≤80%。

干燥时间：表干≤60min（常温 25℃，涂布量为每次 120g/m²），实干≤24h（涂布量为每次 120g/m²）。

可打磨时间：5h。

（2）PE 封闭底漆

作业方法：于透明涂装着色后喷涂一次封闭底漆，待干约 30min，不打磨即喷涂 PE 底漆。如果干燥硬化过久（24h 以上），则需做打磨处理再施工。

（3）PE 聚酯透明底漆

作业方法：一般使用高口径（1.8～2.5mm 口径）喷枪喷涂两次，重涂之间最好有待干时间，约 30～40min。

4. 底漆涂饰施工管理标准

（1）岗位工作标准

① 认真学习领悟所喷涂产品颜色的涂饰工艺要点及要求，且必须理解及掌握喷涂底漆的具体要求。

② 喷涂前要求了解所喷涂产品的底漆黏度，按季节不同应略有不同，通常为 18～20s，用岩田伏特 4 号杯。

③ 检查擦拭后的产品颜色有无不良缺陷，有则退回处理。

④ 底漆隔膜泵的压力必须保持在 0.25～0.40MPa。

⑤ 调整好喷枪，对所要求喷涂底漆的产品均匀仔细喷涂底漆，喷涂完后要使产品面向下道工序容

易操作的方向。

⑥ 喷枪的油量、气量、油幅应按规定要求操作，注意喷涂动作的标准化。

⑦ 喷涂操作时，应先喷外侧再喷内侧。

（2）品质标准

① 底漆喷涂时严禁漏枪、喷流、喷溶等现象发生。

② 所有产品的底漆都应保持涂膜一致，包括隔板、背板、脚、柜内侧等。

③ 任何在喷涂底漆前后出现的品质问题都必须及时解决处理，严禁流入下道工序。

④ 产品喷涂时严禁出现碰划伤等品质事故。

⑤ 了解所要喷涂产品的性能及黏度。

⑥ 喷涂产品时，要面向漆雾净化机操作。

⑦ 喷底漆前要把盘子上面的灰吹干净。

⑧ 不能有手印及污染现象。

⑨ 喷枪每天清洗一次，隔膜泵每周清洗一次，漆雾净化机每月清理一次。

■ 总结评价

1. 喷涂顺序

应按照先难后易、先里后外、先左后右、先上后下、先线脚后平面、先阴角后阳角的原则喷涂。以衣柜为例，其喷涂顺序如图2-22所示。

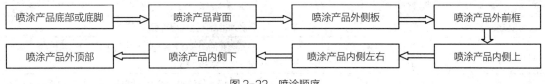

图2-22　喷涂顺序

2. 家具涂装中涂膜产生的病态及防治办法

（1）溶剂的挥发速度与涂膜的关系

溶剂在涂料中的发热作用使涂料黏度降低，便于施工。但溶剂挥发过快，涂膜流平性差，会产生橘皮、针孔等病态。尤其是挥发性涂料溶剂挥发过快，由于吸热的作用，在空气中相对湿度超过80%时，涂膜会出现泛白发软，从而使涂膜性能降低；当溶剂挥发过慢时，涂膜干燥又过于迟缓，会引发涂层反黏、流挂和颗粒等病态。溶剂挥发速度是以0.5mL溶剂完全挥发出的时间来计算的，具体见表2-40所列。

表2-40　溶剂挥发速度

序号	溶剂	挥发时间（s）	序号	溶剂	挥发时间（s）	序号	溶剂	挥发时间（s）
1	丙酮	8	8	二甲苯	143	15	甲异丁酮	60
2	苯	15	9	甲戊烷	213	16	松香水	315
3	甲醇	16	10	丁醇	220	17	二乙丁酮	510
4	醋酸乙酯	17	11	醋酸戊脂	238	18	二丙酮醇	714
5	甲乙酮	17	12	甲苯	42	19	乙基溶纤剂	312
6	庚烷	20	13	乙醇	43	20	丁基溶纤剂	1600
7	醋酸丁酯	100	14	异丙醇	43			

注：根据表中溶剂挥发速度数据，即可科学地调节涂料施工黏度。

（2）流挂

涂膜表面呈冰溜状的流淌，或有零星的分散的泪痕状流点，严重的犹如帐幔下垂状的现象，称为流挂，其具体原因分析及防治方法见表2-41。

表 2-41　流挂的原因分析及防治方法

原因分析	防治方法
漆的黏度过大，采用刷涂法施工时，拉不开漆刷或刷子蘸漆过多，使局部漆膜过厚	适当调整漆的黏度，采用刷涂施工时，其黏度应控制在 35s（涂-4 杯）左右，刷子蘸漆后应在筒壁内正反拍打一下，让多余的漆流回桶内，涂刷漆的厚度以不超过 30μm 为好
采用喷涂法施工时，喷枪与工件之间的距离太近；气体压力过大；喷枪移动速度太慢或移动轨迹呈弧形，使涂膜厚度不均匀等因素造成流挂	采用喷涂施工时，漆的黏度应控制在 20～25s（涂-4 杯），调整喷枪与工件之间的距离，当气体压力为 0.3～0.4MPa 时，喷枪与工件之间的距离为 20～30cm 较合适；改进移动速度和轨迹，移动速度要均匀
写字台和立柜等垂直面，特别是有雕刻、镶嵌组成边角，不易涂上漆处，为均匀地喷上漆，喷枪走速稍迟缓或刷漆时，被这些边角带漆挂下，使漆流挂	调整喷嘴，减少喷漆量；用漆刷刷漆时，在这些部位先用刷毛头轻轻拍打，涂上漆后，再用漆刷顺着木纹理顺

（3）砂纸痕

已经干燥的膜层仍能透出底层漆经砂纸打磨后留下的痕迹，其原因分析及防治方法见表2-42。

表 2-42　干燥膜层透露底砂纸痕原因分析及防治方法

原因分析	防治方法
底层涂膜未干透就打磨，留下砂纸痕	涂膜必须彻底干透后再打磨
选用砂纸号不合适，太粗造成砂纸痕	打磨面漆要选用 400#～500# 水砂纸进行沾水打磨，水一定要少蘸，以免泡胀木质
面漆黏度过小，固体含量低，盖不住底漆砂纸打磨留下的磨痕	为保证涂膜有足够的遮盖力，每道涂膜的施工黏度不应低于 20～25s（涂 4 杯）

（4）橘皮

涂膜干燥后，表面呈现微细凹凸不平的小漩涡，形似橘皮状态特征，这种现象称为橘皮，其原因分析及防治方法见表2-43。

表 2-43　涂膜的橘皮缺陷原因分析及防治方法

原因分析	防治方法
低沸点溶剂用量过多，稀释剂挥发过快	减少低沸点溶剂用量，或全部改用中沸点溶剂
涂料黏度过大，膜层过厚	施工黏度控制为 20～25s（涂-4 杯），涂膜厚度控制在 30μm 以内
选用的溶剂不当，溶解力差，使涂料呈厚稠状，涂膜流展性差	补加适量溶剂调整，或使用专用稀释剂调整

（5）细裂（气裂）

涂膜干燥后，表面出现极细的条纹或微细皱纹的晶纹现象称为细裂，又称气裂。

原因分析：涂装时环境不好，周围有二氧化硫、二氧化碳和过氧化氢、氮氧化物等气体侵蚀，促使表面固化（催化作用），使涂层内部变形发生收缩而引起细裂（气裂）；双组分涂料配比不当，固化剂比例过量或固化剂平时保管不严，因吸潮等因素而变质。

防治方法：施工时要远离有害气体环境，双组分涂料配置要严格按说明书规定进行，平时保管要严密，桶盖要盖紧。

（6）慢干或不干

家具在涂漆后，挥发性涂料一般在几小时内就应完全干燥；油性涂料如醇酸、酚醛漆等，一般24h后就应干燥，即使在冬天温度较低的情况下（室温不应低于0℃以下，保持5℃以上）也不应超过48h。这里所说的慢干或不干，是指正常情况下，在规定时间内仍未能干透或完全不干。

原因分析：一是选用稀释剂不当，如选用高沸点溶剂，溶剂挥发极慢，错将邻苯二甲酸二丁酯增塑剂做高沸点溶剂应用，使涂层慢干甚至发黏；另一种可能出现在双组分涂料中，固化剂用量不到位，所以涂层不干或慢干。

防治方法：控制高沸点溶剂用量；双组分涂料配比时，一定要严格按比例配置，不能随意少加固化剂，也不允许多加固化剂。

（7）针孔

真空室膜层表面呈旋涡式的小穴，犹如针刺出的小孔，大小与麻点相似，称为针孔，其原因分析及防治方法见表2-44。

表 2-44　涂膜出现针孔的原因分析及防治方法

原因分析	防治方法
涂料中低沸点溶剂含量过多，在涂料表面近结膜阶段溶剂仍挥发剧烈，此时涂膜因溶剂挥发而产生的空穴再也无法得到填补，从而形成针孔	应使用配套稀释剂或稀释剂中加入适量高沸点溶剂，以减缓溶剂的挥发速度
工作表面油污和杂质未彻底除净，或采用喷涂法时压缩空气夹带有油污、水等杂质，而且压力过大	家具表面若有杂质，涂装前一定要彻底清除；压缩空气必须过滤净化，油水分离器过滤物要及时更新，气体压力应控制在0.3～0.4MPa

（8）起泡

涂膜干燥后，膜层表面呈现微小圆柱形小气泡，一经碰压即破裂，挑起破皮后，会露出底层颜色，这种现象称为起泡。

原因分析：油漆开桶后，为解决涂料中颜料沉淀而充分搅拌或摇动涂料，为此产生的泡沫尚未消失就涂装；待涂的台面、桌面残留有水分，形成水疱；家具制作前木材水分烘干不彻底，含水率超过7%～12%或家具制成后遭雨淋和水泡，未彻底干燥就涂装；涂料施工时黏度过高，涂覆又过厚，溶剂挥发受阻；第一次涂膜未干透，或经水磨后未经干燥处理，就涂上面漆。

防治方法：涂料搅拌后至少静置1～2h，待气泡消失后再施工，或加入质量分数为0.1%～0.3%的甲基硅油消泡；用压缩空气和干风吹净擦干表面；涂装前一定要认真检查家具含水程度，不彻底干燥不允许涂装；正确掌握施工黏度，应在20～30s范围内，涂膜厚度控制在20～30μm范围内；面层涂覆一定要在底层涂膜干透后再施工，经水磨后的涂层表面必须吹干、擦干，无水汽后再施工。

（9）发白

干燥后的涂膜表面呈现一层白霜似的薄膜，使本应完好的涂膜失去光泽、发混，膜层的硬度、力学性能和附着力等也相应降低。此类病态主要发生于硝基、热塑性丙烯酸和过氯乙烯等挥发性涂料类。

原因分析：在涂料的稀释剂中低沸点溶剂用量过多，溶剂挥发速度太快，发生热量置换，使家具所涂的漆膜温度骤降，导致漆膜发白；施工环境温度过低（低于 10℃），相对湿度太高，在大雨、大雾环境条件下施工；家具工厂化生产中采用喷涂施工时，室内通风太强或压缩空气压力过大，以及涂料中掺有微量水分。

防治方法：选择专用稀释剂，或在混合稀释剂中增加适量增溶剂比例和中高沸点溶剂，如醋酸丁酯环己酮等；避免在高温（35℃以上）、高湿（相对湿度超过 80%）、低温（低于 10℃）和大雨大雾条件下施工；有条件的可通过送热风等来降低相对湿度，冬天施工环境温度应控制在 16℃以上；也可在涂料中加入 5%~10%（质量比）的防潮剂；适当控制通风量，喷漆厂房的通风换气量每小时应为室内总容积的 4~6 倍；严格工艺管理，防止溶剂和涂料中误进水分。

（10）涂膜表面粗糙有颗粒

这种现象多发生在柜、桌等台面，严重时立面也会有此种缺陷。表现为涂膜干燥后，颗粒状杂质分布在整个或局部的涂膜表面，手摸有明显的粗糙感，即称为表面粗糙有颗粒。

原因分析：涂料保管不严格，桶内混入尘土和杂物，油性漆结皮破碎混入涂料中；涂料中有沉淀，施工时未充分搅拌，到沉淀部分因黏结剂含量少，颜料含量多，分散度差，涂料成膜后，颜色颗粒凸显出来；喷涂施工时，喷枪与工件之间距离过远，使漆雾与空气摩擦吸附尘土；涂料黏度大，气体压力过小；低沸点溶剂含量过高，漆雾喷到家具上已成干粒，造成涂膜粗糙、无光。

防治方法：加强涂料管理，涂料桶盖周边保持干净无残漆，应保证盖严，无杂质等掉入和不使漆结皮；新开桶涂料要彻底搅匀，施工前应用 120 目铜丝网过滤，除去粗粒和杂质；施工场地环境要清洁干净，特别要注意打磨后残留的沙粒，要防止风沙进入施工场地，与外界应有良好的隔离措施；施工场地应保持一定的相对湿度（45%~75%），或在涂料中添加适量防静电剂，或以极性溶剂代替一般稀释剂；改变施工条件，将施工黏度控制在 20~30s，气体压力控制在 0.3~0.4MPa，喷枪与要涂覆的家具之间距离调整到 200~300mm，可以减少漆雾因空气摩擦所产生的静电吸附；调整施工黏度和气体压力，选用中沸点溶剂，使挥发速度适中，以防止产生涂料干粒而造成涂层表面粗糙有颗粒。

3. 考核评价

考核评价见表 2-45。

表 2-45　考核评价表

评价类型	项 目	分 值	考核点	评分细则	组内自评（40%）	组间互评（30%）	教师点评（30%）
过程性评价（80%）	调配底漆	15	材料选择与调制；调配；操作符合规程	材料选择正确；0~2 调制娴熟规范；0~3 颜色和黏度符合要求；0~5 工具选择得当；0~2 操作符合规程；0~3			
	喷枪的调整与维护	15	喷枪结构；喷枪调整；喷枪清理与维护；操作符合规程	结构及其功能熟悉；0~2 调枪顺序规范正确；0~2 喷涂设备能简单调试；0~2 练习试喷符合安全规程；0~2 练习试喷娴熟程度；0~3 喷枪清理部位明确，清洗到位，取放到位；0~4			

评价类型	项 目	分 值	考核点	评分细则	组内自评（40%）	组间互评（30%）	教师点评（30%）
过程性评价（80%）	喷涂底漆	10	工具的选用；设备的调试；喷涂符合规程；清洗维护	工具（喷枪及过滤网口径）选择正确；0~2 喷涂与烘干符合安全操作规程；0~2 调试（空气压力、漆雾形状及雾化情况）与喷涂顺序；0~2 喷涂后表面缺陷；0~2 喷枪清理部位明确，清洗到位，取放到位；0~2			
	砂光	10	砂纸与工具选择；操作规程	类型、粒度号选择正确；0~2 手工打磨符合操作规程，用力均匀、轻快；0~2 电动砂光机使用符合操作规程，操作熟练；0~2 顺纤维方向打磨，无砂痕、表面光滑；0~4			
	自我学习能力	10	预习程度；知识掌握程度；代表发言	预习下发任务，对学习内容熟悉；0~3 针对预习内容能利用网络等资源查阅资料；0~3 积极主动代表小组发言；0~4			
	工作态度	10	遵守纪律；态度积极或被动；占主导地位与配合程度	遵守纪律，能约束自己、管理他人；0~3 积极或被动地完成任务；0~5 在小组工作中与组员的配合程度；0~2			
	团队合作	10	团队合作意识；组内与组间合作，沟通交流；协作共事，合作愉快；目标统一，进展顺利	团队合作意识，保守团队成果；0~2 组内与组间与人交流；0~3 协作共事，合作愉快；0~3 目标统一，进展顺利；0~2			
终结性评价（20%）	底漆喷涂效果	10	缺陷处理效果；喷涂效果	喷涂缺陷种类与认识；0~3 喷涂缺陷分析与解决方案提出；0~4 喷涂缺陷处理后效果；0~3			
	操作完成度	10	在规定时间内有效完成方案与任务工单的程度	尽职尽责；0~3 顾全大局；0~3 按时完成任务；0~4			
评价评语	班级：		姓名：	第　　　组			
	教师评语：			总评分：			

■ 拓展提高

1. 色彩在家具设计中的运用

在优秀的家具产品中，除了形态设计、结构安排及材质运用等方面的考虑外，色彩的设计应用也是一个重要的、不可或缺的元素。就家具而言，款式、结构、功能等可以在细微处显出与众不同，其实所选色彩才是这些因素中最能彰显个性的部分。

（1）家具的色彩来源

① 材料原色　木材至今仍然是现代家具的主要材料，它的种类繁多，色彩也十分丰富，有淡雅、细腻，也有深沉、粗犷，但总体上呈现温暖宜人的暖色调。在家具应用上常用透明的涂饰来保护木材的固有色和天然的纹理。另外还有一部分家具由竹材和藤材制成，竹材因竹种、竹龄、生长条件的不同，色泽差异很大，藤材经过漂白，色泽白净、光洁、美观。木材、竹藤材作为天然材料，本身的色彩成了体现天然材质的最好媒介，因此一直受到消费者的喜爱。

② 家具表面的漆色　大多数家具都需要进行表面涂饰处理，将家具本身材料的固有色完全覆盖，以提高其耐久性和装饰性。涂料色彩的冷暖、明度、彩度、色相极其丰富，可以根据需要任意选择和调色，在低档木材家具、人造板家具中使用较多。

③ 贴面装饰色　现代板式家具大多采用人造板作为基材，为了充分利用胶合板、中密度纤维板以及刨花板，通常需要进行贴面装饰处理。人造板贴面材料及其装饰色彩非常丰富，有高级珍贵天然薄木贴面，也有仿真印刷的纸质贴面，还有 PVC 防火塑料贴面。这些贴面人造板对现代家具的色彩及装饰效果起着重要作用，在设计上可供选择和应用的范围很广，也很方便，主要根据设计与装饰的需要选配成品，不需要自己调色。

④ 织物的衣色　床垫、沙发、躺椅、软靠等家具的附属物、表面织物的色彩，对床、椅、凳、沙发等人体类家具的色彩常起着支配或主导作用，是形成家具色彩的又一重要方法。

⑤ 家具局部配件的表面色　家具生产中常常要用到金属和塑料配件，特别是钢家具。钢管通过电镀、喷塑得到富丽豪华的金、银等各种色彩，这些颜色都进一步丰富了家具的色彩；通过各种成型工艺加工的塑料配件，也是形成家具局部色彩的重要途径。

（2）家具色彩的设计原则

① 功能原则　如果家具的色彩设计妨碍到其功能的实现，给消费者带来不便，那么家具色彩无论如何美观，从整体意义上看都是失败的设计。反之，家具色彩设计若能遵循功能原则，则会添加家具的审美价值。以餐桌为例，餐桌的使用目的是为了进餐，但是色彩学告诉我们，灰色、黄色、紫色和青绿色等可能会使人减少食欲，甚至倒胃口；蓝色、绿色可能使人减少进食，但不会影响胃口；棕色、棕黄、肉色则能增进食欲。因此，在餐桌、椅的色彩设计时，应选用后两种色彩设计手法。

② 室内整体性原则　色彩的设计统一在室内装饰中起着改变或者创造某种格调的作用，会给人们带来某种视觉上的差异和艺术上的享受。在一个完整的室内设计方案中，家具的色彩与室内环境是既对立又统一的，也就是说，它既要协调室内环境色彩又要使环境色彩有变化，维护其相对独立性，但总体而言，还是以协调环境色彩为主。由于在整个家居环境中家具的色彩往往占有主导地位，环境色彩则退居其后，因此家具的色彩最好是介于室内环境与陈设物品的色彩之间，这样，它协调环境色彩的功能便不言而喻了。

③ 施工工艺原则　有的色彩可能因施工的工艺条件不同而产生不同的效果。如黑色在一般涂装家具中很少采用，但如果采用聚酯漆或推光漆工艺，表面加工光滑如镜，则可使黑色家具富丽高雅，身价百倍。

④ 消费者的心理需求原则　家具色彩的选择是因人而异的。不同性格的人对色彩的不同取向直接影响他们对家具色彩的选择。活泼、开朗的人多选择色彩明快的家具，这些家具多以浅色为基调，并搭配以纯而浓重的橙色、大红、果绿、海蓝等颜色，表达出其热情的一面；性格内向的人则青睐于单色、纯色的家具；而性格沉稳的人多选择色彩较重的家具，比如深灰色、褐色或黑色的家具。

⑤ 地域、文化差异原则　不同的国度、不同的民族造就了不同的文化，这些文化对其后代的影响很大。我国最著名的家具——明清家具就以暗红色为主，这体现了中国人的含蓄；日本家具多以深棕色、深褐色为主，这些色彩更能反映日本人沉稳的性格；欧洲家具则以枫木色、榉木色中点缀跳跃明快的色彩，如橘红色、海蓝色来体现他们喜欢自由、浪漫的个性。

⑥ 其他领域的影响　这个瞬息万变的时代，流行的东西随处可见。流行色是在某一段时期之内人们对日用工业产品所崇尚的颜色，它是利用人们对色彩喜新厌旧的心理特征而得以流行的。人们对流行事物的接受能力越来越强，这些潮流会影响到人们对于家具色彩的选择。

在家具与室内装饰设计中，色彩设计的重要性越来越明显，色彩研究趋势也会愈演愈烈。在家具产品的设计中，色彩设计的构思方法是多种多样、层出不穷的。色彩的运用不仅要考虑色彩的来源，而且要考虑到色彩的设计原则，主要涉及家具原材料、家具涂料、家具结构、室内环境以及地域文化等方面。在家具色彩的体现上，首先应以反映材料本身的颜色为前提；其次是运用技术手段改变材料的色彩特征，使材料与色彩更好的结合，更大程度地发挥色彩的造型功能以满足家具表面装饰的需要，使家具色彩性格更趋鲜明化、个性化，以获得满意的色彩效果，提高家具产品的附加值。

2. 家具色彩的和谐化设计

色彩是一种富于象征性的元素符号。在家具设计经历了从复杂的曲线型向直线型转变、从框架式结构向板式结构发展后，似乎就没有了更进一步的变化，这与人们追求丰富多彩的生活不相适应。为解决这一矛盾，设计师们提出了色彩造型的概念。当形体造型能力逐渐削弱时，代之而起的是色彩这一造型要素。色彩可提高家具产品在市场中的竞争力。人们选购家具首先注重的是家具的色彩，对于造型、材质、作工相同或相近的家具，谁的色彩受到人们的喜爱，谁就会占领市场而成为畅销商品。和谐的色彩能够提升家具的审美价值。人们普遍要求家具在满足实用功能的同时，还要有更大的观赏价值，而色彩的感觉在一般美感中是最大众化的形式。因此，家具色彩的和谐化设计十分重要。

（1）家具色彩的设计语意

色彩的功能是指色彩对眼睛及心理的作用，包括眼睛对它们的明度、色相、纯度产生的对比刺激作用，及在心理上留下的影响、象征意义及情感意向。色彩依明度、色相、彩度而千变万化，而色彩间的对比调和效果更加丰富；同一色彩及同一对比的调和效果，均可能有多种功能；多种色彩及多种对比的调和效果，亦会有相近的功能。恰当地应用色彩及其对比的调和效果，可使家具的形象塑造与美化效果相统一、外表与内在相统一，使作品的色彩与内容、气氛、情感等的表现要求相统一，使配色与改善视觉效能的实际需求相统一，从而使色彩的表现力、视觉作用及对人的心理影响作用充分地发挥出来。家具设计要通过其造型形式传达给人们"是什么"或"怎么用"的信息，色彩的运用是一种有效手段。

许多家具其部件的接合处采用某种色彩加以区分和强调，以便人们看到各构件的交接关系，这是典型的表达结构技术的色彩手法。如著名的红黄蓝椅的设计，如图2-23所示，设计者在扶手等的转折面用纯度高的黄色来提示结构的变化。

（2）色彩传达的情感语意

随着生活水平的提高，消费者业已由关心家具的功能性转向关心家具的情感意义，而色彩正是表达家具情感的重要元素。如红色＋白色＋粉红色的色彩搭配，显示出青春的动感与活力。红色是最抢眼的颜色，与在视觉上起收缩效果的蓝色相比，更能对视觉起强烈的冲击作用；粉红色不像红色那样强烈，但印象鲜明，在表现可爱、成熟的时尚时都可以使用；白色则对另两种颜色起到衬托作用。用黑白两色进行设计的效果图如图2-24所示，时尚、简约被这两种纯粹的色彩诠释得非常到位。

图 2-23 红黄蓝椅（附彩图）　　　　图 2-24 黑白两色电视柜（附彩图）

单纯一种色彩能够给家具带来视觉情感的刺激，不同色彩之间的搭配同样也能体现出家具的性情。如红色与灰色搭配时，在统一的鲜亮色调中加入素雅的暗色色调，会显得格调高雅、富有现代感，给人一种在安宁中透露华丽的享受。

（3）家具色彩的和谐化设计探讨

首先，家具的色彩设计应注意其适用性，以满足特定功能的需要。家具颜色的选择和搭配组合要能满足家具使用的目的。家具的属性虽然是实用性与审美性的统一，但实用性是第一位的，因此应遵循前述的功能原则。

其次，家具的色彩设计要注意整体性。所谓整体性，就是指在进行家具色彩设计时要有整体意识，注重发挥家具色彩的整体效应。根据消费心理学，在产品销售过程中，消费者会随着对商品知觉程度的提高而确定相应的购买策略，而人的知觉具有整体性特征，所以家具色彩设计须从整体着眼以提高消费者对家具商品的知觉度。家具色彩设计要表现的整体效果有三个层面：其一，就单体家具而言，各个组成部分的色彩要形成一个整体，如红黄蓝椅就运用了单纯的三原色和中性色，椅背为红色，坐垫为蓝色，木条全漆成黑色，木条的端面漆成黄色，以引起人的联想，把各部分木条看成一个整体；其二，就同一个使用空间而言，不同家具色彩应形成一个整体，这是在单体家具之上所要考虑的更为广义的整体，主要是针对成套或系列家具设计而言的；其三，就家具色彩与企业的品牌形象关系而言，应将家具色彩设计与企业品牌形象恰当地结合起来，全方位地传达出企业的理念和宗旨。

进一步看，家具的色彩设计要富有创造性。为使家具色彩设计富有创造性，可从以下方面获得灵感：一是自然色彩。自然色彩是自然存在的色彩形态，对于人们的心理来说，总是最和谐、最完美而又最亲切的。二是艺术色彩。各门艺术形式尤其是绘画的色彩表现形式都可能对家具配色有很大的启示价值。三是民族色彩。各个民族由于其自然环境、生活方式、宗教信仰等不同，所形成的色彩语言也不尽相同，人们对色彩的感受也有很大差异。四是设计色彩。服装设计、建筑设计、产品设计等都可能对家具色彩的设计有所启示，近年来尤其是受服装设计色彩的影响颇大，家具的流行色彩几乎与每年的国际服装发布会的色彩流行趋势同步。

综上所述，色彩运用的和谐化在家具设计中具有形、质不可取代的重要性。家具色彩设计处理得好，可以协调或弥补造型中的某些缺陷。家具的色彩设计应在家具生产企业发展战略中占据重要地位。

3. 涂层固化机理

涂层从液态变为固态过程中，有溶剂挥发的物理变化，也有涂料组成分子间的交联反应等化学变化。木制品常用涂料形成漆膜的机理，一般可分为溶剂挥发型固化成膜、氧化型固化成膜和聚合型固化成膜三种。

（1）溶剂挥发型固化

此类涂料的固化主要是溶剂挥发的物理过程，随着溶剂的不断挥发，涂料黏度逐渐增加，由流动状态变为不流动状态，溶剂挥发完毕，涂料固化过程结束，形成固体漆膜。此类涂料有虫胶漆、硝基漆、过氯乙烯漆和挥发性丙烯酸漆等。在自然条件下，此类漆的固化速度是油性漆的 5~10 倍。

影响此类涂料固化速度的因素有溶剂的类型及其混合比、成膜物质与溶剂的关系等。

在其他条件相同的情况下，溶剂的挥发状态与其饱和蒸汽压有关，饱和蒸汽压越高其沸点越低，挥发速度越快，因此含低沸点溶剂多的涂料固化快。但生产中，低沸点溶剂含量不能过多，否则会因为溶剂挥发过快，造成漆膜发白，流平性差，干后出现针孔、皱皮等缺陷。而中、高沸点型溶剂过多，会使涂层固化缓慢。通常采用低沸点和高沸点混合型溶剂。

挥发型涂料的固化速度不仅决定于溶剂的蒸汽压，还决定于溶剂与成膜物质的关系，有的成膜物质对溶剂有一种吸留性，即成膜物质对溶剂的释放性差。同一溶剂在从释放性好的成膜物质溶液中挥发时，从开始到最后都是以同一速度在一定时间内挥发完，而在释放性差的成膜物质溶液中，挥发到后期，速度降至极低，需要很长时间才能把部分残余溶剂挥发完。如同一沸点的溶剂从硝基漆中挥发出来要比从过氧乙烯漆中挥发容易，达到表干时的速度一样，但达到实干相差的时间却很大。

（2）氧化型固化

此类涂料的固化是成膜物质高分子之间的氧化聚合反应和溶剂挥发的物理过程共同作用的结果，但以聚合反应为主。常用的此类涂料有油脂漆（清油、调和漆）、酯胶漆、钙脂漆、单组分聚氨酯漆、醇酸漆、油基酚醛树脂漆等含大量植物油的油性漆，它们的涂层在固化过程中，油类分子中的不饱和脂肪酸吸收空气中的氧，发生一系列复杂的聚合反应，使成膜物质的分子量增加，由小分子变成大分子，最后变成网状体型结构的高分子漆膜。由于氧化聚合反应的速度比溶剂的挥发速度慢，所以这类漆的干燥速度主要取决于氧化聚合反应速度。

（3）聚合型固化

此类涂料的固化是通过氧、催化剂、紫外线、电子束等的作用，促使成膜物质发生各类型的聚合或缩合交联化学反应而形成网状体型高分子漆膜。常用的此类涂料有不饱和聚酯树脂、改性丙烯酸树脂、聚氨酯漆、光敏漆、酸固化氨基醇酸漆等。

例如酸固化氨基醇酸漆的固化，是利用氨基树脂中的醚键与醇酸树脂中的羟基，在酸的催化下，于常温发生交联反应固化。不饱和聚酯漆的固化，是由过氧化物引发剂引发不饱和聚酯之间的加成聚合反应的结果。光敏漆的固化，是用紫外线照射使光敏剂分解游离基，引发光敏树脂与活性稀释剂聚合反应成膜。

4. 影响固化速度的因素

影响固化速度的因素有涂料类型、涂层厚度、固化方法、固化条件、固化设备及具体固化规程等。

（1）涂料类型

在相同的固化条件下，涂料的类型不同，固化速度有很大的差别，而相同类型的涂料差别较小。一般来说挥发性漆固化快，油性漆固化慢，聚合型漆的情况有很大差异。聚合型漆中光敏漆固化最快，而其他聚合型漆则多介于挥发性漆与油性漆之间。当采用机械化流水线进行涂饰时，挥发性漆、酸固化氨基醇酸漆比较常用。

（2）涂层厚度

在涂饰过程中，涂层基本上都不是一次形成的，通常是采用多遍薄涂的方法（如油性漆一次涂 35μm 左右，硝基漆 15μm 左右）。在相同的固化条件下，薄涂层在固化时，内应力小，形成的涂层缺陷少；而涂层太厚时，内部应力较大，易于产生起皱和其他缺陷，同时由于溶剂的挥发，涂层收缩导致光泽不均匀、内部不固化等。实践证明，除聚酯漆外，其他漆类通过多次涂饰形成的漆膜，与一次涂饰所形成同样厚度的漆膜相比，其物理性能更好。

（3）固化条件

① 固化温度　固化温度对大多数涂料涂层的固化速度起决定性的影响。当固化温度过低时，溶剂挥发及化学反应迟缓，涂层难以固化。提高温度，能加速溶剂挥发和水分蒸发，加速涂层氧化反应和热化学反应，涂层固化速度加快。但不能无限制的提高温度，因为温度与固化速度不是成正比关系，固化温度过高时，固化速度并没有明显提高，反而会使漆膜发黄或色泽变暗。不仅如此，温度在涂层固化过程中还会对基材产生影响。基材受热，引起含水率变化，基材产生收缩变形甚至翘曲、开裂。挥发性漆的涂层，固化温度超过 60℃时，溶剂激烈挥发，表层迅速干固，内部溶剂蒸汽到达表层时容易形成气泡。所以采用人工固化方法时，表面温度一般不宜超过 60℃。

② 空气湿度　空气湿度应适中，湿度过大时，涂层中的水分蒸发速度降低，溶剂挥发速度变慢，因而会减慢涂层的固化速度。大部分涂料在相对湿度为 45%～60% 的空气中固化最为合适。如果干燥固化场所空气过分潮湿，不仅使固化过程缓慢，而且所形成漆膜会朦胧不清和出现其他缺陷。相对湿度对挥发性漆的固化速度影响不明显，但对成膜质量关系很大，尤其当气温低、相对湿度高时，涂层极易产生"发白"的现象。

对于油性漆，当相对湿度超过 70% 时，对涂层固化速度的影响要比温度对其影响显著。

涂层在固化过程中，产生的内部应力与相对湿度有关。

③ 通风条件　涂层固化时要有相应的通风措施，使涂层表面有适宜的空气流通，及时排走溶剂蒸汽、增加空气流通可以减少固化时间，提高固化效率，保证固化质量。

气流速度　空气流通对漆膜自然固化有利。因在密闭的、溶剂蒸汽浓度较高的环境下，漆膜固化缓慢，甚至不干。通风有利漆膜中溶剂的挥发和溶剂蒸汽排除，并能确保自然固化场所的安全。

强制循环空气干燥室是靠通风机造成循环热空气，其干燥固化效果在很大程度上取决于空气流动速度，空气流动速度越大，热量传递效果越好。热空气干燥通常采用低气流速度，一般为 0.5～5.0m/s，温度为 30～150℃。

气流方向　空气流动方向也是非常重要的，气流与涂层的方向有平行和垂直两种形式，根据试验，垂直送风热空气干燥优于平行送风。

④ 外界条件　对于聚合固化成膜的涂料，其涂层固化为复杂的化学反应过程，固化速度与所含树脂的性质、固化剂和催化剂的加入量有关，而外界条件如温度、红外线、紫外线、电子束等往往能加速这种反应的进行。外界条件作用的大小，又取决于外界条件与涂料性质相适应的程度。如光固化涂料在强紫外线的照射下，只需几秒钟就能固化成膜。若采用红外线或其他加热方法，则很难固化甚至不固化。又如电子束固化涂料，其涂层在电子加速器所发射的电子束照射下，比光敏漆更快固化，而其他涂料对电子束的反应就不强。所以，涂料固化方法要根据所用涂料的性质而合理选择。

⑤ 常用涂料的固化时间　生产中常用涂料的固化时间见表 2-46。

表 2-46　常用涂料的固化时间

类　别	产品名称	型　号	自然固化时间		对流固化时间
			表　干	实　干	
油脂漆	清　油	Y00—1	4h	≤24h	45℃/6h
		Y00—2	4h	≤20h	—
	油性厚漆	Y00—3	4h	≤24h	—
	油性调和漆	Y02—1	—	≤24h	—
		Y03—1	4h	≤24h	—
天然漆	酯胶清漆	T01—1	3h	≤18h	
	各色酯胶调和漆	T03—1	6h	≤24h	60℃/2.5h
	虫胶漆		10~15min	50min	
酚醛树脂漆	酚醛清漆	F01—1	5h	≤15h	
		F01—2	4h	≤15h	
	各色酚醛磁漆	F01—14	3h	≤12h	
		F04—1	6h	≤18h	
醇酸树脂漆	醇酸清漆	C01—1	≤6h	≤15h	
	各色醇酸磁漆	C01—7	≤5h	≤15h	
		C04—2	<5h	≤15h	60~70℃/（1.6~1.7h）
硝基漆	硝基木器清漆	Q22—1	≤10min	≤50min	45℃/20h
	硝基外用漆	Q01—1	≤10min	≤50min	
	硝基木器底漆	Q06—6	≤15min	≤60min	45℃/24h
	各色硝基内用磁漆	Q04—3	≤10min	≤50min	60℃/12h
丙烯酸漆		B22—1	≤6h	≤24h	
	丙烯酸木器清漆	B22—2	10~15min	1h	
		B22—4	≤6h	≤24h	
聚酯漆	不饱和聚酯漆	196	—	40min	60~80℃/（20~30h）
	聚酯清漆	Z22—1	1h	6~16h	
聚氨酯漆	聚氨酯木器清漆	S01—1	<0.5h	2h	40~60℃/45h
	聚氨酯清漆	S01—3	2~4h	20h	—
	685 聚氨酯木器清漆	685	1h	10~20h	
氨基漆	乙基化脲醛树脂漆		10min	30~60min	—
	酸固化氨基醇酸漆		30min	3h	60℃/15h

5．固化方法

木器家具涂料常用的固化方法包括自然固化和人工固化（预热固化、加热固化和辐射固化）。一般为常温固化型的，目前国内仍普遍采用这种涂料。

（1）自然固化

自然固化也称自然干燥，是指涂层在自然条件下无需采用任何人工措施而固化的方法。这种固化方法是长期以来沿用的方法，多数情况是在涂饰场所就地放置等待固化。木制品生产中普遍使用的涂料（酚醛漆、NC、PU）均属常温固化型。自然固化时，应适当控制固化场所的温度、湿度和空气流通情况，一般温度在 10℃以上，相对湿度不能超过 70%，空气要保持流通。在北方冬季车间内应有采暖设备。

① 自然固化法特点

方法简单 不需要任何设备也不需要复杂的技术，基本上不消耗能源。

应用广泛 只适用于固化快速且不致产生严重挥发有害气体的涂料和其他材料，如水色、填孔剂、虫胶漆等。无固化设备和其他条件时，醇酸漆、酚醛漆等固化较慢的漆，也可采用此法，但场地要洁净。硝基漆、聚氨酯漆、丙烯酸漆等，在固化时会挥发大量的有害气体，损害人体健康，并易引起火灾，所以最好放置在专门场所进行固化。

固化较慢 自然固化涂层时间长，生产效率低，占用场地大，所以生产量较大或要求较高生产效率的企业不宜采用此法。

② 固化方式

涂饰现场固化 将涂饰一遍的制品就地放置在涂饰现场自然固化。制品之间留有适当的距离，不能少于 0.5m；零部件可以放在架子上，放置的方式应是使涂饰后的表面能与空气充分接触，物品间的距离不要小于 25mm。

自然干燥室固化 一些挥发性漆如硝基漆、醇溶性漆等，在涂层固化时会产生大量有害气体，对操作者不利，并容易引起火灾。如采用自然固化方式，宜放入专门的自然干燥室固化，而不应在油漆施工现场直接干燥。此种干燥室应能保暖，以便冬季也能保证达到常温条件（20~25℃），同时应有通风装置，以便及时排走挥发的有害气体，以防火灾。

（2）预热固化

预热固化法就是在涂饰涂料之前，预先将被涂饰的木材表面加热，当涂饰涂料之后，由木材蓄积的热量传递给涂层，就会促进涂层内溶剂的挥发以及某些化学反应的进行，加速涂层的固化。

预热法对涂层的固化十分有利，因为这时热量的传递是自内向外的，也就是从木材传到涂层，与溶剂蒸汽挥发的方向一致。如图 2-25（a）所示，图中带圆圈箭头表示溶剂蒸汽移动方向，带十字箭头表示热量移动方向，由于涂层自内向外固化，因此，溶剂蒸汽可以毫无阻碍地从涂层中离开，从而缩短了固化时间。

预热木材的方法有热接触法、热辐射法或热对流法。应用较多的是在热辐射预热室里加热木材，这种热辐射预热室结构简单，温度容易控制，经济实用。

采用预热法固化涂层时，涂料的组成、涂饰方法及木材表面温度，对于涂料在木材表面上流平的情况和漆膜质量都有影响。预热法用于快干涂料效果显著，用于慢干涂料则只能起辅助作用。

预热法固化涂层具有明显的优点，不仅能缩短固化时间，而且能改善漆膜质量，由于涂料一接触热的木材，黏度立即下降，这就有助于改善它在木材表面上的流平性，此外，由于经过预热，木材表面管孔中的空气膨胀，部分被排除，漆膜起泡的现象明显减少，改善了成膜质量。

预热法适用于辊涂和淋涂。

（3）对流加热固化

对流加热固化也称热空气干燥，即首先将空气加热，然后用热空气加热涂层，使涂层固化。

① 基本原理 对流固化是应用对流传热的原理对涂层进行加热固化的方法，它利用空气为载热体，通过对流的方式将热量传递给涂层，使涂层得到固化。

对流加热固化涂层时，涂层上表面先开始接触热空气，热量从涂层的上表面开始向涂层下部传导，涂层的固化首先从表面开始，逐渐扩及内部，涂料与木材的交界处最后被干燥，此时，热量的传递方向与溶剂的挥发方向相反。因此，固化初期在涂层表面形成硬膜，阻碍着涂层内部溶剂蒸汽的挥发，这就减慢了涂层的固化速度。当涂层内部溶剂蒸汽急剧挥发排出时，冲破表面的硬膜，就有可能使漆膜表面出现针眼或气泡，这是对流加热固化法的缺点。为克服上述缺点，可将涂饰好的涂层在进行对流固化之前，先在常温下陈放一段时间，以便大部分溶剂挥发掉，然后再进一步固化。根据涂料中挥发成分的不同，陈放时间一般为5~20min。对流加热固化的原理如图2-25（b）所示，图中带圆圈的箭头表示溶剂蒸汽移动的方向，带十字箭头表示热量传递方向。

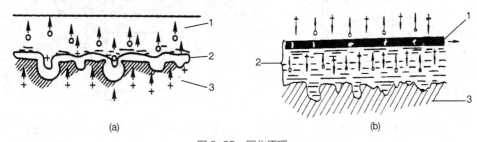

图2-25　固化原理
（a）预热固化原理　（b）涂层对流固化原理
1. 漆膜　2. 涂层　3. 基材

生产中为了得到优质的漆膜，常采用分段固化的方法，例如，硝基漆涂层固化时，开始时温度低些，为20~25℃，此时溶剂激烈挥发，然后加热到40~45℃，此时溶剂已不大量挥发，最后再降至20~25℃，直至涂层固化。至于每段时间的长短，需根据涂料的种类和涂层厚度来确定。

② 特点

应用广泛，适应性强　对流固化是木制品涂层固化应用比较广泛的一种方法，它适用于各种尺寸、不同形状的工件表面涂层的固化，既适用于组装好的整体木制品，也可用于零部件，特别适于形状复杂的工件。当使用蒸汽作为热源时，适合固化温度在100℃以下的涂层固化；当使用天然气、电能作为热源时，适合各种固化温度的涂料固化。

涂层固化速度较快　对流固化的速度比自然固化能快许多倍。如油性涂层固化时，当温度由20℃提高到80℃，固化时间几乎减为1/10。因此，该法在国内外家具与木材加工业生产中得到广泛应用。

存在不足之处　对流固化法也有其不足，用热空气固化木材涂层时，木材同时也被加热，随着温度的提高，木材中水分蒸发，木材将产生收缩、变形甚至开裂；木材导管中的空气受热膨胀而逸出，可能造成漆膜中产生气泡、针孔等缺陷；有时还会因为加热而使材色变深。所以，木材涂层加热温度不宜过高。另外，对流加热固化，热效率低，升温时间长，设备庞大，占地面积大。

③ **热空气干燥室**　热空气干燥室类型很多。按作业方式分，有周期式和通过式两种；按所用热源，可分为热水、蒸汽、电及天然气等多种；按热空气在室内的循环方式，可分为强制循环和自然循环两种形式。家具工业涂层固化，常采用周期式或通过式强制循环的对流式干燥室。

周期式干燥室　周期式干燥室又称尽头式或死端式，一般为室式，可以作成单室式或多室式。周期式干燥室周围三面封闭，只在一端开门，被干燥的制品或零部件定期从门送入，关起门来干燥，干燥后再从同一门取出。此类干燥室装卸时间较长，利用率低，主要用于单件或小批量生产企业。

周期式干燥室按热空气循环方式可分两种：

a. 周期式自然循环干燥室，如图2-26所示，冷空气从进气孔经加热器进入室内，靠冷热空气密度上的差异实现冷热气体的自然上下对流，在分流器处转向穿过多层装载车。这种类型干燥室的优点是结构简单，缺点是干燥速度慢，很难控制工艺条件。

b. 周期式强制循环干燥室，如图 2-27 所示，冷空气在轴流风机的作用下，从进气孔经空气过滤器进入室内，加热器将空气加热后，在室内横向循环。气阀 1 和 8 可分别调节进出气量。

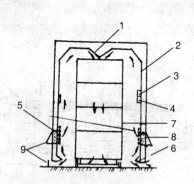

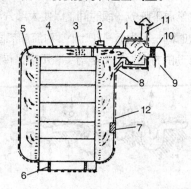

图 2-26 周期式自然循环空气干燥室

1. 空气分流器　2. 空心保温墙　3. 温湿度计
4. 湿度调节器　5. 加热器　6. 排气孔
7. 多层装载车　8. 进气孔　9. 气阀

图 2-27 周期式强制循环空气干燥室

1、8. 气阀　2. 可逆电动机　3. 加热器　4. 保温层
5. 气流导向板　6. 载料台　7. 湿度调节器
9. 进气孔　10. 空气过滤器　11. 排气孔　12. 温湿度计

连续式干燥室　连续式干燥室也称通过式干燥室。这种干燥室两端开门，被涂饰工件由运输机带动，从一端进入并向另一端移动，涂层在移动中固化。移动方式可分为连续和间歇两种，后者每隔一定时间移动一段距离。通过式干燥室内通常形成温度、风速、换气量不同的几个区段，可按交变固化规程来固化涂层。常用的工件运输装置有移动式多层小车，带式、板式、悬式和辊筒式运输机等。

通过式干燥室的结构如图 2-28 所示。干燥室共分三个区段，第一区段为流平区；第二区段为固化区；第三区段为冷却区。

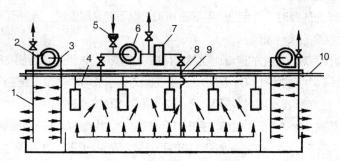

图 2-28 通过式空气干燥室

1. 空气幕送风管　2. 风幕风机　3. 风幕吸风管　4. 吸风管道　5. 空气过滤器
6. 循环风机　7. 空气加热器　8. 压力风道　9. 室体　10. 悬链式输送机

对流加热固化方法的涂层固化速度，比自然固化法的速度快许多倍，是目前国内外木制品生产中应用较为普遍的一种涂层固化方法。

（4）辐射固化

辐射固化就是用各种射线（红外线、紫外线等）照射涂层，使其固化的方法。根据所采用的射线的不同，涂层固化的方式也不同，分为红外线辐射固化、紫外线辐射固化等。

① 红外线辐射固化

工作原理　利用红外线辐射被涂饰的工件及涂层后，辐射的能量被吸收并被转化为热能，从而固化涂层。

红外线是一种不可见射线，介于可见光和微波之间，波长为 0.72~1000μm，人们按波长把红外区又划分为二或三部分，分别称为"近""远"或者"近""中""远"红外线。

红外线有两个重要特性，一个是能穿过空间，称为透射能力，另一个是射到物体上容易使物体变热，称为热效应。红外线加热，主要由红外辐射和红外吸收两方面组成，而各种物体对红外辐射的吸收能力是不一样的，就是同一物体对不同波长的红外线的吸收能力也不相同。对涂层固化过程来说，应选择能最大限度地透过涂层而很少透过木材的某种波长范围的红外线，使其刚好在涂层与木材的交界处转化为热能，从而使涂层由内向外地固化。

特点　固化速度快，生产效率高，与热空气对流干燥相比，固化时间可缩短 3~5 倍。特别适用于大面积表层的加热干燥。

a. 升温迅速，热效率高。辐射干燥不需中间媒介，可直接由热源传递到涂层，故升温迅速。它没有中间介质引起的热消耗，减少了部分热气带走的热量。用远红外线加热时，约 50% 左右的辐射能被涂层吸收，45% 被基材吸收，只有 5% 被反射掉，所以其效率要高于近红外线固化，同时，远红外线几乎适用于所有涂料的固化（紫外线、电子束固化涂料除外），因此热效率高。

b. 固化质量好。红外线能穿过涂层到达木材表面，使之变热，这时涂层下面受热首先开始固化，而表面的涂层仍然处于液体状态，下层的溶剂蒸汽可以自由地向上散发，可避免在漆膜表面形成气泡、针眼等缺陷。另外，红外线干燥不需要大量循环空气流动，飞扬的灰尘少，漆膜表面清洁。

c. 设备紧凑，占地面积小。红外线干燥设备结构上比热空气对流干燥设备简单、紧凑，故长度短，占地面积小，同时使用灵活、操作简单。

红外线干燥的缺点是由于红外线为直线传播，必须直射被固化的涂层表面上才有效果，对于形状比较复杂的曲面上的涂层，则很难均匀的固化。另外，电能消耗很大。

红外线干燥设备包括如下：

a. 干燥室。红外线干燥室是由一定数量的红外线辐射器组成通过式干燥室。被涂饰的零部件或制品用传送装置运送，在干燥室中通过时使涂层固化。

b. 辐射加热器。辐射加热器又称辐射元件，是指能发射远红外线的元件。它是远红外干燥室中的主要设备。远红外辐射元件由远红外涂层、热源和基体（包括附件）组成，按辐射元件的形状有灯式、管式和板式等形式。

板式辐射器正面为碳化硅板，把电阻线夹在碳化硅板的沟槽中，背面设有保温盒，其内部填充保温绝热材料，外表涂一层远红外涂料。板式远红外辐射器适用于大面积的工件。装卸维修简便，不用反射板，如图 2-29 所示。

管式辐射器如图 2-30 所示，内部有一电热丝，外面是一根无缝钢管，空隙中填满结晶态的氧化镁粉，压实后具有良好的导热性和绝缘性，管壁外涂一层远红外辐射涂料，电热丝通电加热后，套管的表面就会辐射出一定波长范围的远红外线。管式辐射器适合于加热小型工件或形状不复杂的平板工件。

灯式辐射器外形似红外线灯泡，如图 2-31 所示，配有反光罩，将发出的大部分远红外线经反射罩汇聚成平行线后辐射出去，适合于形状复杂的工件的涂层固化。

c. 热源。热源的作用是给辐射元件提供足够的热量，使其辐射出远红外线。通常采用电、煤、蒸汽等作为热源，但应用最多的是电阻丝加热，即电热远红外线。

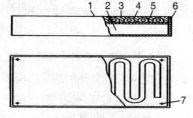

图 2-29　板式辐射器

1. 远红外辐射层　2. 绝热填充料
3. 碳化硅板　4. 电阻线
5. 石棉板　6. 外壳　7. 安装孔

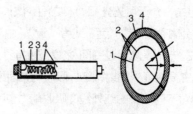

图 2-30　管式辐射器

1. 电阻线　2. 绝缘粉　3. 金属管
4. 辐射层

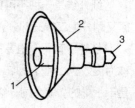

图 2-31　灯式辐射器

1. 灯泡　2. 反射器
3. 接线端子

远红外线辐射固化工艺　影响红外线固化的因素主要有辐射器表面温度、辐射波长、辐射距离和辐射均匀性等，远红外线辐射固化工艺条件见表 2-47 所列。

表 2-47　远红外线辐射固化工艺条件

项　　目	工艺要求	备　　注
辐射器表面温度	350～550℃	辐射器表面温度过高会减少远红外线在总辐射能量中的比例，对涂层固化不利，而过低则对涂层表面达不到所需的辐射温度
辐射器的辐射波长	使辐射波长与涂料的吸收波长相匹配，并使辐射器的辐射波长位于远红外辐射范围内	使涂层吸收能量增加，提高固化效率
辐射距离	工件与辐射器相对静止时为 150～500mm，相对运动时，按运动速度不同取 10～150mm，具体可通过试验确定	辐射距离越小，辐射强度越大，固化效率越高，但会增加固化的不均匀性。距离增大，辐射强度减小，固化均匀性提高
辐射器的布局	应保证涂层表面辐射度均匀	可以用同种辐射器或几种不同辐射器组合布局

② 紫外线辐射固化

固化原理　紫外线是一种波长在 10～400nm 之间的电磁波。用于光敏涂料固化的主要是波长为 300～400nm 的紫外线，在光敏涂料中加有少量的光敏剂，在紫外线的照射下，光敏剂吸收特定波长的紫外线，分解产生活性基团，引发成膜物质的聚合反应发生，形成网状结构而使涂层固化。

现在应用的光敏涂料有两大类，即不饱和聚酯树脂和丙烯醇酸改性树脂（丙烯醇酸环氧树脂，丙烯酸聚氨酯），在它们的分子中有乙烯基不饱和键的结构，在涂料中加入光敏剂并在紫外线照射下，后者分解而产生活性基团，引发聚合作用，在涂料高分子之间进行交联反应，形成网状结构而使涂层固化。

特点如下：

a. 涂层固化快，效率高。紫外线照射时间十分短，涂层在几十秒甚至几秒钟内迅速固化。由于固化快，干燥装置长度短，被涂饰部件一经照射即可收集堆垛。节约了车间的生产面积，生产周期缩短，是机械化连续涂饰流水线上最快的固化装置，因而生产效率极高。

b. 漆膜质量好，节省涂料。光敏漆是无溶剂型漆，涂料转化率接近 100%，固化后的漆膜收缩极少，没有因漆膜收缩而产生的各种缺陷，漆膜平整光滑。另外，光固化时，涂层已固化而基材未被加热，基材含水率可保持稳定，避免或减小了因含水率变化而引起的变形、翘曲等。

c. 装置简单，投资少，维修费用低。

d. 有使用局限性。

紫外线辐射固化的缺点是只能固化平表面的零部件，某些形状复杂的构件不能保证固化质量。紫外线对人的眼睛和皮肤有危害，操作时不能直接用肉眼向照射区内窥望。

固化装置　生产中用光敏漆组成一条光固化流水线，这种装置由涂料涂饰设备与紫外线辐射固化装置两个主要部分组成，用运输机连接起来，安装在密闭的隔离室内。紫外线辐射固化装置主要由照射装置、冷却系统、传送装置、空气净化及排风系统等组成，如图2-32所示。

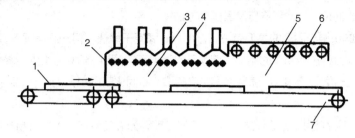

图2-32　紫外线辐射固化装置示意图
1. 板式部件　2. 低压汞灯　3. 预固化区　4. 吸风口　5. 主固化区　6. 高压汞灯　7. 传送带

a. 照射装置。照射装置由光源、冷却系统、照射器、漏磁变压器等部分组成，其中最主要的是紫外光源。常用的紫外光源主要是低压汞灯和高压汞灯，此外还有属于近紫外光源的氙气灯等。低压汞灯的外壳是软质玻璃，内壁涂有黑光粉，管内充有高纯度水银液和稀有气体。其紫外线放射率较高，达18%，发热量低，但输出小；高压汞灯的外壳是石英玻璃管，内有高纯度水银液和惰性气体，启动后，管壁温度达数百度，水银呈完全蒸发状态，达几个大气压，放射效率低（7%～8%），但输出量大，有效的紫外线强度远比低压汞灯大。

b. 排气通风及空气净化系统。排风通气的目的是排除预固化区的热量，排除部分溶剂所挥发出的有害气体以及高压汞灯所产生的臭氧。

空气净化的目的是为了保证漆膜的质量，整个淋涂装置及照射装置都安装在密闭的隔离室内，进入隔离室的空气必须净化。在风机吸风口前设置布袋式粗过滤器、风口后设置泡沫过滤器以达到净化要求。另外为了避免外界灰尘进入，须使隔离室内维持正压，这就要求进风量大于排风量。

紫外线辐射固化工艺条件　影响紫外线辐射固化的因素有紫外线波长、紫外线强度、涂层厚度及涂层温度。紫外线辐射固化的工艺条件见表2-48所列。

表2-48　紫外线辐射固化工艺条件

项　目	工艺要求	备　注
紫外线波长	300～400nm，具体波长根据涂料品种及配方试验选定	波长小于200nm，辐射能量过剩，波长过大，能量过小，使涂层中不发生交联反应
紫外线强度	紫外线强度越大，固化时间越短	
涂层厚度	涂层厚度＜300μm时，固化时间变化不大；当涂层厚度＞300μm时，固化时间才随涂层的增厚而增加	

③ 电子线固化　电子线固化就是用电子线照射涂层，使涂膜高分子发生交联固化。

电子线固化装置由电子加速器、高压发生器、控制台、运输机和通风系统组成。主体为加速器，由电子枪和加速管组成，从电子枪发射出来的电子靠加速管内高压的作用而获得很高的能量。加速的电子流经过交变磁场，该磁场将电子流导向涂层，并从运输带的一边移到另一边。固化装置的主要部分设在混凝土或铅制的防护墙内，以防电子遇到金属时产生的 X 光射到外面。

所有的不饱和化合物、不饱和聚合物等都可用电子线进行固化。

电子线固化的优点是：常温固化、漆膜质量好、时间极短（几秒钟即可），能固化不透明涂料。能量利用率高，但设备价格高。

④ 固化规程　漆膜质量的好坏与固化工艺规程是否合理有很大关系，制定涂层固化规程的主要依据是涂料中成膜物质的种类、涂层厚度及其固化方法等。

油性涂料干燥的快慢与温度的高低有关，温度高，漆膜干燥快，但一般情况下，温度宜在 80℃ 以下。用皮胶、骨胶胶合的拼板制作的制品，漆膜干燥温度不宜超过 60℃，否则会降低胶接强度。油性漆的涂层厚度对固化时间影响很大，随着涂层厚度的增大，固化时间也大为延长，所以油性漆的涂层不宜过厚。

硝基涂层干燥时最高温度不能超过 50℃，干燥初期，如温度稍高，涂层就易起泡，所以，规定涂层进入干燥固化装置的最初 5～10s 内，温度应逐渐地升高，或者使工件进入干燥固化装置之前，预先在室温下陈放一段时间。固化后不磨光的涂层，在 40～50℃ 的温度下固化 15～20min 即可；需漆膜修整的涂层，则需在室温下固化 48h。用对流方式固化涂层，在 50℃ 下固化 3～4h；用辐射方式固化涂层，在 50℃ 温度下需固化 2h。

聚氨酯漆是一种反应性很强的涂料，对环境很敏感，漆膜性能与施工的关系密切，双组分漆的配比对漆膜的性能影响很大，故须严格按照规定比例配漆，并充分搅拌均匀，放置 15～20min，待气泡消失后再使用。配好的漆应在 4h 用完，以免时间过长而胶化报废。

配漆与涂漆过程中，忌与水、酸、碱或醇类等物质接触。木材含水率不宜过高，底层的水性材料（填孔剂、着色剂等）干透后再涂聚氨酯漆。

如需减小漆的黏度，可用工业无水二甲苯或工业无水环己酮按 1:1 混合后，对聚氨酯漆进行稀释。经稀释后的涂料只能作底漆用，不能作面漆，否则会影响漆的光泽度。

涂饰厚度一般以每层 15μm 为宜，涂层间隔干燥 1h 左右，如干的太过分，再涂下一道时，则层间交联很差，影响层间的附着力。

聚酯漆的品种不同，固化规程也不一样，蜡型不饱和聚酯漆，固化温度 15～30℃，若高于 40℃ 时，形成的漆膜质量不好，若低于 15℃，石蜡会在涂层内结晶，使漆膜模糊。涂层厚度应在 200μm 以上，如果小于 100μm，则蜡膜不易形成，影响涂层的封闭隔氧。非蜡型的固化温度与引发剂种类有关，如过氧化环己酮的最低引发温度为 20～60℃，过氧化苯甲酰则为 60～120℃。

■ **思考与练习**

1. 底漆喷涂缺陷有哪些？如何控制？
2. 常用底漆种类有哪些？施工遍数如何确定？
3. 底漆打磨的标准是什么？
4. 属于挥发型固化机理的涂料有哪些？影响此类漆固化的因素有哪些？
5. 属于氧化型固化机理的涂料有哪些？
6. 属于聚合型固化机理的涂料有哪些？
7. 影响涂料固化速度的因素有哪些？
8. 木器家具涂料常用的固化方法包括＿＿＿＿、＿＿＿＿。

9. 自然固化有何特点？适合于哪些涂料的固化？固化方式有哪些？

10. 预热法固化有哪些优点？

11. 简述对流加热的固化机理和优缺点；简述生产中怎样克服对流加热固化的缺点。

12. 辐射固化分为_____、_____等。

13. 简述红外线和紫外线固化的特点。

14. 影响红外线和紫外线固化的因素有哪些？

15. 木制品常用涂料的固化机理一般可分为_____、_____、_____三种。

16. 中涂所用二度底漆起什么作用？有什么特点？生产中常用什么品种？

■ 巩固训练

1. 利用课余时间作市场调研，了解不同的着色材料。熟悉各种着色材料的效果、价格。

2. 利用课余时间做一个色相环（图 2-33），加深对颜色调配的理解。

3. 在色相环中挑选 3 种颜色进行实验，并完成表 2-49。

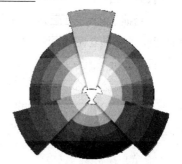

图 2-33　色环（附彩图）

表 2-49　颜色调配确认表

日　期	系列号	颜色编号	颜色类型	颜色偏差		调配人	确认人	备　注
				涂　料	试做板			

任务 2.4　面漆涂装与品质控制

知识目标

1. 理解家具企业涂装工段的安全生产常识；

2. 理解有色透明涂装所用面漆的种类、成膜机理、工艺特点；

3. 掌握面漆涂装的方法、所用工具、设备及施工要领；

4. 掌握修色基本理论知识；

5. 掌握面漆涂装时易产生的缺陷、产生的原因及解决对策；

6. 掌握所选用面漆的安全贮存常识、安全管理要求。

技能目标

1. 能根据工艺方案要求合理选用与调配面漆；

2. 能熟练使用和维护常用工具和设备，独立完成面漆涂装；

3. 能对家具表面缺陷进行准确分析，提出解决措施，进行修补；

4. 能根据最终色彩，进行修色；

5. 能借助工具书查阅英语技术资料，自我学习、独立思考；

6. 能自我管理，有安全生产意识、环保意识和成本意识；

7. 工作中能与他人协作共事，沟通交流；

8. 能根据"6S"管理要求，安全准确取放材料、工具。

工作任务

任务介绍

小组根据设计的工艺方案和已经完成的涂装工序，进行面漆涂装。施工中针对色差，需要进行修色和补色，小组独立完成面漆涂装，最后获得合格产品。

任务分析

面漆涂装是涂饰工艺最后工序，也是决定制品装饰质量的最关键环节。按照涂装效果（开放、封闭、亮光、亚光）和漆膜的理化性能，合理选择面漆品种，比对制品的涂装效果与设计方案之间差别，根据色差的原因调配颜色，及时准确进行修色、补色，最后完成面漆罩面工艺。

工作情景

实训场所：家具表面装饰一体化教室、打磨间、喷涂作业室。

所需设备及工具：涂装板件、砂纸、调色材料、面漆涂料、喷涂设备、漆膜质量检查设备。

工作场景：教师结合涂装工艺方案，下发任务书，将任务要求进行讲解。在喷涂作业室中，教师讲解演示面漆的调配、调色、喷涂操作要领和技术要求，学生模仿进行操作练习。然后小组同学结合设计的涂装方案，进行面漆涂饰的工作准备，制定面漆涂饰实施方案，对施工要领及技术参数进行讨论、分析，小组到指定位置领取工具、材料，分工明确后进行任务实施，教师巡回指导，督促检查。完成任务后，各小组对完成作品进行漆膜质量检查，并将数据和作品展示，小组之间互相交流学习体会，进行互评，教师对各组的方案设计进行评价和总结，指出不足及改进要点。学生根据教师点评，对实施过程存在问题作分析、改进，填写相关学习文件（任务书、评价表）。

知识准备

1. 修色

在透明涂饰中，为使底材的木纹更有立体感、层次感，颜色更加独特，常使用修色材料（修色剂、着色剂、色精等）进行修色。修色可在中间涂层中进行，也可在面层涂膜中进行，一般由家具厂在现场将修色材料加入底漆或面漆中涂饰。修色的材料可根据要求选用；颜色的深浅则可用加入的修色材料的量来调节，也可以由修色涂膜的厚度调节（但修色涂层的厚度要与正常涂饰的漆膜厚度相符合，不能太厚）。在进行修色涂饰时要注意：

① 所修颜色与底层颜色要和谐，一般选用与底色相同或相近的颜色；

② 为了保证修色涂层的色泽均匀一致，涂饰修色涂层时最好薄涂多遍；

③ 面修色后最好再罩一层无色清面漆，以突出颜色的层次感、立体感，达到要求的光泽并且不掉色。

在颜色调整过程中，一方面，颜色色相的差异、着色浓度的深浅，会影响调配的效果；另一方面，木材纹理的清晰度、透明性、颜色立体感、深浅度等均可通过不同的着色材料和不同的着色方法来调整，往往通过有经验的调色人员在操作过程中随时调整。

2. 拼色

拼色也称补色或色差调整，是指经过基材着色和涂层着色之后，涂层表面还可能存在局部色调不均的现象，或是一批部件中个别颜色不均的现象，这种情况下需要进行补色使色调均匀一致。

涂层表面出现颜色不均的原因有两个：一是木材本身的原因，未经漂白的木材有色斑、青皮、色点、条痕以及材色不均等缺点，或是一件制品由几种木材制作，其颜色不一样，这些缺陷在涂底色与涂面色时也未掩盖住；二是着色技术不熟练，在进行基材着色和涂层着色时造成颜色不均匀。

涂层色泽的不均匀，可经过拼色得到解决，但拼色操作是一项技术要求很高的工作，需要有丰富的经验与耐心细致的工作态度。拼色时要对照样本，首先对整个产品或零部件的表面进行仔细的观察，明确目标，看清需要拼色的部位、面积大小、颜色不均的程度。以样板颜色为准，凡是色调比样板颜色浅处，要补上较深的颜色，凡是色调比样板颜色深处，要补上较浅的颜色，深浅程度都不要超过样板的色调。

各种着色剂都可以用作拼色剂，但生产中应用较多的是酒色。酒色干燥快，易调配，将相应的染料与颜料放入到虫胶漆中即可配成。虫胶与酒精的比例为 1:（4~6），常用的染料与颜料有碱性嫩黄、碱性橙、碱性绿、酸性大红、黄纳粉、黑纳粉、铁红、铁黄、炭黑、哈巴粉、立德粉等。需要大面积拼色时以染料为主，颜料多加会影响透明度与木纹的清晰。但要将色深处向浅修拼时，必须用浅色颜料（如石黄、立德粉等）。

拼色时，可先用小排笔蘸酒色将大面积浅色部位进行粗拼，然后用毛笔蘸相应酒色描拼细小的浅色部位。每次蘸酒色不宜过多，顺木纹方向下笔要准、稳，轻起轻落。

需拼色的零部件或制品应放在适宜的自然光线下，不宜直接放在太阳光下或灯光下进行拼色。拼色操作时应经常变换观察方向，在不同角度判别拼色程度。制品上对称胶贴的薄木的色泽，会通过漆膜表面的反光而随人的目视角度的不同改变其自身的深浅程度，此时拼色应以正视观察为准，以标准样板的色泽判断确定，哪边色浅就拼刷哪边。

拼色完毕待拼色层干燥后，可用旧 150#~180# 细砂布，轻轻将色面砂光滑，擦净浮末，立即用封罩漆进行罩光保护。拼色层不可太厚，拼色处不能留有笔头阴影、深浅不匀以及流淌油渍等现象。

拼色工序的位置一般在着色（涂完底色与面色）之后，涂底漆之前。如果后期的底漆、面漆的颜色深，那么拼色后应比样板略淡。

3. 补色

当一件制品或零部件全部涂装完毕，在加工、装配、包装与运输过程中可能碰伤漆色或出现露白现象，此时在验收整理过程中，要对颜色缺陷进行修补，这个过程类似拼色操作，但一般称为补色。

补色多数采用酒色修补，如果需要，也可能重新进行填孔着色、涂漆等工序，将着色过程在局部重新做一遍。

前述着色剂系指由着色材料（染料与颜料）用水、溶剂、油或漆液再加适当助剂调配而成的成品或半成品（可再调入底面漆中），可直接用于木材与涂层的着色。用擦涂、喷涂、浸涂或辊涂均可着色，当用着色剂直接擦涂或喷涂木材做底着色时，如着色效果好（色泽有层次感、能显现木纹等），可以直接涂清底漆与清面漆。如果达不到要求（如色泽不够或不均匀等）可对涂层再进行着色，也称中修色，此时将着色剂加在底漆或面漆中，也可在底漆膜上直接喷涂着色剂。在未进行底着色的透明涂装过程中，只在涂面漆阶段使用有色透明面漆涂装并着色，这样做既达到效果要求又简化了工艺，也节省了材料。

早年使用的着色剂几乎没有涂料厂的成品供货，多由木制品厂的油漆车间油工师傅自行调配，20世纪 90 年代以来，我国各木器漆生产厂家纷纷推出品种名目繁多的着色剂，如色浆、色膏、色母、色精以及万能着色剂、着色油、擦拭着色剂、有色透明面漆等。这些着色剂的原材料不外乎上述的着色材料（颜料、染料）、溶剂、树脂、助剂等，但各厂家的具体品种都有较强的针对性、配套性与专业性。现代着色剂中所用着色材料虽然也用颜料、染料，但是比之传统的着色材料已有所改变，例如对透明半透明的氧化铁系颜料、金属络合物染料、合成树脂、新型助剂以及相应溶剂的使用等，这使现代着色剂的性能更为完善，色泽鲜艳耐久，色谱齐全，透明度高，显现木纹与木材质感的效果好，固化快，使用方便等。现在市场销售修补材料比较齐全，在一定程度上降低了人为修补难度，常见的材料为美国莫霍克修补材料。

由于各厂家不同品种的着色剂常强调其针对性、配套性与专业性，因此需根据各生产厂家的涂料产品使用说明所提供的品种、性能与使用方法进行优选与使用，不可仅凭传统经验。选用时宜注意检查：

① 色谱（色泽品种）是否齐全，或能否调出用户需要色泽？

② 着色剂的耐光、耐热、耐酸、耐碱性能如何？是否容易褪色？

③ 色泽鲜明度、透明度是否影响木纹与木材质感的清晰显现？

④ 渗透性、干燥速度如何？是否便于施工操作？

⑤ 使用部位（木材或涂层中）、配套稀释剂与涂料品种。

⑥ 有无引起木材膨胀、起毛粗糙或涂层间渗色溶色现象发生？有无气味与毒性？

⑦ 如何使用（擦涂、喷涂）？可否同时完成着色与填孔？以及成本价值等。

现代木材透明涂装的着色作业较多采用的是底着色中修色与面着色两种作法。前者即在木材表面直接着色后涂底漆，在底面漆涂层中间修色补色，最后罩透明清漆，此法着色效果好；后者则在整个涂装过程中最后 1~2 遍涂面漆时使用，有色透明面漆在涂面漆工序中同时着色，此法简化了工艺。

4. 抛光

在封闭型涂饰工艺过程中，涂膜经多次涂覆并达到一定的厚度之后，膜面上常会有一些微粒、气泡、橘纹等涂膜疵点。为了获得更理想的表面，就要进行一项涂膜精细整理工序，即抛光。抛光多用于对漆膜表面要求高的中、高档家具的表面涂饰，经抛光处理后的漆膜表面，可以得到无粗粒、很平整、有近乎镜面效果的光泽、无瑕疵的表面。

抛光可分手工抛光和机械抛光，见任务 1.4 中"知识准备"部分的介绍。

5. 面漆涂装（上涂）

底漆涂饰干燥后需精细研磨，为上涂面漆造成一较为平整涂装表面，便可进入上涂阶段。这是整个涂装过程中最后涂装的 1~2 遍面漆，也是最后决定整个涂装质量、产品外观与装饰效果的关键步骤。此时依据木制品涂装设计中确定的透明与不透明、亮光或亚光、原光与抛光等选择相应的面漆涂装。对所选用的具体品牌的面漆，应确认其光泽、硬度、透明度、固化速度、重涂时间、配比等理化性能、使用方法与配套性。如采用原光装饰方法，即在最后的 1~2 遍面漆涂装之后经干燥便可结束全部涂装工程，此时应选用优质面漆，最好在无尘室内采用空气喷涂法精细喷涂，喷后在无尘且温度稍高（30~40℃）的专门干燥室中较快干燥，可获得较理想的上涂效果；如采用抛光装饰方法，可在最后一遍面漆涂完经彻底干燥后，再对表面漆膜进行研磨抛光处理。如是选用有色不透明全光色漆涂装，为了增强涂层的光泽、丰满度，可在涂层最后一道面漆中加入一定量的同类清漆，或有时再涂一遍同类清漆罩光亦可。

6. 面漆性能参数与配比

（1）PE 透明亮光面漆（以华润涂料为例）

9000PE 水晶金刚漆、90983PE 亚光清漆、90985 半亚光清漆产品的理化性能指标见表 2-50。

表 2-50　PE 透明亮光面漆、亚光清漆及半亚光清漆的理化性能指标

指　标	规格及条件	性能参数	
		9000	9098
黏度（20℃）（s）	Stormer 黏度计（20℃）	70~80	80~90
细度（μm）	刮板细度计	≤10	≤25
固体分含量（%）	120℃、3h	96±1	96±1
配漆质量比	主剂：稀释剂：蓝水：白水	100：（20~40）：（0.8~1.2）：（0.8~1.5）	
施工（稀释）黏度（s）	涂-4 杯	35~40	
涂布量（g/m²）	不含喷涂损耗	约220	
施工时限（min）（胶凝）	30~40	30~40	
可打磨时间（min）	15~25	15~25	
表干（min）	4	4	
附着力（级）		3H	
硬度（H）	马口铁上涂装25℃、24h 后测铅笔硬度（H）	2	
冷热循环法	三合板上涂装	5 个循环	
流平性	目　测	良	
丰满度	目　测	良	

实际上引发剂、促进剂的加入量受地域、季节以及环境气温影响很大，因为任何化学反应当温度升高时都会加速，甚至聚酯漆涂层如高温加热时没有促进剂也能反应，故不同温度范围引发剂与促进剂的变化情况可参考表 2-51。

表 2-51　聚酯漆施工配比

环境温度（℃）	PE	引发剂	促进剂
14~17	100	2	1
18~22	100	1.7	0.85

环境温度（℃）	PE	引发剂	促进剂
23~27	100	1.4	0.7
28~32	100	1.1	0.55

（2）聚氨酯漆（PU）面漆（华润涂料致美系列）

华润涂料致美系列 PU 家具漆产品比较见表 2-52。

表 2-52　致美系列 PU 家具漆产品比较

产品编号	产品名称	配套固化剂	配套稀释剂	配比比例	包装规格（kg）
GAM28X	PU 亚光清面漆（X 分光）	GAR28	PX803（PX801）	1：0.5：0.7	20
GAM27X	PU 亚光清面漆（X 分光）	GAR28	PX803（PX801）	1：0.5：0.6	20
GAM23X	PU 亚光清面漆（X 分光）	GAR23	PX803（PX801）	1：0.5：0.8	20

① 致美办公系列

PU 亚光清面漆（X 分光）GAM27X 和面漆固化剂 GAR27 的产品特性：漆膜抗刮伤性佳、采用目前最先进的材料研制而成；手感佳、丰满度好、施工性好、重涂性好；符合 GB18581—2009《室内装饰装修材料溶剂型木器涂料中有害物质限量》，施工宽容性好。

产品用途：用于高档家具的表面涂装，特别适合办公台面。

② 致美套房系列

PU 亚光清面漆（X 分光）GAM23X 和面漆固化剂 GAR23 的产品用途：木制品的面漆涂饰。

产品特性：透明度较好，施工宽容性较好，光泽均匀，不同的涂布量光泽相差较小，受天气因素影响小。漆膜丰满度好，手感柔滑细腻，漆膜柔韧性好，撞击不易发白。性价比高，定位于套房专用亚光清面漆。

超级抗划伤 PU 亚光清面漆 P8700X 的产品用途：高档楼梯、办公家具、木地板等木质表面涂装。

产品特性：光泽 1、3、5、7 分光。

产品标准：符合 GB18581—2009《室内装饰装修材料溶剂型木器涂料有害物质限量》，欧洲玩具安全标准 EN71-part3，美国玩具安全标准 ASTM963-08。

任务实施

---

1. 涂料调配

面漆的调配根据涂料品种，按照产品厂家说明书中的调漆配比进行调配，同时要考虑施工的具体条件，如温度、湿度等参数的变化，适当进行调整。

（1）致美办公系列

PU 亚光清面漆（X 分光）GAM27X 和面漆固化剂 GAR27 的施工配比为 GAM27X：GAR27：PX803（PX801）＝1：0.5：0.6（质量比），需充分搅拌均匀。

施工黏度为 12~15s（岩田 2#黏度），喷涂。

（2）致美套房系列

PU 亚光清面漆（X 分光）GAM23X 和面漆固化剂 GAR23 的施工配比为 GAM23X：GAR23：PX803（PX803）＝1：0.5：0.8（质量比），需充分搅拌均匀。

施工黏度为 12~15s（岩田 2#杯），喷涂。

2. 面漆喷涂

面漆涂饰前需要选择涂饰设备，对涂饰环境进行设计，保证涂饰质量达到标准要求。

（1）致美办公系列

PU 亚光清面漆（X 分光）GAM27X 和面漆固化剂 GAR27 的涂布量为 110~150g/m²，施工方式为喷涂；干燥时间（常温 25℃）为表干≤60min（涂布量为每次 120g/m²），实干≤24h（涂布量为每次 120g/m²）。

（2）致美套房系列

PU 亚光清面漆（X 分光）GAM23X 和面漆固化剂 GAR23 的涂布量为 110~150g/m²，施工方式为喷涂；施工条件为温度 5~35℃，湿度≤80%；干燥时间（常温 25℃）为表干≤30min（涂布量为每次 120g/m²），实干≤25h（涂布量为每次 120g/m²）。

3. 操作注意事项

（1）配漆前必须将漆充分搅拌，配比必须按照规定比例，配漆时应按需调配，PU 产品在 25℃时可使用时间一般为 2~4h。

（2）为达到最佳涂装效果，请使用配套固化剂及配套稀释剂。在夏季施工，施工环境温度≥32℃时可按稀释剂量的 5%~20%添加慢干水使用，来延长表干时间。

（3）适宜施工环境：温度 5~35℃，湿度≤80%；不适宜在 5℃以下施工，以免造成慢干和发白的弊病。

（4）漆、固化剂遇水及湿汽能产生反应，开封后，若未一次用完，必须及时重新封闭好。

（5）施工遵循薄涂多次的原则，每次涂布量不能超过 150g/m²，若多次涂装时，层间必须有足够干燥时间。一次性的过分厚涂可能带来不良的漆膜弊病，如起泡、针孔、慢干等。

（6）必须待配套底漆彻底干燥后打磨平整再喷涂面漆。

（7）为达到较好的施工效果，需全系列配套使用。

（8）涂料在阴凉、干燥、通风处贮存，避免日晒雨淋及高温。在上述条件下贮存，自生产之日起保质期为 1 年。

■ 总结评价

教学评价见表 2-53。

表 2-53　教学评价表

评价类型	项目	分值	考核点	评分细则	组内自评（40%）	组间互评（30%）	教师点评（30%）
过程性评价（70%）	修色	20	工具材料选用；操作符合规程；调配与喷涂着色剂	调配过程符合安全操作规程；0~5 修色操作符合安全规程；0~5 注意现场保存和使用着色剂；0~5 工具材料选用正确，及时清洗干净，取放到位；0~5			
	喷面漆	20	工具的选用；设备的调试；喷涂符合规程；清洗维护；调配涂料	工具（喷枪及过滤网口径）选择正确；0~3 调试（空气压力、漆雾形状及雾化情况）与喷涂顺序；0~2 喷涂与烘干符合安全操作规程；0~5 面漆调配符合操作规程，黏度和光泽符合要求；0~5 喷枪清理部位明确，清洗到位，取放到位；0~5			
	自我学习能力	10	预习程度；知识掌握程度；代表发言	预习下发任务，对学习内容熟悉；0~3 针对预习内容能利用网络等资源查阅资料；0~3 积极主动代表小组发言；0~4			
	工作态度	10	遵守纪律；态度积极或被动；占主导地位与配合程度	遵守纪律，能约束自己、管理他人；0~3 积极或被动地完成任务；0~5 在小组工作中与组员的配合程度；0~2			
	团队合作	10	团队合作意识；组内与组间合作，沟通交流；协作共事，合作愉快；目标统一，进展顺利	团队合作意识，保守团队成果；0~2 组内与组间合作与人交流；0~3 协作共事，合作愉快；0~3 目标统一，进展顺利；0~2			
终结性评价（30%）	修色效果	10	色差	与色板之间的色差；0~10			
	面漆效果	10	喷涂缺陷；光泽度	有无喷涂缺陷；0~5 光泽度达到要求；0~5			
	操作完成度	10	在规定时间内有效完成任务的程度	尽职尽责；0~3 顾全大局；0~3 按时完成任务；0~4			
评价评语	班级：		姓名：	第　　　组			
	教师评语：		总评分：				

■ 思考与练习

1. 何谓水色、酒色，各有何作用？如何调制？怎样施工？

2. 修色颜色的深浅如何控制？在进行修色涂饰时注意事项有哪些？

■ 巩固训练

根据给定的标准样板，找出施工板件所存在色差，通过修色和补色工序，使施工板件颜色与标准样板颜色达到一致。

任务 2.5　漆膜质量检测

知识目标

1. 掌握干漆膜性能指标，漆膜性能检测方法；
2. 掌握检测设备的使用方法、注意事项；
3. 理解涂装工艺及施工要领。

技能目标

1. 能根据国家标准对漆膜质量进行检测；
2. 能鉴别家具漆膜质量优劣；
3. 能熟练操作检测仪器对漆膜性能进行检测；
4. 能有秩序地配合使用同一工具和设备；
5. 能借助工具书查阅英语技术资料，自我学习、独立思考；
6. 能自我管理，有安全生产意识、环保意识和成本意识；
7. 工作中能与他人协作共事，沟通交流；
8. 能根据"6S"管理要求，安全准确取放材料、工具。

工作任务

任务介绍

检测各小组制作样板的漆膜物理化学性能。

任务分析

在对样板漆膜作性能测试时，要提供相应的涂装工艺及样板涂装所用材料。根据国家标准，检测漆膜耐冷热循环性、耐磨性、附着力、漆膜厚度、光泽度、硬度、抗冲击性等理化性能。

按照可实施方案，各组沟通协助，合理分配工具、材料，完成漆膜性能测定。

工作情景

实训场所：一体化教室。

所需设备及工具：涂装板件、漆膜质量检查设备。

工作场景：下发任务书，讲解任务要求。在漆膜检测室中，教师讲解漆膜质量检测设备的操作要领和技术要求，学生学习操作规程。然后小组同学结合样板和设计的涂装方案，完成漆膜检测前的准备工作，制定漆膜检测项目的先后操作步骤。小组到指定位置领取工具、材料，分工明确后进行任务实施，撰写检测报告，教师巡回指导，督促检查。完成任务后，将报告数据和涂饰作品进行展示，小组之间互相交流学习体会，进行互评，教师最后进行评价和总结，指出不足及改进要点。学生根据教师点评，对实施过程存在问题作分析、改进，填写相关学习文件（任务书、评价表）。

市场销售的涂料只是一种工业半成品，必须把涂料施工于基材并成膜，由最终涂装效果来体现出其使用价值。因此对涂料产品作质量检测，包括涂料制造时涂料产品检测、施工质量检测及成膜后漆膜性能检测三个方面。对家具厂而言，涂装质检亦包括三个方面，即原料（涂料）进仓及使用前的检验、对半成品（施工过程）的质量检验与控制、对最终成品的检验和定级。原料不检验、检验不准确、明知原料不好仍然继续使用，会引起工时、材料的浪费，使合格率下降，返工率上升，还会引起商业纠纷。中间过程控制不好，结果是前功尽弃，后患无穷。

测定漆膜装饰质量的目的是确定其使用质量。国家标准和行业标准对木家具及其他木制品漆膜装饰质量的测定包括两个方面：表面涂装质量测定和漆膜理化性能的测定。

1. 漆膜表面涂装质量

漆膜表面涂装质量的测定主要是指对涂层外观的质量要求。根据产品的等级和加工工艺的不同对产品或部件进行检测，具体内容及要求见表2-54。

表2-54 木家具涂层的外观质量要求

项　目	产品类别		
	普级家具	中级家具	高级家具
色泽涂层	① 色基本均匀，允许有轻微木纹模糊 ② 成批配套产品颜色基本接近 ③ 着色部位粗看时（距离1m）允许有不明显的流挂、色花、过楞、白点等缺陷	① 颜色较鲜明，木纹清晰与板相似 ② 整件产品或配套产品色泽相似 ③ 分色处色线整齐 ④ 凡着色部位，不得有流挂、色花、过楞、白点、积粉、杂渣等缺陷 ⑤ 内表着色面与外表颜色接近	① 颜色鲜明，木纹清晰，与样板基本一致 ② 整件产品或配套产品色泽一致 ③ 分色处色线必须整齐一致 ④ 凡着色部位，目视不得有着色缺陷，如积粉、色花、刷毛、过楞、杂渣、白楞、白点、不平整度修色的色差等缺陷 ⑤ 内部着色与外表颜色要相似
透明涂装	① 涂层表面手感光滑，有均匀光泽。漆膜实干后允许有木孔沉陷 ② 涂层表面允许有不明显颗粒和微小不平整度及不影响使用性能的缺陷。但不得有漆膜发黏、明显流挂、附有刷毛等缺陷	① 正视面抛光的涂层，表面应平整光滑，漆实干后无明显木孔沉陷 ② 侧面不抛光的涂层表面手感光滑，无明显颗粒，漆膜实干后允许有木孔沉陷 ③ 涂层表面应无流挂、缩孔、鼓泡、刷毛、皱皮、漏漆、发黏等缺陷。允许有小胀边和不平整度	① 涂层表面平整光滑、漆膜实干后不得有木孔沉陷 ② 涂层表面不得有流挂、缩孔、胀边、鼓泡、皱皮。线角处与平面基本相似，无积漆、磨伤等缺陷
抛光层	—	正视面抛光 ① 涂层平坦，具有镜面般的光泽 ② 涂层表面目视应无明显加工痕迹、细条纹、划痕、雾光、白楞、白点、鼓泡、油白等缺陷	表面全面抛光 ① 涂层平坦，具有镜面般的光泽 ② 涂层表面不得有目视可见的加工痕迹、细条纹、划痕、雾光、白楞、白色、鼓泡、油白等缺陷
不涂装部位	允许有不影响美观的漆迹、污迹	要保持清洁	要保持清洁，边缘漆应整齐

注：不透明涂层除不显木纹外，其余要求须符合上表；填孔型亚光涂层除光泽要求不同外，其余须符合上表中、高级产品的要求；古铜色除图案要求不同外，其余应符合高级产品的要求。

2. 漆膜理化性能的检测

漆膜理化性能的检测包括项目：漆膜光泽、漆膜耐液性、漆膜耐干热性、漆膜耐湿热性、漆膜附着力、漆膜厚度、漆膜耐冷热温差性、漆膜耐磨性、漆膜抗冲击性及漆膜硬度、漆膜耐光性、漆膜耐干湿变化性能等。对前九项性能的测定我国已制订了相应的标准。

为保证测定值的可比性和可靠性，国家标准中对试样的选取作了如下规定：

① 试样规格为 250mm×200mm，测耐磨性的试样是直径为 100mm，在中心开 8.5mm 小孔的圆板。

② 试样涂装完工后至少存放 10d，并达到完全干燥后方可检测。

③ 送试样时，应附送报告，内容包括涂料名称、简要涂装工艺、制作时间。

④ 试样表面应平整，漆膜无划痕、鼓泡等缺陷。

⑤ 样板试验区域不小于三个，每个区域离边缘不小于 40mm，三个试验区域中心相距不小于 65mm。

（1）漆膜光泽

物体表面被光照射时，光线朝一定方向反射的性能即为光泽。漆膜光泽是其外观质量的重要指标之一，也关系到漆膜的使用性能，当漆膜出现微缝、下陷和老化时，就开始失去光泽。

GB/T 4893.6—1985《家具表面漆膜光泽测定法》规定："光泽值是以漆膜表面的正反射光量与同一条件下标准板表面正反射光量之比的百分数表示。"

① 设备和材料　光电光泽仪（图 2-34），要求仪器重现性不低于 2%；绒布；擦镜纸。

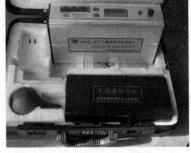

图 2-34　光电光泽仪（GZ—Ⅱ型）

② 光泽值分级标准　见表 2-55 所列。

表 2-55　光泽值分级标准

涂装工艺		等级			
		1	2	3	4
高光泽光泽值（%）	原　光	≥90	80～90	70～79	≤69
	抛　光	≥85	75～84	65～74	≤64
亚光光泽值（%）	填孔亚光	25～35	15～24	≤4	—
	显孔亚光	≤14	15～24	25～35	—

说明：对于专门订货或出口产品，漆膜的光泽值可由双方协议确定，不一定进行分级。

（2）附着力

漆膜附着力是指漆膜与被涂装物体表面结合的能力，是漆膜的重要性能之一。附着力越好，则漆膜越能起到保护木制品的作用。

漆膜附着力是根据 GB/T 4893.4—1985《家具表面漆膜附着力交叉切割测定法》中的规定测定的。测定方法是采用锋利刀片在漆膜表面切割互成直角的两组格状割痕，根据割痕内漆膜损伤程度评级。该法只适用于测定木家具及其他家具木制件表面厚度在 250μm 以下的漆膜对基材的黏附牢度，或底面漆相互结合的牢度。

图 2-35 附着力划格仪器

① 设备和材料　EE漆膜附着力测定仪（图2-35），也可采用有等同试验结果的其他型号附着力测定仪；用CrO₃合金工具钢或 GB/T 1299—2000《合金工具钢》中规定的 CrO₆ 材料制成的专用刀片，刀片厚（0.43±0.03）mm；氧化锌橡皮膏；60W 白色磨砂灯泡；4 倍放大镜；猪鬃刷。

② 分级标准　按表2-56所列分级标准评级。

表 2-56　漆膜附着力分级标准

等　级	说　明
1	割痕光滑，无漆膜剥落
2	割痕交叉处有漆膜剥落，漆膜割痕有少量断续剥落
3	漆膜沿割痕有继续或连续剥落
4	50%以下的切割方格中，漆膜沿割痕有大片碎片剥落或全部剥落
5	50%以上的切割方格中，漆膜沿割痕有大碎片剥落或全部剥落

（3）耐磨性

在一定摩擦力的作用下，漆膜脱落的难易程度即为耐磨性。GB/T 4893.8—1985《家具表面漆膜耐磨性测定法》中规定："漆膜耐磨性采用漆膜磨耗仪，以经过一定的磨转次数后，对漆膜的磨损程度评级。"

① 设备和材料　漆膜磨耗仪，如 JM—1 型（图2-36），也可采用有同等试验结果的其他磨耗仪，工作盘转速 70~75r/min；砂轮修整器，如橡胶砂轮 JM—120，厚 10mm，直径 50mm；吸尘器；天平（分度值为 0.001g）。

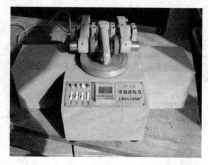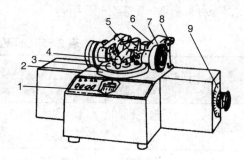

图 2-36　漆膜磨耗仪

1. 计数器　2. 工作转盘　3. 试件　4. 吸尘口　5. 橡胶砂轮　6. 加压臂　7. 砝码　8. 平衡砝码　9. 吸尘机调压器

② 分级标准　分级标准对照评定见表2-57所列。

表 2-57　漆膜耐磨性分级标准

等　级	说　明	等　级	说　明
1	漆膜未露白	3	漆膜局部明显露白
2	漆膜局部轻微露白	4	漆膜严重露白

（4）耐液性

漆膜的耐液性是指漆膜对某些溶液浸蚀作用的抵抗性能。

GB 4893.1—1985《家具表面漆膜耐液测定法》中对木家具及其他家具木制件表面漆膜耐液性做出了具体规定。

① 设备和材料　试液，见表 2-58；设备包括玻璃罩、不锈钢尖头镊子、观察箱；材料包括定性滤纸、清洗液。

表 2-58　试液配比

序　号	试液名称	规格及要求
1	氯化钠	15%（质量分数）
2	碳酸钠	10%（质量分数）
3	乙　酸	30%（质量分数）
4	乙　醇	70%（质量分数）
5	洗涤剂	白猫洗洁精（25%脂肪醇环氧乙烷，75%水）
6	酱　油	SB 70—1978《酱油质量标准》
7	蓝黑墨水	QB 551—1981《蓝黑墨水》
8	红墨水	市售
9	碘　酒	按中国药典规定
10	花露水	70%～75%乙醇、2%～3%香精
11	茶　水	10g 云南滇红 1 级碎茶加入 1000g 沸水，不要搅拌，浸泡 5min 后倒入茶水
12	咖　啡	40g 速溶咖啡加入 1000g 沸水
13	甜炼乳	QB 34—1960《甜炼乳》
14	大豆油	QB1335—1979《大豆油》
15	蒸馏水	

② 分级标准　见表 2-59 所列。

表 2-59　漆膜的耐液性分级标准

等　级	说　明	等　级	说　明
1	无印痕	3	轻微的变色或明显变泽印痕
2	轻微变泽印痕	4	明显的变色、鼓泡、皱纹等

（5）耐热性

漆膜受热时会产生变色、软化和鼓泡等现象，漆膜的耐热性是指漆膜抵抗热量的能力。漆膜的耐热性按 GB/T 4893.2—2005《家具表面耐湿热测定法》和 GB/T 4893.3—2005《家具表面耐干测定法》测定。

① 漆膜耐湿热测定法

仪器设备和材料　铜试杯、电炉、天平、坩埚钳、温度计、隔热垫、尼龙纺、不锈钢尖头镊子、蒸馏水、加热介质、观察箱。

试验条件　试验室温度为 20℃±2℃，相对湿度 60%～70%。测试温度根据产品标准或供需双方协议，在 55℃、70℃、85℃范围内选择。

分级标准　见表 2-60。

表 2-60　漆膜耐湿热分级标准

等　级	说　明	等　级	说　明
1	无试杯印痕	4	明显环痕或圈痕及轻微变色
2	间断轻微印痕及轻微变泽	5	严重环痕或圈痕、变色或鼓泡
3	近乎完整的环痕或圈痕及轻微变色		

② 漆膜耐干热测定法 仪器设备和材料与耐湿法相同。分级标准见表2-60。

（6）耐冷热温差性

耐冷热温差性是指漆膜抵抗温度由低到高或由高到低变化而造成漆膜破坏的能力。

漆膜耐冷热温差性能的测定法由 GB/T 4893.7—1985《家具表面漆膜耐冷热温差测定法》所规定。

设备和材料为恒温恒湿箱（温度高于 60℃，相对湿度 98%～99%）、低温冰箱（温度低于-40℃）、天平（分度值为 0.1g）、电炉、4 倍放大镜、猪鬃刷、石蜡和松香。

（7）漆膜厚度

漆膜厚度是一个很重要的物理指标，漆膜过薄，水分、气体等容易透入木材，起不到保护木制品的作用，漆膜过厚则涂装成本高。

GB/T 4893.5—1985《家具表面漆膜厚度测定法》中所采用的工作原理如下：在被测漆膜上钻一顶角为 120°锥孔，孔壁在 40 倍测量显微镜中成像，在显微镜中读出其垂直于显微镜主光轴的母线长度（漆膜部分），再根据函数关系求得漆膜厚度。本方法适用于测量木家具及其他家具木制件表面透明或不透明漆膜的厚度。

仪器设备包括钻头、模板和指轮。钻头由高速钢（如 W18Cr4V）制成，直径 6mm，顶角 120°，淬火硬度不低于 HRC63。模板和指轮均由 ZL103 铸铝制成，前者上加工有直径 6mm 的孔，后者质量约（350±15）g。测量显微镜的光路原理如图 2-37 所示，可采用上海大庆光学仪器厂生产的 60°漆膜测量显微镜、记号笔。

（8）耐冲击测定

耐冲击是指漆膜抵抗外界冲击的能力。冲击高度为 10、25、50、100、200、400mm。

仪器设备包括放大镜（10 倍）、光源（60W 磨砂灯泡）、冲击器（由水平基座、垂直导管、冲击块与钢球四部分组成，如图 2-38 所示）。

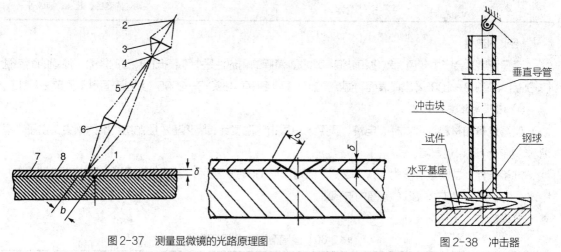

图 2-37 测量显微镜的光路原理图 图 2-38 冲击器

1. 锥形孔的母线 2. 视点 3. 目镜 4. 分划板 5. 主光轴 6. 物镜
7. 漆膜 8. 基材 δ. 漆膜厚度 b. 锥孔母线漆膜部分长度

1. 漆膜质量检测

漆膜质量检测步骤如图 2-39 所示。

| 成立检测小组
确定检测项目 | → | 设备调试
样板制备 | → | 检测实施
数据记录 | → | 数据分析
检测报告 |

图 2-39 漆膜质量检测步骤

2. 漆膜光泽试验步骤

（1）测试前准备

提前将光电光泽仪电池充电（7～14h，平时不用时每隔半年充电一次，并妥善保管，以免受潮损坏仪器）；检查工作标准板表面是否清洁，否则用吹风球吹净表面灰尘，若不慎沾上汗渍等脏污，可用镜头纸滴上清洗液（乙醇：乙醚＝1：2）轻轻擦拭，切勿用力，避免硬物、手指直接接触其表面；将被测样板表面清理干净，以免测头在标准板和样品之间来回接触弄脏标准板。

（2）光电光泽仪的调试准备

按动电源开关 ON，并按所需的测量系统选择开关 TUN（如 60°），将仪器置于标准板（高光泽）上；预热 5min 待用；将仪器置于标准板盒的黑绒布上，调节"调零"旋钮，使显示器指示 00.0 到 00.0（负号刚消失为止）；将仪器置于高光泽工作标准板上（注意要将仪器正面的定位标志对准标准板的三角点）调节"调幅"旋钮，使显示器指示高光泽标准板的标定值，注意调零与调幅步骤要反复几次进行观察；检查"0"点及工作标准板（高光泽）读数，若有变动，须重调。待读数误差在允许范围内，则表明仪器正常，可以使用测量。

（3）测量

将测头置于被测样板上，此时显示的读数就是被测样板的光泽度值，注意测试时应使木纹方向顺着测头内光线的入射和反射方向，将光泽测头依次放在试样的三个区域上，分别读出其光泽值，读数准确至 1%，取算术平均值。每测一块试样，就用标准板校对一次。

3. 附着力测试步骤

① 在试样上取 3 个区域，利用刀片和模板在测试区的漆膜上切割出 2 组互成直角的格状割痕，每组割痕为 11 条，长为 35mm，间距为 2mm。所有切口应穿透到基材表面。割痕与木纹方向呈 45°，如图 2-40 所示。

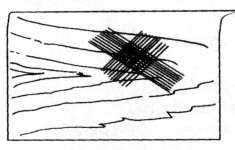

② 用漆刷轻轻刷去漆膜浮屑。

③ 将氧化锌橡皮膏用手指按压粘贴在刻痕上，顺对角线方向猛揭一次。

④ 在观察灯下用 4 倍放大镜从各个方向观察漆膜损伤情况。

图 2-40 附着力测定划格方向

4. 耐磨性测试步骤

① 在试件中部 65mm 范围内均匀布取三点测漆膜厚度，取算术平均值。

② 在试样上取直径 100mm 的圆板并在中心钻一个直径为 8.5mm 的孔。

③ 将试件放于磨耗仪工作盘上（工作盘转速为 70～75r/min）。

④ 将试样固定在磨耗仪上，加压臂上加 1000g 重砝码和安装已修整好的橡胶砂轮；臂末端加上与砂轮同等质量的平衡砝码。

⑤ 放下加压臂与吸尘口，接通电源开关、吸尘开关和转盘开关。

⑥ 试样先磨 50 圈，使漆膜表面呈平整均匀磨耗圆环（发现磨耗不均匀，应及时更换试样）；取出试样，除去浮屑后称重，精确至 0.001g，前后质量之差即为漆膜失去的质量。

⑦ 继续磨 100 圈后取下试件，刷取浮屑再称重，前后质量之差即为漆膜失重。

⑧ 调整计数器到规定的磨砂次数（应减去 100），继续砂磨，试验终止后，观察漆膜表面磨损情况。平行测试三件，可磨 400、1000、2000、3000、4000、5000 圈（根据供需双方协议）。

5. 耐液性测试步骤

① 用软布或纱布擦净试样（件）涂膜表面。

② 在试样上取三个检测处和一块对比处，检测处中心点距试样边缘应大于 40mm，两检测处的中心距离应大于 65mm。将直径为 25mm 的滤纸放入试液中浸透，用不锈钢尖头镊子取出，在每个检测处上分别放五层滤纸，并用玻璃罩罩住。

③ 在检测过程中须始终保持滤纸湿润，若检测时间长，滤纸中的试液挥发较多不太湿润，可用滴管在滤纸上补加试液以达到湿润要求。

④ 达到规定时间（检测时间一般是根据产品质量标准或供需双方协议而定，建议时间为 10s、10min、1h、4h、5h、24h、80h）后，取走玻璃罩及试纸。

⑤ 另用干净滤纸吸干残液，静放 16～24h；用清水洗净试样表面，并用软布揩干，静止 30min。

⑥ 观察检测处与对比处有何差异：是否有变色、鼓泡、皱纹等现象，并按分级标准评定级别。涂膜耐液性检测结果的评定分级标准见表 2-59 所列。

6. 耐热性检测步骤

（1）漆膜耐湿热测定法

① 在试样上任取直径为 50mm 的三个检测区，记录下区域的颜色、光泽、漆膜表状。

② 在铜试杯内注入（100±1）g 矿物油（可为 80℃、90℃、100℃、120℃、150℃），边搅拌边加热，使杯内温度达到要求值。

③ 将试杯置于检测区域上，这时在铜试杯与试样之间放有浸透蒸馏水的尼龙纺。

④ 静置 15min。

⑤ 取走铜试杯与尼龙纺，用滤纸吸干表面，静置 16～24h。

⑥ 将试样放在观察箱内一定位置上检查杯和尼龙纺在样板上造成的印痕。

⑦ 在自然光下检查有无变色、鼓泡等情况。按分级标准进行评定，分级标准见表 2-60。

（2）漆膜耐干热测定法

试验温度在 70℃、80℃、90℃、100℃ 和 120℃ 之间选择。检测步骤大致与耐湿法相同，只是铜试杯与试样之间不放浸湿的尼龙纺。最后在观察箱内与室内自然光下观察试样变化情况，对照分级标准进行分级，分级标准见表2-60。

7. 耐冷热温差性检测步骤

① 取四块试样，一块留作比较样板，三块用作试验。

② 用 1∶1 的石蜡—松香混合液将试件周边和背面封闭。

③ 送入恒温恒湿箱[温度（40±2）℃，湿度 98%～99%]，保持 1h 后，取出并立即送入冰箱（-20±2）℃内，保持 1h 后，再重复上述处理。

④ 每经三个周期，将试样放在（20±2）℃、相对湿度 60%～70%条件下 18h，然后进行检查。

⑤ 根据供需双方协议，可采用以 3 为倍数的周期数，如 3、6、9、12、15、18 周期等。达到要求处理条件的试样，用 4 倍放大镜观察，如有裂缝、鼓泡、明显失光和变色时，此样板即为不合格。

⑥ 以两块试件一致评定值为最终结果。

8. 漆膜厚度检测步骤

① 一试样取三个试验点，其中一个在试样中心。

② 用记号笔涂点。

③ 将钻孔装置的钻头对准试验点，轻快平稳地转动指轮钻孔，钻透漆膜后即移开钻孔装置。

④ 清除钻屑。

⑤ 打开显微镜光源，并将钻孔置于显微镜视场中。

⑥ 将显微镜聚焦于锥孔与主光轴垂直的母线上，用显微镜的测微装置测出这条母线漆膜部分的长度，用 $\delta = b/2$ 算得漆膜厚度，其中 δ 为漆膜厚度，b 为锥孔母线漆膜部分的长度。

9. 耐冲击测定

（1）确定冲击部位，各冲击部位中心距离试件边沿应≥50mm，各冲击部位中心间的距离≥20mm，冲击部位如图2-41所示。

（2）将试件放在水平基座上，所有冲击部位都处在水平基座范围内。

（3）将冲击器放在被测试件上，钢球对准冲击部位中心。

（4）将冲击块提升到规定的冲击高度，向钢球冲击一次，每个冲击高度各冲击 5 个部位。

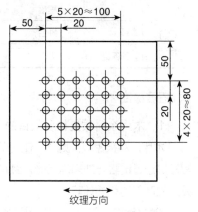

图 2-41　冲击部位（单位: mm）

（5）将试件置于光源下，用放大镜检查各冲击部位的损伤程度（检查时，可晃动试件、光源和改变观察角度进行，必要时也可涂上与漆膜颜色反差较大的水性着色剂，片刻后擦去着色剂再作检查）。

（6）评定出同一冲击高度的每个冲击部位的数字等级，取于其算术平均值最接近的整数作为最终评定结果。

■ 总结评价

成果评价见表2-61。

表 2-61　成果评价表

评价类型	项　目	分值	考核点	评分细则	组内自评（40%）	组间互评（30%）	教师点评（30%）
过程性考核（30%）	自我学习能力	10	预习程度；知识掌握程度；代表发言	预习下发任务，对学习内容熟悉；0~3 针对预习内容能利用网络等资源查阅资料；0~3 积极主动代表小组发言；0~4			
	工作态度	10	遵守纪律；态度积极或被动；占主导地位与配合程度	遵守纪律，能约束自己、管理他人；0~3 积极或被动地完成任务；0~5 在小组工作中与组员的配合程度；0~2			
	团队合作	10	团队合作意识；组内与组间合作，沟通交流；协作共事，合作愉快；目标统一，进展顺利	团队合作意识，保守团队成果；0~2 组内与组间与人交流；0~3 协作共事，合作愉快；0~3 目标统一，进展顺利；0~2			
终结性评价（70%）	漆膜外观质量检测	10	颜色；缺陷检测	色泽涂层、抛光层、透明层、不涂饰部位；0~5 符合操作规程及安全规程；0~5			
	漆膜理化性能检测	50	附着力性能检测；光泽度检测；耐磨性检测；耐气候性检测；耐酸碱性检测等	符合操作规程及安全规程；0~5 各项性能检测（附着力、光泽度、耐磨性、耐冲击性等）符合质量要求；0~45			
	操作完成度	10	在规定时间内有效完成方案与任务工单的程度	尽职尽责；0~3 顾全大局；0~3 按时完成任务；0~4			
评价评语	班级：		姓名：	第　　　组			
	教师评语：			总评分：			

■ **拓展提高**

1. 木用涂料质量检测的目的与特点

　　木用涂料被家具厂购入，使用前需进行检验，其质量检查和一般化工产品不同，其产品性能的技术指标是通过试验方法来确定的，因此用规定的试验方法来进行涂料原料产品性能的检测工作，就成为家具厂生产前的首要环节。

　　涂料检测的目的：一是通过试验评估所购入的涂料产品是否合格、可否进仓；二是通过项目的检查，达到调整涂装工艺、控制涂装质量的目的。

　　木用涂料检测的特点如下：

　　（1）以物理方法检测为主

　　木用涂料是木用家具表面涂装所必需的一种基础化工材料，判定其质量情况，主要是检查其物理性能如何，而对其化学组成的检查，则列为从属地位。因此，检测木用涂料品质时，采用化学分析的方法较少，而用物理方法较多。如对颜色、黏度、细度、固体含量、耐冲击性、柔韧性等的检查。

（2）以检查漆膜性能为主

和其他涂料产品一样，木用涂料的性能主要是评估成膜后的漆膜性能。通过检测漆膜质量情况，才能判定涂料的性能以及使用价值如何，这就决定了木用涂料质量检测的内容是既要检测涂料产品，更要检测它所制成的漆膜。检查漆膜也是以检测其物理性能为主。

（3）以涂装施工性能检测为核心

木用涂料的某些性能需要通过涂装施工直至成膜后才能体现出来，正如前述，施工性能直接影响用户的施工应用，例如干燥性能会影响施工涂装效率，底漆打磨性不好，会影响涂膜最终效果，明显地增加劳动强度和降低生产效益等。这一切都涉及使用厂家的经济效益。有些涂料尽管其涂膜性能相当好，但往往由于其施工性能不好，而被客户拒绝。所以要规定对涂料施工性能的检测，例如要进行遮盖力、使用量、涂刷性、流平性、干燥性、打磨性等方面的检测。

（4）关注用户对特定性能需求的检测

木用涂料的涂装作为木家具最后一道工序，直接影响家具的涂装效果，它的涂膜不仅需满足一般要求，更重要的是发挥其特定性能，满足特定的要求。这就规定了涂料质量检测的内容，不仅要检测涂膜在通常情况下的质量情况，而且要检测漆膜在涂饰物件后在特定条件下的质量情况，这样才能判定涂料质量是否符合要求。例如针对办公系列耐刮伤要求，就必须检测用于面漆漆膜耐刮伤的性能；对耐黄变漆，就要检测漆膜在太阳光照射后黄变程度的变化；对气候潮湿、阴冷的地区，木用涂料施工后漆膜常常出现发白现象，这就要求测试漆膜发白性能等。随着现代化工业的发展以及人们对涂装要求不断提高，对涂料特定性能的要求项目也越来越多，对涂料特定性能的检测也越来越重要。

（5）涂料检测结果

涂料检测结果虽然是用数据表示，但往往是通过与标准状况作比较，得出的是相对值。又由于影响涂料性能的因素非常多，有些结果评判又依靠目测，易造成主观上的误差，增加评判的难度。所以有些检测项目需要多次试验或对更多块样板进行测试，以多数的结果作为最后判定。其实，在实践中，有时检测结果并不反映真实的情况，甚至相反。必须根据具体情况具体分析。

涂膜是要长期发挥作用的，因此除了检测漆膜初期形成时的性能外，还要检测漆膜经长期使用后的情况，即检测其长效指标。总之，要根据涂料实际使用条件的不同，来确定对其进行检测的项目。要判定某种涂料是否符合质量要求，应从多方面来对其进行检测，需通过某些综合性能来确定，而不是仅以几个简单的指标来确定。由此可见，对木用涂料质量的检测比一般其他化工产品的检查更为复杂。

2. 液体涂料的常规质量检测项目

涂料常规质量检测是指家具生产厂家在购入涂料之后，使用之前，对涂料产品品质所进行的检测内容及操作规程，检测结果反映了涂料在未使用前应具备的性能，或称为涂料原始状态的性能，所表示的是涂料作为原料在贮存、备用过程中的各方面性能和质量情况。检测项目有外观与透明度、颜色及色差、遮盖力、密度、细度、黏度、固体含量、贮存稳定性、有害物质含量等。

（1）外观与透明度

清漆在生产过程中，由于机械杂质的混入、树脂的互容性不同、溶剂对树脂的溶解性差异、催干剂的性能以及水分的渗入等，都会影响产品的透明度。外观浑浊而不透明的产品有时会影响成膜后的光泽和颜色。透明度测定按 GB/T 1721—2008《清漆、清油及稀释剂外观和透明度测定法》进行。目前使用光电式浊度计测定较为常见，可以消除人为目测结果的偏差，将测试结果定量化，提高测试的准确度。

（2）色泽

透明液体涂料由于对光吸收的差异而产生不同的颜色，通常要求其颜色越浅越好。颜色深浅会影响干膜色泽，最终影响家具美观和产品的档次，尤其是在浅色贴纸上的涂装更显重要。当然，最理想的是漆膜干固以后色泽不变深或变色不能太快。检测方法是将这些涂料产品与一系列标准色阶的溶液（或玻璃片），在天然散射光或规定的人工光源的透射下比较，确定其颜色深浅程度。依据所选用标准的不同，有以下几类检测方法：铁钴比色法，GB/T 1722—1992《清漆、清油及稀释剂颜色测定法》；铂钴比色法，GB/T 9282.1—2008《透明液体 以铂—钴等级评定颜色 第1部分：目视法》；加氏颜色等级法，GB/T 9281.1—2008《透明液体 加氏颜色等级评定颜色 第1部分：目视法》；罗维朋比色法，GB/T 1722—1992。此外还有碘液比色法、Say bolt 色值测试法，但涂料中较少使用。

（3）密度

密度的定义为：在规定的温度下，单位体积的物体的质量，常用单位为 g/cm^3 或 g/mL。测定涂料产品密度的目的，主要是控制产品包装质量，用于质量与体积之间的换算；在检测产品遮盖力时，也需要测试密度，以便了解在施工时单位容积能涂覆的面积。

（4）细度

细度俗称研磨细度、分散度，是色漆、亚光漆中的着色颜料和体质颜料分散程度的指标。细度检测主要检查涂料（也包括清漆）中是否含有微小的机械杂质或胶粒，或者检查其中颜料的分散程度。检测仪器为刮板细度计，检测结果以微米（μm）表示。研磨后的细度对色漆而言很重要，对成膜质量、漆膜光泽、遮盖力、耐久性、贮存稳定性等均有很大的影响。颗粒细、分散得好的色漆，其颜料表面能较好地被润湿，颗粒间未湿润的空间少，制得的漆膜颜色均匀、表面平整、光泽好，漆料在贮存过程中颜料不易发生沉淀、结块、返粗等现象，贮存稳定性较好。

一般底漆细度要求不大于 60μm，面漆细度不大于 25μm，有个别品种要求达到 15μm 以下。

（5）黏度

黏度是流体的主要物理特性。流体在外力作用下流动和变形，黏度是表示流体流变特性的一个项目，它是对流体具有的抗拒流动的内部阻力的量度。黏度是涂料的一个重要指标，反映了涂料的稠密、厚薄情况。不同类型、不同品种其黏度标准不同，并且又根据各自施工要求调整不同的施工黏度。黏度无大小、好坏之分，强调的是最合适的施工黏度。随着贮存时间的延长，黏度值会发生一定变化，又反映涂料贮存后品质的状况。密度较大的色漆，为了在容器中能够长期贮存，通常保持较高的黏度值，称为涂料的原始（液）黏度。在施工时，需要使用稀释剂调整至较低的黏度，以适合不同的施工方法，这时的黏度称为施工黏度或稀释黏度。

① 液体涂料黏度的测定方法 液体涂料的黏度检测方法有多种，目前主要用流出法：通过测定液体涂料在一定容积的容器内流出的时间，来表示此涂料的黏度，这是较常用和较经济的方法。依据使用的仪器分为毛细管法和流量杯法。毛细管法是最经典的方法，但不适合涂料厂用，而流量杯法由于体积大，流出孔粗短，因此操作、清洗较方便，应用较广。流量杯测定的黏度通常以试样流出时间表示，以 s 为单位。流量杯黏度计适用于低黏度的清漆和色漆，不适用于测定非牛顿型流动的涂料，如高稠度、高颜料分涂料的黏度。各国使用流量杯规格见表 2-62 所列。

表 2-62　几种涂料黏度测试方法

黏度杯规格		黏度范围（s）	适用范围（s）	校正公式
ISO	No.3	7~42	30~100	$v = 0.443t \sim 200/t$
	No.4	34~135	30~100	$v = 1.37t \sim 200/t$
	No.6	188~684	30~100	$v = 6.90t \sim 570/t$
ASTM	No.4	10~368	<100	$v = 3.85（t \sim 4.49）$
GB	T-1	≥358	≤20	$t = 0.053v + 1.0$
	T-4	60~360	<150	$t<23s：t = 0.154v + 11$ $23s≤t<150s：t = 0.223v + 5.0$
Zahn （察恩杯）	No.2	21~231	20~80	$v = 3.5（t-14）$
	No.4	222~1110	20~80	$v = 14.8（t-5）$

以上黏度测试值，如使用不同黏度杯测试，测试出的数据则无对比性。

通常使用涂-1、ISO-6、Zahn-4 测试涂料原液黏度，使用涂-4 杯、ISO-3、ISO-4、Zahn-2 或 Ford 号 4 测试稀释黏度，为方便使用，也有采用日本岩田工业 NK-2 黏度杯测试涂装稀释黏度（NK-2 杯流出特性类似 Ford 号 4 黏度杯）。

② 厚漆、泥子的稠度的测定　厚漆、泥子及其他厚浆型涂料，要测定其稠度来反映其流动性能。稠度的测定方法见 GB/T 1749—1979《厚漆、泥子稠度测定法》，取定量体积的试样，在固定压力下经过一定时间后，以试样流展扩散的直径表示，单位为厘米。

③ 涂料触变性的测定　涂料受外力进行搅拌或摇动时，黏度立刻大幅度降低，但在停止搅拌后，马上或静置一段时间后，黏度又急剧上升，这种性质即为触变性。在涂装中，触变性反映出可否厚涂、流平性是否好、抗流挂性如何等指标。使用旋转黏度计可测定触变性的有无和大小。首先从低速开始，逐渐增大转速（即剪切速率），每隔一段时间，改变一次转速，这样可以得到一条弧线 ABC（图 2-42）；再把转速按同样的时间间隔以逐步递减的方式再测定一次，得到图 2-42 中的 CA 直线，如果得到一个环状曲线，则说明涂料具有触变性，环的面积表示触变性的大小。

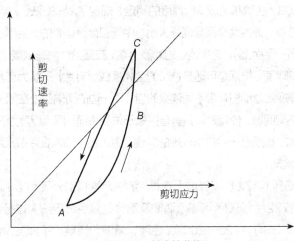

图 2-42　触变性曲线

（6）不挥发分含量（固体含量）

不挥发分含量，指涂料组分经过挥发后，最终留下成为漆膜的部分。它的含量高低对形成的漆膜的质量、涂料使用经济性有直接关系，常用的测定方法是加热烘烤法。将涂料在一定温度下加热烘焙以除去蒸发部分，干燥后剩余物质量与试样质量比较，以百分数表示。

（7）容器中状态和贮存稳定性

涂料库存一段时间后，容器中产品的物理化学性能有时会发生变化，严重的可能影响使用。检查标准是在保质期之内有无超出允许范围，一般检查如下两项内容。

① 容器中状态　通常在涂料取样前进行，搬出涂料包装罐，严禁晃动、倒转。先检查容器是否完好，记录生产日期，检查封口是否完整严密，记录后再打开封盖。对木用涂料要检查结皮情况、分层现象、色漆有无液体或颜料上浮现象、有无沉淀结块、沉淀程度、经过搅拌是否均匀、颜色是否上下一致等。

② 贮存稳定性　指涂料产品在正常的包装状态和贮存条件下，经过一定的贮存期限后，产品的物理或化学性能达到原规定的使用要求的程度，或者说是涂料产品抵抗在规定条件下进行存放后可能发生的性能变化的程度。依 GB/T 6753.3—1986《涂料贮存稳定性试验方法》进行，测定条件分为自然环境贮存和在（50±2）℃条件下贮存两种。最后综合以"通过"或"不通过"为结论性评定，或按产品执行标准的要求评定。

（8）结皮性

氧化干燥型清漆和色漆在贮存中的结皮倾向，是贮存稳定性检测内容的一个项目。涂料产品结皮不但会改变涂料组成部分比例，影响成膜性能，还会引起涂料的其他各种弊病，造成施工质量的下降，因此必须努力避免和防止，至少应延缓橘皮的速度。目前发现 PU 主漆、UPE 主漆也会结皮，本书中只强调外观检查。

（9）冻融稳定性（适用于水性木器漆）

适用于以合成树脂乳液为漆基的水性木用漆，在先经受冷冻继而融化后，观察其稠度、抗絮凝或结块、起斑等方面有无变化，是否破乳。而能保持其原有性能者，称为具有冻融稳定性。冻融稳定性不好的产品，当外界环境温度和湿度发生剧烈变化时，涂料在贮存过程中就会发生病变，破坏涂料本身稳定的体系，最终导致其性能的变化。

（10）湿膜厚度

GB/T 13452.2—2008《色漆和清漆漆膜厚度的测定》规定了测试方法，常用轮规法和梳规法。轮规法是由三个圆盘组成一个整体，外侧两个圆盘同样大小，中间圆盘是偏心的，且半径较短，以使三个圆盘在某一半径处相切（即处在同一平面上），这样该处的间隙为零。在圆盘外侧有刻度，以指示不同间隙的读数。测试时仪器必须垂直于被测表面。梳规是可随身携带的金属板或塑料片，形状为正方形或矩形，因外形与梳子相似，所以称为梳规。梳规四边都切有带不同读数的齿，每一边的两端都处在同一水平面上，而中间各齿则距水平面有依次递升的不同间隙。使用时将其垂直接触于试验表面，湿膜厚度为在沾湿的最后一齿与下一个未被沾湿的齿之间的读数。梳规是一种价格低廉的简便测量仪器，通常在涂装现场使用。

（11）聚氨酯固化剂检测

① 外观　目测，按 GB/T 1721—2008《清漆、清油及稀释剂外观和透明度测定法》进行。

② 色泽　按 GB/T 1722—1992《清漆、清油及稀释剂颜色测定法》进行。

③ 不挥发物含量　按 GB/T 1725—2007《色漆、清漆和塑料　不挥发物含量的测定》进行。

④ NCO 含量的测定　按二丁胺滴定法测定。

⑤ 游离 TDI 含量　按 GB/T 18446—2001《气相色谱法测定氨基甲酸酯预聚物和涂料溶液中未

反应的甲苯二异氰酸酯（TDI）单体》进行。

（12）稀释剂性能检测

稀释剂是涂料的重要辅助材料，对其主要检测项目如下：

① 透明度　可参照涂料透明度测试方法。

② 色泽　可以选择涂料颜色的测试方法。

③ 挥发性　检测挥发性能，用与乙醚或丁酯的挥发时间进行比较，以其比值表示。检测方法按 HG/T 3860—2006《稀释剂、防潮剂挥发性测定法》。

胶凝数　胶凝数表明稀释剂稀释硝化棉（或过氯乙烯树脂）溶液的能力。逐渐滴入与稀释剂配制的溶液不相混溶的有机溶剂，直至树脂析出，溶液变浑浊，以耗用的溶剂的体积（mL）表示，其数值越高，表示稀释剂的稀释力越强。

白化性　白化性表示稀释剂造成漆膜发白及失光的现象的可能性，稀释剂要求无白化为合格。

水分　测定稀释剂中含水率的多少，有定性和定量的检测方法，定量常使用卡尔·费休滴定法。水分含量高低会影响聚氨酯木器漆的品质。

闪点　稀释剂的闪点测定，可依照 GB/T 5208—2008《闪点的测定　快速平衡杯法》进行。闪点是一项重要的安全指标。

（13）木用涂料有害物质限量标准

国家对木用涂料有害物质限量主要包括挥发有机化合物、三苯含量、聚氨酯固化剂中游离 TDI 含量及重金属含量等。室内装饰装修材料木器涂料中有害物质限量见表 2-63 所列。

表 2-63　**室内装饰装修材料木器涂料中有害物质限量**（GB 18581—2001）

项　目		限量值		
		硝基漆类	聚氨酯漆类	醇酸漆类
挥发性有机化合物（VOC）（g/L）	≤	750	600［光泽（60°）≥80］ 700［光泽（60°）＜80］	550
苯（%）	≤		0.5	
甲苯和二甲苯总和（%）	≤	45	40	10
游离 TDI（%）	≤		0.7	
重金属（限色漆）（mg/kg）	可溶性铅		90	
	可溶性镉		75	
	可溶性铬		60	
	可溶性汞		—	

■ **思考与练习**

1. 木家具涂层外观检查有哪些项目？

2. 何为漆膜光泽？漆膜光泽用什么表示？怎样测定漆膜光泽？

3. 何为漆膜耐磨性？怎样测定漆膜耐磨性？

4. 何为漆膜耐液性？怎样测定漆膜耐液性？

5. 漆膜的耐热性和耐冷热温差性有什么区别？

6. 怎样测定漆膜的厚度？

涂料的施工质量检测

  涂料的施工质量检测是评估涂料在涂装施工中表现出的各种使用性能,它反映涂料使用时应具备的性能,或称涂料施工性能。各组对不同工序使用涂料的用漆量、施工性、流平性、流挂性、重涂性、干燥性等施工性能在各项目中进行检测。

项目 3
美式涂装工程设计与施工

课程导入

美式涂装指适合欧美等地区使用和风行的家具涂装技术，采用的涂料几乎都是硝基漆（NC）系列产品。美式涂装工艺不仅要求严格的品质控制，而且要求严谨的生产程序，是一种细致严谨、技术高超的涂装工艺，透明着色作业精细严格，其对层次分明富立体感的效果要求很高，特别是包含欧式家具中所没有的"布印""牛尾痕""苍蝇点"等做旧处理。美式涂装色彩常以单色调为主，纯朴自然，清新雅致，表面涂装的涂料也多为暗淡的亚光，希望家具显得越旧越好。以仿古为特点的美式家具，表现出了美国人对历史的怀旧以及追求浪漫生活的情结。在我国，美式涂装用于出口木制品涂装，但近些年来也逐渐用于内销产品的涂装。本项目通过美式涂装工艺方案设计、基材处理与品质控制、底漆涂装与品质控制、面漆涂装与品质控制 4 个工作任务引导学生独立完成一块美式涂装样板，进而使学生熟悉美式涂装风格及工艺流程，掌握美式涂装的基材破坏方法和做旧工艺，掌握美式涂装的施工条件，能合理选择涂装工具、材料、设备、施工方法，编制和实施美式涂装工艺方案。

知识目标

1. 了解家具涂料选用原则及涂料市场状况；
2. 了解美式涂装常用木器涂料的性能、贮存条件、成膜机理、工艺特点；
3. 掌握美式涂装常用涂装方法和工具施工要求；
4. 掌握典型美式涂装工艺设计原则、方法、施工技术规范；
5. 掌握美式涂装中涂装缺陷的概念、产生原因及解决对策；
6. 掌握涂装成本的计算方法；
7. 了解家具企业涂装工段的安全生产规范、涂装材料的管理要求和常识；
8. 了解工艺美术及油画技法。

技能目标

1. 能够正确区分和识别美式涂装木器家具常用涂料；
2. 能根据家具基材种类、涂装效果、涂装成本、施工条件、环保要求等合理选用涂料、方法、工具；
3. 能根据色卡或样板制定科学合理的美式涂装工艺流程方案，并优化方案，独立完成家具样品的制作；
4. 能把握主流色彩，准确调色，独立完成着色施工；
5. 能独立完成基材处理、漆膜研磨施工作业；
6. 能正确使用和维护常用工具和设备，独立完成底、面漆涂饰；

7. 能对家具表面缺陷进行准确分析，提出解决措施，进行修补；

8. 能根据国家标准对漆膜质量进行检测；

9. 能根据客户需求制定涂装工程方案，核算综合成本；

10. 能根据涂装工程方案，进行生产管控、品质监控。

 工作任务

1. 根据客户提供色板或实样，设计科学合理的美式涂装工艺方案；

2. 按照工艺要求，完成基材表面处理，并进行品质监控；

3. 合理选用底漆，独立完成底漆的调配与喷涂、特殊仿古工序处理；

4. 把握主流色彩，准确调色，独立完成面漆（灰尘漆）涂装和特殊仿古工序；

5. 根据行业和企业生产技术要求和品质管理标准进行产品品质控制；

6. 根据相关质量标准对涂装制品（或家具）进行漆膜质量检测。

任务 3.1　美式涂装工艺方案设计

知识目标

1. 了解家具企业涂装工段的安全生产、涂装材料的"6S"管理要求和常识；

2. 理解美式涂装常用着色材料的特性；

3. 掌握常用美式涂装木器涂料的性能、贮存条件、成膜机理、施工要求及中毒防治措施；

4. 掌握典型美式涂装工艺设计原则、方法、施工技术规范；

5. 理解美式涂装各工序的施工方法、所用工具和材料、施工要领；

6. 掌握涂装成本的计算方法。

技能目标

1. 能合理选用各工序的施工方法、工具、材料；

2. 能掌握美式涂装材料、工具、设备的性能和使用方法；

3. 能根据涂饰工艺和实际工作任务要求编制美式涂装工艺方案；

4. 能根据涂装效果和涂装工艺方案进行涂料调配；

5. 能根据涂装工艺方案进行美式涂装施工操作；

6. 能遵守纪律，互相协作，目标统一，积极主动按时完成任务。

工作任务

任务介绍

根据不同地区和年龄段人群对生活的审美需求，分析理解仿古涂装风格要素，设计美式家具涂装效果，确定所选用的涂装材料、工具、设备等，初步核算涂装成本，编制美式仿古透明涂装工艺方案。

任务分析

根据欧美地区人的生活历史背景、文化艺术和生活习惯及特有的浓郁的欧美风情和生活品位，分析仿古涂装家具的风格特点和艺术要素，设计美式透明涂装效果。

结合美式仿古透明涂装实物样板、图片效果和工艺方案，熟悉美式涂装风格，理解仿古涂装基材破坏和做旧工艺的意义和作用，确定工艺流程和施工条件，合理选择涂装工具、材料、设备、施工方法，编制美式涂装工艺方案。

工作情景

实训场所：一体化教室、实训室。

设备及工具：展示板、样板或家具样品、电脑、投影幕。

工作场景：教师下发任务，学生分组。根据任务要求，各组设计美式家具涂装效果，进行展评。各组分析工艺案例，根据设计涂装效果，编制工艺方案，教师巡回指导。各组展评，归纳小结。完成任务后，教师要对各组的实训过程及结果进行评价和总结，指出不足及改进要点。学生根据教师点评，重新对整个实训过程各环节进行审查和回顾，撰写相关实训报告（包括具体过程、遇到问题、改善对策、心得体会等）。

知识准备

1. 美式仿古涂装风格和工艺特点

现代美式家具产品风格受欧美等地的历史背景、文化艺术、生产技术和生活习惯的影响，形成了其特有的欧美风情和品位。在美式家具中几乎融入了所有欧式家具的工艺手法，但又不是欧式家具简单的翻版，它吸收了欧式家具典雅、风情的优点，同时又没有那种"华丽的冷漠"所产生的距离感。美式家具的风格相对简洁，强调不事张扬的尊贵，有别于欧式描金涂银的尊贵奢华风格，其主要特点是复古和回归自然，强调舒适、气派、实用和多功能，充分显现木材本色的特点，融合了人类向往自然、回归自然的心理需求，特别是涂装前的破坏处理和涂装中的做旧处理，显现出一种特殊的岁月磨砺过的痕迹，"刻意"强调了历史的传承感和底蕴。

别具风格的美式涂装是当代家具装饰上的一大突出的特色，指适合欧美等地区使用和风行的家具涂装技术，采用的涂料几乎都是硝基漆（NC）系列产品。美式涂装工艺不仅要求严格的品质控制，而且要求严谨的生产程序，是一种细致严谨、技术高超的涂装工艺，透明着色作业精细严格，其对层次分明富立体感的效果要求很高，特别包含了欧式家具中所没有的"布印""牛尾痕""苍蝇点"等做旧处理。美式涂装色彩常以单色调为主，纯朴自然、清新雅致，表面涂装的涂料也多为暗淡的亚光，希望家具显得越旧越好。以仿古为特点的美式家具，表现出了美国人对历史的怀旧以及追求浪漫生活的情结。仿古涂装效果及家具如图 3-1～图 3-5 所示。

2. 涂装基本工艺

涂装程序：破坏处理→素材修色→底色（1）→底色（2）→胶固→砂光→擦拭→底漆→砂光→喷点→干刷→牛尾→面漆→灰蜡→砂光→拍色→修色→面漆（2）。

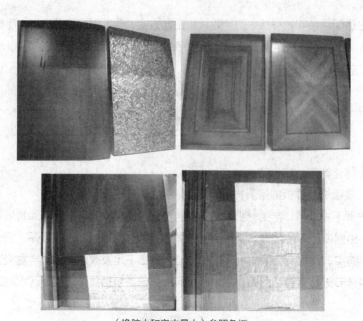

（橡胶木和奥古曼木）参照色板

图 3-1　样板及生产参照色板（附彩图）

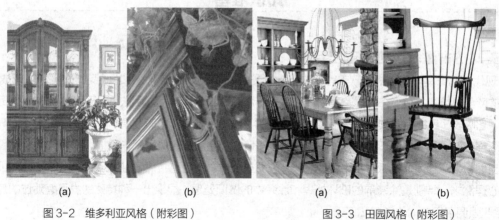

(a)　(b)

图 3-2　维多利亚风格（附彩图）

（a）瓷器柜　（b）瓷器柜局部

(a)　(b)

图 3-3　田园风格（附彩图）

（a）餐厅　（b）温莎椅

(a)　(b)

图 3-4　阳光地中海风格（附彩图）

（a）五斗橱　（b）咖啡桌

(a)　(b)

图 3-5　英伦风格（附彩图）

（a）梳妆台　（b）书房

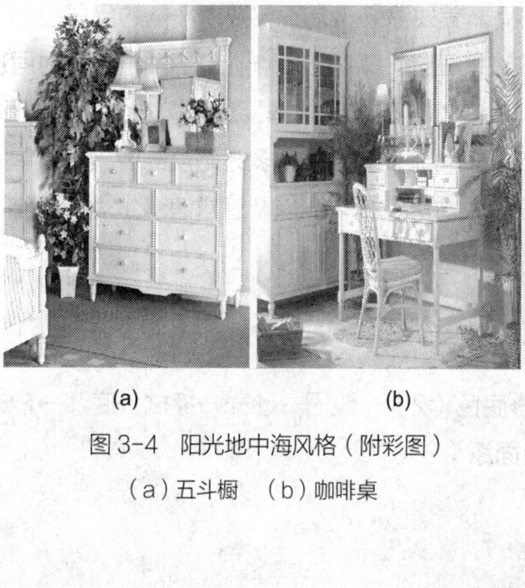

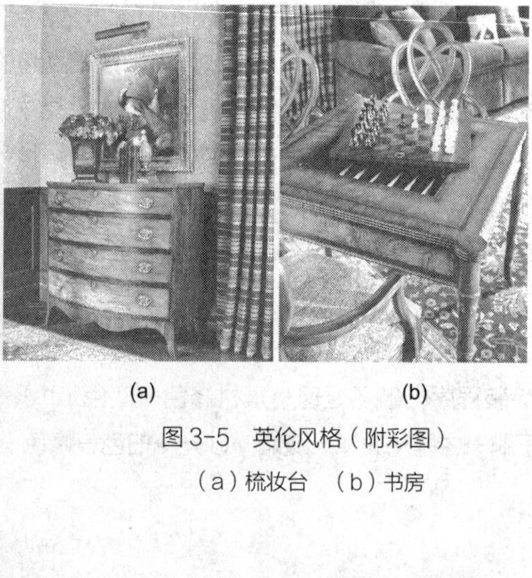

3. 涂装工艺说明

（1）破坏处理

破坏处理的目的是为达到在新的家具产品外观上做仿古处理的效果。其应注意以下几点：

① 连续的破坏处理最容易操作，它不会对产品的涂装及设计影响很大；

② 要严格参照色板样品对产品做破坏效果；

③ 要注意破坏处理的破坏样式及动作；

④ 边角的破坏处理在任何破坏处理中都非常重要，挫痕的柔和程度决定了产品破坏的严重程度；

⑤ 所有的破坏（虫孔，锉痕，散敲，石块敲击等）应均匀分布在产品表面和产品的边缘。

（2）木材修色（修红、修绿）

木材修色的目的是统一木材颜色，使产品在整体效果和颜色方面更加协调。其应注意以下几点：

① 木材修色一般用于浅色木材使其与整体颜色接近，将任何不正常的木材颜色中性化；

② 在做木材修色时员工须将 50%的时间用在观察上，另 50%的时间用在产品喷涂上；

③ 实木修色基本是一个判断过程，应尽量使该员工留在修色的位置上；

④ 不正确的喷涂会导致某件产品产生更大的色差并导致颜色模糊，所以要求员工养成良好习惯，这有助于使产品涂装达到要求。

（3）染料性底色

染料性底色喷涂的目的是提高产品的清晰度、透明度。其应注意以下几点：

① 注意喷涂过程中着色一致最为重要。在涂饰生产线上为了保证涂装的一致性，大都用 2~3 人操作喷涂，应采取措施保证他们尽量喷得一致。

② 一定要按照确认的分层色板操作。

（4）颜料性底色

颜料性底色喷涂的目的是给产品增加深度效果及极好的透明度效果。其应注意以下几点：

① 注意底着色的整体效果；

② 喷涂人员应喷得一致；

③ 一定要对照确认的分层色板操作。

（5）端头封固

端头封固的目的是使产品端头做出清晰、均匀的涂装效果。其应注意以下几点：

① 产品铣形后在端面及端头的纹理处做该处理；

② 为达到木纹清晰效果，在铣形处涂胶底漆或底漆封固；

③ 要防止喷涂过量，否则会影响木纹的清晰度，并且会使软质木材（松木、枫木）不能充分吸收擦拭剂。

（6）材面胶固

材面胶固的目的是为封固底色并为下道工序做准备,稳定产品材质纤维及导管.其应注意以下几点：

① 此环节依然需要连续喷涂并且要喷涂均匀；

② 不要忽视发黑的木纹（特别是软质木），要先喷涂；

③ 为了使胶固后的产品能充分吸收擦拭剂，要根据温度及湿度的变化调节胶固的黏度；

④ 仔细检查胶固的喷涂程度，使之符合研磨后的产品能充分吸收擦拭剂的要求；

⑤ 此环节为木材表面组织密度不均匀，则擦拭着色会产生不均匀的前处理。

（7）胶固研磨

胶固研磨的目的是为擦拭提供良好效果。其应注意以下几点：

① 平面最容易研磨砂光，因此其研磨效果也最好，而产品铣形处的留有粗糙边缘的痕迹最需要研磨砂光。

② 胶固研磨非常重要，因为它决定是否可以从第一步涂装到最后形成平滑的涂膜。

③ 应安排足够的员工担任此研磨工作。如果研磨工作敷衍了事，不但会影响色彩，而且会使喷好的底漆显得粗糙。

（8）刷填充剂

刷填充剂的目的是为擦拭提供清晰均匀的涂装。其应注意以下几点：

① 要求选定区域能充分吸收填充剂且不至于在随后的擦拭中使产品变黑或变脏；

② 填充剂只在指定区域使用，不经心的喷涂会给不需要使用填充剂的部位带来不必要的麻烦。

（9）擦拭

擦拭的目的是依据色板定色及填充木材导管，以呈现木纹效果。其应注意以下几点：

① 擦拭要达到一定的程度，防止漏涂发白，如特别注意工艺缝书架工艺沟、外露的夹角；

② 产品经过胶固与正确研磨后，做擦拭一般可使木纹纹路清晰、色彩均匀；

③ 第一道擦拭使擦拭剂渗入到木材导管中，所以员工要对木材纹理、材质多加留意，防止木材产品变黑；

④ 完成最后的擦拭工作，使产品颜色与色板一致；

⑤ 质检员可检查所有的擦拭是否擦拭均匀。

（10）明暗线

明暗线的目的是增加产品木材纹路与整体效果的层次感。其应注意以下几点：

① 员工应明白做出何种特殊效果（针对产品特点）。

② 用砂纸研磨会增加产品亮度，用钢丝绒能造成柔和的效果；注意不要用力过度。

③ 明暗对比技艺非常重要，操作者应在产品上寻找并圈出可发挥想象的部位，如节疤、木纹边缘等。明暗线增加了产品的层次感、鲜明感、立体感。做手指状的明暗线最容易，要努力做出最好的明暗效果。

④ 一定要对比样品和按照确认的颜色的明暗效果进行生产。

（11）底漆

底漆喷涂的目的是为面漆的喷涂做准备。底漆比面漆要稠，良好的底漆涂装可为面漆的成功涂装打下基础，其中喷涂技巧和均匀喷涂尤其重要。底漆喷涂具体作用为：

① 增加涂膜的附着力，封闭擦拭剂；

② 增强涂装效果，建立厚的涂膜层，可多次喷涂，并容易砂光。

（12）底漆砂磨

底漆砂磨的目的是增加涂装效果，为面漆涂装做准备。其应注意以下几点：

① 选择适当的砂纸彻底砂光，消除影响涂装的缺点，使涂装获得光滑表面及提高密着性；

② 底漆涂膜的砂光，采用砂光机在产品表面操作，避免逆向砂光；

③ 某些部位无法进行机器砂光，必须采用人工砂磨，应顺木纹方向砂光；

④ 砂光的技巧应多加练习。

（13）喷点

喷点的目的是做出古朴的涂装效果，涂装表面有深浅不一的小点效果。其应注意以下几点：

① 喷点要均匀分散；

② 表面效果要与样品及标准板吻合。

（14）牛尾

甩牛尾的目的是营造风格独特的涂装效果。其应注意以下几点：

① 甩牛尾后，仿制古董家具表面有深色、浅色细长条似牛尾模样的痕迹；

② 注意产品牛尾效果，有的多，有的少，有的重，有的浅，尽量做到自然；

③ 使用适当的工具来完成，要与色板及样品相吻合。

（15）干刷

打干刷的目的是进一步在产品颜色上增加产品的古旧与沧桑感。其应注意以下几点：

① 干刷通常采用油性物质（如格丽斯）；

② 干刷工具最好采用质量好的毛刷，它们在产品的边缘营造出调和的效果；

③ 干刷要实现产品的破坏处理，并要在整体涂装中达到自然过渡的效果。

（16）面漆

首先，面漆喷涂的目的是增加涂膜保护层，显示产品的质感。其应注意以下几点：

① 第一道面漆的干燥时间对加强漆膜的稳定性最关键，如果漆膜不完全干燥，会在随后的研磨过程中使涂膜遭到破坏；

② 注意保护涂层的效果；

③ 产品的面漆涂膜的流平性效果会增加产品的涂装亮度与透明度。

其次，面漆喷涂的目的是为产品做最后一道保护层，显出木纹的质感，完成产品涂饰。其应注意以下几点：

① 员工应掌握标准喷涂动作；

② 给产品赋予光泽、硬度、触感等。

（17）擦蜡

擦蜡的目的是营造出产品的古旧感。其应注意以下几点：

① 根据产品要求，有多种擦蜡方式（个别擦蜡、整体擦蜡）；

② 涂膜越干，擦蜡效果越均匀和稳定；

③ 应尽量避免在涂膜上停留太久，防止蜡浸入涂膜造成混色；

④ 一定要求上一道面漆喷涂均匀一致。

（18）拍修色

拍修色的目的是进一步对产品做仿古处理。其应注意以下几点：

① 拍修色用酒精与有色色精的混合溶液，不能用其他溶液；

② 拍色方法较多，整体拍色较常用，可用一大块抹布拍色，每次经过的面积大而且省时，也可将小块抹布对叠，对产品的细微处和边缘进行拍色；

③ 若想使拍色、修色达到理想效果，必须安排已受过强化训练的有经验的员工完成此项工作；

④ 拍、修色在整个涂装环节中是增加产品美感的最重要步骤；

⑤ 修色可达到使产品颜色一致的效果，在面漆喷涂前操作；

⑥ 拍、修色结束后可做一定的明暗效果，使产品富有层次感。

（19）水蜡

擦水蜡的目的是提高产品表面面漆的防损及抗磨能力。其应注意以下几点：

① 在产品面漆完全干燥后擦水蜡；

② 用水蜡湿布在产品上先擦一遍，晒干后再用干布擦净；

③ 可增加面漆产品的手感与质感。

4. 常用工具材料

（1）毛刷

毛刷用于蘸上擦拭剂或颜料，在产品表面打干刷，如图3-6所示。

（2）钢丝绒

钢丝绒用于在产品表面拉明暗线，如图3-7所示。

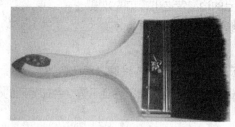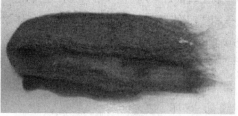

图3-6　毛　刷　　　　　　　　　　　　　　图3-7　钢丝绒

（3）擦拭布

擦拭布主要用于擦拭格丽斯、打干刷、打蜡用，如图3-8所示。

（4）自黏膜

自黏膜主要用于缠抽屉用，如图3-9所示。

（5）美纹胶带

美纹胶带也称为分色纸，主要用于缠抽屉时粘自黏膜，如图3-10所示。

（6）砂纸

涂饰常用砂纸为320#，用于产品研磨，如图3-11所示。

图3-8　擦拭布　　　图3-9　自黏膜　　　图3-10　美纹胶带　　　图3-11　砂纸

（7）喷枪

喷枪主要用于喷涂底色、修色、擦拭剂、底漆、面漆或返修，如图3-12所示。

  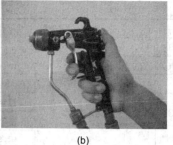

(a)   (b)

图3-12　喷　枪

（a）低压喷枪　（b）高压喷枪

（8）气动砂光机

气动砂光机主要用于研磨，可以减少员工的手工工作量，如图3-13所示。

5. 涂装工艺方案举例

① 涂装效果设计　美式仿古透明涂装风格，如图3-14所示。

图3-13　气动砂光机

图3-14　（新西兰松木）参照色板（附彩图）

② 涂装基材　樱桃木、橡木、松木、柞木、水曲柳等或其贴面薄木适用底材。

③ 主要设备　喷枪、水帘式喷漆房。

④ 涂装环境设计　施工条件为温度25℃，湿度为75%以下，环境无灰尘。

⑤ 涂装工艺设计　见表3-1。

表3-1　涂装工艺流程表

产　品		材　质	新西兰松	客　户		涂料供应商	设计者	
序　号		涂装步骤	材料名称	调配比例	干燥时间（min）	步骤说明	用料估计（g/m²）
NC	PU						
1	1	砂光	砂纸	320#		人工仔细砂光吹灰干净，边角倒圆角	
2	2	素材修红	底漆香蕉水	50	5	人工针对实木部位修色	30
			红色精	0.3			
			黄色精	0.1			
			黑色精	0.1			

（续）

产品		材质	新西兰松	客户		涂料供应商		设计者
序号		涂装步骤	材料名称	调配比例	干燥时间（min）	步骤说明		用料估计（g/m²）
NC	PU							
3	3	素材修绿	布印稀释剂	50	5	人工针对偏红部位修色		20
			红色精	0.7				
			黄色精	1.2				
			黑色精	0.3				
4	4	一道底色	底漆香蕉水	50	5	人工对照色板整体均匀喷涂一道底色，喷湿，拉出木纹导管效果		100
			红色精	0.7				
			黄色精	1.2				
			黑色精	0.3				
5	5	二道底色	底漆香蕉水	50	5	人工整体均匀喷涂二道底色，喷湿，用钢丝绒或百洁布拉出明暗效果		60
			红色精	0.4				
			黄色精	0.8				
			黑色精	1.5				
6		NC胶固	高固低黏硝基底漆	100	30（烘干）	10s胶固，人工喷涂一遍，端头及大花纹处补枪，勿漏喷及流挂		90
			底漆香蕉水	100				
	6	PU胶固	低黏PU封闭底漆	10	30（烘干）	8s胶固，人工喷涂一遍，端头及大花纹处补枪，勿漏喷及流挂		90
			PU固化剂	3				
			PU稀释剂	8				
7	7	砂光	砂纸	400#		仔细砂光，勿磨穿，并吹灰干净		
8	8	擦拭格丽斯	仿古漆	50	45（烘干）	人工对照色板搅拌均匀擦拭，做明暗效果，用毛刷整理		150
			立索红色浆	0.8				
			棕黑色色浆	1.2				
			棕红色色浆	0.6				
9		NC底漆	高固底漆	100	45（烘干）	18s黏度底漆人工喷涂一遍，勿漏喷及流挂，保证涂膜及手感		150
			香蕉水	100				
	9	PU底漆	PU底漆	10	45（烘干）	人工喷涂一遍，勿漏喷及流挂，保证涂膜及手感		160
			PU固化剂	3				
			PU稀释剂	6				
10	10	砂光	砂纸	400#		仔细砂光，勿磨穿，并吹灰干净		
11	11	干刷	用格丽斯颜色		5	人工对照色板做干刷效果，做阴影效果		5
12	12	牛尾	仿古漆	2	5	人工参照样板效果做牛尾		5
			棕黑色浆	1				
13	13	喷点	底漆香蕉水	50	5	人工参照样板做喷点效果，勿太大、太浓		5
			黑色精	2.5				
14		NC底漆	高固底漆	100	45（烘干）	18s底漆人工喷涂一遍，勿漏喷及流挂，保证涂膜及手感		150
			香蕉水	100				
	14	PU底漆	PU底漆	10	45（烘干）	人工喷涂一遍，勿漏喷及流挂，保证涂膜及手感		160
			PU固化剂	3				
			PU稀释剂	6				

（续）

产品				材质 新西兰松	客户		涂料供应商	设计者	
序号		涂装步骤	材料名称	调配比例	干燥时间（min）		步骤说明		用料估计（g/m²）
NC	PU								
15	15	砂光	砂纸	400#			仔细砂光，勿磨穿，并吹灰干净		
16	16	手绘					根据产品部位选择手绘		
17	17	拍色	布印稀释剂	50	5		人工对照色板整体拍色，并做明暗效果		20
			黄色精	1.5					
			黑色精	0.4					
18	18	NC底漆	高固底漆	100	45（烘干）		18s 底漆人工喷涂一遍，勿漏喷及流挂，保证涂膜及手感		150
			香蕉水	100					
19	19	砂光	砂纸	400#			仔细砂光，勿磨穿，并吹灰干净		
20		NC面漆	40 亮度硝基面漆	100	120（烘干）		13s 面漆人工喷涂，勿漏喷及流挂，保证涂膜及手感		135
			香蕉水	100					
	20	PU面漆	40 亮度PU面漆	10	120（烘干）		人工喷涂，勿漏喷及流挂，保证涂膜及手感		140
			PU固化剂	3					
			PU稀释剂	8					
备 注	稀释剂和香蕉水分冬季用和夏季用								
修改日期				修改内容					修改人
编制部门			使用部门						
签 字		涂装技术工程师				涂料技术工程师			

6. 涂料介绍及分析说明

（1）常用涂装术语

颜料：添加涂料中的体质原料或着色用的非透明着色剂。

香蕉水：使用涂料时，为调整黏度稀释用液体。

一度底漆：增加涂膜的附着力，封闭素材，作为下涂涂料。

二度底漆：中涂，涂装厚膜建立，可多次喷涂，且易于砂光。

面漆：上涂，涂装最后修饰的喷涂涂料，赋予光泽、触感、硬度等。

格丽斯：擦拭用的着色剂，主要用于仿古的家具涂装，为颜料性质。

色精：染料性着色剂，透明性良好，适合透明涂装的各种着色。

酒精性色精：调整素材色差的喷涂修饰用的着色剂，快干，方便作业。

防白水：于 NC 涂料喷涂时为避免白化发生，添加慢干的溶剂总称。

喷涂距离：喷涂时，喷枪先端与作业物表面距离一般在 15~25 cm。

空气压力：空气压力大小对涂料雾化、涂膜品质及涂料浪费程度有影响。

材面胶固：木材耐水面组织密度不均匀，擦拭着色会产生不均匀的前处理。

喷点：为仿制古董家具涂装表面效果，喷涂表面有深色的小点。

牛尾：仿制古董家具表面有深色细长条似牛尾模样的痕迹。

明暗对比：仿制古董家具擦拭着色，依木材纹路做出明暗对比，以增加鲜明感。

修色：涂装着色的一种方式，于面漆前喷涂较多，也是补正颜色的方式。

（2）涂料介绍及分析说明

① 浆料　是一种自由流动容易使用的浓缩性颜料，具有极好的稳定性且与其他很多物质有很好的相容性。

颜色：包括白色、棕色、琥珀色、黑色、棕红色、红色、金黄色、棕绿色、蓝色、绿色等。

闪点：约 40℃。

相对密度：视颜色不同为 0.90～1.70。

固体含量：视颜色不同为 48%～78%。

调合比：视需要而定。

使用说明：产品使用前请搅拌均匀；搅拌均匀的浆料与搅拌均匀的擦拭主剂混合均匀后，可获得高质量的擦拭剂；擦拭主剂分为 GLAZE BASE 擦拭主剂、FILL GLAZE BASE 擦拭型填充剂、REL SAVE BASE 松香水等；擦拭剂通常用于 WASH COAT 胶固或 SEALER 底漆。

使用方法：可喷涂，擦拭或不擦抹，做仿古干刷。

② 高浓度 10 度/40 度防黄面漆　是一种耐黄变快干型面漆，适用于各类型木制家具。其良好的光泽和极好的耐黄变性能特别适用于淡色涂饰。

类型：单液型丁基面漆。

亮度：10 度和 40 度。

闪点：7℃。

相对密度：0.95。

固体含量：（33±0.5）%。

固有黏度：25℃时用 ZAHN 4 号杯测，为（55±5）s。

调和比例：1 份面漆，1 份香蕉水。

稀释黏度：25℃时用 ZAHN 4 号杯测，为（22±1）s。

罐存期：N/A*。

使用方法：喷涂。

干燥时间：指触：25℃条件下，20min；45℃条件下，10min。砂磨：25℃条件下，40min；45℃条件下，20min。

使用说明：使用前搅拌均匀；加入适量的稀释剂达到所须黏度；在产品需要不发黄的效果时，使用该面漆；不能与 403 系列或 401 系列面漆混合，否则会质变。

保质期：密闭容器保存 12 个月。

③ 耐黄变底漆　是一种快干型底漆，在使用硝基或酸化面漆时有很好的附着力。

类型：乙烯底漆。

闪点：7℃。

相对密度：0.85。

＊ N/A 代表具体数据或信息无法提供。

固体含量：约 8.00%。

固有黏度：在 25℃时用 Ford 4 号杯测，为 15～16s。

调和比例：视需要而定。

使用方法：真空或常规喷涂。

干燥时间：指触：25℃条件下，不低于 10min。砂磨：25℃条件下，30min。

使用说明：使用前搅拌均匀；可做产品胶固涂层；适用于黏接力要求高的产品；没完全干燥不能与其他涂料相混。

④ 开裂面漆 是一种特别配制而成的面漆，适用于硝基材料，在涂饰时会产生开裂效果。

类型：单液型硝基面漆。

闪点：-6℃。

相对密度：0.86±0.02。

固体含量：（7.1±1）%。

固有黏度：25℃时用 ZAHN 2 号杯测为（27±1）s。

调和比：视需要而定。

使用方法：喷涂。

保质期：密闭容器保存 12 个月。

干燥时间：指触：25℃条件下，7min；45℃条件下，3min。

使用说明：使用前一定搅拌均匀；加入适当香蕉水来达到所需黏度；喷涂的多少直接影响开裂效果的大小。

⑤ 40 度亮带蜡面漆 是一种高性能产品，作为面漆用在硝基底漆上，广泛用于防滑、防污损类家具及其他木制品表面涂饰。本品喷涂使用后能进行烘干或在室温条件下自然干燥。

类型：单液型硝基面漆。

闪点：7℃。

亮度：40 度。

相对密度：0.89±0.01。

固体含量：（18.9±0.5）%。

固有黏度：25℃室温中用 ZAHN 2 号杯测，为 19~20s。

调和比：视需要而定。

稀释黏度：N/A。

罐存期：N/A。

使用方法：喷涂。

干燥时间：指触：25℃条件下，15min；45℃时 5~10min。砂磨：25℃条件下，40min；45℃条件下，20min。

使用说明：使用前搅拌均匀；加入适当香蕉水达到所需黏度。

保质期：密闭容器保存 12 个月。

⑥ 高浓度面漆 是一种高性能产品，用于样式简洁但有防损性的家具和其他木制品的表面上。此产品须经稀释剂稀释后才能进行喷涂，并在烘房内及室温下干燥，作为面漆，用在 NC 硝基底漆上。其性能见表 3-2。

表 3-2　不同高浓度面漆技术指标

	全亮面漆	10 度面漆	30 度面漆	50 度面漆
亮　度	90+	10	30	50
相对密度	0.96	0.97	0.98	0.96±0.02
固有黏度	25℃室温中用 ZAHN 4 号杯测为（35±5）s	25℃室温中用 ZAHN 4 号杯测为（35±5）s	25℃室温中用 ZAHN 4 号杯测为（60±10）s	25℃室温中用 ZAHN 4 号杯测为（35±5）s
调和比	1：1	1：1	1：1	1：1
稀释黏度	25℃室温中用 ZAHN 2 号杯测为（20±1）s	25℃室温中用 ZAHN 2 号杯测为（20±1）s	25℃室温中用 ZAHN 2 号杯测为（21±1）s	25℃室温中用 ZAHN 2 号杯测为（21±1）s
使用方法	喷涂			
干燥时间	指触：25℃条件下，15min；45℃条件下，5~10min； 砂磨：25℃条件下，40min；45℃条件下，20min			
类　别	单组分 NC 面漆系列			
使用说明	①使用前搅拌均匀； ②不能同 366 系列面漆混合用，否则会质变； ③可混合调配不同亮度的面漆			

⑦ **高浓度底漆**　是一种快干型透明底漆，使用后能很快提供很好的砂光特性。此产品在加入一定量的稀释剂稀释后，喷涂使用，在烘房或常温下干燥，用作 AKZO NC 面漆的底漆。

相对密度：0.98。

固体含量：（40.0±1.00）%。

固有黏度：25℃时用 ZAHN 4 号杯测，为（60±10）s。

调和比例：调配 1：1。

稀释黏度：25℃室温中用 ZAHN 2 号杯测为（23±1）s。

使用方法：喷涂。

干燥时间：指触：25℃条件下，15min；45℃条件下，5~10min。砂磨：25℃条件下，40min；45℃条件下，20min。

使用说明：使用前搅拌均匀；喷足此涂料可为面漆涂膜及底漆砂光提供良好的基础。

⑧ **树脂胶**　是一种特殊构成的胶，随意刷在 NC 硝基漆的表面上，以便在使用开裂面漆后能呈现出不均匀的开裂效果。

闪点：低于 0℃。

相对密度：0.94±0.02。

固体含量：（36.25±1）%。

黏度：65~75KU。

调和比：视需要而定。

使用方法：刷涂，直接使用，勿稀释。

干燥时间：25℃条件下，5~15min。

使用说明：使用前搅拌均匀；刷涂时应随意。

保质期：12 个月。

⑨ **颜料主剂**　是一种特殊构成的主剂，与颜料配合着色后，会使木材产生极好的深度感和透明感。

它在增强木材自然美感的同时，并不像酒精类颜料一样增加木材纹理。

类别：多种溶剂的混合物。

闪点：低于0℃。

相对密度：0.86±0.02。

固体含量：N/A。

黏度：N/A。

调和比：视需要而定。

使用方法：喷涂。

干燥时间：25℃条件下，5~15min。

使用说明：使用前须与30系列颜料或430系列颜料混合制成所需的色剂。

⑩ 系列单色料主剂　REL系列单色颜料是用NC单色（包括黑色、黄色、红色）与颜色主剂混合调色，达到所需的颜色，这些颜料用来增加或改变木材的颜色，不像酒精颜料增加木材纹路。

类别：硝基性半透明颜料。

闪点：低于0℃。

相对密度：视颜色不同为0.84~0.89。

固体含量：视颜色不同为6.0%~9.0%。

体积：N/A。

黏度：N/A。

调和比：视需要而定。

保质期：12个月。

使用方法：喷涂。

干燥时间：25℃条件下，5~15min。

使用说明：使用前搅拌均匀；REL系列颜料是一种调色剂，黑、红和黄色的颜色混合于颜色主剂中可获得所需的颜色与浓度，施工时采用普通喷涂方法，该系列属于颜料类；REL系列着色剂一般直接施工于木材上；喷涂工作时应避免喷涂太厚，影响颜色变化。

⑪ 香蕉水　是一种稳定快速稀释剂，用于硝基底漆及面漆的主剂。

类别：混合物的溶剂。

亮度：N/A。

闪点：低于0℃。

相对密度：约0.864。

保质期：12个月。

使用方法：该产品是高质量的稀释剂，用于减少硝基漆的用量。

⑫ 防白水　是一种缓慢性稀释剂，减缓干燥过程。

闪点：42℃。

亮度：N/A。

相对密度：约0.960。

保质期：密闭容器保存12个月。

使用说明：使用前搅拌均匀；使用时不能超过总涂料的5%；主要用于底、面漆，防止白化现象。

⑬ 慢干剂　是用于擦拭主剂及浆料的稀释剂，用于减少强度、提高擦拭性和降低黏度。

类型：脂类溶剂。

闪点：40℃。

相对密度：0.78。

保质期：密封容器保存 18 个月。

⑭ 快干剂　是用于擦拭主剂及浆料的稀释剂，它的挥发速度比慢干剂快得多。

闪点：24℃。

相对密度：0.76。

保质期：密封容器保存 18 个月。

使用说明：适当加入少许于擦拭主剂中；可调配灰蜡干刷等。

⑮ 染料底色主剂　是一种特殊构成的主剂，与单色染料共同配比使用产生染色底色，并且这些颜料不像酒精类染料一样会增加木材纹理。

类型：多种溶剂的混合物。

闪点：−7℃。

相对密度：约 0.81。

调和比：视需要而定。

干燥时间：25℃条件下，5~15min。

使用方法：喷涂通常做一道底色（真空或常规条件下）。

使用说明：橙、红、黄、黑几种颜色的染料以适当的比例混合加入适当的染料主剂，可获得所需的颜色及浓度；染料有助于提高产品的清晰度、透明度，而不会像酒精着色剂那样使木材粗糙，该系列采用普通喷涂方法施工，可调节木纹的颜色使两种颜色一致，或喷于整个表面令浅色木材底色加深，适合于不同的涂装；这些涂料都应在 WASH COAT 胶固前进行使用。

⑯ 拍色主剂　是和染料底色混合后得到所需要的拍色颜色，用来增加木材的纹理及增强整个产品的美学价值。

闪点：12℃。

相对密度：0.8。

使用方法：手拍喷涂。

使用说明：配合染料使用来达到所需的颜色及浓度，通过"色阴"形成均匀涂饰或用软棉布揩擦以达到颜色的均匀，增加木纹及木材的自然美；拍色通常在面漆上做；可作喷点使用主剂，配合染料。

干燥时间：45℃条件下，10min（指触）。

⑰ 染料　染料单色染料（含黑、橙、红、黄色等）用于配比染料颜色，配合各种主剂以增强木材的纹理。

类型：染色剂。

闪点：12℃。

相对密度：约 0.8。

固体含量：视颜色不同为 1%~3%。

保质期：12 个月。

使用说明：使用时搅拌均匀；可与 500 主剂、502 主剂配合成各种颜色；可用于底色、喷点、拍色、修色等。

⑱ 格丽斯主剂　格丽斯主剂与一定量的浆料混合涂饰能使上漆后的木材色泽更丰富，更有深度。此种涂料尤其在处理尾部纹理与转角时能使漆面更干净更有规则。

闪点：13℃。

相对密度：0.84±0.02。

固体含量：（29.73±2）%。

体积：N/A。

黏度：N/A。

调和比：视需要而定。

干燥时间：一夜。

使用方法：喷涂或擦拭。

保质期：密闭保存 12 个月。

使用说明：使用前搅拌均匀；配合浆料可做擦拭主剂，且浆料最多只能占总溶剂的 60%；可完成擦拭前的木材填充作用。

⑲ 水蜡　是一种特殊构成的产品，用于提高产品表面面漆的防损及抗磨能力。

闪点：100℃。

相对密度：1±0.02。

固体含量：约 1%。

体积：N/A。

黏度：N/A。

调和比：视需要而定。

保质期：密闭保存 12 个月。

使用方法：均匀涂于表面后再擦净。

使用说明：为水性溶剂，能增加产品表面的光滑度；使用前须搅匀。

⑳ 脱落泥子　是一种油性产品，能使上色后的产品具有一种特殊风格。

闪点：40℃。

相对密度：1.73±0.05。

固体含量：85.6%。

体积：N/A。

黏度：N/A。

调和比：N/A。

保质期：12 个月。

使用方法：刷涂。

干燥时间：30℃条件下，最少 60min。

使用说明：使用前搅拌均匀，可加入适量快干剂以达到所需黏度；可做仿古陈旧效果；干燥后可随时擦掉。

任务实施

1. 小组分析归纳美式涂装工艺的风格、特点、应用，常用涂装材料的种类、作用和性能，工艺方案的构成要素。
2. 小组讨论设计一种有色透明美式涂装效果，并依据效果讨论制定美式涂装工艺方案。
3. 涂装工艺方案展示评价，优化工艺方案。

■ 总结评价

成果评价见表 3-3 所列。

表 3-3　成果评价表

评价类型	项　目	分值	技术要求	评分细则	组内自评（40%）	组间互评（20%）	教师点评（40%）
过程性评价（70%）	案例（来样）分析能力	20	设计为客户服务，设计内容符合来样要求；明确所用工具、材料及相关施工方法；提出安全操作规程	正确提出涂装效果、质量等级和设计要求；0~7 提出所用工具、材料及相关施工方法；0~7 列举相关安全操作规程；0~6			
	方案设计能力	20	设计合理；符合规程	设计符合功能性、艺术性、文化性、科学性、经济性；0~10 满足客户（市场）需求；0~5 符合实际操作规程，能结合实际环境、设备等，工艺步骤连贯；0~5			
	自我学习能力	10	预习程度；知识掌握程度；代表发言	预习下发任务，对学习内容熟悉；0~3 针对预习内容能利用网络等资源查阅资料；0~3 积极主动代表小组发言；0~4			
	工作态度	10	遵守纪律；态度积极或被动；占主导地位与配合程度	遵守纪律，能约束自己、管理他人；0~3 积极或被动地完成任务；0~5 在小组工作中与组员的配合程度；0~2			
	团队合作	10	团队合作意识；组内与组间合作，沟通交流；协作共事，合作愉快；目标统一，进展顺利	团队合作意识，保护团队成果；0~2 组内与组间与人交流；0~3 协作共事，合作愉快；0~3 目标统一，进展顺利；0~2			
终结性评价（30%）	方案的创新性	10	较其他方案在某方面（工艺、成本、环保、管理等）有改进	工艺流程复杂程度；0~4 成本节约；0~3 操作管理；0~3			

（续）

评价类型	项　目	分值	技术要求	评分细则	组内自评（40%）	组间互评（20%）	教师点评（40%）
终结性评价（30%）	方案的可行性	10	符合总体设计要求；符合实际操作规程	符合总体设计要求；0~4 能结合实际环境、设备等，使方案可执行；0~2 工艺步骤连贯；0~2 操作难易程度适中；0~2			
	方案的完成度	10	在规定时间内有效完成方案与任务工单的程度	尽职尽责；0~3 顾全大局；0~3 按时完成任务；0~4			
评价评语	班级：		姓名：		第　　　　组		
	教师评语：			总评分：			

■ 拓展提高

1. 美式家具形成历史

（1）现代美式家具的渊源

美国是一个移民国家，移民潮在 1880~1914 年达到峰值，1820~1979 年之间，美国接受了 4900 万外来移民，其中 73%来自欧洲大陆，其他来自拉丁美洲、亚洲、非洲、澳大利亚和加拿大。美国作为移民国家的历史，特别是以欧洲移民为主的历史，是我们认识美国家具风格的出发点。

在过去的近 400 年里，美国的家具发生了很大的变革，最重要的是外观、用材、结构的不同，表现出每一个时期的风格。有一个时期流行的主要风格，是美国大多数赶时髦的橱柜制造商采用英国或欧洲的风格方式。从某种意义上看，一个时期流行风格的家具不一定是在该时期产生，例如在威廉和玛丽时期（William and Mary period，1689~1702 年）以后很久，一些橱柜制造商仍然继续制作深受这种风格影响的家具，特别是在乡村尤其如此。这种不再流行的家具有时会被认为是残存的古董，大多数乡村家具可以归为这一类。17 世纪和 18 世纪美国的橱柜商十分依赖于英国家具原型，以它们为基础来创造适合当时美国民众需要的造型，并采用美国当地的木材取代传统用材。因此，美国当时流行的风格要比欧洲大陆滞后，但随着交通的改善，滞后的时间大大缩短了。

此外，许多美国家具特别是在最初的 200 年里由美国当地工匠制作的家具，基本上采用英国的风格，没有什么发明和创新，只是出色的模仿。这与当时美国的主要殖民者为英国的关系密不可分。殖民时期，美国的设计师只是跟在英国的时尚后亦步亦趋。到了 19 世纪，随着法国的兴起，法国的影响力可以同英国等量齐观。到了 20 世纪，这种差距伴随着欧洲大陆的工业革命逐渐消失，各种欧洲流行的风格都在短短几年内就流传到美国，并被美国的制造商和设计师加以改良。

纵观历史的发展，可以得出：现代美式家具风格主要来源于英国的安娜女王式、齐宾泰尔式、工艺美术的使命派风格，也来源于法国路易式如路易十四式、路易十五式、路易十六式以及法国帝政式风格。

（2）现代美式家具的形成与发展

现代美式家具的形成与发展可以分为几个阶段。

1620~1700 年美国家具业仅为生活所需制作粗糙的家具，主要是按照早期移民从家乡带来的式样结合殖民地条件制作的，此阶段的家具也称为美国早期殖民地式家具，实际上就是英国家具。

18 世纪经济繁荣期（1700~1725 年），威廉和玛丽风格及欧洲大陆建筑、家具设计风格流行，史称"胡桃木时期",此时抽屉柜十分流行,常见的有高脚柜、低脚柜,颜色多为灰色。1725~1760年,安娜女王式风格在殖民地流行,家具呈三弯脚形式,多采用柜裙板曲线形、柜顶带帽,建筑装饰在家具中广为采用。1760年后,齐宾泰尔式风格盛行,用桃花心木雕刻装饰普遍,这一时期英国文明已经牢牢地扎根北美,不论是安娜式或是齐宾泰尔式,美国殖民地家具风格都是模仿英国家具风格。但是移民来自不同的欧洲国家(爱尔兰、苏格兰、德国、荷兰、瑞典等),根据制造地区不同而有差别,其特征是木材采用胡桃木,装饰多用车制喇叭形、倒置的杯形、车制螺旋状、三弯脚、雕刻的贝壳形等。在美国家具史上,把这一阶段称为18世纪美国家具或美国后期殖民地式家具。

1780~1830年形成的美国联邦时期家具风格,从历史根源上分析属于英国新古典主义的美国版本,新古典亚当风格、赫普尔怀特风格和谢拉顿风格被加以吸收消化改良后备受欢迎,美国鹰雕刻图案在建筑和家具上极为流行,本土以邓肯·法夫(1768~1854年)为代表,吸收消化英法设计风格形成本土化特征。

1830~1880年,工业文明兴起,蒸汽机、缝纫机和电报的出现,推动了工业化的快速发展,美国家具开始走向工业化大量生产和原创设计,此阶段各种风格均有不同程度的流行,出现交汇吸收,形成了当今我们所见到的美式古典风格家具,实质上是由多种欧洲古典风格家具改良后的结果,这一阶段也称为维多利亚时期家具风格。

总体看,美式风格家具设计上受英国、法国影响很大,是在其基础上美国工匠结合当地材料、自身技术、新生活自由思想设计创造适合本土化需要的家具风格。风格造型上可分为三大类:仿古、新古典和乡村式。从结构与工艺设计和技术上来讲,现代美式家具在传统的基础上也做了很大的改进和创新,体现在如下几点。

① 现代美式家具基本上是以实木作为材料,在木材含水率的控制方面,采用现代木材干燥技术以及加工过程中木材平衡含水率的控制技术,使其尺寸稳定、不变形、不开裂。

② 采用涂装技术,现代美式家具涂装技术使家具表面有深浅,从而富有层次感,或者用所谓的做旧技术使家具表面有沧桑感,更接近自然,贴近回归自然的消费心理。

③ 结构上进行的改良,使其适应现代五金,并有很好的强度;材料上采用现代新材料和预制部件,易于提高质量,降低价格。

④ 现代美式家具已经实现了现代化生产方式,特别是涂饰工序已经实现流水线作业,并且出现工厂专业化生产的趋势。

美式家具从造型设计上,主要是以法国路易风格和可归于洛可可风格的英国安娜女王式、齐宾泰尔式以及美国工艺美术运动的使命派风格为基调,吸收了震颤教家具的优良设计原理并加上现代设计师的改良,同时还受到德国、意大利、西班牙及东方家具的影响;其具有现代的外观,这也便于应用现代机器加工和采用现代材料。

从设计指导思想看,现代美式家具另一个比较突出的特点是注重家具的功能,以此为出发点,在设计上强调科学和理性原则;大量采用新材料、新技术、新工艺,发挥家具结构的性能特点,放弃过多的附加装饰,并在生产方式中引入流水线作业,部件和接口采用标准化,突出设计上的经济性原则,以求最大限度的降低成本,实现真正艺术化的社会功能,为大众生活服务,是艺术与技术结合的典范。

2. 巴洛克家具风格

巴洛克风格起源于意大利,其中以法国路易十四式最负盛名。巴洛克家具的造型打破了已往那种规格的沉闷形式，大胆的应用多变的曲线，并摒弃了对建筑装饰的直接模仿，体现出丰满、豪华、奔放的艺术效果，是家具设计上的一次飞跃。

巴洛克风格可以说是一种极端男性化的风格，充满阳刚之气，汹涌狂烈和坚实稳定。而与之对应的女性化的风格艺术，在其后也应运而生，并以其甜美、婉媚的形象与巴洛克艺术相映照。

巴洛克艺术的发源地也是意大利，意大利一些伟大的建筑设计家和伟大的艺术家首开了巴洛克艺术先河，并率先将它用于建筑、室内装饰及家具中。特别是路易十四时期的巴洛克家具最负盛名，居欧洲各国的领先地位，成为巴洛克家具风格的典范，也称为路易十四式。

（1）巴洛克家具风格的形成

17 世纪整个欧洲的设计潮流都有一种烦琐、夸张的倾向，"巴洛克"原意是"畸形的珍珠"，并有扭曲、怪诞、不整齐之意。在艺术史上，巴洛克有时被作为一个时代的标志，它上承文艺复兴晚期的矫饰主义，下接 18 世纪的洛可可艺术。16 世纪是巴洛克艺术风格的鼎盛期，而洛可可艺术则为巴洛克后期。上述三个阶段是欧洲封建社会晚期的文化形态。"巴洛克"常被作为一种风格的术语，泛指 16 世纪欧洲艺术家们创造的那种丰满、写实、具有强烈动势和饱满色调的艺术风貌。

这种艺术风格的产生是文艺复兴盛行到顶峰的必然产物，它产生的直接原因是由于耶稣会的宗教改革和富于战斗性的天主教运动的努力，教会组织力图通过令人敬畏的形象，重新激发人们的想象。意大利艺术在 1500 年后完全放弃了其简洁大方的形式语言，面对没有束缚的艺术鉴赏界，新的式样的产生成为可能，并迅速传播到欧洲各地。在这种背景下，巴洛克艺术在欧洲流行了一个多世纪。

（2）巴洛克家具风格的传播

由于文艺复兴运动兴起与结束的时间在各地差异较大，所以巴洛克艺术的发展也是不一致的，巴洛克艺术的发源地同样在意大利，随着这种艺术风格在意大利的盛行，巴洛克艺术又传播到其他国家。可以说，巴洛克风格的家具诞生在意大利，成长在佛兰德斯，成熟在法国。1620 年，在现在的比利时的安特卫普镇，拉开了大量生产巴洛克式家具的序幕，荷兰在 1630～1640 年间也兴起了制作巴洛克式家具的高潮，随后法国、英国也纷纷进入了巴洛克时代。欧洲巴洛克家具文化艺术总的趋势是打破古典主义的严肃、端正的静止状态，形成浪漫的曲直相间、曲线多变的生动形象，并集木工、雕刻、拼贴、镶嵌、旋木、缀织等多种技法为一体，追求豪华、宏伟、奔放、庄严和浪漫的艺术效果。但各国又有其独自的特点，意大利巴洛克家具华丽，佛兰德斯巴洛克家具挺秀，荷兰巴洛克家具典雅，法国巴洛克家具豪华，德国巴洛克家具端庄，英国巴洛克家具精细，美国巴洛克家具朴实，西班牙巴洛克家具单纯。从法国路易十四时期的巴洛克家具文化艺术开始，欧洲已经形成了以法国为中心的家具文化艺术发展运动。

从意大利发源的这股艺术潮流，从一个国家蔓延到另一个国家，尽管有着共同的渊源，但与当地的各种艺术倾向和艺术流派融合起来，形成了带有不同民族色彩和独特风格的艺术形式，正是由这些千差万别的艺术形式共同组成了"巴洛克艺术"。

3. 常见美式涂装工艺流程

常见美式涂装工艺沿用多年，备受推崇。但其制作过程相当繁复，对家具厂的要求很高，销售价格也高。下面介绍的新美式仿古涂装工艺（表 3-4～表 3-6），目的是用相对简单的涂装工艺，取得非常接近的仿古效果，使美式涂装工艺及美式家具更易推广、更易普及。

表 3-4 常见美式涂装效果工艺

序 号	工序名称	材 料	施工方式	摘 要	干燥时间（min）
1	白坯打磨	砂 纸	机磨、手磨	去污迹、白坯打磨平整	
2	破坏处理		人 工	虫孔、敲打、挫边等，用 240# 砂纸打磨	
3	底色调整	红水、绿水	喷 涂	局部喷涂	5
4	不起毛着色剂	调 色	喷 涂	均匀喷涂、中湿	5
5	杜洛斯着色剂	调 色	喷 涂	均匀喷涂、重湿	20
6	胶固底漆	底漆+天那水	喷 涂	均匀喷涂，根据底材及需要的着色效果调整喷涂黏度	30
7	打 磨	砂 纸	人 工	轻磨、注意不要砂穿	
8	NC 格丽斯	格丽斯调色	擦 拭	擦至中等干净，毛刷整理并用 0000# 钢丝绒抓明暗	60~20
9	NC 透明底漆	底漆+天那水	喷 涂	14~16s 黏度底漆，均匀喷涂	60~120
10	打 磨	砂 纸	人 工	打磨平整	
11	刷金粉	金粉漆	毛 刷	刷在雕刻处	10
12	乙烯基类透明底漆		喷 涂	16s，只喷涂于刷金部位	30
13	NC 透明底漆	底漆+天那水	喷 涂	14~16s，均匀喷涂	60~120
14	打 磨	砂 纸	人 工	打磨平整	
15	打干刷	格丽斯调色	毛 刷	做效果	30
16	NC 透明底漆	底漆+天那水	喷 涂	14~16s，均匀喷涂	60~120
17	打 磨	砂 纸	人 工	打磨平整	
18	布 印	调 色	人 工	棉布全面拍打并用 0000# 钢丝绒整理	10
19	马 尾	格丽斯调色	人 工		10
20	喷 点	天那水+调色剂	喷 涂		10
21	NC 透明面漆	底漆+天那水	喷 涂	12~14s，喷涂均匀	60~120
22	灰尘漆	灰尘漆	喷 涂	除破坏与沟槽处留适量外，其余的擦拭干净	

注：底材为樱桃木、橡木、松木、柞木、水曲柳等适用底材。施工条件为温度 25℃，湿度为 75% 以下。

表 3-5 中纤板仿古白美式涂装效果工艺

序 号	工序名称	材 料	施工方式	摘 要	干燥时间（min）
1	白坯打磨	砂 纸	机磨、手磨	去污迹、白坯打磨平整	
2	破坏处理		人 工	虫孔、敲打、挫边等，用 240# 砂纸打磨	
3	NC 白底漆	底漆+天那水	喷 涂	14~16s 黏度底漆，均匀喷涂	60~120
4	打 磨	砂 纸	人 工	打磨平整	
5	NC 白底漆	底漆+天那水	喷 涂	14~16s，均匀喷涂	60~120
6	裂纹漆	裂纹漆+天那水	喷 涂	局部不规则喷涂	30
7	打 磨	砂 纸	人 工	对裂纹漆处打磨	
8	NC 透明底漆	底 漆	喷 涂	10~12s，先喷涂裂纹漆处，后全面均匀喷湿	60
9	NC 格丽斯	格丽斯调色	擦 拭	擦至中等干净，毛刷整理	60~120
10	乙烯基类透明底漆	乙烯基类底漆	喷 涂	16s，全部均匀喷湿	30
11	打 磨	砂 纸	人 工	打磨平整	

序 号	工序名称	材 料	施工方式	摘 要	干燥时间（min）
12	刷金粉	金粉漆	毛 刷	刷在雕刻处	10
13	乙烯基类透明底漆	乙烯基类底漆	喷 涂	16s，只喷涂于刷金部位	30
14	打 磨	砂 纸	人 工	打磨平整	
15	布 印	调色剂	人 工	棉布全面拍打并抓明暗	10
16	打干刷	格丽斯调色	毛 刷		30
17	NC 透明底漆	底漆＋天那水	喷 涂	14s，均匀喷涂	60~120
18	喷 点	调 色	喷 涂		10
19	NC 透明底漆	底漆＋天那水	喷 涂	12~14s，喷涂均匀	60~120
20	灰尘漆	灰尘漆	喷 涂	除破坏与沟槽处留适量外，其余的擦拭干净	

表 3-6　新美式仿古涂装工艺

序 号	工序名称	材 料	施工方式	摘 要	干燥时间（min）
1	白坯打磨	砂 纸	机磨、手磨	去污迹、白坯打磨平整	
2	杜洛斯着色剂	调 色	喷 涂	参照色板一次性喷湿，亦可采用 NGR（不起毛着色剂）着色	20
3	NC 透明底漆	底漆＋天那水	喷 涂	均匀喷涂，根据底材及需要的着色效果调整喷涂黏度	30
4	打 磨	砂 纸	人 工	轻磨、注意不要砂穿	
5	NC 格丽斯	格丽斯＋稀释剂	擦 拭	擦至中等干净，毛刷整理并用 0000#钢丝绒抓明暗	60~120
6	NC 透明底漆	底漆＋天那水	喷 涂	14~16s 黏度底漆，均匀喷涂	60~120
7	打 磨	砂 纸	人 工	打磨平整	
8	打干刷、刷边	格丽斯＋稀释剂	毛 刷	轻干刷效果，突出明暗对比，0000#钢丝绒整理，简单轻微刷边	30
9	NC 透明底漆	底漆＋天那水	喷 涂	14~16s，均匀喷涂	60~120
10	打 磨	砂 纸	人 工	打磨平整	
11	布 印	调 色	人 工	棉布全面拍打并用 0000#钢丝绒整理	10
12	马 尾	格丽斯调色	人 工		10
13	喷 点	天那水＋调色剂	喷 涂		10
14	NC 透明面漆	面漆＋天那水	喷 涂	13~14s，喷涂均匀	60~120
15	打 磨	砂 纸	人 工	打磨平整	
16	NC 透明面漆	面漆＋天那水	喷 涂	12~13s，喷涂均匀	60~120

此工艺为典型的简易仿古涂装工艺，其主要特点为：强化底材的美观纹理，色彩层次感强；仿古工序简单，易操作；各工序间间隔时间短，生产效率高。

■ **思考与练习**

1. 美式家具和欧式家具在风格和工艺上有何差异？

2. 美式家具中有透明和实色涂装效果，两者之间工艺上有何不同？

3. 举例说明在现代美式家具中体现的一些时尚元素。

4. 美式涂装中，主要包括哪些工序？

■ 巩固训练

在美式涂装效果中，实色仿古是高档家具常用的装饰手法，如图 3-15~图 3-19 所示。试结合透明仿古涂装工艺方案，查阅资料，分析实色仿古涂装效果风格特点，合理选择涂装材料、工具设备，拟定工艺流程，设计涂装工艺方案。

图 3-15　样板（附彩图）　　　　　　　　　　　图 3-16　现代都市　书房（附彩图）

图 3-17　田园风格　衣架（附彩图）　　　　　图 3-18　阳光地中海　卧室及斗柜（附彩图）

图 3-19　新传统　床及床头柜（附彩图）

■ 自主学习资源库

1. 国家级精品课网站 http：//218.7.76.7/ec2008/C8/zcr-1.htm
2. 叶汉慈. 木用涂料与涂装工[M]. 北京：化学工业出版社，2008.
3. 王恺. 木材工业大全（涂饰卷）[M]. 北京：中国林业出版社，1998.
4. 王双科，邓背阶. 家具涂料与涂饰工艺[M]. 北京：中国林业出版社，2005.
5. 华润涂料 http：//www.huarun.com/
6. 威士伯官网 http：//www.valsparpaint.com/en/index.html
7. 阿克苏诺贝尔官网 http：//akzonobel.cn.gongchang.com/

任务 3.2　基材处理与品质控制

知识目标

1. 了解着色剂的调配方法和工艺要点；
2. 理解美式涂装所用基材的种类、特性；
3. 理解家具企业涂装工段的安全生产常识；
4. 理解"6S"管理知识；
5. 掌握基材处理时常见缺陷产生的原因及解决对策；
6. 掌握常用美式涂装基材破坏处理的方法、所用工具和材料；
7. 掌握工具的使用和清洗维护方法；
8. 掌握基材处理所用材料的安全贮存常识、安全管理要求。

技能目标

1. 能合理选用基材处理常用材料、施工方法和工具；
2. 能根据工艺方案要求合理选用基材，并合理地对基材进行破坏处理；
3. 根据"6S"管理要求，安全准确取放材料、工具；
4. 能较准确调配修色剂，并独立适量修色；
5. 能借助工具书查阅英语技术资料，自我学习、独立思考；
6. 能与他人协作共事，沟通交流，积极配合使用同一工具和设备，进行清洗维护；
7. 能自我管理，有安全生产意识、环保意识和成本意识。

工作任务

任务介绍

各小组根据本组在任务 3.1 中制定的工艺方案，进行涂装前基材破坏处理，按照色彩设计方案对素材修色，对各工序实施品质控制。

任务分析

对于美式涂装，基材表面的做旧处理工序最能体现生活岁月使用留下的痕迹，体现自然的仿古效果。美式涂装的基材表面经过检修后，进行常见破坏处理（图 3-20、图 3-21），然后做修色处理，使基材表面达到基本的仿古底蕴。

各小组根据制定的工艺施工方案，结合涂装效果和基材处理作业要求，正确选择和使用工具，对基材进行处理，施工中要按照任务要求和操作要领进行。在每道工序前，对制品表面应严格检查，并对问题进行标记，及时返修，按照各工序制品质量检验标准进行严格质量控制，保证任务顺利完成。

图 3-20　基材破坏处理类型

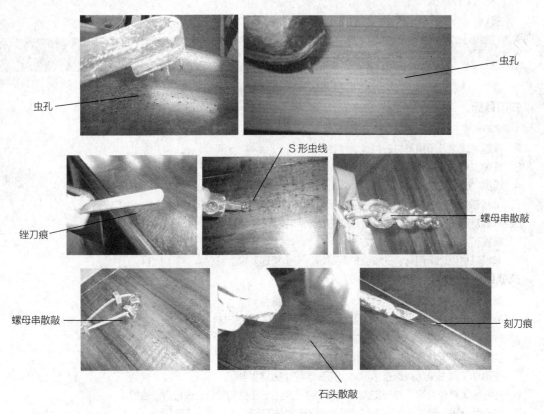

图 3-21 常见基材破坏处理（附彩图）

实训场所：一体化教室、实训室、实训车间。

所需设备及工具：基材破坏工具、喷涂设备、品质状况标记工具、分层色板、电脑、投影幕。

工作场景：在一体化教室（实训室、实训车间）内，根据下发任务要求，结合工艺方案，学生分组领取工具材料，进行基材破坏处理和素材着色。教师必要时对相关设备、工具及重要工序的操作规范进行演示和讲解，然后让学生分组根据教学设计步骤进行操作训练，教师巡回指导。完成基材处理任务后，各组进行展评、总结，教师要对各组的实训过程及结果进行评价和总结，指出不足及改进要点。学生根据教师点评，重新对整个实训过程各环节进行审查和回顾，撰写相关实训报告（包括具体过程、遇到问题、改善对策、心得体会等）。

知识准备

---

1. 白坯检修与破坏处理

（1）白坯基材检修处理

涂装基材是指底漆与着色剂等涂饰材料直接涂于其上的木器家具制品的表面材料，它可能是实木板方材、实木指接集成材、刨切薄木或旋切单板（常称实木皮），也可能是胶合板、刨花板、中密度纤维板（也称中纤板或密度板）等人造板，还可能是经或未经树脂处理的各种装饰纸（如木纹纸等）。涂饰前基材应是平整干净无缺陷，颜色均匀素净，不含树脂等，但实际上，无论是实木还是人造板基材表面涂饰前往往不合乎要求而需要进行检修处理。

（2）填充剂

① 概念　填充剂也称填目剂，作全填满式涂装时根据涂装需要做填充剂。填充剂是由树脂、体质颜料、有色颜料及溶剂混合而成，专门为填充木纹毛孔设计的，多用于镜面涂饰中，其作用是填充导管并增加木材纹理鲜明度，使平面更平滑，可同时达到填充和着色两种功能。配方若经过特别处理，可免打磨，因此在生产中又称为免砂填充剂。

② 特性　填充剂必须具有快干性，以便于操作；填充剂若密着性不够，易出现脱漆现象；填充剂为透明或半透明色漆，颜色效果不好，则出现色泽不均或木纹不清晰现象；为了便于操作，填充剂黏度一定要合适。

③ 操作　将合适浓度填充剂用碎布以顺或逆时针方向擦涂于被涂物表面，再用干净碎布顺木纹方向擦净表面，待其干后方可砂光。

④ 注意事项　操作时浓度要合适，过浓不便于操作，过淡则达不到应有的填充效果；稀释剂为松香水；填充剂可起到增强涂膜作用，根据需要同一产品可做 2~3 次填充；填充剂只针对产品大面积平面使用，对产品的平面同立面接合部位、棱边、棱角、雕刻等处则不用；操作时不小心触碰到这些地方又不能直接擦净的，可考虑用松香水清洗后擦净；填充剂要完全干燥后方可砂光。

（3）补土

① 概念　一件产品在进行检修时，很重要的一项工序便是补土，它对产品小面积的龟裂、凹陷、崩落等缺陷进行填补，使其恢复完美面目。

② 种类　补土分为油性补土和水溶性补土，水溶性补土多指使用白灰。

③ 工具　进行补土时必须要有合适的补土工具，一般用补土刀。

④ 适用范围　补土的面积有相对的限制，直径小于 2mm，裂缝宽度小于 1mm 的凹洞才可以补土，并且注意先吹干净灰再进行补土，补土后应将裂缝外多余的砂干净，对于面积较大的地方需补的应考虑用 AA 胶直接填补；在进行补土时，还应考虑到着色的性能是否适合，如做水洗白类的产品应用水溶性补土；另外还应根据颜色深浅选择补土。

（4）机砂（圆盘砂、棕砂）

① 概念　砂光是涂装的基础，一种产品砂光的好坏，直接影响涂装效果；如果产品砂光后不够理想，可能导致着色后又得重砂。

② 圆盘砂光机　圆盘砂光机是一种风动式的砂光机，它体积小、砂盘面积小，适宜于产品小面积平面砂光。

砂光材料：圆盘砂光机用圆砂纸，砂纸的型号大致分 120#、150#、180#、220#、240#、320#等几种，但作为一般产品砂光来说，只需用 180#、240#、320#三次砂光便可。

砂纸一般用法：40#~100#木面粗砂光，120#~150#木面砂光（硬木），150#~180#木面砂光（软木），180#~240#底材最后砂光。

圆盘砂光机使用注意事项：a. 检查风量是否合适；b. 将砂光机置于产品上，先启动再匀速移动进行产品砂光；c. 用力要合适，力度不能超过砂光机本身的重量；d. 每次砂光盘重砂的重叠范围为

1/2~1/3 距离；e. 砂光盘不能斜立于产品砂光（即垫起来砂），砂光盘应平行于被砂物平面；f. 砂光机应定期保养。

③ 抛光棕砂　棕砂抛光机是一种电动式砂光机，是以砂带、棕刷为砂光物，它的最大优点是便于砂光多沟槽、多锣形的产品。使用棕砂抛光机应注意：a. 一般情况下勿用高速旋转轮；b. 长时间不用时要关断电源，不要空转；c. 注意检查更换棕刷；d. 特别注意被砂物的砂光方向；e. 固定抛光机，以免振动过大；f. 注意用合适的力度压住产品，使其达到砂光的目的。

（5）手砂

① 概念　在进行产品检修时，手砂是必不可少的，也是经常用到的一种砂光方式，它主要是针对产品锣边、锣形、棱边、棱角、雕刻等机砂砂不到的地方进行砂光，是机砂的一种补充，但效率要比机砂低得多。手砂分白坯手砂及涂装过程中手砂，这里主要讲白坯手砂。

② 砂光材料　手砂的砂光材料要根据产品砂光的要求来选定，砂纸的型号为 120#、150#、180#、220#、240#、320# 等，一般来说上线前的产品砂光用 240#、320# 的砂纸。

③ 手砂注意事项　a. 顺木纹方向砂，不论何时何地何种产品，白坯砂光一定要注意方向原则，即顺木纹方向砂光；b. 正确选择砂光材料，砂纸型号的选择对砂光极为重要，如果错用材料可能会降低工作效率或出现与砂光目的相反的后果；c. 手砂要特别注意砂光的力度，力度过大浪费体力，力度过小则没有效率，达不到砂光效果；d. 姿势应正确，进行产品砂光时要注意手拿砂纸的姿势是否恰当；e. 产品进行手砂时应具有选择性，先看后砂，该砂的地方才砂，不该砂的地方则没有必要砂，砂完后要再看有没有达到需要的效果；f. 一件产品砂光的程度如何，没有一个绝对的标准，一般来说只要达到无砂穿、砂凹、砂变形现象，且无砂印、砂痕，手感光滑、无挡手的感觉即可。

（6）破坏

① 概念　破坏是美式涂装过程中仿古效果极强的一道加工工序，主要制造产品在长期使用或存放过程中出现的风蚀、风化、虫蛀、碰损以及人为破坏等留下的痕迹。

② 作用　增强产品的仿古效果，掩饰产品的缺陷，提高产品的价值观。

③ 特点　a. 仿古效果极强；b. 可以掩饰产品的缺陷；c. 有不可更改性；d. 能提高产品的价值。

（7）大破坏

① 概念　大破坏主要是仿产品长时间存放或使用过程中被其他的器物撞击、碰损后留下的撕裂痕迹。一般不太规则，有大有小，并且损坏的地方呈现出粗糙、腐朽的感觉，所以我们在做这类破坏时不宜太规则，特别注意不可做成标准的"三角形"，并且破坏处不宜太平滑。总之，做好破坏后应给人一种较自然的碰撞或撕裂的感觉。

② 注意事项　a. 做大破坏时首先考虑产品有缺陷的地方；b. 尽量避开产品有节疤的地方（节疤及其周围比较坚硬，不易被损坏）；c. 尽量避开产品拼接处（掩饰缺陷处）；d. 顺木纹方向，曲纹的地方应尽量避开，不可做成"曲线形破坏"；e. 破坏的形状要自然、灵活，尽可能给人一种自然损坏的形状，而不是人为的，特别不可呈"三角形"；f. 破坏的大小、深浅及数量要适宜（破坏的长短、深浅范围及数量的多少等要根据不同的产品、不同的型号及部位来确定）。

（8）虫孔

① 概念　虫孔是仿产品长时间存放后木头被虫蚀、虫蛀后留下的痕迹，一般来说虫孔现象多见于

产品的破坏处、朽烂处以及边缘的地方，产品有节疤的地方以及木材的正中心处相对来说比较坚硬，虫一般不会蛀到这些地方。虫孔既有散落的个别现象，也有密集的成团现象。

② 注意事项　a. 虫孔的数量（包括虫孔是单个的还是密集成团的，一件产品的某一部位虫孔分布的数量）；b. 虫孔的分布（虫孔分布于产品的哪些部位，是破坏的中心处还是边缘处）；c. 虫孔的大小（虫孔是细密的还是比较大的，还是大小相间的）；d. 虫孔的形状（虫孔的分布是呈圆形、纺锤形还是条形）；e. 顺木纹方向（虫孔一定要顺木纹方向分布）；f. 避开产品有疤节的地方。

（9）敲打

① 概念　仿产品长期使用或存放过程中被一些硬物体碰摔、敲打后留下的印迹，其分布呈无规则性。

② 注意事项　a. 敲打的方向；b. 敲打的轻重（敲打特别注意轻重力度）；c. 敲打的工具（敲打的工具是螺丝串还是单个锣帽还是锉刀柄，敲或划也要分清楚）；d. 敲打的数量（包括敲打工具锣帽、垫片的数量，也包括敲打的次数，一件产品的某一部位大体上敲打几次等）。

（10）锉刀痕

① 概念　仿产品在长期使用或存放过程中被带锯齿形的物体拉划伤后留下的痕迹。

② 注意事项　a. 锉刀痕的长短范围；b. 锉刀痕的数量及其分布（产品有锉刀的地方多见于棱边、棱线等凸起的部位）；c. 轻重原则（锉刀破坏也有轻锉和重锉之分，有些产品只有很轻微的痕迹，有些产品则锉刀痕很重）；d. 锉刀的使用（其使用方法有四种，即一般斜拉锉刀痕、平敲痕、锉柄敲痕、划痕）。

（11）倒角、倒边

① 概念　倒角、倒边是仿产品在长期使用或存放过程中被风蚀、风化后留下的痕迹，产品年代久远，圆边、圆角被风蚀、风化成光滑的无棱角现象，或者说被人经常触摸后留下磨损痕迹，多见于凸起的边、角等处。

② 注意事项　a. 倒角、倒边多在产品的角、棱等处，并且经常被人触摸的地方更重一些；b. 根据产品不同，其倒角、倒边的程度也不同。

（12）铁锤痕

① 概念　铁锤痕是用铁锤倾斜一定的角度敲打后留下的痕迹，主要是仿产品长期使用过程中被压伤或被其他器物掉落下来砸伤的痕迹。

② 注意事项　a. 敲击的轻重，敲击时注意力度的轻重，因为敲击的力度直接决定着铁锤痕的深浅程度；b. 敲击的数量，包括铁锤的数量、一件产品上做几处敲击痕，另外包括铁锤痕是单个的还是两个并列的；c. 敲击时的倾斜度，这直接决定着铁锤痕的形状；d. 尽量针对产品有缺陷的地方；e. 考虑铁锤痕的位置分布。

（13）五角钉、梅花印

① 概念　五角钉破坏也称硬物体破坏，梅花印也称"+"字印，这是一类特殊的专用破坏，主要仿产品在长期使用过程中被一些尖锐的、有一定形状的器物砸伤后留下的痕迹。

② 注意事项　a. 注意破坏分布的位置及数量；b. 注意破坏的轻重及深浅程度。

（14）螺杆破坏

① 概念　螺杆破坏是仿产品在长期使用过程中被一些带螺纹形的硬物体压伤或掉落摔、砸伤后留下的痕迹。

② 注意事项　a. 螺杆的使用（螺杆破坏既可以用螺帽敲，也可以用螺杆敲）；b. 尽量针对产品有缺陷的地方；c. 螺杆痕的数量（这里需要注意的是我们应该对工具进行简单的加工，一般来说螺牙以 4~6 个为宜，可将工具保留 6 个螺牙，将其余的螺纹磨平，破坏时将工具适当地倾斜一定位置可达到应有的效果）。

（15）铁钉马尾、蚯蚓痕

① 概念　白坯铁钉马尾痕也称划痕，是仿产品在使用过程中被划伤、刮伤后留下的痕迹；蚯蚓痕是仿产品在长期使用或存放过程中被虫蛀、虫蚀、虫爬过后留下的痕迹。

② 注意事项　a. 大体上顺木纹方向（铁钉马尾痕不一定顺木纹方向，蚯蚓痕一定要顺木纹方向）；b. 形状要自然、灵活，马尾略呈半月形，蚯蚓痕无规则的形状，形似蚯蚓爬过后的伸缩形状；c. 注意深浅程度，划痕有较细的铁钉尖划的马尾痕，也有锉刀柄划的较粗的划痕，蚯蚓痕的长短、大小、深浅也要形象、自然；d. 长短位置要合适（尽量不要分布在木心处）；e. 破坏的数量（一件产品几处破坏要有一定的范围，太少则达不到应有的仿古效果，太多则显得零乱、不自然）；f. 尽可能针对产品有缺陷的地方；g. 避开产品的节疤、拼接线等处。

2. 白坯修色

（1）概念

在家具的制造过程中，经常会将不同颜色或不同树种的木材搭配于同一产品中，形成白坯素材的颜色差异，进行油漆涂装时要将这些颜色有差异的木材统一起来，统一木材颜色的过程称为白坯修色。

木材的种类及颜色差异各异，涂装主要考虑的是产品的颜色，我们将木材的颜色大致分为三类：以红为主的红色木材（包括深红、浅红、红），中性色木材（包括浅白、灰白、白）和青色木材（包括青白、青黑、青等）。进行素材调整时，要注意红水和绿水可以根据底材颜色要求进行局部喷涂或局部加重喷涂。要以较大面积的底色为准，调整小面积的颜色至接近大面积颜色。

（2）白边漆

白边漆红水是用于素材调整的一种浅红色或红棕色的修色剂，由染料或染料与颜料混合而成，可喷涂于白色、浅白色、青色或黑色木材部分，使木材显现出浅红色或红棕色。注意较白的部分应根据需要加强喷涂，以使整个产品的白坯颜色一致为原则。白边漆根据产品需要，可调配为红棕色、浅红色等。

（3）等化漆

等化漆绿水是用于素材调整的一种浅绿色或黄绿色的修色剂，喷涂于红色木材部分，使木材显现出棕色或淡灰白的中性颜色，可以使整个产品的白坯颜色基本一致。主要产品有青绿水、黄绿水。

（4）注意事项

① 浓度　白边漆、等化漆在使用时应特别注意其浓度，根据产品着色的需要统一调配。

② 充分搅拌　油漆中的珍珠粉易沉淀，注意经常搅动。

③ 喷涂次数　白坯修色时应根据产品颜色的需要来决定喷涂次数。

④ 辅助色的调配　注意辅助色的配加比例。

⑤ 修色剂　注意修色剂也可作产品底色使用。

⑥ 修色材料　同种产品的修色材料最好统一调配，中途不要变换。

3. 底色漆

（1）概念

底色漆是一种染料或颜料调配成的色漆，是整个系统的底色，也是美式涂装的根基。

（2）种类

① 吐纳　由色精或颜料添加于胶固底漆配制而成，固体成分为 2%~10%，作用和头度底漆一样，用于素材着色完成后，为加深颜色而使用；也可直接用于素材上代替素材着色和胶固底漆两道工序。但是用于素材着色后，因其着色剂未渗入木材，极易刮伤产生白痕，因此只适合于大平面喷涂效果，椅子等难喷涂均匀的产品，使用很少。其黏度高低对后序工序格丽斯的上色影响比较大，需要特别注意。一般为香蕉水性质。

② 杜洛斯底色　由杜洛斯主剂加入染料或颜料调配而成，是一种较为常用的底色漆，可以单独对底材进行底着色，喷涂施工，也可以和不起毛着色剂相结合，用于不起毛着色剂之后喷涂。其性能特点是，染料型杜洛斯底色颜色渗透性强，透明度高，能更好地展现木材纹理；颜料型杜洛斯底色具有柔和的透明底色格调，可掩饰一些木材颜色差异的变化，涂装效果较朦胧。使用时要注意均匀喷涂，喷涂方式通常可分为轻湿、中湿和重湿等，喷湿程度的不同以及杜洛斯主剂的干速，对色彩渗透程度和最后的颜色效果有一定影响。注意不要喷得太湿，以免产生底色开花现象。颜料型杜洛斯底色使用前注意均匀搅拌，如需要，喷涂前可加入少量的 NC 涂料调配，以便于对色。

③ 不起毛着色剂　俗称"不起毛"色漆，用各色不溶于溶剂的染料加到不起毛着色剂、稀释剂里调配而成，这些染色剂可溶入木材表层内部而显现出强烈的透明度，可用来修色，多为酒精性质，常用于美式涂装的底层色喷涂。其性能特点是不膨胀木毛，可渗入木材表层、内部而显现出非常好的透明度。使用不起毛着色剂时要注意：一是大面积喷涂要均匀；二是喷涂方式可分为轻湿、中湿和重湿，喷湿程度的不同对色彩渗透程度和最后的颜色效果有一定影响；三是注意不要喷得太湿，以免产生底色开花现象。

④ 渗透性着色剂　用渗透性溶剂加入专用色浆和少量仿古涂料颜料色浆而成，可以单独对底材进行底着色，也可以和不起毛着色剂相结合，用于不起毛着色剂之后的喷涂。其性能特点是可使木材导管突显金黄色或青棕色，让导管颜色更为突出；主要用于加深木材纹理的清晰性，增加层次，常用于深木眼底材。使用时，要注意全面均匀喷涂，喷涂方式通常可分为轻湿、中湿和重湿等，喷湿程度的不同对色彩渗透程度和最后的颜色效果有一定影响。注意不要喷得太湿，以免产生底色开花现象；注意不可用于底漆或有色底漆之上，否则会导致附着力不良；注意使用前搅拌均匀。

（3）注意事项

① 调配比例或浓度　很多产品的底色漆在使用前均需按一定的比例冲稀为一定浓度，调配时应注意比例一定要准。

② 搅拌均匀　底色漆调配前后及使用过程中均需搅拌均匀。

③ 过滤　有些产品的底色漆喷过后会出现黑脏点现象，此时应考虑到底色漆的过滤。

④ 喷涂的次数　一般来说产品底色漆的喷涂以一枪过且喷均匀、适量为宜，不宜补喷或多次喷涂。

⑤ 颜色变化　底色漆因浓度的不同，WASH COAT 前后及喷湿与否等因素的影响，颜色会有明显的区别。

⑥ 涂饰量的多少及效果　根据产品颜色的需要、白坯素材的差异等因素来决定底色漆用多少。

4．涂装通用标准要求

（1）门及敞开式结构柜类产品内侧，包括背面贴皮部分与外侧，颜色整体涂装效果应一致。

（2）门内侧与外侧按正常工序涂装要求应颜色一致。

（3）产品的脚底部不得污染，脚底垫块面积必须大于脚底，防止脱落。

（4）所有中纤板BASE COAT封边的产品要求封边颜色要与所需涂装产品颜色相似，产品涂装后要做出假木纹效果。

（5）产品边角直楞、直角在做破坏处理时应做倒圆处理，不能利手，防止砂光研磨时砂穿。

（6）门夹、磁碰、合叶在涂装时及涂装后应保持干净，尤其是格丽斯使用处。

（7）不喷涂颜色的抽屉内侧要求用自黏膜将整个抽屉包括后板完全裹紧，防止涂装时污染。

（8）涂装产品在涂装前节疤必须涂结疤油，且涂装要均匀一致。

（9）产品的背板、背面禁止有任何污染，喷涂底色的颜色应一致。

（10）产品的底部线条下的颜色与整体颜色应一致。

（11）产品脚部四周或圆周要求颜色一致。

（12）抽屉面板边的颜色要与抽屉面颜色一致。

（13）产品床刀内侧应颜色一致、手感光滑。

（14）内镶式抽屉面四边、门框四边及内面应与外侧做相同涂装。

（15）产品的工艺沟及破坏处理处不得露白。

（16）产品的饰条颜色要求与整体颜色一致。

（17）做破坏处理产品的木拉手，也要做少量的破坏处理，颜色效果应与整体一致。

（18）产品背面外露刨花板都必须涂深色格丽斯，且颜色均匀。

（19）产品的每道砂光研磨都必须仔细到位，包括柜体内部的部件。

（20）底面漆都必须在喷涂中不断均匀搅拌，以确保颜色亮度的一致性。

（21）底色格丽斯擦拭在喷涂中必须不停搅拌，尤其是有白色颜料成分的底色，以避免因部分颜色的沉淀而导致产品颜色差异。

（22）颜色必须按标准色样，准确认真调制，按涂装确认表操作。

（23）底面漆黏度、亮度调配及生产工序必须按照涂饰工程确认表操作。

（24）产品的搁板包括双面贴松木皮的搁板，要求按正常工序涂装；背面贴杂木皮的搁板应做底色和底漆，并要保持手感良好。

（25）橱柜的整体喷涂方法是先喷外侧后喷内侧，可保证其手感及整体效果。

（26）要求所有的产品在喷涂完成后要统一面向操作者的方向。

（27）产品在喷涂完成后要摆放整齐，特别注意门、抽屉，防止碰划伤或掉落。

（28）产品的铁滑轨前端塑料端头及抽屉上速滑片要求干净无污染。

（29）经过确认的涂装工程确认表任何人不得任意更改，如有异议，需填写工程更改申请表经涂饰工段长及生产部主任确认后交企划部，企划部下发工程更改通知后方可执行。

（30）要求每位员工认真学习领悟所做产品的工艺要点及要求，明白涂装工程表，并针对各自操作的工序给予充分的理解及掌握。

1. 检验白坯产品品质

对产品的外观结构及缺陷（碰划伤、胶印、砂痕、裂纹、欠料）等进行检查。

（1）品质标准

检查有无碰划伤、裂纹、胶印、污染水渍、砂光不良、补土不良、毛刺等污染，检查结构是否有不严缝、孔位不正的现象，如图 3-22 所示。

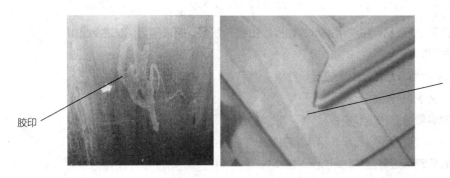

图 3-22 白坯检查（附彩图）

（2）作业技术要求

依据产品的进线顺序对柜类产品检查时，应按从右至左的顺序，依次按柜体右侧板→柜体正面→柜体内部右侧、上侧、左侧、下侧→柜体左侧板，对产品的结构及存在的品质不良进行检查，如图 3-23 所示。

用手检验表面各部位

图 3-23 白坯品质检查（附彩图）

（3）对不良产品标记

在检验中应对发现存在质量缺陷的产品进行特殊标记，在企业品质管理中常应用不同颜色进行标记。对存在质量缺陷的部位，根据缺陷的种类和性质，可选择不同颜色的胶带对问题部位进行标记，以便重新修补处理。对存在结构安装缺陷的产品，需要将产品放置在指定位置，等待重新修复。

（4）品质状况标记工具

品质状况标记工具如图 3-24 所示。

图 3-24　白坯品质检查标记工具

2. 破坏处理

破坏处理可以使产品产生使用多年的碰撞、虫蛀、划伤、磨损等自然仿古效果。

（1）品质标准

图 3-25 所示为符合工艺要求的破坏效果。

① 按工艺要求进行破坏处理；

② 破坏时尽量掩盖缺陷部位；

③ 对白坯再次进行品质检查，不合格应返回修补；

④ 要求破坏整体效果自然，尽量一次成功。

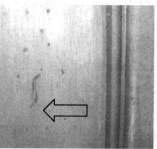

图 3-25　破坏效果符合工艺要求（附彩图）

（2）作业技术要求

作业技术要求如图 3-26 所示。

（3）注意事项

① 应对抽屉内侧不做颜色的抽屉缠上自黏膜，所有产品的门夹、磁碰用胶带缠好；

② 使用专用的工具分工分人操作；

③ 轻拿轻放严禁碰划伤；

④ 对破坏处理应有整体认识，明确做破坏的部位。

（4）破坏工具

破坏工具如图 3-27 所示。

3. 素材修色

统一木材颜色，使产品在整体效果和颜色方面更加协调。一般用于浅色木材，使其与整体颜色接近，将任何不正常的木材颜色中性化。

标准件

按照色板及标准件进行操作

散敲，操作时手姿要正确

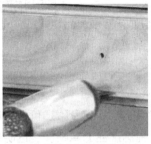

虫线，操作时用力要适中

虫孔，严格参照色板及标准件
进行操作

锤痕，操作完后对工序自检，
避免漏做、重做

图 3-26　作业要求（附彩图）

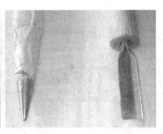

虫孔　　　　　散敲　石头　圆点　　　划痕　　　　　　刻刀

划痕　　　　　　　链敲　　　　锉

图 3-27　形成各种效果的工具

（1）品质标准

① 严格对照每种颜色的生产参照色板调配颜色；

② 严格对照每种颜色的生产参照色板喷涂素材修色；

③ 素材修色主要针对木皮的色差，使整体颜色一致；

④ 检查上道工序的品质标准，不合格品要退回；

⑤ 严禁污染到不要求喷涂的产品部位。

（2）作业技术要求

① 调整好喷枪的油量、扇形形状及油幅，平行水平移动喷枪，垂直上下移枪，均匀喷涂素材修色；

② 喷枪的隔膜泵压力必须保持在 20~30 Pa 之间；

③ 素材修色用料在使用前及使用中应每隔 15min 即搅拌一次，使用搅拌器；

④ 涂装操作时应先喷外侧再喷内侧。

（3）注意事项

① 涂料在使用中及使用前后都必须用桶盖盖紧，以防止挥发；

② 涂料桶必须用标签标识清楚，以防止混用；

③ 涂装操作要面向漆雾净化机。

4. 底色

白坯产品着底色，可增加产品涂装的层次感及附加价值，随着产品档次的提高，许多产品都喷涂两道或三道底色。染料性底色能提高产品的清晰度、透明度，颜料性底色能给产品增加深度效果。

（1）品质标准

白坯产品着底色参照标准件如图 3-28 所示。

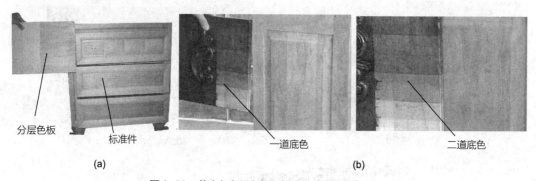

分层色板　　标准件　　　　　　　　　一道底色　　　　　　　　　二道底色

（a）　　　　　　　　　　　　　　　（b）

图 3-28　着底色参照色板和标准件（附彩图）

（a）分层色板和标准件颜色一致　（b）一道底色和二道底色要和色板颜色一致

① 严格对照每种颜色的生产参照色板调配一道底色和二道底色（即底色一和底色二）。

② 严格按照色板及标准件进行操作。

③ 压枪要均匀，边角部位喷涂不到的应进行补枪。

④ 根据工艺需求，在底色喷涂后可适当的拉明暗线，参照格丽斯拉明暗的操作。

⑤ 底色喷涂时严禁漏喷、喷流、喷花。

（2）喷涂技术要求

喷枪的油量与气量调整适当后进行喷涂。一般气压为 2.5~3 bar[*]，喷枪与被喷涂物成 90°，距离

---

* 1 bar = 0.1MPa = 100000Pa

产品 15~20cm 为宜，速度为 30~60cm/s，压枪的间距为油幅宽度的 1/2。

（3）注意事项

① 注意喷枪时动作要规范，不可漏喷、喷流、喷溶、喷花。

② 涂料要经常搅拌，保证涂料的黏稠度，避免涂料沉淀。

（4）工具设备

工具设备如图 3-29 所示。

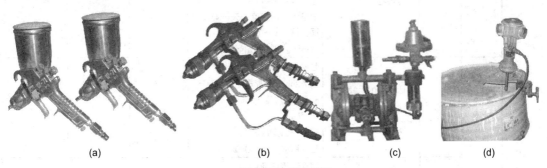

(a)　　　　　　　　(b)　　　　　　　(c)　　　　　(d)

图 3-29　喷涂工具

（a）W-71重力式喷枪　（b）AA喷枪　（c）双隔膜泵　（d）搅拌器

■ **总结评价**

1. 色差

（1）呈现状态

素材修色最普通的问题表现为修红、修青、色深、色浅等，使整体颜色不一致。

（2）主要形成原因

① 修色材料使用错误；

② 修色动作不熟练，修色不均匀；

③ 喷枪有问题；

④ 看色不准；

⑤ 前面底色不对。

（3）解决方法

① 正确使用修色材料；

② 强化训练；

③ 检修或更换工具；

④ 培养色感；

⑤ 各站把关，按分段样逐一对照。

（4）可接受范围

产品色差不显著，或仅有个别色差，局部与整体色差很小。

（5）不可接受范围

整体色差较大、颜色不一致。

2. 结果评价

结果评价见表 3-7。

表 3-7　结果评价表

评价类型	项目	分值	考核点	评分细则	组内自评（40%）	组间互评（20%）	教师点评（40%）
过程性评价（70%）	砂光与检修	5	砂纸与工具选择；操作规程	类型、粒度号选择正确；0~1 手工打磨符合操作规程，用力均匀、轻快；0~1 电动砂光机使用符合操作规程，操作熟练；0~1 顺纤维方向打磨，无砂痕、表面光滑；0~1 根据工艺要求，检修缺陷；0~1			
	破坏处理	10	整体破坏仿古效果；工具选用；操作符合规程	基材破坏种类熟悉；0~2 破坏部位及顺序规范正确；0~2 破坏工具能合理选用（自制）；0~2 操作符合安全规程；0~2 工具取放到位；0~2			
	调配底色	15	材料选择与调制；调配；操作符合规程	材料选择正确；0~2 调制娴熟规范；0~3 颜色和黏度符合要求；0~5 工具选择得当；0~2 操作符合规程；0~3			
	素材修色与喷涂底色	10	工具的选用；设备的调试；喷涂符合规程；清洗维护	工具（喷枪及过滤网口径）选择正确；0~2 喷涂与烘干符合安全操作规程；0~2 调试（空气压力、漆雾形状及雾化情况）与喷涂顺序；0~2 素材修色后整体色调均匀；0~2 喷枪清理部位明确，清洗到位，取放到位；0~2			
	自我学习能力	10	预习程度；知识掌握程度；代表发言	预习下发任务，对学习内容熟悉；0~3 针对预习内容能利用网络等资源查阅资料；0~3 积极主动代表小组发言；0~4			
	工作态度	10	遵守纪律；态度积极或被动；占主导地位与配合程度	遵守纪律，能约束自己、管理他人；0~3 积极或被动地完成任务；0~5 在小组工作中与组员的配合程度；0~2			
	团队合作	10	团队合作意识；组内与组间合作，沟通交流；协作共事，合作愉快；目标统一，进展顺利	团队合作意识；0~3 组内与组间沟通交流；0~4 目标统一，进展顺利；0~3			
终结性评价（30%）	底色喷涂效果	10	色差	底色一与样板间的表面色差；0~5 底色二与样板间的表面色差；0~5			

评价类型	项　目	分值	考核点	评分细则	组内自评（40%）	组间互评（20%）	教师点评（40%）
终结性评价（30%）	破坏处理效果	10	破坏效果；破坏部位	整体破坏效果自然，逼真；0~6 破坏部位能充分掩盖住部分白坯缺陷；0~4			
	操作完成度	10	在规定时间内有效完成任务的程度	尽职尽责；0~3 顾全大局；0~3 按时完成任务；0~4			
评价评语	班级：		姓名：	第　　组			
	教师评语：			总评分：			

■ 拓展提高

1. 涂饰对色制度

为了保证产品在生产过程中颜色稳定，及相应的颜色班组对本工序操作能够做到及时核对、及时发现与解决问题，特制定本制度。

（1）底色、擦拭、干刷、修色等工序应严格按照分层色板进行产品对色；

（2）擦拭、干刷、修色需按配套组合的产品对色方式进行对色；

（3）擦拭、干刷、修色、对色的确认由班长落实，工段长、品管、技术员中两人以上确认后，粘贴产品确认标签，并确认签字生效，作为工段班组生产时的颜色标准；

（4）各班按制定的对色区域内进行产品对色；

（5）产品在本工序操作5件以上时必须进行对色确认；

（6）由于产品对色缓慢或没有按照确认标准件执行的班组，所造成的产品返修应列入本班品质事故，根据造成浪费的人员和工时进行汇总，对责任班组进行相应的考核；

（7）产品对色确认后，生产班组不定期对本班组生产的产品与确认标准件进行对色，以保证生产线产品颜色稳定一致；

（8）面漆班修色喷台班组长与喷台负责人要负责与客人签字确认的颜色标准件进行对色。

2. 颜色控制方案

颜色控制方案推进表见表3-8。

表3-8　颜色控制方案推进表

序　号	项　目	具体工作内容	落实人	年　月				责任人	完成情况
				一周	二周	三周	四周		
1	跟踪新产品打样阶段	跟踪新产品在打样阶段的涂装效果并收集客人对涂装的要求		→					
2	跟踪新产品试生产以及试跑线阶段	跟踪新产品在试生产、试跑线阶段的涂装效果，同时收集客人在看样时提出的涂装要点以及材料（如木皮纹理、实木节疤等）的整体确认			→→→→				

序 号	项 目	具体工作内容	落实人	年 月				责任人	完成情况
				一周	二周	三周	四周		
3	制作新产品涂装要点	根据客人在打样、试生产以及试跑线阶段提出的涂装要点进行整理，并制作品质要点下发到相应班组							
4	木皮以及实木选材	正式生产阶段首先根据涂装要点制做木皮及实木的限度样板，并对来料进行选材							
5	现场监督首件确认	监督现场首件（产前样）必须由涂装技术员、工段长、品管三方共同确认后方可正常涂装							
6	确认 HILI 标准件	在涂装底色、擦拭、干刷、修色工序确认 HILI 效果标准件后，将其作为现场参照，并监督现场安排专人操作 HILI							
7	确认干刷标准件	在涂装干刷以及修色工序确认标准件后，作为现场参照，并监督现场安排专人对干刷后的产品进行全面整理							
8	监督《对色制度》的执行	监督现场各对色工序严格执行《对色制度》							
9	IPQC 巡察	对现场涂装对色工序进行点检巡察							
10	抽样检验	随线抽验产品的整体涂装效果及颜色							
11	持续改进	针对涂装颜色控制的改善应持续进行							

■ 思考与练习

1. 基材破坏处理常见类型及所用破坏工具有哪些？

2. 素材修色时注意事项有哪些？

3. 基材底色漆种类有哪些？各有什么不同？

4. 在喷涂底色时需要注意哪些问题？

5. 填写表 3-9 中空白项目（名称、目的）内容。

表 3-9　基材破坏处理工序名称及目的（附彩图）

名 称	目 的	工 具	图 例
虫 孔			

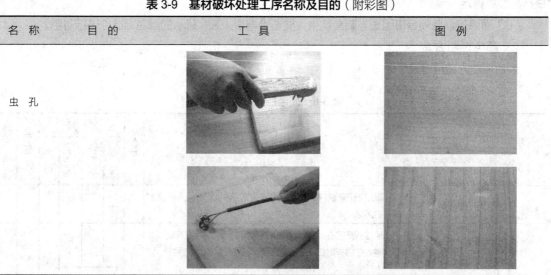

名　称	目　的	工　具	图　例

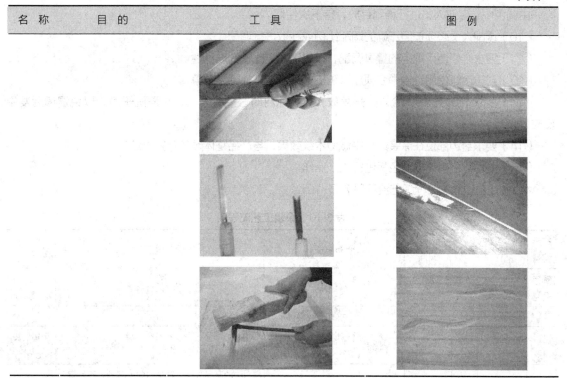

■ 巩固训练

1. 在美式仿古实色涂装中，根据工艺要求，选择不同材质的基材，进行基材破坏处理、扩孔（封闭）处理等操作。

2. 分析不同美式涂装效果的底色，选用不同的着色材料。反复练习底材着色剂的调配（可根据湿试样、样板分别进行调配练习），尤其是颜料型着色剂的调配与试喷，涂装过程技术要求同上述透明底色涂装。

另外在家具的封边工艺中常选用实色涂装效果，封边工艺参照如下。

3. 封边工序通用标准要求：

（1）中纤板（覆盖色、松木色）全部使用 PU 封边底漆封固。

（2）抽屉多层板使用 NC 封边底漆封固。

（3）封边工序 PU 涂装两遍底漆、两遍 BASE COAT；NC 涂装三遍底漆、两遍 BASE COAT。

（4）PU/NC 涂料喷涂要求均匀一致，勿流挂或漏枪。NC 涂装三遍底漆，喷涂勿厚，注意所有多层板应避免油漆堆积及起泡现象。

（5）砂光工序对产品的品质很重要，尤其第一道底漆后的砂光，使用 240# 砂带，仔细操作，要求表面无粗糙、针孔、凹凸不平、砂痕等现象。

（6）NC 封边底漆易沉淀，在使用过程中，需不断搅拌。

（7）封边工序涂饰应设专人进行现场操作指导。

（8）为避免 NC/PU 漆误调或调配比例不符合要求等问题，要求在调色中心统一由专人调配，不允许在机加工现场调配涂料。

（9）封边中心使用 PU 漆时，可根据实际用量，在调色中心领取，使用剩余的 PU 漆需退还调色中心，由调色中心专业人员进行稀释存放，待下次使用。

（10）调配人员必须按照正确的调配比例或秒数进行调配。

（11）要求必须使用规范的量具调配，以保证调配比例的准确性。

（12）封边涂料使用过程中必须加以防护，不可有任何污染现象。

（13）要求 NC 与 PU 涂料分开存放，更换涂料时必须将喷枪、泵清洗干净，以免混淆后发生反应。

（14）要求封边部位在涂装过程中做假木纹效果，与产品整体颜色及效果统一。

（15）要求严格对照标准色板进行生产操作。

4. 白边封边涂装工程工艺流程见表 3-10。

表 3-10　涂装工艺流程表

产品编号	封边工序		产品材质	所有材质		涂料供应商	
颜色编号	所有颜色		客户名称	所有客户		流程设计者	
操作流程设计及工艺规范说明							
序号	涂装步骤	材料编号	材料名称	调配比例	干燥时间（min）	人员设定	步骤说明	用量估算（kg/m²）
1	检查					1	需封边的产品零部件铣型时匀速轻砂，不可有刀痕、变形、裂缝	
2	砂光		180#砂带			4	人工针对封边部位用 180#砂带整体仔细砂光，要求表面光滑，不可有毛刺现象	
3	吹灰检查					1	人工用气管吹净灰尘，并进行仔细检查，需要修补部位进行修补，变形处进行处理，针对未砂好部位再次检查砂光，直至砂光良好	
4	砂光		240#砂纸			4	人工用 240#砂带锥体仔细砂光，要求表面光滑，不可有毛刺现象	
5	PU 封边底漆（质量比）		PU 主剂 2　PU 底漆固化剂 1　PU 稀释剂 1　PU 底漆 10　PU 固化剂 3　夏季性香蕉水 5		180~240（烘房）	1	人工整体均匀喷涂 PU 封边底漆一遍，喷湿，局部可补枪，不可有漏喷及流挂现象	0.12
6	砂光		240#砂纸			4	人工使用 240#砂带，仔细砂光到位，将表面毛刺、针孔及凹陷等不良现象清除平整	
7	吹灰检查					1	人工用气管吹净灰尘，并进行仔细检查，需要修补部位进行修补，变形处进行处理，针对未砂好部位再次检查砂光，直至砂光良好	
8	PU 封边底漆		同工序 5		180~240（烘房）	1	人工整体均匀，喷涂 PU 封边底漆一遍，喷湿，局部补枪，不可有漏喷及流挂现象	0.12
9	砂光		240#砂纸			4	人工使用 240#砂带，仔细砂光到位，将表面毛刺、针孔及凹陷等不良现象清除平整	

（续）

产品编号	封边工序	产品材质	所有材质		涂料供应商	
颜色编号	所有颜色	客户名称	所有客户		流程设计者	

<table>
<tr><td colspan="9" align="center">操作流程设计及工艺规范说明</td></tr>
<tr><td>序号</td><td>涂装步骤</td><td>材料编号</td><td>材料名称</td><td>调配比例</td><td>干燥时间（min）</td><td>人员设定</td><td>步骤说明</td><td>用量估算（kg/m²）</td></tr>
<tr><td>10</td><td>吹灰检查</td><td></td><td></td><td></td><td></td><td>1</td><td>人工用气管吹净灰尘，并进行仔细检查，需要修补部位进行修补，变形处进行处理，针对未砂好部位，再次检查砂光，最后达到砂光良好</td><td></td></tr>
<tr><td rowspan="2">11</td><td rowspan="2">BASE COAT 有色底漆一（质量比）</td><td></td><td>白底漆100（黏度18s）
香蕉水80
有色底漆（根据颜色需要）
PU白色底漆100
耐黄固化剂30
夏季性香蕉水50
系列颜料根据颜色需要≤30%</td><td></td><td rowspan="2">60~90（烘房）</td><td rowspan="2">1</td><td rowspan="2">针对封边部位均匀喷涂，勿漏枪及流挂，充分搅拌涂料。要求第一道BASE COAT后要安排专人进行检修，无白坯问题后方可喷涂第二遍BASE COAT</td><td rowspan="2">0.2</td></tr>
<tr><td></td><td>白色PU底漆100
PU香蕉水30
固化剂20
系列颜料（根据颜料系列）≤5%或≤10%</td><td></td></tr>
<tr><td>12</td><td>砂光</td><td></td><td>240#砂纸</td><td></td><td></td><td>4</td><td>人工仔细砂光，表面光滑平整</td><td></td></tr>
<tr><td>13</td><td>吹灰检查</td><td></td><td></td><td></td><td></td><td>1</td><td>人工用气管吹净灰尘，并安排专人进行检修，无白坯问题后方可喷涂第二遍BASE COAT</td><td></td></tr>
<tr><td>14</td><td>BASE COAT 有色底漆二</td><td></td><td>同工序11</td><td></td><td>60~90（烘房）</td><td></td><td>根据产品颜色需要将BASE COAT调配至黏度18s，针对封边部位整体均匀喷涂，勿翻枪及流挂，充分搅拌涂料</td><td>0.2</td></tr>
<tr><td>15</td><td>砂光</td><td></td><td>240#砂纸</td><td></td><td></td><td>4</td><td>人工仔细砂光，表面光滑平整</td><td></td></tr>
</table>

备注 阿克苏香蕉水冬季为480-TJ-033，夏季为480-XTJ-212，奥麒PU涂装香蕉水夏季为YQ3DTII46，冬季为YQ03DTII50

确认签字	编制部门	生产管理部	使用部门

5. 白边封边工艺操作标准。

（1）规范适用范围

适用于所有要封边处理的产品零部件。

（2）标准工艺流程

① 检查 需封边的产品零部件铣型时，不可有刀痕、变形、裂缝等现象。

② 砂光 对封边部位用180#砂带整体仔细砂光，要求表面光滑，不可有毛刺现象，如图3-30（a）所示。

③ 吹灰检查 用气管吹净灰尘并进行检查，需要修补部位进行修补，变形处进行处理。

④ 砂光 用240#砂带整体仔细砂光，要求表面光滑，不可有毛刺现象。

⑤ PU 封边底漆　整体喷涂 PU 封边底漆一遍并均匀喷湿，不可有漏喷及流挂。在 35~40℃烘房干燥 3~4h。

⑥ 砂光　使用 240# 砂带仔细砂光到位，对表面木毛、针孔及凹陷等不良现象进行修整，如图 3-30（b）所示。

⑦ 吹灰检查　人工用气管吹净灰尘，并进行仔细检查，修补不良处。

⑧ 重复上述三步工序⑤、⑥、⑦。

⑨ 有色底漆两遍　根据产品色浆 BASE COAT 对封边部位整体均匀喷涂两遍（图 3-31）。中间需仔细砂光并吹灰检查，勿漏枪及流挂，充分搅拌涂料，30~45℃烘房干燥 1~1.5h。要求第一遍 BASE COAT 后安排专人进行检修，无品质问题方可喷涂第二遍 BASE COAT，应参照标准件（图 3-32）。

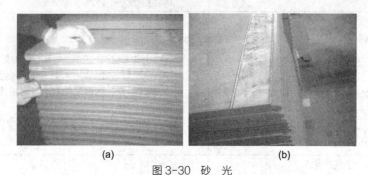

(a)　　　　　　　　　　　(b)

图 3-30　砂　光

（a）180# 砂带整体仔细砂光　（b）PU 底漆后，240# 砂带整体仔细砂光，去木毛

标准件

图 3-31　喷涂 PU 封边底漆　　　　　图 3-32　标准件

（3）操作标准规范

砂光对产品的品质标准很重要，尤其第一道 PU 底漆后的砂光应仔细操作，要求表面无粗糙、针孔、凹凸不平、砂痕等现象。

① 白坯封边工序涂装必须设专人进行现场操作指导；

② 为避免误调或调配比例不标准，封边涂料需统一由专人调配；

③ 调配人员必须按正确的调配比例或秒数进行操作，规范使用量具；

④ 封边中心根据实际用量在调色中心领取涂料，使用剩余的涂料需退还调色中心，由调色中心专业人员进行处理；

⑤ 封边班组必须对照确认的封边颜色标准件进行生产操作；

⑥ 封边涂料在使用过程中必须加以防护，不可有任何污染；

⑦ 封边班组在涂料使用中和使用前必须对其充分搅拌均匀；

⑧ 涂装工段在涂装过程中对封边部位需要做假木纹效果，与产品颜色及效果统一；

⑨ 涂装工段严格对照封边颜色的涂装标准件进行生产操作。

■ **自主学习资源库**

1. 国家级精品课网站 http：//218.7.76.7/ec2008/C8/zcr-1.htm
2. 叶汉慈. 木用涂料与涂装工[M]. 北京：化学工业出版社，2008.
3. 王恺. 木材工业大全（涂饰卷）[M]. 北京：中国林业出版社，1998.
4. 王双科，邓背阶. 家具涂料与涂饰工艺[M]. 北京：中国林业出版社，2005.
5. 华润涂料 http：//www.Huarun.com/
6. 威士伯官网 http：//www.valsparpaint.com/en/index.html
7. 阿克苏诺贝尔官网 http：//akzonobel.cn.gongchang.com/

任务 3.3　底漆涂装与品质控制

知识目标

1. 了解格丽斯等着色剂的调配方法和工艺要点；
2. 理解"6S"管理知识；
3. 理解家具企业涂装工段的安全生产常识；
4. 掌握美式涂装打干刷、刷边、拉明暗线的操作要领；
5. 掌握底漆喷涂时常见缺陷的产生原因及解决对策；
6. 掌握工具的使用和清洗维护方法；
7. 掌握底漆及着色剂等所用材料的安全贮存常识、安全管理要求。

技能目标

1. 能独立调配底漆并均匀喷涂底漆；
2. 能合理进行擦涂格丽斯、拉明暗线、甩牛尾等操作；
3. 能安全准确取放材料、工具；
4. 能较准确调配格丽斯颜色；
5. 能独立分析所产生缺陷，提出解决方案；
6. 能借助工具书查阅英语技术资料，自我学习、独立思考；
7. 能与他人协作共事，沟通交流，积极配合使用同一工具和设备，进行清洗维护；
8. 能自我管理，有安全生产意识、环保意识和成本意识。

工作任务

任务介绍

根据各小组制定的工艺方案，在完成基材处理后，独立完成涂装底漆和仿古做旧的工序操作。

任务分析

在前面的任务中，进行了基材破坏处理和底色涂装，为了更好的保护底色，在下面的工序中要进行封闭底漆的涂装（工程中常称为胶固）。为了更好体现仿古效果，接下来将进行打干刷、刷边、拉明暗线等操作，如图 3-33 所示，使仿古做旧效果（拉明暗、打干刷、甩牛尾等）呈现在不同的底漆漆膜中，显示陈旧感、立体感。本任务涉及的工序多，工具使用需要掌握技巧，操作比较复杂，是仿古涂装工艺中关键的环节。为了凸显层次感，要配合底漆的涂装，使这些仿古效果在不同的漆层中呈现出来。

通过毛刷在柜体棱边处刷出沧桑和陈旧

图 3-33　做旧效果（附彩图）

工作情景

实训场所：一体化教室、实训室、实训车间。

所需设备及工具：喷涂设备、品质状况标记工具、毛刷、调色盘、分层色板、电脑、投影幕。

工作场景：在一体化教室（实训车间）内，根据下发任务要求，学生分组领取工具材料，进行底漆涂饰、擦拭格丽斯、打干刷、甩牛尾等操作。教师必要时对相关设备、工具及重要工序的操作规范进行演示和讲解，然后让学生分组根据教学设计步骤进行操作训练，教师巡回指导。完成任务后，各组进行展评、总结，教师要对各组的实训过程及结果进行评价和总结，指出不足及改进方案。学生根据教师点评，重新对整个实训过程各环节进行审查和回顾，撰写相关实训报告（包括具体过程、遇到问题、改善对策、心得体会等）。

知识准备

1. 胶固底漆

（1）概念

胶固底漆又称为头道底漆、洗涤底漆、封闭底漆，是由 NC 透明底漆与天那水按一定的比例稀释、调配而成，黏度通常在 8~12s 之间。也即是我们说的"WASH COAT"，又称"八秒底漆"，其固体成分通常为 4%~14%，它的黏度很低，很快能渗入木材的表面层，为涂装过程提供"延展"的效果，并渗透到木材的纤维内，经过轻度的砂光可以砂掉。

（2）作用

胶固底漆主要作用归结为以下四点：

a. 控制仿古漆的残留量；

b. 保护产品底色；

c. 避免端头发黑；

d. 处理因溢胶而出现的颜色不均现象。

（3）注意事项

a. 浓度一定要准，不能有误差，通常黏度为8~12s。

b. 喷涂的风量、油量和压力要合适，有些产品WASH COAT浓度较高时特别要注意，不可喷出桔子皮、流油等现象。

c. 因其浓度较稀，喷涂时易出现流油现象，另外产品的端头、边、角、锣形的地方还应注意重复喷涂，有些产品甚至可以不用WASH COAT。

d. 使用时，要注意均匀喷涂，要让底材充分湿润；采用黏度较低的胶固底漆可以得到较脏的仿古漆颜色效果，采用黏度较高的胶固底漆得到的仿古漆颜色效果则显得干净；使用的胶固底漆黏度太高时，会阻碍仿古漆渗入木材导管，致使颜色看起来较呆板、无层次感。

2. 仿古漆

（1）概念

仿古漆是一种半透明至透明的颜料着色剂，由油或树脂溶解于油脂性溶剂所组成，不会溶掉下层的WASH COAT，油性颜料漆干燥得很慢，可以被擦拭、刷拭以达到层次明暗，调匀颜色，是美式涂装中最为重要的一个步骤。借助其残留量的控制将木材颜色融合为一致，在操作时可抓出一些明暗，使之呈现出层次，使整体颜色更柔和、自然、有层次感。

（2）作业程序

① 涂饰仿古漆　仿古漆可以采用喷或刷涂的方法进行，用枪喷可以提高效率，但其浪费量较大，并且易损坏工具，污染环境；刷涂的效率相对来说要低一些，但仿古漆的利用率较高，在实际生产中采用人工刷涂的方法较为理想，但需注意产品所有沟槽、凹陷、雕刻等地方不能露白，并且木孔里面要刷到；大面积的产品适宜用枪喷涂。

② 打毛刷　仿古漆刷涂到产品上后，要用毛刷以逆木纹方向来回打几次，让仿古漆充分渗入木孔。

③ 擦色　擦色工序很重要，它直接决定仿古漆的残留量，可根据产品颜色的需要或多或少地留取仿古漆，但擦色要基本均匀，如一次擦色不够可考虑再多加一道擦色。

④ 抓明暗　对于格丽斯类产品，很多时候要做抓明暗层次，此内容在下面讲解。

⑤ 整理　整理的工作在涂装过程中很重要，它包括着色后整理、面漆砂光后整理、产品打布印后整理，此处只针对着色后整理进行讲解。着色后的整理以毛刷为主，辅助钢丝绒，对于需擦干净的OAK油产品的整理，只针对产品的棱边、棱角等颜色较深、黑、脏的地方用钢丝绒直接抓，使颜色一致便可，对于需留一些格丽斯类的产品则以毛刷整理为主，整理好后产品的颜色基本一致且无毛刷印，特别是不能有逆木纹的毛刷印；另外对一些如油点、水点、胶印、砂光不良等不能直接处理的特殊问题，需单独处理。

（3）种类

仿古漆包括两类：擦干净的OAK油类和需留一些的格丽斯类，注意格丽斯类不可直接涂在木材上（易脱漆）。

3. 抓明暗

（1）概念

抓明暗是美式涂装中的一项重要工序，是"层次"的意思，它是在产品着色的过程中用钢丝绒（通常用型号0000#）按一定规律在格丽斯之后抓出一些颜色较浅的部分，或在布印后整理出一些颜色较浅的部分，使产品颜色呈现出明暗对比的层次来，这其中颜色较浅的部分称为HiLi。

（2）作用

增强产品涂装的层次感，使产品颜色形成较自然的明暗对比。

（3）特点

① 顺木纹方向抓，不可横切木纹；

② 具有一定的轻重原则（两端轻、中间重）；

③ 不能穿越拼接线；

④ 抓明暗后必须整理；

⑤ 针对颜色浅的或木纹间隙较大的地方抓明暗。

（4）操作注意事项

① 针对木纹间隙较大的地方或颜色较浅的地方抓，不论是哪一类抓明暗，注意尽可能顺木纹方向抓。

② 注意对称、交错，根据对称拼花合理选择抓明暗的位置。

③ 合理选择HiLi位置、长短等，根据木纹间隙位置，特别是集成材产品合理抓一个、二个或多个木纹间隙，同一产品上的HiLi注意大小、长短合理分布。

④ 产品抓明暗成功与否主要取决于整理的成败，抓明暗后的整理包括：

a. 打毛刷：打毛刷时要注意整理出两端轻、中间重的感觉来。

b. 钢丝绒整理：HiLi没有显现出来时注意用钢丝绒整理出来，特别是打过布印后。

c. 修格丽斯后整理：有些产品修格丽斯后有可能局部或全部将HiLi掩盖，这就需要将其重新整理出来。

⑤ 注意抓明暗的特点，不同的油漆厂家、不同的产品其抓明暗的具体情况会有一些差异，如深浅度、柔和度等情况都需依具体产品而定。

4. 牛尾、刷边

（1）概念

牛尾也称为马尾，主要仿马或牛的尾巴扫过产品后留下的沧桑痕迹，它的操作是甩或扫过后留下的较自然的痕迹，不是画出来的较呆板的线条；刷边是仿较脏的布擦过桌子后留下的痕迹，多用在产品的破坏处、凸起的地方，并且是断断续续的呈一定的倾斜方向。马尾和刷边是仿古效果较强的一道工序。

（2）作用

增强产品的仿古效果，提高产品的价值。

（3）特点

① 具有艺术感；

② 增强产品的仿古效果；

③ 可以掩饰产品的缺陷。

（4）种类

按材料分为蜡笔马尾、抹油马尾、专用马尾。

按数量分为单条马尾、双条马尾、鸡爪马尾。

按操作方法分为画（蜡笔马尾）、甩（抹油马尾）、刷。

① 蜡笔马尾　蜡笔马尾是由颜料制作的蜡笔画出来的马尾，我们常用的蜡笔有黑色和棕色两种，根据产品的不同分别画出短粗或细长、呈半月形的马尾，这类马尾在操作时注意以下几点：

　　a. 尽量针对产品有缺陷的地方，力求掩盖产品的缺陷处；

　　b. 大体上分布均匀且注意对称；

　　c. 尽可能避开产品有节疤的位置；

　　d. 注意马尾的形状略呈弯形，并且收尾越来越细，直至消失。

② 抹油马尾　抹油马尾使用较广泛，它包括钢丝绒画出来的马尾和毛刷刷出来的刷痕，这类马尾的操作有一显著的特点是用甩、刷而不是画。属于这类马尾的产品很多，其中钢丝绒马尾是用钢丝绒拉成一条或两条细绳，用胶纸缠好制成工具，再用此工具沾适量的抹油在产品上甩出痕迹来；毛刷马尾一般用 1 寸的毛刷或其他毛刷两端沾适量的抹油刷出来。这类马尾在操作时应注意以下问题：

　　a. 工具要合用，纤维绳的长度约为 1.5cm 左右，粗细合适，毛刷太宽的不好用；

　　b. 抹油的深度要适中，太浓或太淡仿旧效果均差；

　　c. 尽量针对产品有缺陷的地方，起到掩饰的作用；

　　d. 避开产品有节疤的位置；

　　e. 马尾的粗细、长短及其分布应合理，钢丝绒马尾长短范围为 0.8~2.5cm，同一产品上要长短分布；

　　f. 马尾特别注意方向性，同一产品上马尾的方向不能相同，特别是毛刷马尾要自然交错，抹油马尾还有一类很特别的就是鸡爪尾，它是仿鸡爪在产品上走过后留下的痕迹，它的工具是用纤维绳或小的碎布条及纹胶纸做成的，操作时，用做好的工具沾适量的抹油，然后在产品上来回转动而甩出细小的鸡爪痕，这类马尾痕注意依色板做，甩出来的痕迹应适中。

③ 专用马尾　这类产品的马尾材料是一种专用的色母，而不像其他产品用抹油，并且它本身具有一些特性，这类马尾在操作时注意以下几点：

　　a. 色母的浓度合适，过浓时用松香水冲稀；

　　b. 制作的工具一定要合适好用；

　　c. 马尾的条数，是单条的还是双条并列的应分清楚；

　　d. 马尾的粗细、长短依色板；

　　e. 注意马尾的方向交错，分布合理；

　　f. 一次性做好，这类马尾甩在产品上略有膨胀且较难擦净。

④ 铁钉马尾　还有一类马尾属白坯马尾，是用锉刀的柄或铁钉将尖磨圆后划出来的，这类产品的马尾呈半月形，长短不一粗细各异，并且具有不可更改的特性，操作时注意以下几点：

　　a. 不可更改性，这类马尾划在产品上后，没办法直接更改；

　　b. 避开产品的节疤处；

　　c. 尽量针对产品划伤、划痕等有缺陷的地方；

d. 注意马尾长短、粗细及深浅合适；

e. 注意其分布合理。

⑤ 刷边　刷边同毛刷马尾不一样，毛刷马尾一定会有一定长度的"尾巴"，分布位置多在产品平面各处；刷边则是用毛刷沿被刷物棱边 45° 左右的倾斜方向刷出很短的"刷尾"，一般在 5mm 以内，多出现在产品的凸起处、锉刀处或破坏等，主要作用是增强产品的仿古效果，可以掩饰砂穿的地方。

刷边与砂穿整理的区别是，刷边一定会刷出"刷尾"，砂穿整理则只是掩盖砂穿的地方，没有"刷尾"。产品刷边时必须注意以下问题：

a. 刷边的方向，特别注意有锉刀的产品刷边时一定要顺着锉刀的方向刷，并有刷尾一定不能棱边垂直；

b. 刷边的位置，一般来说刷边多出现在产品凸起的地方，有锉刀或破坏等处。注意刷边应呈断断续续，不完整的连接状态；

c. 刷边所用的抹油浓淡一定要合适；

d. 毛刷的选择合适，一般来说用于刷边、刷痕的毛刷以 1 寸的小毛刷为宜；

e. 刷边的操作只是倾斜刷，断断续续的，刷尾不能太长；

f. 我们所讲的刷痕（干刷）包括：毛刷马尾的操作、刷边的操作、暗影的操作。

5. 刷金、刷银

刷金、刷银指的是通过小毛刷把调配好的金粉漆或银粉漆刷涂于家具雕花、饰条等部位，以突显艺术装饰效果，使之增值和引人注目。金粉、银粉各有多种不同的色相及粗细规格，注意使用时金粉、银粉的粗细和色调的准确；刷金粉和银粉后需要在其刷涂部位喷涂一遍乙烯基树脂类透明底漆，以保证附着力；用乙烯基树脂类透明底漆调配的金粉、银粉漆，刷涂后不易擦掉。

任务实施

----

1. 喷涂胶固底漆

端头胶固：使产品端头具有清晰、均匀的涂装效果，主要用在产品铣型后端面及端头的纹理及实木部位，起到填充防止端头发黑、保护颜色的作用。

胶固：封固底色并为下道工序做准备，稳定产品材质纤维及导管。

木材表面组织密度不均匀，擦拭着色会不均匀，胶固后的产品能充分吸收擦拭剂，保证产品在擦拭工序时能够使擦拭剂均匀着色。根据仿古漆的残留量，在操作中注意胶固底漆的黏度为 8~12s。

（1）品质标准

品质标准如图 3-34 所示。

① 产品的端头部位要胶固到位，不可流油、漏喷；

② 对产品表面均匀喷涂，对产品材质的吸附性较强处稍做补枪，不可露喷、喷流；

③ 产品胶固后应保持一致，严禁有污染现象；

④ 喷枪的油量、气量及油幅都应按规定操作，注意喷涂动作的标准化；

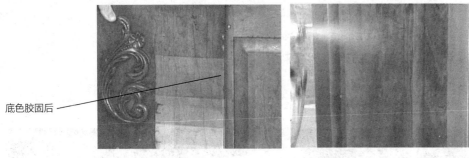

底色胶固后

图 3-34　喷涂胶固底漆（附彩图）

⑤ 严禁将底色喷花及底漆流油；

⑥ 胶固的黏度通常为 9~12s；

⑦ 大木纹容易干燥的地方须补枪，以防止擦拭不均匀；

⑧ 在胶固前和胶固后出现的任何品质问题应及时解决处理；

⑨ 应检查白着底色后的产品品质有无缺陷。

（2）作业技术要求

具体要求同上一道工序底色喷涂。注意根据 WASH COAT 喷涂量 60~90g/m²，调好气量、出漆量、油幅宽度、气压等参数，喷涂时注意喷涂角度、喷涂距离、移动速度、喷幅重叠等技术要点，边角部位压枪时注意方法，避免由于重复操作造成的喷流或露喷。

（3）注意事项

① 喷涂时，动作要规范，涂料要经常搅拌；

② 一般产品喷涂次数为一枪，且喷涂均匀，不宜多次喷涂或多次补枪；

③ 不可漏喷、喷流、喷溶、喷花；

④ 根据材质、仿古效果及砂光的要求调整油漆的浓度，端头胶固黏度为 14~18s，底色胶固黏度为 8~12s，操作动作应规范。

2. 研磨胶固底漆

产品经过胶固与正确研磨后可提高底漆的附着力，使得擦拭后木纹的纹路更清晰、色彩均匀。

（1）品质标准

品质标准如图 3-35 所示。

① 胶固研磨使用 320# 或 400# 砂纸要求顺木纹认真仔细砂光，无桔皮，不能有漏砂、砂穿、砂凹

图 3-35　胶固研磨标准（附彩图）

的现象；

② 将产品表面砂光研磨后的灰尘吹、擦干净；

③ 砂光后表面无亮点，呈毛玻璃状，砂光平整、手感光滑。

（2）作业技术要求

作业技术如图 3-36 所示。要求如下：

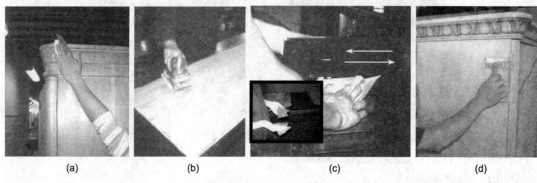

图 3-36　胶固研磨（附彩图）

（a）边角手工研磨　（b）大面积平面机械研磨后呈毛玻璃状　（c）顺木纹研磨　（d）手工砂板研磨

① 棱角磨不到的部位需用手砂顺木纹研磨；

② 手砂所用的砂带一般为 320#、400#；

③ 对于面积较大但是不易用机砂的，选用手砂板进行砂光；

④ 砂光机砂光时，用力要合适，一般在 2kg 左右；

⑤ 砂光机均匀地在产品表面顺木纹研磨，以重叠范围 1/2~1/3 为宜。

（3）注意事项

① 手砂时，粗糙的砂纸需要戴手套后作业，以免在手指上留下小切口。

② 砂光机底盘不平，产生跳动，应立即更换底盘。

③ 研磨时，砂光机应先放在产品上，再启动。砂光机要拿稳，勿将产品打坏。

④ 砂光机要定时保养（先吹灰后再上专用油，再旋转，最后平放在平整的地方）。

⑤ 砂光机不宜砂产品的棱角、锣边锣形部位及边角部位。

⑥ 研磨完后，将产品表面余留的灰尘擦拭干净。

⑦ 如果研磨工作敷衍了事，不但会影响色彩，而且会使喷好的底漆显得很粗糙。

3. 擦拭填充剂

擦拭填充剂可以防止端面纹理发黑、变深，降低亮度，产生仿古效果。

（1）品质标准

① 擦拭剂根据产品擦拭效果进行擦涂或喷涂，整体不能太少及喷涂太干，夹角处不能有漏擦或漏喷现象，如图 3-37 所示；

② 研磨好所有要求擦拭产品的端头、端面、大花纹及柜体内侧，所有易发黑的地方用刷子刷填充剂，保证擦拭后整体颜色一致；

③ 严禁将不砂光研磨的产品刷填充剂。

图 3-37　局部擦拭填充剂（附彩图）

（2）擦拭操作要求

① 喷涂后保证产品表面的干湿度，观察擦拭的效果及时调整擦拭填充剂的量；

② 填充剂只在指定区域使用。

4. 擦拭格丽斯

（1）品质标准

① 严格参照色板及标准件进行操作，要求颜色均匀一致，如图 3-38 所示；

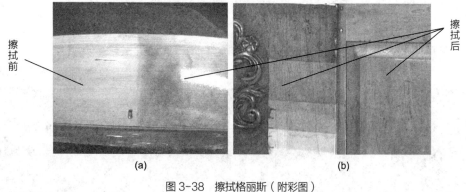

图 3-38　擦拭格丽斯（附彩图）

(a) 擦拭前后效果对比　(b) 擦拭标准

② 产品内侧不要求做颜色的部位严禁污染；

③ 喷涂产品擦拭剂时整体不能太少及喷得太干；

④ 擦拭结束及颜色正确后，按色板要求做产品的明暗线，要做出效果，不能太死板不自然，产品内部及部件要求所要操作的地方，应使整体的明暗线效果与产品的整体颜色协调；

⑤ 不同的擦拭颜色所用的擦拭布严禁混用及错用；

⑥ 工艺缝中的格丽斯需用气吹出，防止白化现象。

（2）擦拭操作要求

① 格丽斯可选择喷涂和擦涂时，要根据仿古效果选择涂装部位 [图 3-39 中(a)、(b)]。

② 操作过程中要顺时针或逆时针旋转擦拭，使擦拭剂能被封固后的木材充分吸收 [图 3-39(c)]，将擦后的颜色及效果达到标准件和色板的要求。

③ 用毛刷顺木纹刷理均匀 [图 3-39(d)]，用毛刷或擦拭布对产品的夹角、工艺沟、底部的污染露

白处进行修整。

④ 拉明暗线时，对照色板，用钢丝绒或白洁布顺着纹理的方向进行整理 [图 3-39（e）]，不可横切木纹。注意对称交错，根据拼花合理选择拉明暗的位置。产品最终形成的效果要有两端轻、中间重的感觉。针对产品颜色浅或木纹间隙大的地方做明暗，不能穿越拼接线。拉明暗线后必须整理，突出立体感、增加阴影对比的效果 [图 3-39（f）]，可选用柔软的毛刷整理使产品产生柔和自然的效果。

图 3-39　擦拭格丽斯操作步骤（附彩图）

（a）局部喷涂格丽斯部位　（b）局部刷涂格丽斯部位（可选择）

（c）擦涂格丽斯　（d）毛刷整理　（e）比对色板拉明暗线　（f）最后产品中明暗效果呈现

（3）注意事项

① 产品的内外侧的夹角处及工艺沟不能有污染、漏白，要求颜色均匀，如图 3-40 所示；

② 擦拭要达到一定的程度，防止漏涂发白，如特殊注意工艺缝书架工艺沟、外露的夹角；

③ 不能有擦拭布及毛刷的印痕留在产品的表面。

（4）工具材料

工具材料如图 3-41 所示。

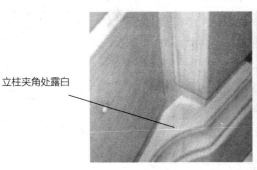

立柱夹角处露白

柜体内部侧板与底板处露白

图 3-40　擦涂缺陷（附彩图）

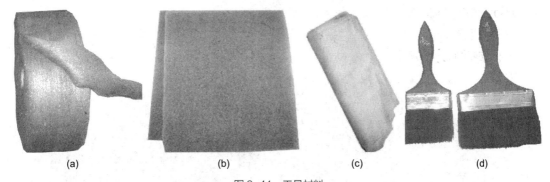

(a)　　　　　　　(b)　　　　　　　(c)　　　　　(d)

图 3-41　工具材料

（a）钢丝绒　（b）百洁布　（c）擦拭布　（d）毛刷

5. 底漆喷涂与研磨

（1）品质标准

① 喷涂时严禁漏枪、喷流、喷溶，待喷产品按顺木纹一次性喷涂，如图 3-42 所示。

图 3-42　底漆喷涂（附彩图）

② 喷涂前要求清楚所喷涂产品的底漆黏度。黏度按季节不同略有不同，通常为 18~20s。

③ 喷枪的油量、气量、油幅应按规定要求操作，注意喷涂动作的标准化。

④ 所有产品的底漆都应保持涂膜一致。

⑤ 不能有手印及污染现象。

（2）喷涂操作要求

同胶固底漆的作业要求，喷涂顺序与研磨参照胶固底漆。在仿古做旧工序后，根据工艺要求，可以喷涂底漆。

（3）注意事项

① 喷涂的涂料要经常搅拌。应清楚喷涂产品的底漆黏度，通常为 18~23s。

② 喷涂前要吹干净盘车上的灰及不能有手印和污染。

③ 喷枪每天清洗一次，隔膜泵每周清洗一次，并保证喷台卫生，通风良好。

④ 注意夹角处叠枪的方法，严禁漏枪、喷流、喷溶等现象。

6. 打干刷

打干刷是用干净的毛刷蘸上浓度较高的浆料，刷涂于产品的表面、棱边、端头及易磨损处，以增强其历经岁月的沧桑和陈旧感，达到仿古效果。

（1）品质标准

品质标准如图 3-43 所示。

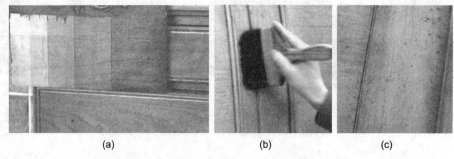

(a)   (b)   (c)

图 3-43　打干刷色板及效果对比（附彩图）

（a）根据样板打干刷效果　（b）打干刷前无对比及阴影效果　（c）打干刷后有沧桑陈旧感

① 干刷效果要符合色板的要求；

② 干刷做于产品边角、拐角及破坏处理略明显，整体有脏、陈旧的感觉；

③ 干刷颜色在使用前要求充分搅拌均匀，使用中要不时搅拌，防止沉淀；

④ 干刷时，刷子应稍带有干刷颜色，且略干时操作于所做产品的要求位置，不能在干刷颜色太湿时操作；

⑤ 不同产品不同颜色要做不同效果的干刷；

⑥ 擦拭颜色达不到时可用干刷颜色做补色，补色后要对照色板做相应的明暗线。

（2）作业技术要求

作业技术要求如图 3-44 所示。

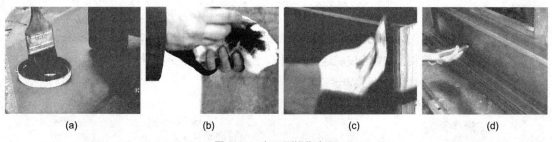

(a)   (b)   (c)   (d)

图 3-44　打干刷操作步骤

（a）蘸料　（b）毛刷整理至半干　（c）局部打干刷　（d）材面打干刷

① 按色板效果在产品上做出整体或局部的干刷效果，毛刷将颜色均匀地刷在产品表面；

② 对色浅的地方要补色，色花、色深处进行修整，夹角处不能漏白污染；

③ 干刷操作后整体有脏、陈旧的感觉；

④ 干刷前要清楚所做产品的干刷颜色及干刷效果；

⑤ 严格对照生产参照色板，按产品的要求做不同产品、不同效果及不同层次感的干刷。

（3）注意事项

① 根据色板颜色效果，调整毛刷的干湿程度，不能过湿或过干；

② 操作时刷子应稍带有干刷颜色且略干，不能在毛刷太湿时操作；

③ 干刷前要清楚所做产品是用专用干刷颜色还是用擦拭颜色；

④ 刷子要求勤洗，保持干净。

（4）工具材料

工具材料如图 3-45 所示。

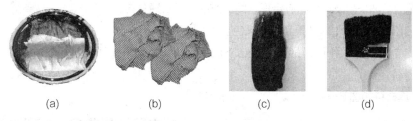

(a)   (b)   (c)   (d)

图 3-45　工具材料

(a) 颜色盘　(b) 擦拭布　(c) 钢丝绒　(d) 毛刷

7. 甩牛尾

甩牛尾用于营造风格独特的涂装效果，仿制古董家具表面，形成深色浅色细长条似牛尾模样的痕迹。注意产品牛尾有的多，有的少，有的重，有的浅，效果应自然。须使用适当的工具来完成，要与色板及样品相吻合。

（1）品质标准

品质标准如图 3-46 所示。

① 参照色板、标准件进行操作，产品的效果要求自然。

② 尽量在产品的缺陷部位进行操作，可将产品的缺陷掩盖。应避开产品的结疤部位。

③ 在操作时，产品的边角及拐角部位勿漏做。

④ 牛尾效果要求"甩"出来，切忌画。

⑤ 按色板的要求做不同颜色、不同效果及不同层次的牛尾。

⑥ 严禁牛尾颜色污染到别的产品部位。

（2）作业技术要求

甩牛尾的操作步骤如图 3-47 所示，其技术要求如下：

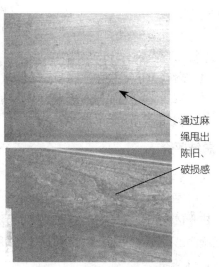

通过麻绳甩出陈旧、破损感

图 3-46　甩牛尾效果（附彩图）

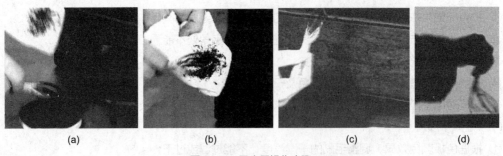

图 3-47　甩牛尾操作步骤

（a）蘸料　（b）擦至半干　（c）局部甩打　（d）材面甩打

① 将颜色粘在分叉棉绳的端头，自然地甩在产品表面。

② 牛尾要方向不一，自然交错。不能成"八"字形分布，更不能一排一排的分布。

③ 打牛尾时"下手"要轻，重则成蝌蚪形状。

④ 牛尾的粗细长短及其分布应合理，同一产品上要长短分布。

⑤ 明白所做产品的牛尾效果及牛尾颜色。

⑥ 明白牛尾颜色是用干刷颜色还是擦拭剂颜色。

（3）工具材料

所需工具材料如图 3-48 所示。

图 3-48　工具材料

（a）擦拭布　（b）牛尾绳

（4）注意事项

① 操作后的产品要留下较脏的痕迹；

② 牛尾的线条要求自然，而不是较呆板的线条；

③ 对效果干净的地方可多补一点。

■ 总结评价

1. 涂装常见不良现象

（1）色差

由于材料色差、颜色浓度误差、喷涂方法不正确、擦拭留色不到位等因素，造成产品在涂装后出现与色板颜色不一致的不良现象，如图 3-49 所示。原因及解决措施见任务 3.2 基材处理与品质控制。

（2）流油

由于操作及管理不当等原因，造成产品上有底色（或底漆、修色）流溶、流花的不良现象，如

立柱与门的颜色不一致

图3-49　色差（附彩图）

图3-50所示。原因及解决措施见项目1。

（3）桔皮

在喷涂过程中，由于喷涂距离过远、干燥过快或涂料黏度过高，造成在产品表面形成像桔子皮状的粗糙现象称为桔皮，如图3-51所示。原因及解决措施见项目1。

流油

合页边角
处粗糙

图3-50　流油（附彩图）　　　　　图3-51　橘皮（附彩图）

（4）污染

产品上有手印、脚印、字迹、格丽斯等颜色堆积、脏污、灰尘、流油等最终影响涂装效果及成品效果的现象称为污染，如图3-52所示。

内部污染

夹角处污染

图3-52　污染（附彩图）

（5）露白

在生产过程中由于操作方法不当及管理不到位，造成产品夹角色浅、破坏处理无颜色等不良现象称为露白，如图3-53所示。

① 呈现状态　因胶印或其他问题导致的产品局部特别是沟槽等处颜色较浅白的现象。

② 主要形成原因　a. 胶印未砂掉就涂装的；b. 锣边、沟槽等处露白的；c. 修色无法达到的沟

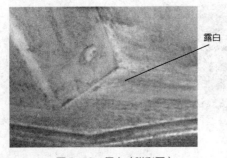

露白

图 3-53　露白（附彩图）

槽等处；d. 人为因素形成的碰伤现象；e. 砂穿未整理的。

③ 解决方法　在底、面漆前点好胶印的地方；用毛笔或毛刷点、刷色。

④ 可接受范围　主要部位不很突出的个别现象，次要部位、一般部位色差不是很大的个别现象，及其他部位后面有加工工序可以掩盖的。

⑤ 不可接受范围　主要部位，一般部位较显眼的或颜色太浅的。

2. 砂穿

（1）呈现状态

砂穿有两种，一种为白坯砂穿，此类指薄皮的产品由于砂光时被全部或局部砂破，可以直接看到胶合材料（刨花或木纤维）；另一种为漆膜砂光砂穿，即将产品所涂装的颜色局部砂掉，露出木材本身的颜色，通常为白线条。

（2）主要形成原因

① 使用砂光机的方法不正确，垫起来砂或长时间停留在一个地方砂；

② 选择过粗的砂纸；

③ 砂光的力度或动作不正确；

④ 底漆涂膜不够厚；

⑤ 可以略倒圆的棱边、棱线处倒圆。

（3）解决方法

① 正确使用砂光机；

② 正确选用砂纸；

③ 砂光的力度合适，动作姿势正确；

④ 加强涂膜，要喷够油；

⑤ 适当处理产品棱边、棱角等易砂穿的部位，可用修色笔修复。

（4）可接受范围

白坯砂穿除全封闭式涂装外，一般是不可接受的，但对于产品的底板，面积较小的涂装后不太明显的可以接受，另外可以用封边漆或其他工序可掩盖的可接受；涂装后的砂穿，不明显的部位、可以掩饰或点色的部位允许存在。

（5）不可接受范围

白坯砂穿面积较大（超过 1cm^2）而无法掩饰的，涂装砂穿很明显的或无法修复的。

3. 砂光研磨的操作标准

（1）砂光前必须对砂纸的种类、粒度充分理解后再进行砂纸的选用，此点决定砂光效率以及砂光的精度，涂装线一般选用320$^\#$、400$^\#$砂纸。

（2）砂光应依照先粗后细的原则。机器砂光时应顺木纹匀速且用力均匀，若用力过大则会产生砂痕、砂穿、露白现象，过轻则不能起到应有效果。

（3）在研磨胶固时，使用320$^\#$旧砂纸进行砂光，砂纸应平整附贴在砂光机底面，顺木纹轻砂，注意避免砂伤或残留砂痕，棱角和边缘可用320$^\#$旧砂纸手工进行砂磨。

（4）在研磨底漆时，使用320#或400#砂纸顺木纹平整而有力地砂磨，这是涂装过程中达到底漆涂膜彻底平滑最重要的步骤。砂纸应更新及时，确保砂光效率。

（5）在研磨面漆时使用400#旧砂纸，手砂和机器顺木纹砂光，小部件可用灰色百洁布和320#旧砂带砂光，以免砂伤和砂穿。

（6）砂光后会产生粉尘，应吹尽粉尘，侧视检查砂光的品质（尤其是底漆喷涂后的砂光）。

图3-54为面板砂光良好、侧板砂光不良的对比图。

图3-54　面板砂光良好、侧板砂光不良（附彩图）

4．总结评价

结果评价见表3-11。

表3-11　结果评价表

评价类型	项目	分值	考核点	评分细则	组内自评（40%）	组间互评（20%）	教师点评（40%）
过程性评价（80%）	擦拭	10	工具材料选用；调配格丽斯着色剂；操作规程	正确选用工具材料；0~2 清洗及时，取放到位；0~1 注意现场保存和使用着色剂；0~1 调配过程符合安全操作规程；0~2 刷涂或喷涂格丽斯操作符合安全操作规程；0~2 擦拭填充剂和格丽斯操作符合安全操作规程；0~2			
	拉明暗	10	工具材料选用；操作符合规程	操作符合安全操作规程；0~5 工具材料选用正确，及时清洗干净，取放到位；0~5			
	打干刷	10	材料选择与调制；调配；操作符合规程	工具材料选择正确，及时清洗干净，取放到位；0~2 调制着色剂符合安全操作规程；0~2 注意现场保存和使用；0~2 打干刷部位正确；0~2 操作符合规程；0~2			
	甩牛尾	10	材料选择与调制；调配；操作符合规程	工具材料选择正确，及时清洗干净，取放到位；0~2 调制符合安全操作规程；0~2 注意现场保存和使用；0~2 打干刷部位正确；0~2 操作符合规程；0~2			
	喷底漆	10	工具的选用；设备的调试；喷涂符合规程；清洗维护；调配涂料	工具（喷枪及过滤网口径）选择正确；0~2 喷涂与烘干符合安全操作规程；0~2 调试（空气压力、漆雾形状及雾化情况）与喷涂顺序；0~2 底漆调配符合操作规程，黏度等性能符合施工要求；0~2 喷枪清理部位明确，清洗到位，取放到位；0~2			

评价类型	项 目	分 值	考核点	评分细则	组内自评（40%）	组间互评（20%）	教师点评（40%）
过程性评价（80%）	自我学习能力	10	预习程度； 知识掌握程度； 代表发言	预习下发任务，对学习内容熟悉；0~3 针对预习内容能利用网络等资源查阅资料；0~3 积极主动代表小组发言；0~4			
	工作态度	10	遵守纪律； 态度积极或被动； 占主导地位与配合程度	遵守纪律，能约束自己、管理他人；0~3 积极或被动的完成任务；0~5 在小组工作中与组员的配合程度；0~2			
	团队合作	10	团队合作意识； 组内与组间合作，沟通交流； 协作共事，合作愉快； 目标统一，进展顺利	团队合作意识，保守团队成果；0~2 组内与组间与人交流；0~3 协作共事，合作愉快；0~3 目标统一，进展顺利；0~2			
终结性评价（20%）	明暗效果	5	色差； 仿古效果	与色板间的色差；0~2 明暗仿古效果自然；0~3			
	干刷效果	5	色差； 仿古效果	与色板之间的色差；0~1 干刷部位正确；0~2 仿古效果逼真；0~2			
	牛尾效果	5	色差； 仿古效果	与色板之间的色差；0~1 甩打部位正确；0~2 仿古效果逼真；0~2			
	操作完成度	5	在规定时间内有效完成任务的程度	尽职尽责；0~2 顾全大局；0~1 按时完成任务；0~2			
评价评语	班级：		姓名：	第 组			
	教师评语：			总评分：			

思考与练习

1. 美式仿古涂装常用底漆有何特点？有哪些类型？施工中应注意什么问题？您所在地区销售的硝基漆有哪些品牌？市场情况如何？（业余时间学生就此问题可进行市场调查）

2. 在本任务中仿古做旧工序有哪些？各有什么作用？可否改变仿古做旧工序的操作顺序？

3. 格丽斯如何调配？

4. 简述擦拭格丽斯的操作方法、材料、施工注意事项。

5. 简述打干刷的作用及部位。

6. 自制牛尾绳，在甩牛尾操作时应该注意什么？

7. 何时需要拉明暗效果？操作时注意事项有哪些？

拓展提高

1. 框底色

（1）概念

框底色指产品背面的颜色，应根据产品的颜色来决定与之相同或相近的产品背面颜色。背面颜色可与正面颜色一致，或略深，根据客户需求来定。

（2）产品框底色喷涂应注意问题

① 框底色要求均匀一致，不能有深一块、浅一块等颜色不均现象，更不可出现脏、黑的现象。

② 框底色应与产品正面颜色基本接近或略深。

③ 对于玻璃面的产品，喷好框底色完整组立起来后，应看不到有露白现象，对于特别要求的产品，钉孔、沟槽处露白的地方还需点好颜色。

④ 客户特别要求的产品，框底色须与正面一样砂光、着色、喷漆。

⑤ 产品立面的下边沿要喷到颜色。

⑥ 有些结构复杂的产品，可考虑部件先喷好框底色再组装。

⑦ 喷产品的框底色时注意不要污染到产品下面或邻近的其他产品上。

⑧ 框底色除注意颜色外，还应注意其密着性，良好的密着性才能使产品颜色不致脱落，在调配时原料应为：色精+废香蕉水+底漆或面漆。

2. 产品背色类涂装操作规范要求

（1）背色类涂装部位

柜类：背板背面、柜体底部、顶部、抽屉框内侧、防尘板。

床类：床头背面、床刀内侧、下横档、床架条、支撑脚。

餐桌：餐桌背面、立水内侧、连接木、滑轨。

茶几：面板背面、立水内侧、连接木。

沙发：内框部位。

（2）背色类涂装分类

① 透明涂装产品的背色类涂装，需根据不同的客户要求进行相应的操作；

② 覆盖色（实色）涂装产品的背色类涂装，各客户要求相同，均需喷涂相应的BASE COAT颜色，不可喷花，并在BASE COAT后喷涂一遍胶固，或在BASE COAT中加入底漆浓汁，以免出现"掉色"等不良现象。

（3）房间组、餐厅组产品及沙发产品背色类涂装的要求规范（针对透明涂装）

① 柜体顶部、床头背面、床刀内侧、下横档、床架条、支撑脚、沙发内框部位的背色要求各客户相同，均需做涂装；

② 产品背板背面、柜体底部及防尘板部位的涂装，各客户要求不同，具体见表3-12。

表3-12 背色要求

分 类	客户名称	背板背面	柜体底部	防尘板	备 注
不做涂装		无背色	无背色	无背色	保持干净，无污染
做涂装		背 色	背 色	无背色	客户要做较深背色
做涂装且有特殊要求		背 色	背 色	背 色	背色类涂装必须保证涂膜饱满，手感良好。ART 客户产品的防尘板处只喷涂底色即可
		背色（辊涂）	背 色	无背色	
		背 色	背 色	无背色	

注：本表为客户通用规范，个别产品客人有特殊要求，请以涂装文件内容为准。

（4）餐桌、茶几类产品背色类涂装的要求规范

① 餐桌、茶几产品背色要求统一用 4 种颜色：深色、浅色、白色、黑色。工厂根据产品颜色分别

进行背色喷涂，要求整体颜色均匀一致，勿花，并手感良好，如图3-55所示。

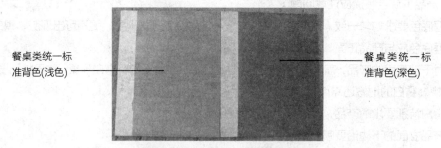

餐桌类统一标 准背色(浅色)

餐桌类统一标 准背色(深色)

图3-55　背色样板（附彩图）

② 背色必须在产品各零部件未组装前进行喷涂，以免出现露白现象，后期补色会导致整体颜色不一致，甚至出现污染现象。尤其产品的中跳板，一定要注意与产品整体背色的统一，如图3-56所示。

图3-56　背色色差（附彩图）

（5）柜类及沙发产品背色类涂装的通用规范

① 背色颜色一般要求各厂使用废液回收中心回收后的废液加入库存积压的颜料进行调配。

② 所有背色类涂装要求整体喷涂均匀，颜色一致，与柜体颜色80%接近，不可太浅。

③ 所有背色类涂装严禁出现"掉色"现象，必须喷涂一遍油漆（胶固），以保证手感良好，无明显毛刺感。

④ 没有要求做背色涂装的产品背板背面、柜体底部禁止有任何污染。

■ **巩固训练**

在完成美式实色涂装效果的底色工序后，根据设计要求进行下一步仿古做旧工序（拉明暗、打干刷、甩牛尾、打脱落泥子等）的操作练习。

■ **自主学习资源库**

1. 国家级精品课网站 http: //218.7.76.7/ec2008/C8/zcr-1.htm
2. 叶汉慈. 木用涂料与涂装工[M]. 北京: 化学工业出版社，2008.
3. 王恺. 木材工业大全（涂饰卷）[M]. 北京: 中国林业出版社，1998.
4. 王双科、邓背阶. 家具涂料与涂饰工艺[M]. 北京: 中国林业出版社，2005.
5. 华润涂料 http: //www.huarun.com/
6. 威士伯官网 http: //www.Valsparpaint.com/en/index.html
7. 阿克苏诺贝尔官网 http://akzonobel.cn.gongchang.com/

任务 3.4　面漆涂装与品质控制

知识目标

1. 了解拍色、喷点等着色剂的调配方法和工艺要点；
2. 理解"6S"管理知识；
3. 理解家具企业涂装工段的安全生产常识；
4. 掌握美式涂装拍色、喷点、涂装灰蜡、擦涂水蜡的操作要领；
5. 掌握面漆喷涂时常见缺陷产生的原因及解决对策；
6. 掌握面漆涂装中常用工具的使用和清洗维护方法；
7. 掌握面漆及着色剂等所用材料的安全贮存常识、安全管理要求。

技能目标

1. 能独立调配面漆、灰蜡并均匀喷涂面漆、灰蜡；
2. 能合理拍色、喷点；
3. 能安全准确取放材料、工具；
4. 能较准确调配拍色、喷点等着色剂的颜色；
5. 能自我管理，有安全生产意识、环保意识和成本意识；
6. 能借助工具书查阅英语技术资料，自我学习、独立思考；
7. 能与他人协作共事，沟通交流，积极配合使用同一工具和设备，进行清洗维护。

工作任务

任务介绍

根据工艺方案要求，小组成员完成面漆的调配、设备调试，进行拍色、喷点、涂装灰蜡等仿古做旧工序操作，最后完成面漆涂装和装饰质量控制。

任务分析

在完成底漆涂装任务后，为了更好的体现自然仿古效果，在面漆涂装中，根据涂装方案还需要进行拍色、喷点、涂灰蜡等仿古操作，结合不同装饰效果，有的做出漆膜脱落与开裂的效果，让家具整体有着岁月洗礼的陈旧感、沧桑感。各小组根据设计的涂装效果，合理选择涂料种类、涂装方法和设备，按照工作流程进行操作。面漆的涂装是最后的施工环节，也是整个涂装过程最关键的工序，对施工环境和操作人员的技术水平要求较高，其质量优劣直接关系到制品的最终质量。因此，必须严格依据涂装工艺方案设计的技术参数进行施工，产品质量才能得到保证。

工作情景

实训场所：一体化教室、实训室、实训车间。

所需设备及工具：喷涂设备、品质状况标记工具、分层色板、电脑、投影幕。

工作场景：根据下发任务要求，学生分组领取工具材料，进行面漆涂饰、喷点、拍色、涂灰蜡等操作。教师必要时对重要工序的操作规范进行演示和讲解，然后让学生分组根据教学设计步骤进行操作训练，教师巡回指导。完成任务后，各组进行展评、总结，教师要对各组的实训过程及结果进行评价和总结，指出不足及改进要点。学生根据教师点评，重新对整个实训过程各环节进行审查和回顾，撰写相关实训报告（包括具体过程、遇到问题、改善对策、心得体会等）。

知识准备
----

1. 喷点

（1）概念

点多为黑色、深咖啡色，用一种透明或不透明的着色漆，外国人俗称"苍蝇黑点"，它主要仿产品在长期使用过程中苍蝇停在产品上拉的大便或一些有色物溅落在产品上留下的痕迹，是仿古效果较强的一道工序。

（2）作用

增强产品的仿古效果。

（3）种类

点的种类按划分方法不同而各异，有大小、疏密度、浓淡、形状之分，也有颜色之分。一般来说按其稀释剂的不同，可分为酒精点（多为布印点）、松香水点（抹油点）、天那水点，下面我们来了解其区别及特性：

① 酒精点　酒精点多为布印或修色水点，这类点有一个显著的特点就是点大一些时中间颜色浅，四周颜色深，其形成的原因主要是酒精挥发较快，并且具有扩散的特性，当酒精性质的点喷到产品上后迅速向四周扩散并挥发而形成这类点。

② 松香水点　松香水点一般指抹油点，这类点也有一个显著的特点是点喷好后可以擦掉，并且不会影响到产品的前段涂装，这类性质的点喷好后一般要求喷一道底漆或面漆来加强保护。

③ 天那水点　天那水点多为 TONER 点或色精调配点，这类点的使用最多，其特点是：喷到产品上干后擦不掉，并且不会向四周扩散，呈一个圆圆的色点。这类性质的点弄掉后会损伤前段涂装，所以喷时要很小心。

（4）注意事项

① 喷枪的调节　喷点需用上壶枪，先将幅度调至合适的位置，再将油量调至最小范围，再合理调节油量（根据点的大小合理调节）。

② 效果的试验　先在其他地方试喷，无误后再往产品上喷，并且注意先在产品的立水、腿等次要部位喷，确实无误后再喷产品的主要位置。

③ 点的颜色、大小、疏密度的控制　喷点时注意点的颜色和浓淡一定要符合标准，再注意看喷出来的点的大小及疏密度是否合适，大小标准是色板标准的最大点和最小点之间的范围。

④ 喷点的时机　点一般在底漆前或两次底漆间喷，但根据点的浓度和需要可以适当改变，但必须在最后一道面漆前要喷好。

⑤ 注意点的变形　对有些涂膜要求较高的产品，注意点喷好后的变形情况，后者一般表现为刚喷上去比较好，过一段时间后点变成长条形。

2. 布印修色

（1）概念

为了达到产品设定的标准颜色所进行的颜色调整动作称为修色。

（2）类别

修色可分为白坯修色和面漆修色，白坯修色前面已讲述，此处主要讲述面漆修色——布印修色。布印也称造影漆，是美式涂装过程中经常用到的一项工序，属于美式涂装中的面层色，其主要作用是增强产品的层次感，加深产品的颜色。为了便于理解，我们可以这样比较：产品着色的过程中有一项工序为拉明暗，它的作用是减少产品的颜色，使产品的颜色形成一种对比，而这里的布印则是加深产品的颜色，从而使产品的颜色呈现出浅、中、深的层次来。

（3）作用

加深产品的颜色，增强产品的层次感及仿古效果。

（4）特点

① 具有一定的深浅度（可以加深产品的颜色）；

② 可以增强产品的层次感；

③ 可以重复操作；

④ 布印后一定要整理好。

（5）布碎材料

打布印时对布碎有一定的选择性，一般要求比较柔软的、不褪色的、吸水性比较好的，并且是大块一些的，2~3块为宜。

（6）操作

在进行布印操作时，首先将布碎润湿，并且拧至半干湿（不滴落）状态，然后在产品上顺木纹方向自然拍打。是酒精布印的还必须用另一只手拿布轻抹或用钢丝绒整理一道。对于一些产品的雕刻处、沟槽处，可考虑用相对淡一些的布印刷涂一次，再在上面拍打，布印一定是打出来的，而不是抹出来的。注意，布印可以通过棉布拍打、擦拭达到局部着色的效果，也可以通过喷枪喷涂达到全面着色的效果。喷枪喷涂布印只适合较浅的上色，色深了会影响到产品的色彩层次感。布印棉布拍打后需要用型号0000#钢丝绒整理，便之色彩过渡自然；喷枪喷涂布印后可以通过型号0000#钢丝绒把抓明暗重新整理出来。

（7）修色材料

面漆修色的材料名称举不胜举，根据稀释剂性质大致可分为：松香水类、酒精类、天那水类。

① 松香水类修色材料　此类修色材料多指仿古漆（OAK油或格丽斯），此类修色材料使用时应注意：

a. 冲稀，过滤：这类修色材料在使用前要注意冲稀到合适程度才便于修色，冲稀后还应对该材料进行过滤。

b. 搅拌均匀，抹油布印很容易沉淀，在使用时一定注意搅拌均匀。

c. 打布印时注意拧至半干湿状态再打，并且抹油的浓度要合适，且一次、二次布印深度不同。

d. 此类修色材料不便一次厚修，根据产品需要可作多次修色来达到修色目的。

e. 此类修色应在底漆前完成，在面漆前一般不要修，如确实需要修的，修完后须加道底漆封固，否则易造成脱漆现象。

f. 布印的强度要把握好，不可出现平均抹一次的无布印现象。

g. 修完后一定注意整理好，特别是拼接线的结合处，不可看到明显的毛刷印。此类修色材料修到产品上后很多时候必须要用毛刷、钢丝绒整理，特别是修得比较多的产品，如不整理可能会出现颜色不均、颜色朦胧、模糊不清等现象。

h. 抹油布印整理的一般程序是：打布印→轻抹均匀→打毛刷→对抓明暗层次、色深、色浅的整理→钢丝绒、毛刷整理。

② 酒精类修色材料　使用时应注意：

a. 稀释剂的使用必须正确。

b. 不能一次厚修，如一次修得较多会出现散花现象。

c. 修完后要吹干一下为宜，因酒精挥发较快，易形成水珠。

d. 必须顺木纹方向打，并且用布轻擦均匀。

e. 定时检查，由于酒精挥发快，布印在使用过程中注意 2~3h 检查一次，如发现浓度升高应考虑合理调配。

f. 对于多沟槽、多雕刻的地方应考虑用相对淡一些的布印，刷涂一次再打。

g. 布印与被涂物温差过大而出现脱漆现象时，注意用适量开水调节。

h. 整理时须等其基本干燥后再进行，否则易出现抓脱漆的痕迹。

i. 酒精布印打好后注意用钢丝绒整理，一是整理出 HiLi 层次；二是将一些布印团的边缘整理柔和，使之接近产品颜色，并呈现出较自然的层次感；三是整理产品的颜色使整体基本一致。

j. 布印的强烈程度。布印太强即是布印打得太"花"，也就是一团团的很多、很明显，反之布印太弱即是整体一片颜色，无层次感。必须清楚的是颜色越深，布印不一定越强烈，产品布印的强烈程度应依产品的不同而各异。

k. 注意产品修色部位不能出现黑线现象。

③ 香蕉水类修色材料　此类修色材料使用最多，根据其用途大致又可分为三类，即专用修色材料、补充前面工序的修色材料、调配的修色材料。

专用修色材料　是针对具体的产品颜色必须要用的修色材料，是针对具体产品颜色而专用的。

补充前面工序的修色材料　是用于前面加工工序未做到位而进行的补充，主要有白边漆、等化漆、底色漆、仿古漆等。

（8）调配的修色材料

指因产品颜色要求需要而调配的修色水，此类修色材料很多，如红棕水、绿水、红黄水等。香蕉水性质的修色材料使用时应注意以下问题：

① 一定要注意浓度合适。

② 此类修色材料很多都具有沉淀性质，在使用时要注意充分搅拌，必要时还要考虑过滤。盛装修色水的容器注意盖好，避免长时间挥发而导致浓度升高。

③ 注意颜色的加深，产品颜色偏青的可以修红，偏红的可以用修青来调整，但不管修什么有色的材料，最终的颜色都会加深。

（9）修色原则

① 先看后修　不论什么产品修色时一定要注意先看来料情况，欠什么修什么，对症下药，切不可头发胡子一把抓，千篇一律。在生产过程中，经常会有底色不断变化情况，做面修时就应特别注意这些变化。

② 修完再看　不论是局部修还是全面修，修完后一定要注意全面检查，这个检查的过程包括两层意思：其一，看整体颜色是否一致，产品颜色与色板颜色是否一致；其二，看整个产品有无其他缺陷，如砂穿、砂光不良等，全面检查无误后再喷面漆。

3. 灰尘漆

（1）概念

为了增强产品的仿古效果，有些产品在沟槽、破坏等处还需涂一道仿古漆，以仿效产品使用时间久远，沟槽里积尘或发霉，故称之为灰尘漆或发霉漆，也称为灰蜡。

（2）注意事项

① 灰尘漆可局部、全部采用刷涂或喷涂，多为局部漆，主要针对产品的破坏处、沟槽等处刷涂，并且要将外边多余的部分擦净。

② 灰尘漆很多时候需要稀释，要注意稀释剂为松香水，如稀释剂用错很可能使灰尘漆擦不干净。另外稀释的浓度也要适当，过浓可能出现灰尘漆断裂现象，过淡则达不到应有的仿古效果。

③ 整理后注意吹净钢丝绒，灰尘漆用钢丝绒整理后后者会留一部分在沟槽里，所以一定要吹干净残余的钢丝绒后方可喷漆。

④ 注意灰尘漆的取舍，根据产品不同，有的要求灰尘漆是连续一致的，有的则要求断断续续的。

⑤ 涂灰尘漆后一般不要再修色或多次喷漆，在一定范围内修色或多次喷漆均会影响其仿古效果。

⑥ 灰尘漆喷涂或刷涂时，前一遍面漆一定要确保干透，否则灰尘漆会无法擦干净；涂布灰尘漆后可上涂面漆，也可不上涂面漆，两者效果各异，灰尘漆上涂面漆后色相会有所变化。

任务实施

----

1. 喷点

在产品表面喷涂上不透明的深浅不同的大小点，用来模仿苍蝇脏污的效果，增强仿古的感觉。喷点要均匀分散、有大有小，效果要与样品及标准板吻合。喷点操作步骤如图 3-57 所示。

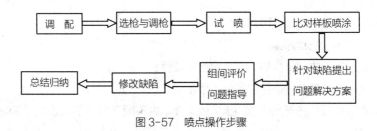

图 3-57　喷点操作步骤

（1）品质标准

样板如图 3-58 所示。品质标准如下：

① 颜色、大小、疏密度、形状符合样板的要求；

② 严禁在产品上多喷、漏喷及喷不均匀现象。

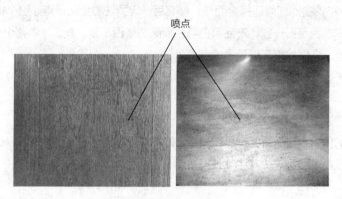

喷点

图 3-58　样板（附彩图）

（2）技术要求

① 选择面漆用或修色用小口径喷枪，盖上壶盖，出气量调至最小，出油量根据点的大小要求调节。

② 注意喷点的颜色、大小、疏密度的控制。调配喷点着色剂的颜色和浓淡一定要符合标准，再看喷出来的点的大小及疏密度是否合适，大小的标准是否在色板标准的最大点和最小点之间。

③ 点一般刚喷上去比较好，过一段时间后变成长条形。应根据产品要求，注意变形后的情况。

④ 喷点前，要求非常清楚所喷涂产品的喷点效果和颜色。

（3）注意事项

① 喷涂松香水点后，要有漆膜保护；

② 喷涂天那水点时要小心，干后不易擦掉，否则会损失漆膜；

③ 现场不使用的着色剂应及时加盖密封、分类存放，防止污染；

④ 一般在底漆前或两次底漆间喷点，但必须在最后一道面漆前喷好。

2.　拍修色

（1）品质标准

样板如图 3-59 所示。品质要求如下。

① 参照标准件、色板，在产品的表面均匀拍色，严禁将产品拍花，破坏拍色及修色效果，整体应有陈旧感、层次感、脏的效果；

② 严禁对任何产品的部件造成碰划伤；

③ 保护好参照色板，防止污染；

④ 拍色、修色的颜色应整体保持一致，包括零部件；

⑤ 拍色、修色时，严禁不同产品的颜色相混使用；

⑥ 严格对照参照色板，按产品颜色的整体效果要求做不同产品、不同效果及不同层次感的拍色及修色，并做出明暗效果。

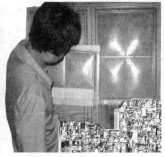

图 3-59　样板（附彩图）

（2）技术要求

① 根据产品与色板的差距把擦拭布握成团状，顺产品纹理的方向在产品表面拍打碎花状，要柔和自然，需重新整理出来明暗效果，如图 3-60 所示。

② 在调整颜色的深度时，对照色板颜色的比率不可超过 25%，最好低于 15%。

③ 修色会造成颜色加深，偏青→修红，偏红→修青，都会加深颜色。如图 3-61 所示。

图 3-60　拍色（附彩图）　　　　　　　　　图 3-61　修色（附彩图）

④ 涂料要搅拌均匀，考虑过滤，同时注意盖好，防止涂料挥发。

⑤ 注意枪法与色感，枪法不正确会造成黑边、黑线、色不准。要逐渐培养色感，增强判断力。

⑥ 注意亮度影响，低亮度产品一般在 10 度以下，注意喷油前后颜色会变深（消光原因）。

⑦ 始经明白所做产品的整体效果及所拍色、修色的颜色。

（3）注意事项

① 现场不使用的涂料应及时加盖密封。

② 拍色前必须明白所做产品的整体效果及拍色的颜色。

③ 拍色颜色严禁和不同颜色相混使用。

④ 勿拍花、拍深，注意颜色浓度（勤换擦拭布）。

⑤ 依据产品颜色的深浅合理修整，使产品的颜色均匀一致。不能修深、修浅、修花。

⑥ 对产品修色时先看后修，修完再看，全面观察，全面对比：产品本身的颜色是否一致；产品颜色与样品是否一致。

3. 擦灰蜡

在产品的夹角处、工艺沟和虫眼处手工擦蜡，仿家具经过长年的使用，灰尘等物遗落在家具的每个部位，使用者在清理时没能及时处理干净而形成的效果，营造出产品的古旧感。

（1）品质标准

① 根据工艺要求，在拐角、雕花、破坏处理、工艺缝等处可以涂灰蜡，其余地方要求干净无污染；

② 灰蜡干燥后用擦拭布及钢丝绒把产品表面的灰蜡擦净，再做整体检查。

（2）技术要求

① 调枪，出气量、出油量、油幅控制适当；

② 灰蜡干燥后用擦拭布、百洁布、钢丝绒把产品表面的灰蜡擦净，再做整体检查；

③ 除了产品的所有雕花、拐角、工艺缝及破坏处理处外，其余地方要求擦拭干净无污染；

④ 要求略湿时用擦拭布整体顺木纹擦均匀、擦干净。

（3）注意事项

① 使用前和使用中要不停地搅拌，防止沉淀；

② 严禁污染到不要求涂擦灰蜡的产品部位；

③ 灰蜡干燥后表面灰蜡要吹、擦干净；

④ 要求清楚产品的灰蜡及涂擦效果。

4. 面漆

在涂装过程中，面漆分为多次涂装，一般有一道面漆和二道面漆，在喷点前后喷涂一道面漆，干燥后用 400# 砂带顺产品木纹研磨。

图 3-62　硝基面漆

（1）品质标准

标准的硝基面漆如图 3-62 所示。

① 面漆的黏度通常统一要求为 13s，4 号福特杯测量；

② 根据工艺要求，控制面漆亮度；

③ 所有产品的面漆都应保持涂膜厚度一致，包括隔板、背板、脚及产品内侧。

（2）技术要求

① 依据生产色样的标准，调配面漆涂料的亮度，按产品光泽的高低可将产品分为高光（大于 85%）、半光（30%~85%）和平光（小于 30%）。

② 在选用喷枪时常用 1.5mm 孔径以下的喷枪。同底漆气压相同，具体操作要求可参照底漆操作要求。

（3）注意事项

① 控制漏枪及喷流等缺陷问题；

② 若现场供应面漆，要密封保护，防止污染和溶剂挥发；

③ 一道面漆干燥时间较长，一般 90 min，干燥后要精细研磨；

④ 整体喷涂均匀，保证漆膜厚度和光泽；

⑤ 喷涂前将产品表面的灰尘吹干净，避免造成手感不良。

5. 擦水蜡

用于提高产品表面面漆的防损及抗磨能力，增加面漆产品的手感与质感。

（1）品质标准

① 水蜡完全干燥后方可进行产品打包。

② 水蜡工序后严禁喷涂底、面漆及进行各种修补，以免引起反应。若需进行返修操作，需用快干剂将产品表面的水蜡擦洗干净，且研磨后方可进行修补处理。

（2）技术要求

① 使用百洁布擦水蜡　将擦拭布在水蜡中浸湿，人工采用旋转方式均匀涂于产品表面。再将白色百洁布在水蜡中浸湿，人工顺木纹方向均匀擦拭，使表面手感光滑。然后将干净擦拭布叠整齐，布内侧不可有棱角，采用旋转方式将产品表面的水蜡彻底擦拭干净，如图3-63所示。

图3-63　擦水蜡（附彩图）

② 使用擦拭布擦水蜡　将擦拭布在水蜡中浸湿，人工用力采用旋转方式均匀涂于产品表面。再将干净擦拭布叠整齐，布内侧不可有棱角，采用旋转方式将产品表面的水蜡擦拭干净。

③ 使用钢丝绒擦水蜡　将钢丝绒（细规格）在水蜡中浸湿，人工顺木纹方向均匀擦拭。然后将干净擦拭布叠整齐，布内侧不可有棱角，顺木纹方向将产品表面的水蜡擦拭干净。

④ 针对藤席部位擦水蜡　面漆完全干燥后，人工用干净擦拭布将藤席表面毛刺处理干净。将擦拭布在水蜡中浸湿，人工用力采用旋转方式均匀涂于产品表面。再将干净擦拭布叠整齐，布内侧不可有棱角，采用旋转方式将藤席表面的水蜡擦拭干净。

（3）注意事项

① 产品最后一道面漆喷涂完毕后，必须完全干燥后方可进行擦水蜡操作；

② 若产品表面有个别手感不良，必须用旧砂带背面进行打磨处理，再进行擦水蜡工序；

③ 现场进行擦水蜡操作过程中，每次使用的涂料量不可太多，避免长时间消耗不完使水蜡浓度增加，影响产品整体效果；

④ 必须用干净柔软擦拭布将产品表面的水蜡擦拭干净，以免残留的水蜡干燥后留下印记；

⑤ 水蜡未完全干燥时，不可接触产品表面，以免留下印记；

⑥ 发现水蜡有异味后，不可再使用；

⑦ 水蜡涂料不使用时，必须密封保存；

⑧ 水蜡使用前，必须搅拌均匀；

⑨ 未消耗完的水蜡，不可倒回大桶。

■ 总结评价

1. 色差问题改善对策

（1）对配料工段所有材质缺陷确认限度样板，如图 3-64 所示。

图 3-64　修色不到位造成色差（附彩图）

（2）针对同批次产品色差、部件与整体色差解决方案（可参照任务二中配色推进方案及对色制度，任务三拓展提高部分中框底色及背色操作规程）。

（3）产品在各点确认对色标准件。

（4）制作成品对色标准件，留存每批上线使用。

（5）在拍色修色工序中，做到心中有产品的整体效果及拍色的颜色，培养对颜色的敏锐能力。

2. 总结评价

结果评价见表 3-13。

表 3-13　结果评价表

评价类型	项目	分值	考核点	评分细则	组内自评（40%）	组间互评（20%）	教师点评（40%）
过程性评价（70%）	喷点	10	喷枪选择；调配与喷涂喷点着色剂；操作规程	选择喷枪与调试；0~2			
				调配过程符合安全操作规程；0~3			
				喷涂操作符合安全操作规程；0~3			
				清洗喷枪、相关容器及时干净；0~2			
	拍修色	10	工具材料选用；操作符合规程；调配与喷涂着色剂	调配过程符合安全操作规程；0~2			
				拍色操作符合安全操作规程；0~2			
				修色喷涂符合操作符合安全规程；0~2			
				注意现场保存和使用着色剂；0~2			
				工具材料选用正确，及时清洗干净，取放到位；0~2			
	涂灰蜡	10	材料选择与调制；调配；操作符合规程	工具材料选择正确，及时清洗干净，取放到位；0~2			
				调制操作符合规程；0~2			
				注意现场保存和使用灰蜡；0~2			
				喷涂灰蜡部位正确；0~2			
				擦涂灰蜡操作符合规程；0~2			
	喷面漆	10	工具的选用；设备的调试；	工具（喷枪及过滤网口径）选择正确；0~2			
				喷涂与烘干符合安全操作规程；0~2			

评价类型	项目	分值	考核点	评分细则	组内自评（40%）	组间互评（20%）	教师点评（40%）
过程性评价（70%）	喷面漆	10	喷涂符合规程；清洗维护；调配涂料	调试（空气压力、漆雾形状及雾化情况）与喷涂顺序；0~2 面漆调配符合操作规程，黏度和光泽符合要求；0~2 喷枪清理部位明确，清洗到位，取放到位；0~2			
	自我学习能力	10	预习程度；知识掌握程度；代表发言	预习下发任务，对学习内容熟悉；0~3 针对预习内容能利用网络等资源查阅资料；0~3 积极主动代表小组发言；0~4			
	工作态度	10	遵守纪律；态度积极或被动；占主导地位与配合程度	遵守纪律，能约束自己、管理他人；0~3 积极或被动的完成任务；0~5 在小组工作中与组员的配合程度；0~2			
	团队合作	10	团队合作意识；组内与组间合作，沟通交流；协作共事，合作愉快；目标统一，进展顺利	团队合作意识，保守团队成果；0~2 组内与组间与人交流；0~3 协作共事，合作愉快；0~3 目标统一，进展顺利；0~2			
终结性评价（30%）	喷点效果	5	色差；仿古效果	与色板间的色差；0~2 喷点大小、形状、分布等仿古效果；0~3			
	拍修色效果	10	色差；仿古效果	与色板之间的色差；0~6 拍色后是否影响明暗等其他仿古效果；0~4			
	灰蜡效果	5	仿古效果	灰蜡仿古部位；0~2 擦涂灰蜡整理后仿古效果；0~3			
	操作完成度	10	在规定时间内有效完成任务的程度	尽职尽责；0~3 顾全大局；0~3 按时完成任务；0~4			
评语	班级：		姓名：	第　　组			
	教师评语：			总评分：			

■ 拓展提高

彩绘丝网印刷技术在家具装饰中的应用

家具作为传统行业，注入新的生命力早已经迫不及待。无论是木器类的仿古家具，还是普通家具，当前都流行添加彩绘的木器配件。在家庭、酒店、别墅中，彩绘家具都成了必不可少的一部分。

家具彩绘作为家具装饰的一种，越来越受到世人的青睐。传统的彩绘都是民间艺人或是能工巧匠们纯手工绘制，这种绘制效率低下，越来越不适应现代化生产的需要。丝网印刷是有效的现代化工作方法，能满足生产要求。丝网印刷使得家具上的彩绘实现了工业化生产，提高了劳动效率，减轻了劳动强度，也提高了工艺水平。

（1）丝网印刷替代手工彩绘的原理和特点

丝网印刷是一种古老的印刷方法，属于孔版印刷,与胶印、凸印、凹印一起被称为四大印刷方法。在孔版印刷中，应用最广泛的是丝网印刷，是将丝、尼龙、聚酯纤维或不锈钢金属丝网绷于网框上，使其张紧固定，然后采用手工刻漆膜或光化学制版的方法制作丝网印版。传统的制版方法是手工的，现代较普遍采用的是光化学制版法。光化学制版法是利用感光材料，通过照相制版的方法来制作丝网印版，使丝网印版上图文部分的丝网为通透孔，而非图文部分的丝网网孔仍被堵住，将丝网印刷用油墨放入网框内，用橡皮刮墨板在网框内加压刮动，这时油墨即通过图文部分的网孔转移到承印物上，形成与原稿一样的图文。

印刷时在丝网印版的一端倒入油墨，油墨无外力的作用不会自行通过网孔漏在承印物上。当刮墨板以一定的倾斜角度及压力刮动油墨时，油墨便通过网版转移到网版下的承印物上，从而实现图像的复制。

丝网印刷设备简单，操作方便，印刷制版简易且成本低廉，适应性强。丝网印刷应用范围广，不仅可以在平面上进行，还可以在圆柱、圆锥体等曲面上进行，所以它替代手工彩绘具备了条件。

（2）丝网印刷的特点

丝网印刷的应用范围非常广泛，除水和空气（包括其他液体和气体）以外，任何一种物体都可以作为承印物。我国应用丝网印刷最广泛的是电子工业、陶瓷贴花工业、纺织印染行业。近年来，包括装潢、广告、招贴标牌等也大量采用丝网印刷。丝网印刷大致有以下特点：

① 墨层厚、覆盖力强　一般的印刷方法如果用白色遮盖下面的底色，就要在同一部位反复印刷三四次，而丝网印刷只要一次即可完成。由于墨层厚、手感好、立体感强，所以应用很广泛。当然墨层厚度也是可以控制的。丝网印刷不仅可以单色印刷，还可以进行套色和加网彩色印刷。

② 可使用各种油墨印刷　丝网印刷具有漏印的特点，所以它可以使用任何一种油墨及涂料，如油性、水性、合成树脂型、粉末型等各种油墨，在不同的条件下，对于任何材料均可满足各种目的的印刷。丝印油墨实际上是各种涂料。其他印刷要求各种油墨的颜料粒度要细，而丝网印刷只要能够透过丝网网孔的油墨和涂料都可使用。丝印所用油墨之广，已超出了通常油墨的定义范围，有的用浆料、糊料、油漆、胶黏剂或固体粉末，因此，有时把丝网油墨统称为"印料"。

③ 版面柔软、印压小　丝网印版柔软而富有弹性，印刷压力小，所以不仅能够在纸张、纺织品等柔软的材料上进行印刷，而且能够在易损坏的玻璃、金属、硬质塑料等硬度高的板面或成型物的面上直接进行印刷。

④ 承印物的形状和大小无限制　胶印、凹印、凸印三大印刷方法一般只能在平面的承印物上进行印刷，而丝网印刷不但可以在平面上印刷，还可以在曲面、球面及凹凸不平的承印物上进行印刷，还可以印刷各种超大型广告画、垂帘、幕布等。例如，一般胶印、凸印等印刷方法所能印刷的面积尺寸最大为全张，超过全张尺寸，就受到机械设备的限制。而丝网印刷可以进行印刷的最大幅面达 3m×4m，甚至更大。还可在超小型、超高精度的物品上进行印刷。这种印刷方式有着很大的灵活性和广泛的适用性，所有有形状的物体都可以之进行印刷。那些特殊的异形面也可以进行丝网印刷。

⑤ 耐光性强　由于丝网印刷具有漏印的特点，所以它可以使用各种胶黏剂以及各种色料，也可以使用颗粒较粗的颜料，因此，它可以通过简便的方法把耐光性颜料、荧光颜料放入油墨中，使印刷品的图文永久保持光泽不受气温和日光的影响，甚至可以在夜间发光。丝印油墨的调配简便，例如可把耐光

颜料直接倒入油墨中调配。由于丝印产品的耐光性比其他种类的印刷产品的耐光性强，更适合在室外作广告、标牌之用。

⑥ 印刷方式灵活多样　丝网印刷同其他种类的印刷一样，可以进行工业化的大规模生产，同时，它又具有制版方便、价格便宜、印刷方式多样灵活、技术易于掌握的特点，所以近几年来发展很快，并不受企业大小的限制。

（3）在家具上的应用研究

目前丝网印刷还没有在家具漆面上印制的具体工艺方法，而根据资料显示，我国市场上有几百种不同规格的丝网，如何通过丝网的正确选择以控制在家具漆面上的印制质量，就成为亟待解决的问题。

① 合理目数的选择　因为家具漆面不同于其他的承印物，有其自身的特点，比如漆面比较光滑、质硬、油墨在其上没有很好的附着力。要想在其上印制精美的图案，就要选择合适的丝网目数和油墨黏度。

② 家具漆面上墨层厚度的控制　因为丝网印制的墨层厚度的变化范围很大，加之墨层厚度也会影响印品色调的再现性，影响印品图案的表现，也影响家具漆面的使用寿命，所以合适的墨层厚度是影响家具漆面印品质量最主要的因素。可在分析丝网的理论透墨量和湿膜墨层厚度的基础上，得出家具漆面印品湿膜墨层厚度的计算公式，实验得到实验样品，测量样品墨层厚度。通过计算得到丝网理论量，依此为依据进一步确定丝网目数、网距，保证家具漆膜印品厚度的精确控制。

③ 家具漆面墨层及漆面质量检测　通过对有印刷图案的家具漆面进行的各项质量指标的检测，更加充分地说明丝网印刷代替手工彩绘是可行的，而且为家具彩绘装饰的批量生产提供了现代化手段。不过油漆这种承印材料皆为高分子有机化合物，极性较差，且表面光滑，无毛细孔存在，故油墨难以在其表面附着。

（4）在家具漆膜上进行丝网印制的合理目数选择与工艺分析

① 选择合适的丝网目数　实际上就是选择最小的丝网目数，实现印刷图案的边缘的平整光滑以及图案颜色的最小分辨率，以实现印刷图案细微质量的最优化。目数一般可以说明丝网的丝与丝之间的密疏程度。目数越高丝网越密，网孔小；反之目数越低丝网越稀疏，网孔大。网孔越小，油墨通过性越差；网孔越大，油墨通过性越好。在选用丝网时，可根据家具漆面印刷图案精度要求，选择不同目数的丝网。

还注意选择丝网的不同丝径，丝径的粗细会直接影响丝网的开口与结点的比例，由于丝径、结点的影响，会使印刷的高调颜色丢失，暗调颜色糊死，影响家具漆面印品的质量。

② 家具漆面上墨层厚度控制的工艺分析　在丝网印刷中，墨层厚度的控制占有重要地位。平版和凸版印品上的墨层厚度只有几微米，凹版印刷最高也只有 15μm。而一般条件下，丝网印刷的墨层厚度为 10~20μm 左右，特殊的厚膜印刷可达到 100μm，可见，丝网印刷的墨层不仅厚，且可调范围广。因此，在家具漆面上如何控制印品的墨层厚度，已成为需要着重解决的问题。

■ **思考与练习**

1. 拍色着色剂如何调配？和底色有何不同？

2. 喷点着色剂如何调配？喷涂时注意什么？

3. 灰尘漆有何作用？如何调配？喷涂部位有哪些？整理灰尘漆时应注意什么？

4. 水蜡的作用是什么？如何涂饰水蜡？

5. 在操作中如何控制色差问题？

■ 巩固训练

在美式实色涂装中，完成底漆涂装和仿古工序操作后，根据工艺要求做喷点、拍色、灰尘、裂纹等效果。

■ 自主学习资源库

1. 国家级精品课网站 http://218.7.76.7/ec2008/C8/zcr-1.htm

2. 叶汉慈. 木用涂料与涂装工[M]. 北京：化学工业出版社，2008.

3. 王恺. 木材工业大全（涂饰卷）[M]. 北京：中国林业出版社，1998.

4. 王双科，邓背阶. 家具涂料与涂饰工艺[M]. 北京：中国林业出版社，2005.

5. 华润涂料 http://www.huarun.com/

6. 威士伯官网 http://www.valsparpaint.com/en/index.html

7. 阿克苏诺贝尔官网 http://akzonobel.cn.gongchang.com/

项目 4
薄木饰面技术

课程导入

薄木饰面是将天然珍贵木材经过刨切（或旋切）成薄木（单板）后，将经过一系列加工处理的薄木用胶黏剂粘贴于材质较差的木材或人造板表面的一种饰面技术。它最大优点是可实现优材优用，节约名贵木材。随着珍贵木材资源的日趋减少和人们对木制品需求扩大，薄木饰面技术在家具制造、木门生产、人造板二次加工和室内装修中被大量使用，在木制品表面装饰技术中占有重要的位置。本项目通过薄木备料及品质控制、薄木贴面及品质控制两个工作任务，引导学生掌握薄木饰面技术。

知识目标

1. 了解薄木类别、规格、纹理效果、特点、质量标准和应用；
2. 掌握薄木备料常用工艺及相关设备；
3. 熟悉人造板基材的特点和性能；
4. 了解贴面用胶黏剂的类别及性能特点；
5. 了解人造板裁切及薄木贴面相关机械设备，熟悉其性能特点和操作要领；
6. 掌握薄木饰面工艺过程各环节的工艺参数和影响饰面质量的因素。

技能目标

1. 能鉴别薄木贴面装饰产品与其他贴面装饰产品的区别；
2. 会根据不同的薄木材料，采用适当的保存方法；
3. 会根据贴面工艺及装饰效果需要，选用相应的薄木材料；
4. 能根据产品装饰需要，进行简单的拼花图案设计；
5. 能根据工艺需要，选用相应的薄木备料设备；
6. 能区别人造板品质，能根据产品特点选用符合要求的板料；
7. 能根据材料、设备及饰面质量要求，选用合适的贴面胶黏剂；
8. 能根据零部件的特点及质量要求，进行相应的饰面工艺流程设计；
9. 会根据饰面质量要求，操作相关设备进行薄木贴面作业；
10. 能分析整个饰面过程中影响贴面质量的因素，进行产品质量控制。

工作任务

1. 根据薄木饰面板的结构及装饰效果要求，科学合理地设计工艺过程；
2. 根据饰面薄木的结构特点，利用正常的方法进行薄木备料作业，保证备料质量；

3. 根据家具产品的结构特点，合理设计裁板图，进行人造板开料作业；

4. 按照工艺要求，完成人造板薄木贴面作业，并进行质量控制；

5. 对薄木饰面板进行质量检查和品质分析，确定质量改善要点。

 # 任务 4.1　薄木备料及品质控制

知识目标

1. 熟悉薄木贴面家具的特点及装饰效果；

2. 了解常见的薄木类别及其特点；

3. 熟悉薄木常见的纹理效果及其应用；

4. 了解薄木装饰常见的图案形式；

5. 熟悉薄木备料常用工艺及相关设备。

能力目标

1. 能分辨薄木贴面装饰产品与其他贴面装饰产品的区别；

2. 会根据不同的薄木材料，采用适当的保存方法；

3. 会根据贴面工艺及装饰效果需要，选用相应的薄木材料；

4. 能根据产品装饰需要，进行简单的拼花图案设计；

5. 会根据工艺需要，选用相应的薄木备料设备。

工作任务

任务介绍

制作如图 4-1 所示的素花拼花面板，并写出其详细工艺过程。要求根据产品的装饰效果及任务要求，选用合适的薄木原料，工艺过程按市场主流的作业方式进行，最后备料加工成符合设计要求的大幅面装饰薄木，存贮恰当，用于人造板表面贴面装饰。

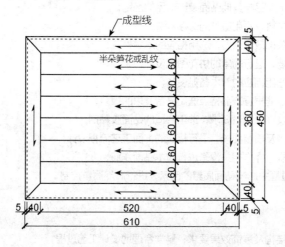

图 4-1　拼花项目效果图（单位：mm）

任务背景

在薄木备料中，最常见的是素面或素面拼花，这是工艺最简单、应用最普遍的一类薄木装饰形式。在此基础上通常还会增加一些薄木边条，以达到仿实木镶框结构家具的效果，保留传统家具的韵味。如果沿拼花线拉槽并做特殊的油漆处理，可以达到以假乱真的效果，在现代板木复合家具生产中应用非常广泛。

任务说明及要求

1. 内部素面拼花采用等宽的半朵笋花或乱纹薄木，一顺一倒对拼，仿实木拼板效果；

2. 外边条采用直纹薄木，各边条宽度各加 5mm 余量，使备料整体长宽有 10mm 余量，留作为贴面后的成型余量；

3. 要求选料材色均匀，拼接密缝，无明显缝隙，贴面后拼缝内不允许有胶水挤出；

4. 拼花内径尺寸标准，长宽误差控制在±1mm 以内，对角线差控制在 1.5mm 以内。

工作情景

实训场所：实训车间。

所需设备及工具：单板剪裁机、木皮拼缝机、美工刀、直尺、纸胶带。

工作场景：在相应的实训车间内，教师根据任务要求，将任务从前到后的过程进行逐步演示和讲解，必要时对相关设备的一些操作规范进行讲解说明，然后让学生分组根据教材设计步骤进行操作训练，教师巡回指导。完成任务后，教师要对各组的实训过程及结果进行评价和总结，指出不足及改进要点。学生根据教师点评，重新对整个实训过程各环节进行审查和回顾，撰写相关实训报告（包括具体过程、遇到问题、改善对策、心得体会等）。

知识准备

---

1. 薄木原料简介

（1）薄木的类别

薄木俗称"木皮""薄片""单板"等，是一种木质片状薄型贴面或封边材料，通常利用珍贵树种或具有特殊纹理的树木经刨切或旋切制得，以得到理想的装饰效果。薄木的种类较多，目前国内外还没有统一的分类方法，通常按薄木的形态、厚度、树种及地域等来进行分类。

① 按薄木形态分

天然薄木　由天然树种木材经直接刨切或旋切制得的薄木，如图 4-2 所示。市场上，刨切天然薄木通常以成叠形式出现（通常为 24 片或 36 片，俗称"一刀料"），主要由珍贵树种的木方按一定的纹路刨切制得，"一刀料"中每片的纹理基本一致。旋切薄木直接由圆木旋切制得，规格通常为 2500mm×1300mm（4'×8' 加上加工余量）左右，通常由普通材质的树种制备，用于胶合板生产或薄木贴面时的平衡层。

人造薄木　又称重组薄木，由一般树种的旋切单板经调色处理，按设计的花纹和图案要求，利用着色胶水胶合成木方，再经刨切制成的薄木，俗称"科技薄木"，如图 4-3 所示。科技薄木通常利用普通树种（如速生杨）单板设计制成名贵树种的效果甚至其他特殊花纹，从而达到劣材优用的目的。与天然木材不同，科技木主要通过每层单板或胶水层的颜色来实现相应的纹理效果，因而纹理较均匀，而天然木材的纹理则由早晚材和导管等天然木材组织体现，且存在天然的色差和纹理差异，这是区别天然薄木和人造薄木的主要依据。

染色薄木　是利用普通树种的薄木或花纹与珍贵树种相近的普通薄木，经调色或显色处理，制成具有某种色彩效果或仿珍贵树种的薄木，如图 4-4 所示。薄木染色后，可使木材早晚材对比更加突出，甚至呈显其他特殊艺术效果。利用染色薄木贴面处理的家具，在涂装时可免去喷色的麻烦，节省了油漆，提高了效率，也减少了喷涂颜色不均的缺陷。

图 4-2　天然薄木　　　　　图 4-3　科技薄木　　　　　图 4-4　染色薄木

集成薄木　由珍贵树种或一般树种（经染色）的小规格方材或单板，按设计图案胶合成木方后，再刨切成的整张拼花薄木，如图 4-5 所示。集成薄木可以设计成不同的图案，且保留了天然木材的花纹和色泽。集成薄木主要优点为小材大用，充分利用珍贵树种的小径材，并可以保证制得后的薄木花纹的一致性，生产效率较单片薄木拼花要高，还可利用集成薄木技术，制成各种幻彩线条或拼花装饰块。

编织薄木　由一种或多种薄木窄条，按照一定的排列方式，编织胶合而成的一种拼花薄木，如图 4-6 所示。利用编织技术可以制作出多种图案效果，且保持天然木材的纹理效果，是目前市场上出现的一种新型薄木形式。

指接薄木及成卷薄木　利用专用的指接或搭接设备将薄木长度胶接延长，从而可做成成卷的效果，如图 4-7 所示。用于薄木封边条的指接薄木可使板料封边时不受长度的约束，提高了封边效率。成卷薄木封边条背部可以做成起毛（有一层无纺布）和不起毛两种，背面起毛的用于软成型封边，而背部不起毛的主要用于家装贴面。

图 4-5　集成薄木　　　　　图 4-6　编织薄木　　　　　图 4-7　成卷指接薄木

② 按树种和地域分

按地域分 薄木按地域主要分为进口薄木和国产薄木,其中进口薄木又分为美洲材、欧洲材、非洲材等,国产薄木又分为东北材、西南材等。

按材种分 制作薄木的树种是决定薄木装饰效果的主要因素,市场上薄木主要还是按树种进行分类,如水曲柳、榉木、樱桃木、橡木、桦木、黑胡桃、枫木、柚木等。近年来,竹薄木在家具中的应用也越来越多,竹材虽然本身不是木材,但在薄木的贴面性能方面与薄木相似,因而常常把竹薄木也归为薄木的一种。

对于实际生产或贸易,通常会按树种及其产地来共同表述一种具体的薄木,如美国白橡木、东北桦木、欧洲榉木、泰国柚木等。主要是由于不同产地的同种木材,在外观和质量上存在一定的差异,而且还有因生产贸易环境不同导致的价格差异。

③ 按薄木厚度分

厚薄木 厚度超出 0.4mm 的薄木,一般指厚度为 0.4~3.0mm 薄木,是家具生产中使用最主要的类别,其中市场上常用的贴面薄木厚度为 0.45~0.65mm,树瘤或树杈薄木为 0.6~0.8mm,封边用薄木为 0.6~3.0mm。

薄型薄木 一般指厚度为 0.2~0.4mm 的薄木。名贵树种如花梨、柚木等,由于材料贵重且价格高,通常刨切成较薄的薄木,以利于降低成本。

微薄木 厚度小于 0.2mm 的薄木,一般厚度为 0.05~0.2mm。将木材制成微薄木可以有效提高木材的利用效率,对节约名贵木材资源具有重要意义。但微薄木强度差,易破碎,为方便流通,通常会在薄木背面粘贴无纺布等来提高强度。

（2）纹理效果

树木由于生长状况、部位及刨切的路径不同,可得到不同纹理的薄木,如通常所说的直纹、小山纹、大山纹、乱纹、树瘤（俗称花樟）、旋涡、鸟眼、影木、树杈纹（俗称排骨纹）等即是按此分类的。一般而言,木纹效果主要取决于树种、生长环境、木材部位及刨切方式。常见的直纹、山纹等普通木纹主要通过不同的刨切方式来制备,只要方法得当,各种树木品种都可获得想要的纹理效果,具体纹理类型及其主要用途见表 4-1。

表 4-1 常见薄木的制备方法

纹理类型	图 例	制备方法	绘图标识	特点及主要用途
一般木纹（乱纹）		旋切或平切		旋切可得到连续带状薄木,薄木幅面大,纹理没有规律。平切不规则纹理的木方也可得到乱纹。 一般用于层板/直隔板/底板/背板等相对次要面的贴面装饰,常采用 B 级薄木
大山纹（大笋花）		半圆旋切		大山纹薄木幅面较大,通常山尖宽且不规则。 主要用于拼花设计,特别是桌面、门板等大幅面板件的拼花装饰,多为 A 级薄木

纹理类型	图 例	制备方法	绘图标识	特点及主要用途
小山纹 （小笋花）		弦面平切	↑	木方弦面直接平切而得，通常山尖窄且两边有直纹边。 一般用于面板/抽头板/侧板/门肚板等重要部位，常采用 A 级薄木
直 纹		径面平切 或斜切	↕	木方径面或半径面直接平切而得，通常幅面较窄。 常用于拼花边条或要求为直纹装饰的场合，多为 A 级薄木

除上述木纹外的其他很多木纹效果只是某类树种所特有的，如鸟眼枫木、排骨桃花心等；有些纹理效果需要树种在特定的生长环境下才会形成，如安妮格带闪纹、黑胡桃虎斑纹等特殊效果；除此之外，纹理效果还与取自树木上的生长部位密切相关，如图 4-8 所示。当然，还要求有正确的制备方法才行。

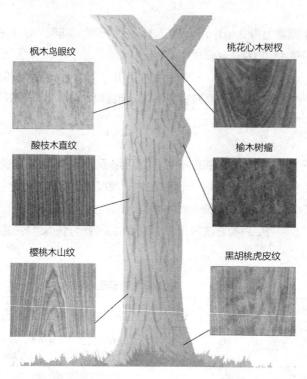

枫木鸟眼纹　　桃花心木树杈

酸枝木直纹　　榆木树瘤

樱桃木山纹　　黑胡桃虎皮纹

图 4-8　薄木的纹理及在木材中对应的位置

（3）薄木的存贮

薄木的存贮主要与其厚度有关，不同厚度类别的薄木应该采取不同的保存方法。

① 厚薄木　厚薄木对含水率的要求基本上同实木锯材，要求储存在阴凉干燥处，相对湿度为 65% 左右，使薄木含水率保持在 12% 左右，否则会影响后续作业的品质。如为长期保存，薄木叠放好前要用黑色塑料薄膜覆盖，密封保存，减少与环境空气的流通，并避免日光直射。

② 薄型薄木　薄型薄木一般不需要干燥，含水率要保持在 20% 左右，否则薄木易破碎。因含水率

高，通常要求在 5℃以下的室内保存，冬季要用塑料薄膜包封，夏季放入冷库保管，以免发霉和腐朽。使用前在大气环境中不能放太久，以免干燥变形和皱折。

③ 微薄木　微薄木根据其类别的不同，保存方法也不同。背面贴有无纺布的成卷微薄木应该干燥保存；未贴无纺布的微薄木应该保持含水率 20%以上，其无法长久保存和有效流通，应该在刨切后尽快使用。

（4）薄木的品质

薄木市场上常采用 A、B、C 三级分类法（也有采用优等、一等、合格三等表示法），有些企业为了更细致的表示薄木的等级，还采用其他辅助等级，如 AAA 级、AA 级、AB 级等，以区分薄木的好坏。薄木分等主要考虑薄木的尺寸规格、尺寸公差、纹理效果、表面缺陷、加工缺陷等几个方面的因素，并根据树种的不同（主要分阔叶材环孔材、阔叶材散孔材和针叶材等），规定了相应的表面粗糙度参考值（可参考国家标准 GB/T 13010—2006《刨切单板》）。需要说明的是，薄木的分等是针对单张或单叠而言，而市场上采购的薄木经常是整件的（大包装），这其中并不是每张薄木都符合相应的等级要求，通常的做法是对整件薄木中各类薄木的比例加以限制，具体要求如下：

① 薄木的尺寸限制　通常 A、B 级薄木对薄木的长宽规格有一定的限制，薄木规格必须满足标准规定的最小尺寸、尺寸公差及比例要求。

② 薄木的纹理要求　薄木的分等通常会针对特定纹理的薄木，如直纹、山纹、树杈纹、树瘤纹等，一般纹理的薄木则要求直纹、花纹、乱纹所占比例，具体可根据客户的需要与供应商协商确定。

③ 薄木的表面缺陷限制　如树节、夹皮、孔洞、黑胶囊、色差、心边材、水波纹等天然缺陷的数量或面积限制。

④ 薄木的加工缺陷　如薄木表面开裂、端头撕裂、折断痕、刀痕、翘曲等各类缺陷的严重程度。

⑤ 厚度公差及表面粗糙度　薄木厚度公差（包括同一批薄木的厚度偏差及同一片板内的厚薄差）、薄木的表面粗糙度等指标也用于分等。

下面以市场上常见的 0.55mm 的 A 级山纹樱桃木薄木为例，说明薄木的质量标准及其详细要求，见表 4-2。

表 4-2　A 级山纹樱桃木薄木质量标准

标准考量因素	序　号	具体标准要求
规格尺寸要求	（1）	薄木长度要求 2700mm 以上 80%，1800mm 以上 10%，其余为 1200mm 以上
	（2）	薄木宽度要求 200mm 以上 80%，其余为 150mm 以上
纹理要求	（3）	山纹料需占 70%以上，其余为直纹料，宽度需 100mm 以上
	（4）	花纹需小笋花 40%以上，其余为大笋花，乱花或闪电花不允许
天然缺陷	（5）	不能有严重水波纹，但轻微且材积占 20%以下允许
	（6）	允许 10%以下的材料，每平方米有两个长 5mm、宽 2mm 以下的黑胶囊，穿孔黑胶囊不允许
	（7）	矿物线长度在 10mm 以下每平方米 3 条以下，轻微可接受
	（8）	死结（破洞）1m 长以内允许 2 个以下，但不能算材积
	（9）	活节尺寸不超过 5mm，每平方米不超过 3 个，且分散开可接受
	（10）	白边（边材）占 30%可接受，但白边宽不能超过薄木宽度的 20%
	（11）	薄木无银点（鱼鳞片）
	（12）	薄木无髓心

标准考量因素	序 号	具体标准要求
加工缺陷	（13）	薄木不能有严重刀痕、划痕、毛刺沟痕等
	（14）	薄木弯翘不平整不接受，轻微20%可接受
公差及粗糙度	（15）	薄木间的厚薄差在±0.04mm以内
	（16）	表面严重粗糙（肉眼看有明显粗糙感或轮廓最大高度 R_z≥150μm）不允许
	（17）	同一片薄木厚度要求均匀一致，不允许有透光、局部偏厚或偏薄的现象，厚度差在0.1mm内

在薄木备料过程中，通常会根据家具的部位及产品质量要求选用不同等级的薄木：A级薄木用于家具产品最受人关注的表面，如面板、门板正面、抽头正面、床头床尾正面等部位；B级薄木用于次要表面，如侧板、门板背面、层板、直隔板、望板正面、可见底板等部位；C级薄木用于少受关注的表面，如抽头背面、底板、看不见的直隔板及层板等少见或不可见部位。

需要说明的是，薄木等级是针对具体的装饰效果或某些特殊需求而言的，有时候为达到某种特殊的效果，客人或制造商会特别将具有某一特征或缺陷的薄木（如水波纹、矿斑等天然缺陷）单独收集在一起，此时薄木的缺陷已不再是缺点，而变成了可以增加产品附加值、具有某种特殊效果的优点。

2. 薄木饰面效果及应用

在薄木饰面装饰中，决定最终产品装饰效果的有两点：一是薄木材质的选择；二是装饰纹理及图案效果设计，前者决定原料成本，而后者影响薄木备料工艺。

为描述方便，可将拼合后的装饰薄木分为素面、素花、简单拼花、复合拼花、艺术拼花等五种类型。

（1）素面

素面指用多张一般木纹薄木顺向拼接成一定规格的装饰薄木，对薄木木纹及宽度无特殊要求，但要求各拼合薄木单元纹理及材色相近，拼合后看起来协调一致。这类薄木拼合形式主要用于柜类侧板、隔板、层板、背板、底板、桌类望板、床头背面等产品内部或不常见的部件表面，也有产品全部用此类薄木进行贴面装饰，是装饰薄木中应用最多的类型。

（2）素花

素花形式与素面相似，由薄木单元顺向拼接而得，但通常对各薄木单元的纹理、宽度、花头方向等有一定要求，以期达到某种特定的效果。常见的有顺拼、对拼、倒顺拼和乱纹拼等多种拼合形式，如图4-9所示。这类薄木一般要求拼合装饰薄木要有纹理方向，通常要求花头从左到右、从下到上等。这类薄木组合主要用于产品的正面可见部件，如柜类面板、门板、抽头板，床头或床尾板正面等。

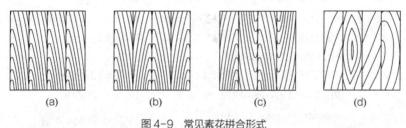

图4-9 常见素花拼合形式
（a）顺拼 （b）对拼 （c）倒顺拼 （d）乱纹拼

（3）简单拼花

简单拼花是由一两种形状的拼花单元按照一定的方式组合而成，种类很多，是构成各种复合拼花的基础，常见的有 V 形花、箱纹花、宝石花、席纹花、太阳花、蝴蝶花、"米"字花、菱形花等，如图 4-10 所示。图中只是部分纹理组合，实际应用中同样的拼花形式还可以用不同的纹理来组合，也可以只是图示拼花形式中的一部分或重复组合。

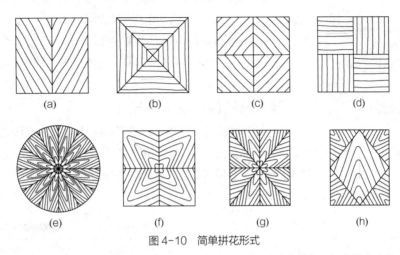

图 4-10　简单拼花形式

（a）V 形花　（b）箱纹花　（c）宝石花　（d）席纹花　（e）太阳花　（f）蝴蝶花　（g）"米"字花　（h）菱形花

（4）复合拼花

复合拼花也称嵌套拼花，通常是指两种或两种以上的拼花单元组合而成的具有多层嵌套结构的拼花组合，是在各种素面、素花或简单拼花的基础上，加上各种边条、饰条或饰块等拼合而成。有时为增加艺术效果，还会将拼花边缘做成曲线形状或多层嵌套的样式，如图 4-11 所示。也经常把不同材质或纹理的薄木拼合在一起，形成强烈的视觉冲击效果。这类拼花形式在实际应用中非常广泛，变化也最为丰富多彩，常用于桌类的面板、柜类的面板及门板、床头正面等特别重要的部位，作为整件家具的亮点展现出来。

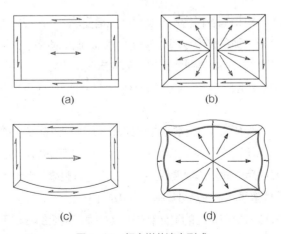

图 4-11　复合拼花演变形式

（a）素面或素花加边条　（b）简单拼花加边条　（c）拼花直边变曲边　（d）多层嵌套拼花

图4-12　薄木艺术拼花效果图

（5）艺术拼花

从形式上讲，前述四类拼花可称为规则拼花，即构成拼花的各单元的形状多为几何形，并有一定规律可循。艺术拼花则不同，注重拼花图案的意境，通常表现为花鸟虫鱼、各种抽象画等图案，是将这些图案利用薄木（实际应用中也有用专用牛皮纸来代替）的色泽和纹理对比，通过薄木镶嵌拼合表现出来。图4-12所示即为用薄木艺术拼花做成的效果图，此类拼花主要用于家具的面板、门板等重要部位。

3. 薄木备料的一般工艺过程

拼花形式的繁简程度对拼花加工流程影响很大。最简单的是素面薄木，通常只需将薄木进行裁切拼宽即可；对于复杂拼花，则需要经过多道甚至数十道工序才可以完成整个过程，并且还需要专用设备或工具。薄木备料的一般工艺流程如图4-13所示。

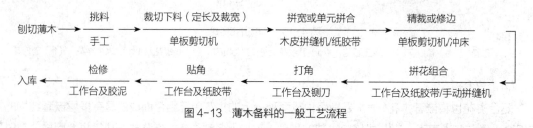

图4-13　薄木备料的一般工艺流程

（1）薄木选料

薄木选料是指按照拼花设计要求及产品质量要求，挑选适合的薄木作为原料。具体来说，主要考虑薄木的纹理特征、质量等级、规格尺寸、花纹配套性、材料利用率等因素，此项工作对产品的装饰效果和制造成本影响很大，且较难度量，主要凭工人的经验来判断选取，是管理的重点工位之一。

（2）薄木裁切

薄木的裁切，是将薄木原料根据各拼合单元及最终规格要求，裁切成所需的尺寸规格和形状。工业上常用的裁切方式有三种：第一种是利用专用的单板剪切机，此机适用于直边薄木的裁切，效率高，质量好；第二种是针对曲边薄木的裁切，通常采用专用的冲床进行冲切；第三种是针对复杂艺术拼花薄木的裁切，采用激光切割机进行烧割。当然，如果是个别小批量作业或样品制作，也可简单地使用美工刀和直尺来切割。

① 单板剪切机裁切　薄木剪切时，通常应先横纹裁长，再顺纹裁宽。剪切加工的主要设备是薄木（单板）剪切机，如图4-14所示。常见的有横切及纵切两类，利用油压系统带动重型铡刀将薄木剪开。剪切机刀片要保持锋利，裁切后的薄木边缘要保持平直，不许有裂缝、毛刺等缺陷。利用单板剪切机一次可裁切厚度达50mm的成摞薄木，生产效率高，质量好。

拼花薄木备料时，应按照各拼花单元的具体制作方法，确定相应的裁切下料方案，通常要按一定角度裁切（常用的有45°、60°等几种裁切方法），这时可利用设备上的可调角度靠板进行毛坯的裁切。对于拼花过程中的二次精裁，通常是利用相应的模板在裁切机上制作定位靠点，这种方法操作灵活，可方

图 4-14 薄木剪切机

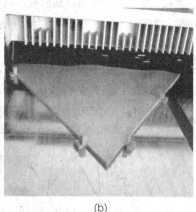

(a)   (b)

图 4-15 拼花靠点及模板

（a）拼花模板 （b）裁切现场

便地裁切得到各种精确的规格和形状。图4-15所示为拼花模板和裁切场景。

② 冲床冲切 对于带有曲边的薄木，用普通的裁切机无法完成，必须有专用的裁切模板和冲切设备。油压冲模机（俗称冲床）的结构如图 4-16 所示，主要是利用 4 个油缸带动上压板将待冲切薄木压向裁切刀模完成裁切，裁切机的关键部位是上压板下面的橡胶缓冲层，既可将薄木压下，又能防止刀片受伤。拼花刀模通常是用优质的多层夹板作为基材，按照拼花大样图形状制成槽（可用线锯锯制或激光雕刻机烧制），将薄刀片弯曲嵌入，使刀刃突出板面 2mm 左右，并在必要的位置制作定位靠点。裁切时，将事先准备好的薄木以靠点为基准放在刀模中进行冲裁即可，每次只能冲切 2~4 层，以将薄木恰好完全冲断为原则。利用冲床可将薄木冲切成各种复杂形状，且可保证每片形状一致。

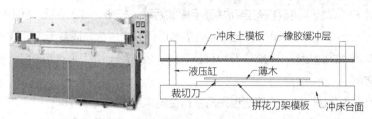

图 4-16 薄木油压冲模机及其结构示意

③ 激光切割机烧割 一般的曲边薄木可用冲床制作，但如果是复杂的拼花或小型的镶嵌拼花图案（如花草图案等各种艺术拼花），利用常规的冲切方法容易导致拼合单元破碎，这时可采用激光烧割技术来实现。激光切割的关键设备是激光切割机，如图 4-17 所示，可以精确地切割薄木，还可通过调整激

图 4-17 激光切割机

光强度及光斑大小，控制边缘的切割效果（如烧焦等特殊效果）。激光切割的薄木不会受到外力冲击，制得的薄木不会破损，边缘质量好，而且可精确控制切割图案，操作方便，非常适合精细的拼花薄木切割。但激光雕刻设备通常价格高、能耗高、薄木边缘有烧焦边，且加工范围不会很大，目前主要用于艺术拼花制作。

（3）薄木拼合技术

拼合是指将已裁切的薄木单元，按设计要求拼合成相应的宽度。对于薄木素面或素花，经拼宽后就可以直接检修入库。对于拼花薄木，还需要对拼花单元进一步精裁或修边处理，然后再按拼花设计要求进行单元组合拼接，有些复杂拼花还需进行多次裁切和拼合处理，最终形成相应的拼花图案，这是薄木拼花制作的关键。

薄木的拼合一般要求在胶贴前完成，只有薄型薄木的素面拼贴才可在胶贴的同时进行。常用的薄木拼宽形式有三种：热熔胶线拼接法、热固胶水拼接法、纸胶带拼接法，如图 4-18 所示。其中胶线、胶水拼接均需用专用的胶拼设备，生产效率高，但只适合薄木的纵向接合；纸胶带拼合通常用手工或简易设备拼合，效率较低，但操作灵活，适合于各个方向的拼合，主要用于薄木拼花作业。

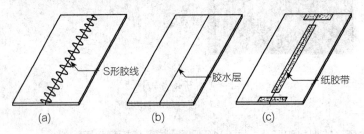

图 4-18　常见薄木拼合方式
（a）热熔胶线拼接法　（b）热固胶水拼接法　（c）纸胶带拼接法

① 热熔胶线拼接法　胶线拼接是最普遍的方法，是利用摆动的热熔胶线将两片薄木拼合起来的一种技术。胶线法不但拼接强度高，且聚酰胺胶线使拼接处有良好的挠性，拼接薄木可以承受少许的收缩和膨胀。胶线拼接法对薄木的厚度及边部裁切质量有较高的要求，通常要求薄木的厚度不得低于 0.4mm（厚度范围为 0.4~2mm），否则在拼缝机上不易顺利通过；边部裁切不允许有毛刺等缺陷，否则会导致热压后胶液从拼缝挤出，产品涂装后有一条明显的胶线，影响产品质量；进料过程注意端头齐平同时进料，防止端头不齐。胶线法拼接薄木在贴面时，应将有胶线面向内，防止粘板，也可减少砂光时的工作量。常见的有线木皮（单板）拼缝机有自动式及手提式两种，如图 4-19 所示。其中自动拼缝机效率高（速度可高达 50m/min），拼合质量好，但只能对薄木进行纵向拼合，适合于大批量生产。手提式拼缝机操作方便，且对薄木的厚度要求较低，除纵向拼合外，还可用于拼花薄木的拼合，适合于小型工厂使用或木皮拼花时使用。

② 热固型胶水拼接法　胶水拼接法也是薄木拼合的常用方法，通常是利用快速固化的热固型脲醛树脂胶，涂胶于薄木侧边，并在挤压辊和加热垫板作用下快速固化进行侧向胶拼。这种拼合方法最大的优点是可以在薄木之间形成一层胶层，对后续胶贴及产品涂装影响较小，而且成本低，效率高。胶水拼接法对薄木的厚度也有要求，通常只适合于厚薄木的拼合，薄木厚度一般不得低于 0.3mm（通常加工范围为 0.3~2.5mm），否则会因胶合面太小无法有效胶接。胶水拼接法对薄木裁切边的平整度及弯翘度有一定的要求，否则会影响胶合质量或无法有效拼接。市场上常用的设备有自动木皮纵向拼缝机和横

(a)   (b)

图 4-19　有线木皮拼缝机及胶线

（a）自动有线木皮拼缝机　（b）手提式木皮拼缝机

木纹进料拼缝机，图 4-20 所示为德国 Kuper 公司的产品，纵向木皮拼缝机配有预涂胶装置，将裁切后的木皮直接进行拼缝作业，进料速度为 20～50m/min；横木纹进料高速拼缝机要另配涂胶机，即将裁切后的整叠木皮先涂胶后再放到工作台上，可实现自动连续拼接成无限宽的大张木皮，还能根据设定尺寸自动将拼接后的木皮裁成所需的宽度，效率更高且对薄木宽度无特殊要求，有利于提高薄木材料利用率。

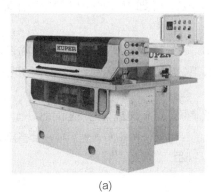
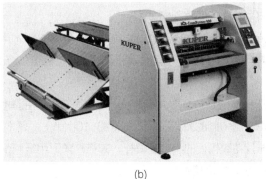

(a)   (b)

图 4-20　热固型胶水木皮拼缝机

（a）自动木皮纵向拼缝机　（b）横木纹进料高速木皮拼缝机

薄木机械拼缝通常只适合纵向拼宽，制得的薄木端头拼缝在搬运过程中容易开裂，实际生产中，通常会在拼缝后在端头贴一条纸胶带或用手提式拼缝机拉几条胶线来加固，必要时还会对拼合不牢的地方用纸胶带或胶线补强。

③ 纸胶带拼接法　利用纸胶带（又称水胶带）进行薄木拼接操作灵活，特别是在薄木拼花方面应用广泛。手工拼花用纸胶带是以牛皮纸为基材，用水溶性胶黏剂涂布烘干而成，只需在胶层表面涂适量的水，即可产生良好的黏结强度。纸胶带按纸质及颜色可分为白色和本色（浅黄色），按胶带形式可分为有孔胶带和无孔胶带，如图 4-21 所示。拼接时将精裁好的薄木按拼花图要求摆放密合，用纸胶带将拼缝贴牢，为加固拼接强度，除拼缝方向贴长条纸胶带外，还需在必要的位置贴横向胶带来补强，如图 4-22 所示。拼花薄木在贴面时应将有胶带面贴在外面，并在热压贴面后，将纸胶带和胶层砂掉；若贴在内面，胶带纸痕会透到木皮表面，影响涂装效果，还容易引起贴面脱胶的问题。在拼花薄木贴面过程中，相应单元制备时应特别注意这点，对称拼合的单元要在制备时分清正反面。

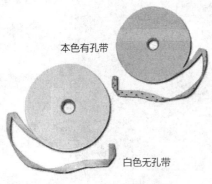

本色有孔带

白色无孔带

图 4-21　拼花常用纸胶带

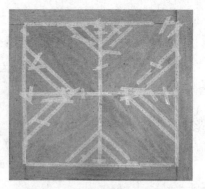

图 4-22　纸胶带拼花效果图

薄木拼合必须用专用的纸胶带，因此类胶带不易渗透，干燥后容易砂光。日常办公用的美纹胶带和透明胶带均不可用，因这类胶带黏性强且为热塑性，胶带无法除掉，且共胶水易黏结到薄木上面砂光不掉。

（4）打角和贴角技术

复合拼花有边条甚至饰条，这些在裁切时会留有余量，经拼花后会有重叠部分，所以需要将重叠部分除去，称为打角。打角的主要工具是砸刀（带柄的宽刀片）和锤子，如图 4-23 所示，按照设计的拼花线，将重叠薄木切断。打角必须确保位置准确，与拼花线重合，必要时可以先用铅笔划线辅助，并注意不要将拼花内部薄木割伤。

打角后薄木须进行贴角，即将已打角分离的薄木用纸胶带拼合起来，并将多余薄木除去，同时检查拼花线集中部位胶纸层数，在不影响拼接强度的条件下，超过 3 层的胶带纸应撕除，如图 4-24 所示。

对于树瘤等特殊薄木，还要利用挖补的方式，将薄木上有孔洞、矿斑或其他缺陷的地方替换掉。挖补时通常利用特制的椭圆形取孔器（约 10mm）将薄木上的缺陷部位冲割断，然后在一片备用的薄木上冲取一片花纹相近的小片来填补，并在贴角时用纸胶带粘贴牢。

（5）拼花检修技术

贴角后的薄木即可进入检修工序，检修时将拼花翻过来，检查拼合处是否有拼缝、重叠或杂质等缺陷，并根据不同的缺陷分别处理。

拼缝要求不大于 0.2mm，超过 1mm 的须拆除重贴或报废，小于 1mm 用胶泥或木丝填补。拼缝为 0.2～0.5mm 时直接用胶泥刮补；拼缝为 0.5～1.0mm 的须用木丝塞填，然后再刮胶泥填补。拼花经打角、冲模后的碎薄木应清理干净，不允许有碎渣、胶粒等杂质粘在薄木上，以免贴面时压伤表面或压到薄木内，影响装饰效果。图 4-25 所示为拼花检修场景。

图 4-23　打　角

图 4-24　贴　角

图 4-25　检　修

（6）拼花薄木入库及保存

拼好的薄木须送入仓库保存。为防止拼花薄木弯翘变形或拼缝变大，影响后续贴面作业或贴面质量，拼花薄木存贮条件要求可以调节温湿度，并将空气环境的平衡含水率控制在8%左右，以保持拼花薄木性能稳定。实际生产中，拼花仓库通常制成密闭空间，并安装空调系统，平时要保持关窗，防止湿空气进入，同时避免阳光直射。

任务实施

---

1. 选料

选料是薄木备料的关键工序，作业时应安排对材料及产品比较熟悉的人员进行。同时设计人员应根据产品质量要求或客户要求，制作相应的《拼花重点说明书》，其中要对产品的定位、风格、涂装颜色、整体用料要求及每件产品的用料重点等进行说明，以供现场作业人员参照。通常挑料时应按以下顺序作业。

（1）控制原料含水率

薄木含水率应控制在合适的水平，拼花用厚薄木要求含水率控制在8%~12%，应略低于作业场所的平衡含水率，防止在生产过程中发生含水率过大的变化导致薄木开裂、弯翘或皱缩等缺陷，影响接合质量或贴面装饰效果。薄木含水率的测定可用感应式含水率测定仪，如图4-26所示。测量时注意根据薄木树种的密度选择合适的挡位，然后将一摞薄木紧密叠在一起（至少20mm），再将含水率测定仪贴紧薄木表面来测定。如果超出正常的含水率范围，应将薄木放养生房或仓库内进行低温干燥，注意干燥过程中将薄木保持整叠捆绑的状态，保持水平伸展状态，必要时上表面用板料压住，严禁为提高干燥速度将薄木拆散开来，这样会导致薄木表面起波浪，影响后续作业。

图4-26 感应式
含水率测定仪

（2）确定用料颜色

通常在设计阶段就应该考虑产品的涂装效果和饰面薄木的材种问题。涂装效果（通常会有标准色板）一旦确定，企业就应该按涂装效果（特别是涂装颜色深浅）进行薄木选用，薄木本身材色差异较大时更应特别重视，否则会对后续的涂装造成很大影响。薄木颜色选用的原则为：涂装颜色应该比薄木本身的颜色要深，具体可参照表4-3所列来进行，不过中性色也存在偏深与偏浅的问题，所以在实际应用过程中，在材料选用存在争议或不能确定时，可将相关的薄木选几片去贴面并做涂装样板，看是否可达到标准色板的效果。

表4-3　产品涂装效果与薄木选用法则

	浅色涂装	中性色涂装	深色涂装	覆盖色涂装
浅色薄木	○	○	○	○
中性色薄木	×	○	○	○
深色薄木	×	×	○	○
有缺陷薄木	×	×	×	○

注：○：允许　×：不允许

（3）确定用料纹理及质量

根据该产品的《拼花重点说明书》，按产品部位选用相应纹理效果的薄木。通常产品的台面板、门板、抽头板、床头板等重要部位会要求用特定纹理（直纹、小山纹、大山纹等，有些情况还会要求年轮宽窄、带闪情况、树节多少等）的Ａ级薄木，通常还会限制每片薄木的宽度、拼合花纹数量甚至贴法（顺拼或对拼）；侧板、门板内部等相对次要的部位，通常也要求用Ａ级薄木，但对材料的纹理效果通常要求会低些；背板、产品内部等次要部位一般要求会更低，Ｂ级料基本可满足要求，Ｃ级料通常只可用在不可见部位。通常拼花薄木有图纸作为参照，而素面和素花部分则必须根据相关薄木用料标准来选料操作。

总之，对薄木纹理及质量要求随产品风格及设计要求的不同而异，并无统一的规定；而且不同材料的薄木因其本身纹理特点和缺陷类别不同，因而具体的用料要求也会不同。

（4）确定用料数量及配套性

在拼花薄木用料要求中，通常同一片拼花图案中相对应的单元应采用相同纹理的材料，如果同一产品中相同的拼花部件不只一片（多个门板、左右桌面板等），则要求所有零件中要印的拼花单元纹理相同，同时一片拼花中不同单元的纹理应相近。因而，在选料前应先确定各拼花单元的用料数量（通常是4或8的倍数），选料时根据材料实际情况（如一叠料中有哪几处纹理可用、尺寸是否足够、每叠的数量等）来确定用料，每种主要的拼花单元要单独挑选，必要时在原料相应的部位做好标记。

非拼花薄木则要求同一个部件采用的材料纹理和材色基本一致，避免将纹理外观及色差较大的薄木单元拼接到一个零件中，挑料时注意将不同类别的薄木分开摆放。

整体上来讲，同一批产品投产时，应提前对用料情况有规划，按先大面（如桌面等）再小面（如抽头等），先主要面（如台面等）再次要面（如侧板等）的顺序来选料，避免优材劣用或大材小用。

（5）控制好原料利用率

选料工作对材料的利用率有非常大的影响，这是控制成本的关键工序之一。薄木属于天然材料，纹理及宽度变化大，在作业过程中，一定要避免优材劣用和大材小用：宽度应与单元要求相近，必要时可考虑取比单元窄的花纹，边上配一些直纹料或相近纹理的窄料；纹理基本能满足要求即可，通常一叠长的薄木原料应可用多段，不要只为了取某段优质纹理而将其截为小段，这样浪费最为严重；如果某些长料中只有中间某一段满足选料要求，在原料足够的情况下，尽可能不要使用；在产品主要部位应选用较宽的整叠薄木进行拼合，但较次要部位或隐蔽部位，则应尽可能使用乱纹料或用窄料拼宽，不应为方便生产而使用优质宽料。

选料作业技巧

选料时通常要两个人一起作业，一人为主，一人协助，取料时两人用双手将薄木平抬，水平伸展放置，注意拿稳，避免将薄木弯折或撕裂，取放和运输过程中应轻拿轻放，不可抛丢。

作业时一人拿卷尺，一人拿粉笔，用眼光凭经验判断，做好标记，将选好的薄木分类摆放，通过小车转运到裁切机。

---

2. 裁切下料

薄木裁切影响后续薄木的拼合品质和效果，裁切位置恰当、精度高、裁边无毛刺是保证拼合质量的关键。在具体作业过程中，应先确定裁切的形状规格，采用正确的裁切方法，并保持好设备精度和刀具的锋利。

（1）确定下料规格

裁切下料前，先要了解待裁薄木为备料规格还是净料规格，通常备料规格应在净料规格（素面素花规格指板件规格，拼花规格指拼花单元规格）上加一定的余量，大致参数值见表4-4。净料规格通常用于针对拼花过程中的二次精切，此时通常要求普通薄木单元的裁切尺寸精度控制在±1mm，角度精度控制在±0.5°，对角线之差不大于1.5mm，且与理论尺寸之差在±1.0mm以内。

表4-4　薄木备料余量

零件类型	备料加工余量	备 注
面薄木	长 L +（10~20）mm；宽 W +（10~20）mm	素面薄木总尺寸
底薄木	长 L +（10~20）mm；宽 W +（10~20）mm	素面薄木总尺寸
拼花块或弯形单元	长 L +（10~25）mm；宽 W +（10~25）mm	根据拼花单元大小确定
拼花外边条	长 L +（10~20）mm；宽 W +（5~10）mm	
拼花内边条	长 L +（10~20）mm；宽 W 不留余量	
薄木封边条	长 L +（50~100）mm；宽 W +（3~6）mm	长封边取大值

对于纹理要求配对的产品或零部件，如多个抽屉要求纹理一致或相接、多个门要求花纹对称等，在不影响后续贴面作业的情况下，应该考虑将多个部件合并在一起贴面备料，以防止后续作业过程中出现纹理混乱。

（2）裁切方法规范

① 保证设备精度　裁切前要保持裁切设备精度在合适范围内，特别是直角靠边要准确，薄木推料杆梳齿平整无杂物，红外线对准仪位置正确，粗细适当。同时注意保持设备台面清洁，不允许放置与操作无关的杂物或碎薄片等。

② 裁切方法正确　裁切作业时通常先横后纵。作业时将整摞薄木叠放整齐，靠齐基准边，裁切前应先修外边缘（通常1~3mm，以整摞薄木全部修齐为原则），以保证待拼合边平直可靠。裁切时应该保持薄木修边时的靠边不变，使靠尺向外移动，推动薄木移动所需的宽度，以保证裁切精度；毛料下料时也可直接将设备靠尺调到所需规格，然后将刚修齐边靠向靠尺进行裁切。

对于要求呈角度裁切的拼花单元或对原料纹理有特殊要求（如要求半朵花）的素面薄木，除考虑裁切规格外，还应该考虑具体的裁切位置，以保证花纹显示在合适的拼合位置上，如通常的山纹拼花要求山纹居于单元角度中分线方向上，且花头位于花尖部分，以保证拼花后的纹理美观。在裁切下料前，应该对薄木原料的利用进行一定的计划，部分薄木纹理虽符合要求、但不在薄木中间位置的，可考虑将下刀位置调整到花纹的中间，如图4-27所示，也可通过裁切后再拼宽的方式来调整。

③ 摆放和顺序　在裁切下料及运输过程中，注意保持同摞薄木的摆放不要错乱，方便拼花过程中配套取用。对于需要花纹配对的拼花单元，不同纹理的薄木应分开摆放，还要进行必要的标记和编号，防止混乱。

3. 薄木的拼合

选用合适的方法进行薄木拼合，通常素面薄木的纵向拼合应选用木皮拼缝机进行，以提高作业效率；而拼花作业则应选用纸胶带进行手工拼合。

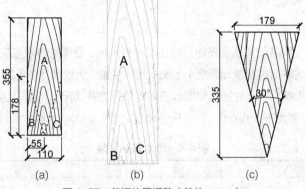

图 4-27　裁切位置调整（单位：mm）

（a）正常居中裁切　　（b）偏移下料　　（c）最终要求效果

① 拼合时应参照相应的作业标准进行，同一部件选用薄木的纹理应相同或相近，并且花纹方向一致，拼合后整片薄木应对仗工整，不允许有明显的色差或纹理上的差别（最好使用同一叠料拼合），产品本身要求为乱纹的除外。直纹薄木要求纹理通直，不允许有明显的斜纹、山纹、乱纹或包心花，但略有倾斜或波浪纹、不影响产品外观者可接受。山纹要求纹理清晰，同一单元中相拼的薄木纹理基本一致，以拼合后无明显的拼凑感为原则。

② 拼合过程中应保持端头基本对齐，拼合密缝，拼缝要求不超过 0.2mm，以对光看不透光为宜，否则要增加后续修补的工作量，拼缝大于 1mm 不可使用，应撕掉重贴。裁切后的薄木应表面平整，如出现影响拼缝的严重波浪和弯翘，应该对原料进行整平处理（常树瘤和树杈等薄木易发生此类缺陷）。

③ 拼合后的薄木规格应在标准范围内，不应过少而影响后续贴面和修边，也不应过多而浪费材料和影响贴面作业。用机器（特别是热固胶水拼合法）拼合后的薄木要注意检查拼缝的牢固性，必要时在检修时利用纸胶带或手提式拼缝机进行补强，以防止端头在运输过程中撕裂。

4．二次精裁

素面薄木经一次拼合后基本完成备料工作，拼花薄木中的部分单元（主要是内径等精度要求高的单元）一般要求进行二次精裁：所有经拼接边再次拼合前一定要经过修边或精裁处理，否则会导致拼缝不密；而且拼花单元在备料时留有余量，在拼花成型拼合时必须通过二次精裁将其裁切为净料规格。

方形单元精裁可以利用设备本身的靠尺和刻度来完成；呈角度的拼花单元精裁时，通常应制作相应的模板来辅助调机，并用在台面制作靠点的方法来保证裁切精度；曲线边的精裁则主要通过冲床来完成；对称拼花的裁切，应在拼合后将其对叠后再精裁，以保证相应单元的对称性，如图 4-28 所示。

为保证二次裁切精度，通常应注意以下几点：

① 拼花单元在拼合后、精裁前，最好水平放置一段时间（通常不小于 24h），使薄木含水率和尺寸基本稳定，以保证裁切精度和后续拼合质量；

② 精裁时要注意少量多次，即一次只精裁一片或几片薄木，而不应该如备料裁切那样进行整摞的作业；

③ 修边时注意保持设备靠模或导尺的调节精度，还要注意修边的起始位置，找准关键点，特别是花尖的位置；

④ 注意保持裁切刀具的锋利，防止边缘撕裂。

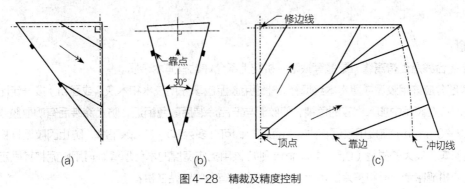

图 4-28　精裁及精度控制

（a）角度精裁　（b）单元精裁　（c）折叠后精裁与冲切

5. 拼花组合

对精裁后的拼花单元，利用白色纸胶带或手动胶线拼缝机，将已精裁的板芯薄木与直纹边条按拼花图样要求拼合在一起，边条应该部分重叠且要超过拼缝线，如图 4-29 所示。

拼花工作场合应光线充分，必要时可考虑利用玻璃台面，并在台面下放置日光灯来照明，这样拼合时如有离缝就一目了然了。拼合复杂图案时，最好用特制的真空工作台，在台面开许多均匀分布的小气孔，台面下部密封并安装小型抽气泵，这样可在拼花时使薄木平展地吸附在台面上，方便操作，不易错位。在拼花过程中，还应注意以下几点：

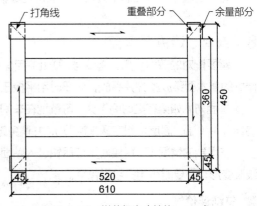

图 4-29　拼花组合（单位：mm）

① 拼花只适合厚型薄木，因拼花贴面后要进行砂光处理，太薄容易导致薄木砂穿。

② 对于餐桌、门板、抽头等关键部位，一般要求拼花单元纹理相同或相近，保持拼花后板料对称、美观。此时应对拼花薄木进行编号，防止错乱。

③ 拼花贴面时应保持薄木平顺，将薄木拼密对齐后再操作，可用小刮刀辅助作业。

④ 用纸胶带时，润湿用水必须保持干净，最好用蒸馏水，防止对薄木表面造成污染。

⑤ 在单元拼合时要考虑纸胶带贴合的正反面，防止拼合时出现木纹"同方向"或纸胶带分布在不同表面的问题。

⑥ 对于复杂拼花，同一部位通常会有多层纸胶带，为防止胶带层过厚给贴面后砂光带来困难，一般要求胶纸不超过3层，多余胶纸应在拼花检修时撕掉。

6. 打角与贴角

打角是沿拼花图上的拼缝线，用锤子和砸刀将边条上多余的薄木切断，小批量作业时也可以利用直尺或美工刀来完成，注意保持裁切线平直无毛刺。裁切线通常位于两层重叠边条的交叉对角线上，裁断后再将多余碎薄木清理干净。

贴角是将刚打角的拼缝线用纸胶带或手提式拼缝机胶贴牢，应注意拼缝密合。

7. 检修

检查拼合线是否有离缝、重叠等缺陷，拼花上不允许粘有薄木杂质。

离缝部分应该用胶泥或薄木木丝填补，补缝用胶泥应事先用胶水和木灰（或面粉）按一定比较调制成，必要时应在胶泥中加入相应的色精，使胶泥与产品涂装后颜色相近，防止涂装后有明显胶线。小的拼缝（0.2~0.5mm）直接用胶泥在拼花背面刮补即可，多余胶泥应刮除干净，防止因胶泥堆积对后续贴面造成影响。较大的拼缝（0.5~1.0mm）则应该用相应宽度的木丝填缝，再用胶泥将其固定，填补后的拼花应拼缝密合，并将多余的木丝割除，不允许有杂物粘贴在拼花上。

有重叠的地方要用直尺和美工刀将重叠部分割除。当然，检修过程中如发现部分拼缝不牢的，应该用纸胶带或胶线拼缝。

检修过程中还要注意不要将配对的拼花薄木弄乱，要摆放整齐。

8. 入库、运输及保存

需要配对的薄木要用铅笔编号，防止错乱。拼花薄木在搬运过程中要注意轻拿轻放，防止撕裂，检修好的薄木要叠放整齐并平放，必要时用平板压平。

素面薄木如果存贮时间不久，可就地在车间摆放。拼花薄木必须在检修后尽量存放在温、湿度适当的环境中（温、温度可用空调来调节），并避免曝光直射，以保持薄木含水率稳定。

在可能的情况下，拼接薄木应尽快进入贴面工序，而不应该存放太久，防止含水率变化导致弯翘或波浪变形，必要时可用打包膜包覆。

■ 总结评价

本项目具体评分细则见表4-5。

表4-5 结果评价表

评价类型	项目	分值	评分细则	组内自评（40%）	组间互评（20%）	教师点评（40%）
过程评价（40%）	选料	5	薄木种类选用正确，纹理符合要求；0~2 材料质量判定正确，标识规范；0~2 动作规范，材料无破损，现场整洁；0~1			
	裁切下料	5	设备使用安全、规范；0~1 能根据单元特点使用正确裁切方法；0~2 裁切质量好，精度控制良好；0~2			
	拼合	5	纹理选用恰当，拼合方案正确；0~2 拼合作业手法正确规范；0~1 拼缝密合，精度好；0~2			
	二次精裁	10	裁切方法正确规范；0~3 能根据单元特点，合理控制裁切精度；0~4 会根据需要，制作相应模板或靠点；0~3			
	拼花	5	拼花组合方案正确，拼合顺序合理；0~1 拼合作业手法正确规范；0~1 拼缝密合，拼花精度好；0~3			

评价类型	项　目	分值	评分细则	组内自评（40％）	组间互评（20％）	教师点评（40％）
过程评价（40％）	切角及贴角	5	裁切方案正确；0~1 切角方法规范，精度控制良好；0~2 贴角密缝、牢固；0~2			
	检修及贮运	5	根据拼合质量合理确定检修方法；0~1 检修手法正确，修补后质量符合要求；0~2 取放及贮运过程规范，无破损；0~1 能根据需要，合理控制贮存条件；0~1			
态度评价（30％）	工作态度	10	上课考勤良好，课堂态度端正；0~4 实训过程表现积极主动，不怠慢；0~3 积极与老师沟通，勤学勤问；0~3			
	学习积极性	10	能预习熟悉学习内容；0~2 实训过程认真负责，贡献大；0~5 能按进度要求努力完成实训任务；0~3			
	团队合作	10	团队合作意识强，爱惜共同成果；0~4 组内与组间沟通良好，分工合作良好；0~3 目标统一，合作愉快；0~3			
结果评价（30％）	作业进度	10	注重阶段成果，不拖延；0~5 按要求进度完成实训任务；0~5			
	作业完成度	10	在规定时间内按要求完成实训任务			
	作业质量	10	实训最终成果符合质量要求			
评价评语	姓名：		组　别：　　第　　　组			
	教师评语：		总评分：			

■ 拓展提高

1. 薄木拼花常见组成单元

薄木拼花图案虽然丰富，形式多样，但构成各种图案的基本单元却种类有限，按形状可大致分为：方形单元、菱形或平行四边形单元、三角形或扇形单元、圆形或异形单元包括各种带状边条和专用饰条、饰块等。每种形状的单元还可以有纹理方向和花纹上的变化。

①　方形单元　方形单元在拼花中应用最普遍，可以为长方形或正方形，纹理为直纹或山纹，纹理方向通常为顺向、对角线方向或与一边成指定角，如图4-30所示。

②　菱形单元　菱形单元是从方形单元演化而来，但在形式上更富于变化，常见的有木纹方向与一边垂直、与一边平行或与对角线方向一致等几种形式，如图4-31所示，其中对角线方向应用最广泛，它又可分为锐角方向及钝角方向两种形式。

③　三角形单元　三角形单元在所有拼花单元中应用最广，变化也最丰富，因为它不光有纹理方向上的差异（如与一边垂直、与中线一致、与一边平行等，如图4-32所示），还有形状上的差异（如直角、等腰、锐角、钝角等多种形状），甚至还可以将一边变成弧形而成扇形，或将一角裁平而成梯形等。

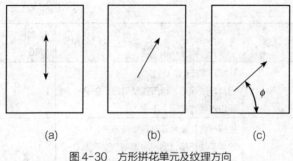

图 4-30　方形拼花单元及纹理方向

（a）与一边平行　（b）对角线方向　（c）与一边成指定角

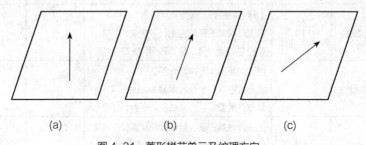

图 4-31　菱形拼花单元及纹理方向

（a）与一边垂直　（b）对一边平行　（c）与对角线一致

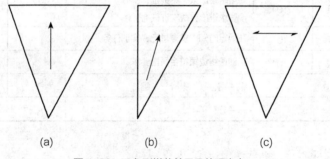

图 4-32　三角形拼花单元及纹理方向

（a）与一边垂直　（b）与中线一致　（c）对一边平行

④ 圆形或异型单元　在薄木拼花中，整片的圆形或异形其实很少使用，但经常会用做拼花的中心或边条等局部装饰，作为点缀或配合其他形状单元构图，具体根据拼花形式及需求而定，常见的有圆形、椭圆形、多边形、星形、S 形、各种带状边条及不规则形状等，形式多样，不一而足，如图 4-33 所示。

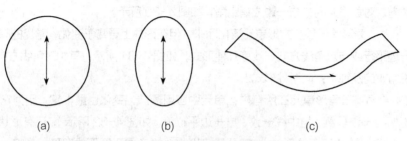

图 4-33　圆形或异型单元及纹理方向

（a）圆形　（b）椭圆形　（c）异形

2. 典型拼花单元的制作技术

拼花用薄木材料多为刨切薄木，呈窄条状，而拼花单元规格多样，生产中为提高利用率和生产效率、降低原料成本，拼花薄木各单元的制作工艺应特别设计。上述四类薄木拼花单元中，除圆形或异形单元需要利用相应的大片薄木直接冲切制得外，其他规则的几何形状单元，应按照规范的制作方法来实现。

（1）方形单元制作

木纹方向与边缘平行的方形单元直接裁切下料，木纹方向为对角或与边缘呈一定角度的方形单元需要倾斜下料，现以图4-34（a）所示的方形单元为例，介绍其具体生产步骤。

① 选取符合要求的山纹原料，将薄木靠60°角备料，备料长度为140mm（120mm加上20mm余量），如图4-34（b）所示，虚线为裁切线（注：一般裁切角度与拼花单元的实际花纹倾斜角接近即可，通常用45°和60°等，且通常不会用小于45°的角度）。

② 将备料薄木裁成长220mm（200mm加上20mm余量）、宽140mm的平行四边形，如图4-34（c）所示，如宽度不足，可取相应的直纹窄条拼接。

③ 将已备好的两片薄木顺向拼合成图4-34（d）所示的图形；如果有对称的单元，则应选一半将纸胶带贴在背面，以保证最后拼合后纸胶带在同一面。

④ 按图4-34（d）图中的裁切线，以花尾中点为起点，将薄木一裁为二，并顺拼成图4-34（e）所示的长方形图形。

⑤ 按图4-34（e）中的裁切线部分，仍以花尾中点为起点，将薄木一裁为二，就得到所需拼花单元的毛料规格，约为220mm×140mm长方形，如4-34（f）所示。

⑥ 图4-34（a）所示为最终产品要求，且单独使用，可直接在图4-34（f）的基础上，沿裁切线将薄木裁切成200mm×120mm的净料规格；如果需要多片组合，则应在修边拼合后再进行精裁。

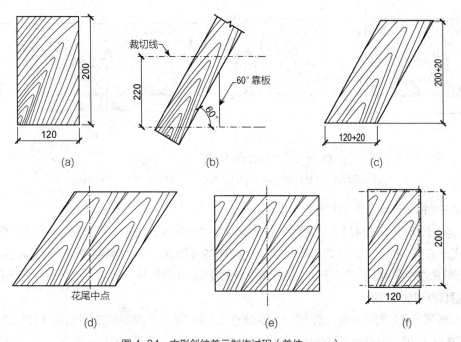

图4-34　方形斜纹单元制作过程（单位：mm）

（a）方形单元　（b）30°下料　（c）下料尺寸　（d）顺拼　（e）平移拼　（f）精裁

（2）菱形单元制作

与一边平行的菱形单元只需成角度裁切即可，与一边垂直的菱形单元也只是将方形单元两边各拼一个三角形直纹即可。而最常见的菱形单元通常纹理在对角线方向，如图 4-35（a）所示，此类单元的详细生产步骤如下：

① 将山纹薄木长片裁切成宽 207mm，不足宽用直纹料拼合补足，且尽可能使山纹居中（注：材料宽度以菱形的高为基础，再加上 20mm 左右的余量，而非菱形边条）。

② 呈 50°角裁切备料，高度约为 266mm（246mm 加上余量 20mm），裁切后的备料单元如图 4-35（b）所示（注：此处 50°角实际上应该是 51.8°，为操作方便改为一个常用 50°模板来生产）。

③ 将多片薄木拼合成如图 4-35（c）所示的长片平行四边形，要求共加 20mm 左右的加工余量，均匀分布在各单元，拼合数量应是拼花组合中该单元需求量的整数倍。

④ 以 76.4°做成精确靠模，按图 4-35（c）所示过花尾中心的裁切线（任意一朵花尾均可），将薄片裁切成 A、B 两部分，并按图 4-35（d）所示的位置拼合。

⑤ 按图 4-35（d）所示的裁切线，先修一边，再以此边为基准将薄片裁切成宽 246mm 的精确尺寸。

⑥ 将精裁后的长片薄木，以薄木长边为基准，利用 76.4°精确靠模，先在一端修一刀（不超过 20mm），然后依次裁切成精确长度为 246mm 的菱形，即可得我们所需的单元，如图 4-35（e）所示。

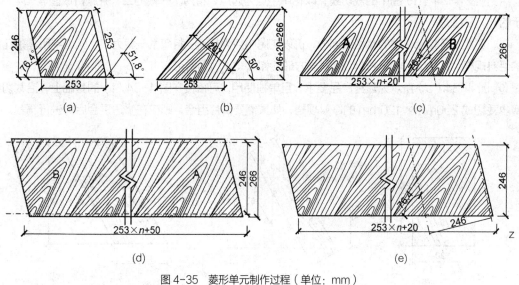

图 4-35　菱形单元制作过程（单位：mm）

（a）菱形单元　（b）60°下料　（c）n 片顺拼　（d）平移拼　（e）精裁

（3）三角形单元等腰取角法制作

花纹与一边平行的三角制作方法较为简单，将薄片做成相应规格的方形或平行四边形后，取对角即可。花纹与一边垂直或与中线一致的三角形单元主要有两种典型的制作法，一类为等腰取角法，一类为倒顺拼合法。

等腰取角法主要用于夹角小于 45°的三角形单元或扇形单元备料，现以图 4-36（a）所示的图形为例说明其详细制作过程：

① 以等腰三角形的高为高，宽度的一半为宽作为下料基础（不是等腰三角形要以较长边为腰转换为等腰三角形），即 335mm×89.5mm，薄木备料时，长宽各加余量 20mm 左右，因而下料规格为 355mm×110mm，要求薄木为山纹纹理。

② 从薄木的长宽中点划两条直线，切角成 A、B、C 三片，如图 4-36（b）所示。也可按此角度做一个三角形划线模板，然后按划线裁切。此时要求三角形薄木花尾在薄木中间附近，如果原料花纹并不要求中间，可以在划线时以花尾作为顶点，仍按此角度模板画线，但要求模板中线与纹理方向一致。

③ 将上述 A、B、C 三片薄片按图 4-36（c）所示的方式拼合成三角形。

④ 经拼合后的三角块会在拼合点处或多或少有一些不平（错位），需要进行修边裁切。先沿图 4-36（d）所示的裁切线修一刀，裁切量约 5～10mm，并要求顶点一定要裁切到，保证此边成一条平整直线。

⑤ 以精确的 30°模板做靠板在工作台上做靠点，以刚修边的一边作为基准靠向靠点进行裁切，如图 4-36（e）所示，要求顶点必须被切到，这样就制得精确的角度了。

⑥ 仍用 30°的模板为基准，在工作台上制作如图 4-36（f）所示的靠点，要求等腰三角形的高与裁切线垂直，沿裁切线切出等腰三角形的底，即得所需的图形单元。如果该单元要与其他单元进行拼合，则通常先对修边进行拼合，然后将拼合后的单元一起精裁。

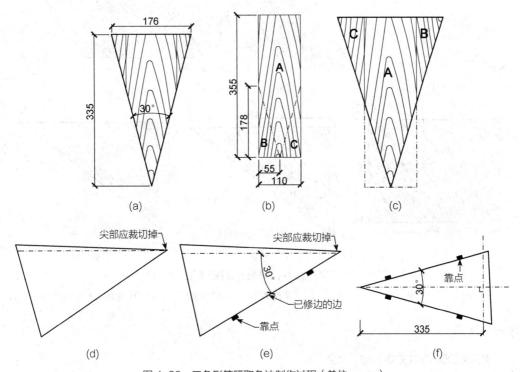

图 4-36　三角形等腰取角法制作过程（单位：mm）

（a）三角形单元　（b）居中取角　（c）拼合　（d）修边　（e）角度精裁　（f）定长精裁

（4）三角形单元倒顺拼合法制作

所有的三角形块均可按等腰取角法进行备料，但对于角度较大（大于 45°）的直角三角形，如图 4-37（a）所示，用上述方法生产材料浪费较多，此时可用倒顺拼合法，其具体制作步骤如下：

① 按图 4-37（b）所示的规格，以 60°为靠模进行裁切下料，裁切高度为 360mm（340mm 加 20mm 左右的余量）。

② 将两片平行四边形单元一正一反拼放成图 4-37（c）所示的图形，宽度为 480mm（460mm

加上 20mm 余量），不足宽用直纹补拼，注意山纹花尾大致在单元中间位置。

③ 按图 4-37（c）所示的裁切线（中点附近）将其裁切为两部分，并拼合成如图 4-37（d）所示的长方形。

④ 按图 4-37（d）中所示的裁切线（长方形对角线），将长方形裁切成两个直角三角形，如图 4-37（e）所示，注意精度，必须保证三角形精裁后无缺角现象。

⑤ 以三角形斜边为基准，以准确的 53.5°作靠点，先修一边，如图 4-37（f）所示，然后以修边的一边为基准，靠 90°角取精确的 340mm，即得到所需的三角形单元。

⑥ 现实生产中，三角形单元通常不会单独使用，一般至少成对出现或与其他三角形单元组合，这时通常会先拼合成型，再精裁成净料规格，具体根据拼花形式而定。

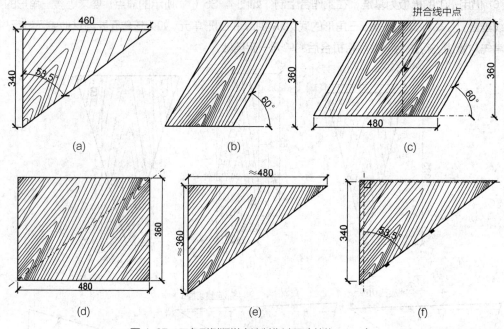

图 4-37　三角形倒顺拼合法制作过程（单位：mm）

（a）>45°三角单元　（b）60°下料　（c）两片倒顺拼　（d）对角切　（e）单元毛坯　（f）精裁

■ **思考与练习**

1. 家具装饰用薄木主要有哪几类？

2. 薄木的品质评定主要考虑哪几个方面？

3. 试说明不同厚度薄木的存贮方法及原因。

4. 常见薄木饰面的形式有哪些？主要有哪几种常见的拼花单元？

5. 试简述薄木拼花的一般工艺流程，并说明各工序的主要功能、所需工具或设备以及作业要点。

6. 观察市场上常见的薄木饰面家具中的拼花图案（如餐桌台面、柜类面板、床头板等），绘制详细，并详细说明其制作工艺过程。

■ **自主学习资源库**

1. 国家级精品课网站 http: //218.7.76.7/ec2008/C8/zcr-1.htm

2. 谭健民，张亚池. 家具制造实手册·工艺技术 [M]. 北京：人民邮电出版社，2006.

3. 顾炼百. 木材加工工艺学 [M]. 北京：中国林业出版社，2007.

4. 孙德彬，等. 家具表面装饰工艺技术 [M]. 北京：中国轻工业出版社，2009.

5. 刘晓红，江功南. 板式家具制造技术及应用 [M]. 北京：高等教育出版社，2010.

6. 李军，熊先青. 木质家具制造学 [M]. 北京：中国轻工业出版社，2011.

任务 4.2 薄木贴面及品质控制

知识目标

1. 熟悉常用人造板基材的特点和性能；

2. 了解贴面用胶黏剂的类别及性能特点；

3. 了解常见薄木饰面板件的类型及其一般工艺过程；

4. 了解人造板裁切及薄木贴面相关机械设备，熟悉其性能特点和操作要领；

5. 熟悉薄木饰面工艺过程各环节的工艺参数，了解影响饰面质量的因素。

技能目标

1. 会区别人造板品质，能根据产品特点选用符合要求的板料；

2. 能根据材料、设备及饰面质量要求，选用合适的贴面胶黏剂；

3. 能根据零部件的特点及质量要求，进行相应的饰面工艺流程设计；

4. 会根据饰面质量要求，操作相关设备进行薄木贴面作业；

5. 能分析整个饰面过程中影响贴面质量的因素，进行产品质量控制。

工作任务

任务介绍

薄木贴面材料已经准备好，试在此基础上制作如图 4-38 所示的薄木贴面台面板，并写出其详细工艺过程。

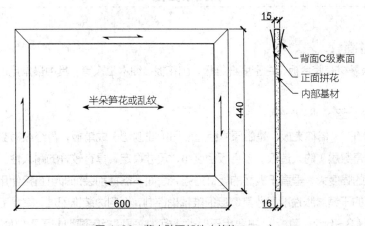

图 4-38　薄木贴面部件（单位：mm）

任务背景

对人造板基材进行薄木贴面作业，是现代板木复合家具最主要的装饰形式，这类产品通常框架部件为实木材料，大面积板件则采用相应材料的薄木贴面，板边采用薄木封边或油漆封边，这是现代木家具最主要的结构和工艺形式。为提高产品的装饰效果，板木复合家具的部分重要板件（如台面板、抽头板、门板、床头床尾板等）通常会设计成拼花效果。

薄木贴面最常用的方法为平面热压贴面工艺，常用胶水为改性热固化型脲醛树脂（UF）或聚醋酸乙烯酯乳液（PVAc），热压时间通常为 1~2min。

任务说明及要求

1. 正面为拼花薄木，备料规格比板件大 10mm；背面用 C 级素面薄木或旋切杂木作平衡层，以降低成本。

2. 正反两面薄木纹理方向一致，即纹理从左至右。

3. 贴面后板件不允许有脱胶、鼓泡、裂纹、压划伤、杂质、贴斜等可见缺陷。

4. 贴面后板件胶合强度应符合要求，板件经冷热循环实验无脱层和开裂等缺陷。

工作情景

实训场所：实训车间。

所需设备及工具：裁板机、宽带砂光机、涂胶机、热压机、搅拌器。

工作场景：在相应的实训车间内，教师根据任务要求，将任务从前到后的过程进行逐步演示和讲解，必要时对相关设备的一些操作规范进行讲解说明，然后让学生分组根据教材设计步骤进行操作训练，教师巡回指导。完成任务后，教师要对各组的实训过程及结果进行评价和总结，指出不足及改进要点。学生根据教师点评，重新对整个实训过程各环节进行审查和回顾，撰写相关实训报告（包括具体过程、遇到问题、改善对策、心得体会等）。

知识准备

---

1. 人造板基材简介

常见的人造板基材有胶合板、中密度纤维板、刨花板、细木工板等，其中最常用的是胶合板、中密度纤维板和刨花板。

（1）常用基材介绍

① 胶合板（MP） 俗称夹板，是由原木经过旋切（或刨切）成单板，再经纵横交错排列胶合为三层或多层（一般为奇数层）的人造板。胶合板密度小、尺寸稳定，具有较好的耐久性、较高的硬度和耐冲击性能，纵横向的强度大，垂直于板面的握钉力强，表面不需特别装饰即可直接使用；但胶合板的多层结构及木材本身的干缩湿胀性能导致其厚度很难精确控制，板侧边装饰困难。家具工业普遍采用的为三层或五层胶合板（3~5mm 薄板），主要用于柜类背板、抽屉底板等薄型非承重部件，也常用厚 18~

25mm 的多层胶合板用于床侧等受力较大的部件或作为家具生产模板。

② 刨花板（PB） 又称碎料板，家具卖场通常称为实木颗粒板，是利用木材加工剩余物、小径材甚至其他植物秸秆等为原料，经过刨花制备、干燥拌胶、成型铺装和预压热压等工序制成的人造板。刨花板幅面大、厚度均匀，表面平整、容易胶合及装饰，具有一定强度和较好的机械加工性能。刨花板改性方便，经常制成防潮型或耐水型等各种特殊用途板件，应用范围广泛；且刨花板生产工艺简单，材料易得，因而价格较纤维板低；但表面较粗糙、边缘结构不均、内结合强度较差，不宜开榫和作铣型加工，必须进行表面贴面装饰和边部装饰处理才可使用，而且锯切时容易崩边或暴齿，对加工设备要求较高。刨花板的厚度规格为 8～30mm，其中家具工业常用 16mm、19mm、22mm 及 25mm 等几种规格，主要用作直边板件如柜类侧板、层板、面板等部件。

③ 纤维板（MDF） 利用采伐剩余物或木材加工余料，经过纤维分离、施胶干燥、成型热压等工序而制成的人造板。纤维板具有结构致密均匀、表面平整光滑、抗弯强度好（是刨花板的 2 倍）、加工性能良好等优点，可以进行表面雕刻和镂铣加工，边缘可以不经镶边而直接涂饰，在家具工业中应用广泛；但纤维板耐水性差，吸水易膨胀变形，且握钉力差（比实木和刨花板差），不适合在厨房等水分较多的场合使用。纤维板厚度容易控制，家具工业常用的为 2.5～30mm 的各种厚度规格，主要用于生产家具的面板、层板、门板、抽头板等各类部件甚至家具的装饰线条等成型部件。

④ 细木工板 由实木小条经纵横拼接成木芯板（可平接或做成集成材结构），再加贴单板缓冲层及表面装饰层胶合而成的人造板，其表面平整、尺寸稳定，强度高，握钉力好，但通常很难进行二次贴面装饰，主要用在家庭装修中。

（2）基材性能及评价指标

在家具生产中，人造板的品质对部件的装饰效果及产品质量影响很大，在选用人造板时，必须考虑材料的性能，具体根据人造板的类别不同而有所差异：MP 主要的检测项目有表面质量、胶合强度、含水率、厚度及甲醛释放量指标；MDF 及 PB 主要检测项目有表面质量、密度、力学强度、吸水厚度膨胀率、厚度偏差及甲醛释放量等因素。

① 表面质量 要求人造板表面平整光滑、结构致密、色泽均匀、纹理美观。PB 板表面不允许有大片刨花或明显粗糙；夹板表面无脱胶、死节、开裂、变色等缺陷，用于贴面的夹板表层单板厚度应不少于 0.5mm，表面允许节疤但不允许孔洞、裂缝或凹凸不平等缺陷。

② 密度及其均匀性 密度是 MDF 及 PB 板的重要性能指标，通常直接影响到板料的性能。家具生产中常用 MDF 及 PB 板的相对密度为 0.7 左右，市场上常说的 60 型板、70 型板、80 型板即是指该类板件的密度分别为 0.6g/cm³、0.7g/cm³、0.8g/cm³。要求板料厚度方向上密度变化均匀合理，不允许有明显的疏松或孔隙，防止影响板边的装饰质量。

③ 力学强度 人造板的力学强度主要包括内结合强度、抗弯强度、静曲强度以及握钉力等，这些力学性能会直接影响到其加工性能及产品的使用寿命，如内结合强度不佳会导致板料开裂或脱层，静曲强度差会导致产品使用过程中出现层板下沉等缺陷。

④ 尺寸稳定性 木材的干缩湿胀性同样会反映在人造板中，引起板材尺寸变化，导致板式部件翘曲变形，影响加工精度。MDF 及 PB 板的尺寸稳定性通常可用板料的吸水厚度膨胀率来表示，通常要求不超过 10%。夹板的尺寸稳定性主要体现在其内部结构的均匀性以及相应的弯翘变形程度，这在厚夹板的选用中尤其重要。

⑤ 厚度偏差 人造板的厚度偏差会导致人造板表面贴面装饰的厚度偏差及品质缺陷，通常要求

MDF 及 PB 板间及板内厚度偏差控制在 0.3mm 以内，夹板厚度偏差控制在 0.5mm 以内，超过此范围的板料应在贴面前进行定厚砂光处理。

⑥ 甲醛释放量　人造板生产所用的胶黏剂主要是脲醛树脂，板材中游离甲醛释放量过多会危害人体健康，因此应根据产品用途或使用场合来合理选用符合甲醛释放标准的人造板。

2. 贴面用胶黏剂简介

家具生产时所用的胶黏剂类别很多，对各类材料的适应性不同，具体贴合作业时工艺参数及胶接性能也存在较大的差异。木材与各种材料胶合时适用的胶黏剂类别见表 4-6。

表 4-6　木材与各种材料胶合用胶黏剂

被胶合材料	胶黏剂								
	乳白胶（PVAc）	脲醛树脂（UF）	酚醛树脂（PF）	环氧树脂（EX）	橡胶类胶（R）	热熔性胶	三聚氰胺树脂（MF）	异氰酸酯胶	间苯二酚树脂
木材及人造板	√	√	√	√	√	√			√
三聚氰胺装饰板	(√)	√		√	√	√			√
聚氯乙烯薄膜		(√)		√·					
聚酯薄膜和人造革	(√)							√	
皮　革	√				√				
织　物	√		√						
橡　胶					√				
玻　璃				√	√				
布、毛毡	√				√				√
铝　箔	√				√	√			

注：表中√表示胶合性能良好；（√）表示可用，但胶合性能一般。

用于家具工业的胶黏剂按其性能可分为热固性和热熔性两大类：热固性胶黏剂是通过在胶液中加入固化剂产生聚合反应而固化，如 UF、PF、MF、EX 及间苯二酚树脂等；热塑性胶黏剂则主要通过胶黏剂中的水分或溶剂挥发，或胶黏剂的冷却使胶层固化，其胶合强度与被胶合材料的含水率或温度有关，如乳白胶、橡胶类胶、热熔胶等。

在具体胶黏剂的选用时，应综合考虑被胶合材料的类别及性质、工厂的生产条件及成本、产品的使用场合及性能要求、材料的热胀冷缩及干缩湿胀对产品质量的影响等因素。同一种胶黏剂则主要考虑其原料配比及工艺差异，现代家具生产中经常用到各类改性胶黏剂，可将一类胶黏剂根据工艺需求制成多种不同用途的品种，同品种胶水还应考虑其固含量、黏度、活性期等具体指标。

薄木贴面用胶黏剂主要有脲醛树脂（UF）和聚醋酸乙烯酯乳液（PVAc）两大类。

（1）脲醛树脂（UF）

脲醛树脂胶是脲素和甲醛通过缩聚反应而成的热固性胶黏剂，因其胶合强度高，操作性好，固化速度快（2min 以内）、价格便宜，是目前木材工业使用最为广泛的胶黏剂品种。但 UF 胶初黏度较小，操作时容易透胶和造成薄木错位；胶水固化后脆性大，容易龟裂；用 UF 胶贴面后会有一定量的挥发性甲醛，制得产品甲醛含量较高；而且 UF 耐湿热、耐老化性能差，不宜用于潮湿环境中。因而实际上很少有 UF 直接用于薄木贴面中，通常与塑化剂（如 PVAc 或其他改性剂）、填充剂（面粉等）配合使用，并在涂胶前加入一定量的固化剂（通常是强酸弱碱盐，如氯化铵），各成分的混合比例与胶水性能及用途有关，不同供应商生产的胶水会略有差别，具体配方及操作工艺应遵循胶水供应商的指导。

UF 胶固化后为无色透明的，为防止热压时胶水溢出（特别是薄木拼缝处）导致涂装后有明显胶线，胶水调制时可加入适量与产品涂装颜色接近的色精，这样可遮盖基材颜色，提高涂装质量。某典型脲醛贴面胶水的调制作业规范如下：

① 各成分配比　UF 主剂 671#：防裂剂 707#：填充剂面粉=100：（20~30）：20。

② 拌胶程序　加入 100 份 671#；缓慢加入面粉填充剂 15 份，直至搅拌均匀，无可见颗粒物为止；加入 707 乳胶 20 份，搅拌均匀；按以上程序搅拌后，可再用适当面粉（约 5 份）来调节胶水黏度；根据产品涂装颜色需要加入适量色精（参照产品颜色），搅拌均匀。

③ 固化剂调制　氯化氨固化剂 H100 溶液按 20%配比制作（重量比 H100：水=1：4）。

④ 固化剂加入量　对照见表 4-7。

表 4-7　固化剂加入量对照表（以下为每 10kg 胶加入量）

气温（℃）	比例（%）	固化剂溶液量（mL）	折合粉末量（g）	备　注
≤10	1.0		100	10℃以下直接加 H100 粉末
10~20	0.6	300	60	10℃以上要加固化剂溶液，温度以车间内温度为准
20~30	0.4	200	40	
>30	0.2	100	20	

胶水调制及使用注意事项

（1）调配好的胶水放置时间不能过长，未加固化剂的胶水必须在 4h 内用完，未用完都须用打包膜密封，以延长其活性期；

（2）每次取用胶水量不宜过多，以 10~20kg 为宜，加入固化剂调制后的胶水必须在 1h 内用完，如发现搅动有粘丝的胶水则不能使用；

（3）固化剂 H100 加入量要参照环境温度，而非气象温度，同时要求搅拌均匀；

（4）防裂剂 707 加入量与薄木种类及板件用途有关，树杈纹等易开裂薄贴面或生产曲木贴面板时，防裂剂配比应增至 25~30 份；

（5）板料涂胶后须尽快组坯热压，时间不得超过 10min，以防止板面胶水变干影响胶合质量。

（2）聚醋酸乙烯酯乳液（PVAc）

PVAc 是醋酸和乙烯共聚反应而形成的链状高分子化合物，常将其制成乳液状，俗称乳白胶，固化后胶层呈透明状。PVAc 属于水基型胶，不含甲醛等挥发性有机物，近年来由于家具环保标准的提高，利用 PVAc 进行薄木贴面的越来越多。

PVAc 胶水初黏性好，胶水保存期长且容易操作，胶合强度高，固化后胶膜柔软，耐久性好，贴面后板料质量好，特别适合质地较硬、容易开裂的薄木贴面（如树瘤薄木、树杈薄木或红木薄木等）。但 PVAc 为热塑性胶，耐水性差，固化时间长，生产效率低，贴面部件耐热性不佳，且价格较 UF 高。市场上用于薄木贴面的 PVAc 为改性后的品种，在胶水制备过程中加入交联剂和硬化剂等改性物质，让 PVAc 可以用于高温（90~110℃）热压，并将固化时间缩短到 3min 以内甚至更短。

3. 薄木饰面工艺过程

薄木贴面板料由于结构、形状及质量要求不同，饰面工艺过程也会有所区别，根据经验可将常见的薄木饰面板及其工艺分为以下几类。

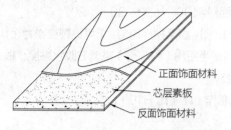

图4-39 普通贴面部件结构（三层贴）

（1）普通薄木贴面部件

普通薄木贴面部件指常规双面贴面板件（俗称三层贴），即在素面人造板表面正反各胶贴一层装饰薄木，其结构如图4-39所示，这类板件通常正面用A级薄木或拼花薄木，背面用等级稍差的薄木甚至杂木做平衡层。由于薄木利用率的关系，这类板件一般采取先裁板后贴面的工艺，有时也可为提高生产效率而采用先贴面后裁板工艺，其典型工艺流程如下：

$$人造板 \xrightarrow[\text{裁板锯}]{\text{裁板}} \xrightarrow[\text{宽带砂光机}]{\text{定厚砂光}} \xrightarrow[\text{双面涂胶机}]{\text{涂胶}} \xrightarrow[\text{工作台}]{\text{组坯}} \xrightarrow[\text{热压机}]{\text{胶贴}} \xrightarrow[\text{宽带砂光机}]{\text{表面砂光}} \longrightarrow 毛坯$$

（2）多层贴面部件

有些板件（如实木封边板等）为达到某种特殊装饰效果、防止部件弯翘变形或表面薄木开裂等缺陷，需要采用多于一层的贴面材料，此类部件统称为多层贴面部件，常见的有"四层贴""五层贴"及"七层贴"等，其中"五层贴"最为常见，如图4-40所示。五层贴用于表面易开裂薄木（如树杈、树瘤、紫杉薄木等）贴面无镶边板、普通薄木贴面实木镶边板或实木贴面板件；七层贴则主要用于表面易开裂薄木贴面实木镶边板件等特殊的情况。中间层主要起到缓冲作用，防止镶边痕透到板面或表层致薄木开裂，可用3mm以下高密度纤维板、0.8mm软质薄木、1.5mm软质单板或专用中层纸，且如果中层用薄木或单板时，中层纹理方向应与表面薄木纹理交叉或呈一定角度，以避免木纹同向而导致干缩累积开裂。当芯板为实木镶边板时，因内部板料不可见，为节省成本，芯层板料通常采用刨花板或余料拼接板，这类部件的备料工艺流程可大致表示如下：

$$PB板 \xrightarrow[\text{裁板锯}]{\text{裁板}} \xrightarrow[\text{铣床}]{\text{拉槽}} \xrightarrow[\text{胶刷}]{\text{涂胶}} \xrightarrow[\text{工作台}]{\text{实木镶边}} \xrightarrow[\text{宽带砂光机}]{\text{定厚砂光}} \xrightarrow[\text{双面涂胶机}]{\text{涂胶}} \longrightarrow$$

$$\xrightarrow[\text{热压机}]{\text{贴缓冲层}} \xrightarrow[\text{宽带砂光机}]{\text{定厚砂光}} \xrightarrow[\text{双面涂胶机}]{\text{涂胶}} \xrightarrow[\text{热压机}]{\text{贴面薄木}} \xrightarrow[\text{宽带砂光机}]{\text{表面砂光}} \longrightarrow 毛坯$$

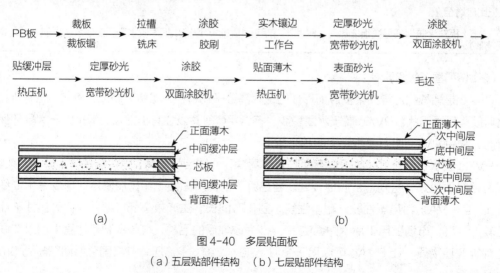

图4-40 多层贴面板
（a）五层贴部件结构 （b）七层贴部件结构

（3）鼓肚板

在框式嵌板部件生产中，经常会将嵌板边部做成与实木鼓肚板类似的刀型，如图4-41所示。这类情况通常有三种做法：一种是直接用实木拼板或集成材四周成型，这种结构质量最好，但成本高；另一种是在MDF普通贴面板的基础上进行边部铣型，然后对成型处进行油漆封边并做仿木纹涂饰，这种结构不需要专用的设备，但涂装工艺复杂，且成型边假木纹不够真实；还有一种就是直接将MDF作铣型和贴面处理，这种做法可使肚板具有实木的效果，还可控制板面的木纹效果，装饰性能好，但需要专用的贴面设备。这类部件的备料工艺流程如下：

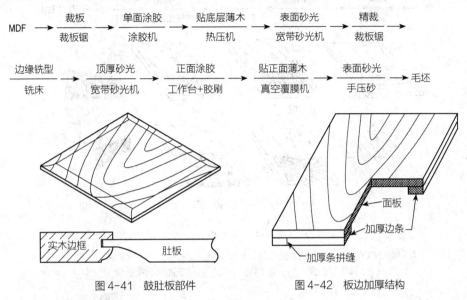

图4-41　鼓肚板部件　　　　　　　图4-42　板边加厚结构

（4）空心板

在家具生产中，很多面板或底板部件经常要表现一种厚重的视觉效果，通常有两种处理方式：板边加厚或空心覆面。加厚结构是在普通贴面板四周粘贴与面板相同材料的窄条，如图4-42所示，其结构和工艺相对简单，但背面效果较差，主要用于板件背面不可见的场合，如柜类面板或顶底板等；空心覆面板是在带填料的空心木框表面粘贴薄型贴面饰板，可保证板件两面效果，还可减轻部件重量，主要用于对板件两面效果均有要求或对板件重量有限制的场合，如书桌面板或大衣柜门板等。空心板的结构形式很多，如图4-43所示，其中目前应用最多的是蜂窝填料空心板，其备料工艺流程如下：

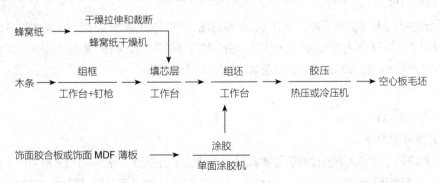

（5）弯曲板件（曲木）

许多家具为了得到某种特殊的艺术效果，有时会将产品做成流线型,这时通常会用到弯曲板式部件,其形式如图 4-44 所示。板式弯曲部件大多采用 3～5mm 的 MDF 或单板经多层胶合弯曲得到，表层及底层采用 MDF03 单面薄木贴面，有时也可直接在弯曲胶合时贴表层和底层薄木。这类部件的备料工艺流程如下：

MDF03 → 裁板（裁板锯）→ 单面涂胶（涂胶机）→ 贴表面薄木（热压机）→ 表面砂光（宽带砂光机）

↓

MDF03 → 裁板（裁板锯）→ 涂胶（涂胶机）→ 组坯（工作台）→ 多层胶合弯曲（热压或冷压机+模具）→ 部件毛坯

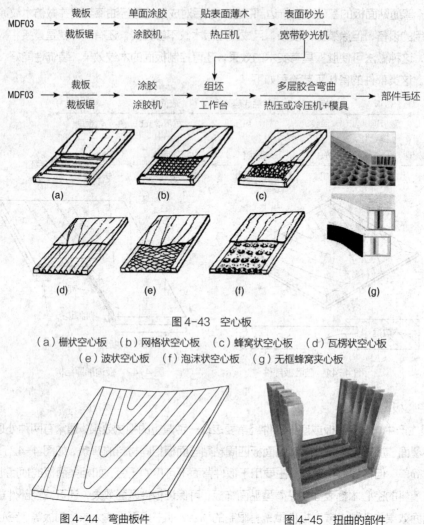

图 4-43　空心板

（a）栅状空心板　（b）网格状空心板　（c）蜂窝状空心板　（d）瓦楞状空心板　（e）波状空心板　（f）泡沫状空心板　（g）无框蜂窝夹心板

图 4-44　弯曲板件

图 4-45　扭曲的部件

（6）特殊板件

除以上部件外，在家具生产中，偶尔还会出现扭曲、多向弯曲等特殊的板件，这类部件通常用于表现某些特殊的装饰效果，以此体现产品的价值。由于其形状特殊，用普通的贴面设备无法完成，通常需要用手工贴装饰纸或贴微薄木来进行表面装饰，如图 4-45 所示。

4. 贴面相关设备

（1）裁板常用设备

裁板又称开料，是将人造板按裁板图要求锯切成规定尺寸的板件。裁板常用设备为各类裁板机（也称开料锯），根据裁板机结构不同，分为推台式、卧式和立式三类，相应结构形式、加工能力和操作方式也各不相同。

① 推台式裁板机　常见推台式裁板机如图 4-46 所示，又称精密推台锯或导向锯，通过将板料放到推台上移动来锯切板件，通常用来锯割方材毛料和净料，还可通过工作台上倾斜靠板来锯切斜边板；有些推台锯的锯片还可倾斜 0°～45°，板料可锯切成斜边。推台锯一般配有主锯片和刻痕锯两张圆锯片，可以保证板面的锯切质量，其最大加工范围为 2700mm×2700mm，基本可满足各类人造板裁切要求。不过推台锯通常一次只能裁 1～2 片板料，工人劳动强度高且生产效率低，主要用于产量要求不高的企业或大型企业的辅助裁板。

② 卧式往复锯　目前很多大中型企业采用卧式往复锯，其结构如图 4-47 所示，此类设备采取板料固定、锯片移动的方式进行锯切加工，可一次裁切厚达 70～120mm 的板料，生产效率和裁板精度较推台锯高。往复锯也分手动往复锯和自动往复锯，自动往复锯是在手动往复锯的基础上增加推板器和靠板等装置，并配有相应的控制程序，实现自动进料和精密裁切，从而提升生产效率，还可减少操作人员的劳动负荷。卧式往复锯非常适用于大批量生产，在大、中型家具生产企业中应用广泛。

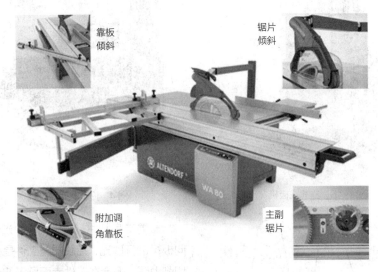

图 4-46　精密推台锯

(a)　　　　　　　　　　　　　　　　　(b)

图 4-47　往复式裁板机

（a）手动裁板机　（b）电脑裁板机

卧式裁板机也配有主锯片和副锯片，有些特殊配置的裁板机的副锯片还具有"跳槽"功能，可有效防止板件后边的崩边缺陷。还有些裁板机配有附加角度档板，可用于特殊部件的斜边裁切。在加工窄料时，可利用侧向靠板将板坯靠齐和夹紧，防止错位，确保加工精度。

③ 立式裁板机　推台锯生产效率低，往复锯生产效率高，但占地面积大，在综合二者的基础上，

出现了立式裁板机，如图 4-48 所示。立式裁板机通常呈倾斜配置，板料斜靠在台面上，由链条带动圆锯机沿导轨上下移动进行锯切。相对而言，立式裁板机占地面积小，但操作不太方便，在家具企业中应用较少，适合于中、小型家具生产企业。

（2）板件砂光设备

① 贴面前定厚砂光设备　人造板在贴面前通常要经过定厚砂光处理，以消除厚薄不均和表面污渍，提高胶贴效果。定厚砂光采用的主要设备为宽带砂光机，如图 4-49 所示，根据其砂架的数量，可将此类砂光机分为单砂架、双砂架和三砂架等几种基本结构。通常砂架数越多，砂光效果越好，但设备价格越贵。宽带砂光机常用的砂光头有三类：辊筒式、砂光垫式及组合式，如图 4-50 所示。

图 4-48　立式裁板机

图 4-49　宽带砂光机

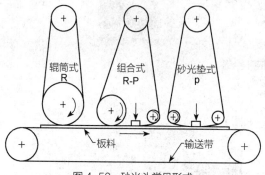

图 4-50　砂光头常见形式

辊筒式是利用砂光辊筒（砂光轮）带动砂带压向板料进行砂光，接触辊与工件是线性接触，所以切削力强，但会在工件表面留下波痕。辊筒式砂光机的砂光轮分为开槽钢轮和开槽橡胶轮两种，砂光机的用途主要取决于砂光轮的硬度，硬度越大，一次砂光量越大，且砂光表面越平整，适合板料基材的定厚砂光（定厚通常采用钢轮及硬度 HS=60～85 的橡胶轮）；硬度越软，砂光轮对板料的厚薄差的容忍性也越大，不容易砂穿，适合于贴面后板料的表面抛光处理（贴面板通常采用硬度 HS=30～60 的橡胶轮）。

砂光垫式是利用带石墨布的压板将砂带压向板面进行砂光，与工件接触面大，压力较分散，容易得到光洁表面，但一次砂光量小，因而主要用于定厚砂光机的最后一道平砂或贴面板表面砂光处理。

组合式则具有辊筒式和砂光垫式的共同性，辊筒和砂光垫可单独调节，以得到理想的砂光效果，通常用于贴面表面砂光。

人造板定厚砂光多采用双砂架砂光机，砂光辊筒硬度一般前高后低配置，或前面为辊筒式，后面用砂光垫或组合式砂光头，通常安装 60#～100# 粗砂带，一次砂光量为 0.2～0.5mm，板件要求正反两面砂光。

② 贴面后表面砂光设备　经薄木胶贴后的板面通常比较粗糙，需要进行表面砂光处理，如果贴面薄木是用纸胶带拼合，这是一道必须的工序。

薄木贴面板表面砂光的常用设备也是宽带砂光机，通常为三砂架，且采用硬度较低的橡胶砂光轮或气囊式砂光垫作为砂光头，并安装 $150^{\#}\sim240^{\#}$的细砂纸带。为防止将表面薄木砂透，表面砂光一次性砂光量应控制在 0.1～0.2mm，将表面水胶纸砂掉 80%～90%即可。

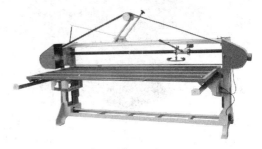

图4-51　窄带式手压砂光机

宽带砂光机只能用于平面板件的表面砂光处理，对于已经有少许弯翘变形的板件，应该减少砂光量，以最大砂光量处不被砂破为宜；弯翘较严重的板件不能利用宽带砂光机作业，这时通常采用窄带式手压砂光机（图4-51）或其他手动砂光工具。这种砂光机操作方便灵活，适应性强，但砂光表面不够平整，且劳动强度大，效率低，主要用于非平面板件表面砂光。

（3）涂胶设备

基材经定厚砂光后、正式贴面作业前要进行涂胶作业，使板料表面均匀覆盖一层胶水。板料涂胶主要使用各类涂胶机，常见的有双面涂胶机、单面涂胶机及手提式涂胶机。

最常用的为双面涂胶机，其结构及工作原理如图4-52所示，布胶轮通常采用带沟槽的橡胶轮，调节轮则采用光洁的钢轮。涂胶量可通过调节轮与布胶轮之间的间隙来控制，板料的厚度则通过两个布胶轮之间的距离来控制，上下调节轮和布胶轮都有相应的控制手柄。单面涂胶机原理与双面相同，结构上只有双面涂胶机的上半部分。涂胶机通常宽度较大，常见的有两英尺[*]（涂胶板宽 630mm）和四英尺（涂胶板宽 1250mm）等几种规格。作业生产效率高，且涂胶面均匀，涂胶量容易控制，是人造板贴面最常用的设备。

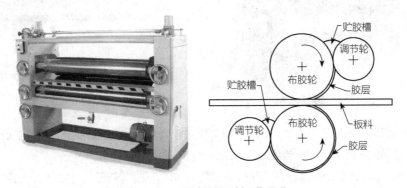

图4-52　双面涂胶机及其工作原理

手提式涂胶机结构如图4-53所示，布胶轮通常为海棉胶轮，调节轮为带槽钢轮，作业时通过布胶轮压向调节轮，带动调节轮转动将上胶槽的胶水转移到布胶轮上。手提式涂胶机操作灵活，但通常宽度较小（100～200mm），生产效率低，且涂布量不易控制，主要用于小批量作业或补充涂胶。

注：* 1英尺=30.48cm。

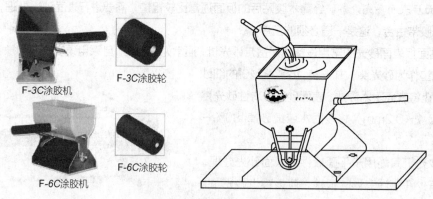

F-3C涂胶机

F-3C涂胶轮

F-6C涂胶机

F-6C涂胶轮

图 4-53　手提式涂胶机及其工作原理

（4）热压贴面设备

用于薄木贴面的主要设备为多层热压机或短周期单层热压机两类。

① 多层压机　用于薄木贴面用多层热压机通常为 3~5 层，其外观如图 4-54 所示，通过底部的多个油压缸对压板进行施力，压板温度通过导热油控制，压板幅面一般为 2500mm×1300mm，可压标准 4′×8′板。

薄木贴面压机通常要求压板表面光洁平整，防止板面受压不均，且薄木厚度越薄对板面精度要求越高。为使板面各部位受力均匀，多层压机通常在压板上包覆一层缓冲层，如图 4-55 所示。缓冲层一般用羊毛毡、耐热橡胶等弹性较好的材料，厚度为 5~10mm，为提高缓冲层的导热性能，通常会在缓冲层中增加钢丝网等导热材料（市场上有专为热压贴面开发的缓冲材料）。与板面接触的表层用不锈钢薄板，厚度通常为 2~3mm，既要保证板面平整，又要求有一定的柔韧性，保证紧贴板料，使板面受压均匀。

图 4-54　多层热压机

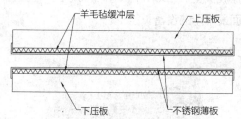

羊毛毡缓冲层　　上压板

下压板　　不锈钢薄板

图 4-55　多层压机压板结构

多层热压机作业时要求人工上下料，生产效率相对较低，但设备价格便宜，方便小规格板件的胶贴作业使用，适合于大多数中小型家具企业或大型企业的辅助贴面。

② 短周期压机　通常由升降台、涂胶机、组坯输送带、进料输送带、热压机、出料架等组成连续的生产流水线，热压机为单层结构，加压油缸分布在设备上部，如图 4-56 所示。图 4-57 为德国贝高公司生产的短周期热压生产线的工位布置示意图，整线由 PLC 或电脑控制，实现自动进料。热压机采用 0.5mm 的耐热塑料铁氟龙（聚四氟乙烯）膜作为循环输送带，既起输送作用，同时又具有缓冲和清洁功能。目前很多短周期压机还配有板料自动扫描装置（光栅），可以自动感应板料的面积和在压机内的排列位置，从而自动计算和控制每个液压缸的加压压力，达到保护设备的目的。理论上配有光栅感应装置的贴面生产线，在实际生产中可以不用考虑进模板料的面积和放置位置，方便操作，但从提高压机

的使用寿命出发，作业过程中仍应尽可能使板料在压板上均匀排列。

短周期热压机幅面大（可达 5200mm×1600mm，甚至更大），可实现进料、扫尘、涂胶、热压、出料自动控制，生产效率高、贴面质量好，但成套设备价格昂贵，适合于大批量生产的企业。

图4-56　短周期热压生产线

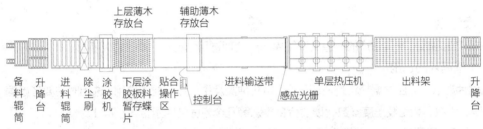

图4-57　短周期热压生产线工位布置图

任务实施

---

1. 绘制裁板图

绘制裁板图也称排料或画裁板图，即在备料规格的基础上，利用手工或电脑辅助的方式，绘制毛料配置方案及锯路位置图，以提高板材利用率。在裁板前进行板料搭配优化排料，对提高原材料利用率、降低制造成本、提高经济效益具有重要意义，是板式部件备料作业的技术关键之一。通常绘制裁板图的方法有两种：

一种是人工绘制，由人工根据经验来整理备料明细，然后设计板料的搭配方案。人工绘制裁板图是目前企业常用的方法，是保证板料有效利用的重要手段，但人工绘制图有时随意性较大，受到绘图人员技术水平及工作状态的影响，往往并不能达到板料利用率最大化。

另一种是利用专用的裁板图设计软件来绘制裁板图，绘图前需设置好板料备料规格、数量、锯路、修边等信息，然后由计算机来生成裁板图。电脑绘图效率高、板料利用率可达最佳化，但通常较少考虑裁板作业的方便性和连贯性，现场作业执行困难，实际应用中常与电脑裁板机或 CNC 铣床配合使用。

根据备料明细表来绘制裁板图，绘图前要先对规格进行初步分析，大致确认主料规格，将小规格料作为搭配主料的辅料来对待。通常在排料过程中应遵循以下原则：

① 纹理优先原则　对于有纹路要求的板料，部件只能沿大板的长度方向排列，在绘制时要优先搭配宽度规格，再考虑长度规格的搭配。

② 大料优先原则　排料时先排大规格板件，然后选择搭配其他规格部件，使其尺寸加起来与原材料规格最接近，使板料利用率最高。

③ 相同尺寸一起排原则　在排料时，与主料的长或宽有相同尺寸的板件最好与主料组合在一起，这样裁板机可一次截开，减少走锯次数，提高生产效率。

④ 生产率优化原则　在保证利用率的前提下，优化排列组合方式，争取用最少的组合方式同时生产出板件的总数量。同时裁板图的设计要尽可能减少锯切方向转换，提高作业效率。

⑤ 生产方便性原则　同一裁板图搭配的部件规格不要太多，通常应控制在 3~5 种以内，且同一部件应分布在尽可能少的相邻裁板图内，方便生产收尾。

⑥ 余量预留原则　配图设计时应考虑到板料的修边量和锯路等因素，在净尺寸裁切时，为保证加工精度，原料大板通常要预留 5~10mm 的修边余量。

⑦ 余料最大化原则　对于同样的板件组合方案，也可能有几种裁切方式，具体绘图时应该考虑到余料的再利用问题，要求留取余料规格应尽可能大些。当然，如果余料按大尺寸留取后仍无法再利用时，则主要考虑生产效率因素。

2. 裁板作业

裁板作业是板式家具生产的一道关键工序，要合理选用圆锯片，确定裁切精度。

（1）圆锯片的选用

主锯片规格一般应根据板料的裁切厚度、材料种类及生产效率要求选用，选用时主要考虑锯片的直径、厚度、齿数、齿型及角度参数、硬质合金类别等几个方面的因素。

① 裁板机用圆锯片直径范围为 300~450mm，常用直径为 355mm，直径越大，一次可锯解板料越厚，但噪声和耗电也较高。

② 锯片厚度包括锯齿厚度及锯盘厚度，它们有一定的比例关系，且与锯片直径相关。通常直径 250~350mm 厚度 3.2mm，直径 350~450mm 厚度 4.0~5.0mm。锯片越厚，锯片运转稳定性越强，锯切板料边部质量越好，但锯路损耗也越大。

③ 开料圆锯片常用的齿数为 50~100 齿，锯片齿数多，锯切边部质量相对较光洁，但齿越多锯齿间隙也越小，排屑能力也越差，锯片容易发热和变形，同时也影响锯片寿命和锯切速度。

④ 主锯片根据锯齿形状不同，通常可分为左右齿、平齿及梯平齿三种（图 4-58），各种齿形的圆锯片锯切性能有所差异，其中左右齿适应范围较广，适合于常见人造板及木材的锯解；平齿主要用于木材的锯解

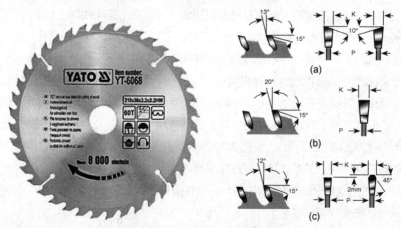

图 4-58　裁板机主锯片及常见齿形

(a) 左右齿　(b) 平齿　(c) 梯平齿

和开槽作业；梯平齿用于硬度较大的刨花板等特殊材料的锯解。除齿形外，锯齿的角度参数对锯片的切削性能及效果也有较大的影响，主要参数有前角、后角及楔角，前角越大切削越轻快，后角越大摩擦力越小，楔角越大锯片强度越好，耐用性及散热效果越好。除此之外还有齿侧角等参数会影响锯齿与板件间的摩擦力。

⑤ 锯片是由锯板与硬质合金锯齿组成。锯板应能够保证锯片工作的稳定性，避免受热变形。硬质合金锯齿所用材料的品质也是决定锯切寿命的重要因素，特别是其硬度，硬度高容易导致齿口崩缺，硬度低则容易磨损。

常用的主锯片型号为 355×3.2/2.4×60T 或 355×4.0/3.0×50T，锯片安装孔径有 50.8mm、60mm、25.4mm 及 30mm 几种常用规格，具体根据设备主轴确定。

副锯片的直径一般根据设备型号选用，通常为 120～180mm；锯片厚度一般要求与主锯片相匹配，即要求主锯片与副锯片在裁板时可以调整到锯路宽度相同。副锯片的齿形通常为长梯形渐变结构，锯片切削深度越大，锯口越宽，通常为 2.8～4.6mm。常用的副锯片型号为 160×（2.8～4.6）/2.4×30×24T。

（2）主锯片与副锯片安装要求

为保证人造板锯切后的品质，防止板面崩缺，目前大部分裁板机都配有两张硬质合金圆锯片：主锯片用于切削板材，副锯片（也称刻痕锯、划槽锯）用于主锯片锯切前在板料底部预先锯一道约 2～3mm 的刻槽，副锯片转动方向与主锯片相反，这样可有效防止在裁板时板边的崩缺和毛刺。主副锯片及板件的关系如图 4-59 所示。

理论上讲，主锯片的锯路宽度应等于副锯片的锯路宽度，但由于设备制造及安装精度，实际生产中，应调整主锯片锯路宽度略小于副锯片锯路约 0.1～0.2mm，大于副锯片锯路则副锯片不起作用，但如果小于副锯片锯路过多又会导致板料边部呈现阶梯状，为此副锯片锯齿形状通常设计为梯形，方便调节。主副锯片的安装位置要求如图 4-60 所示，主副锯片锯轴必须平行，且安装成一条线；副锯片高度调节适当，偏左、偏右、偏高、偏低都会影响锯切板料质量。

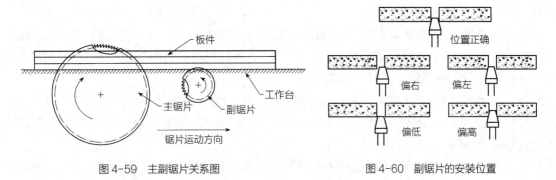

图 4-59 主副锯片关系图   图 4-60 副锯片的安装位置

（3）锯切精度要求

如果锯切板料为毛料规格，则对锯切精度及边部质量要求相对较低，通常在±1.0mm 左右即可，裁板作业时不需修边。但如果锯切板料为净料规格，则对裁板精度及质量要求非常高，通常要求板料尺寸与标准尺寸相差±0.2mm，对角线尺寸相差±0.5mm，且不允许有边缘崩缺或明显锯痕等加工缺陷，此时裁板作业时要求大板先修边 5～10mm，并保证裁板前相邻边相互垂直。

3. 定厚砂光

人造板基材由于制造、贮运及含水率变化等原因，厚度尺寸会有偏差，特别是刨花板及夹板，厚度偏差可能会达到 0.5～1.0mm，不符合贴面的工艺技术要求；中纤板和刨花板表面还会有一层蜡质层，影响胶贴强度，因而板料贴面前通常须进行厚度校正，即定厚砂光，以保证在贴面前板料厚度均匀一致，且表面光洁平整，防止贴面时板面受力不均导致局部胶合不牢。当然，如果采购的人造板本身表面质量良好，且厚度均匀，也可以不经定厚砂光直接热压贴面。

宽带定厚砂光作业必须正确规范，砂光前用卡尺测量待砂板件，获取板料最厚和最薄处的大致厚度数据，将砂光机按板件厚度先调机，试砂一次，然后根据情况逐渐增加砂光量，并进行多次试砂直到表面符合质量要求。待砂光板面不允许有硬质杂物，特别不允许有铁钉等凸起，防止损伤砂带。砂光机作业时，机器内有板料不允许升降工作台，如有物料卡住应及时停机，降低工作台后再清理。

定厚砂光原则上应进行双面砂光，如果人造板表面平整，有时也可只进行单面定厚砂光。对于实木镶边板等板面不平且砂光量较大的情况，应进行多次砂光，每遍作业时应以表面质量较平整的面为基准来砂光另一面，直到表面完全平整为止。同一批次的板件要求调机后一次砂光完成，同一材质应尽可能控制相同的厚度，以保证同批或同材料板件厚度一致，方便贴面时搭配热压来提高效率。

经厚度校正后的板料通常要求同一批板料厚度差应控制在 0.2mm 以内，且板料表面无明显的砂痕及波浪纹，用手摸或粉笔画无明显的表面不平现象，但板料厚度与公称厚度允许有一定的偏差，通常控制在±0.5mm 即可。

定厚砂光对板面的涂胶量及贴面板的表面质量有一定的影响，作业时应注意以下事项：

① 砂纸粒号选择　砂光粒号是决定板件表面粗糙度的重要指标，料号越小越粗糙。一般来说，40#～100#砂纸适合于实木部件的定厚砂光，60#～120#主要用于板料的定厚，且前后砂架上安装的砂带粒号应相差 1～2 级。

② 砂带类型选择　常用的砂带有砂纸带及砂布带两种，纸带和布带又分不同的厚度。一般来说，砂纸带重量轻，砂光表面平整；砂布带抗拉强度高，结实耐用。人造板定厚应优先选用厚的砂纸带，实木定厚应优先选用薄的砂布带。

③ 砂光量控制　应在保证板料厚度一致的情况下，尽可能减少砂光量。一般来说，定厚砂光量一次性不超过 0.5～1.0mm，且后压辊的砂光量不越过 0.2mm，具体根据砂带选择、砂光表面过砂面积等略有差异，通常砂光量越大，进料速度应越慢。

④ 进料方式控制　薄木贴面板基材规格大小不均，在进料过程中应尽可能使整个砂带各处工作量均匀分配，避免进料位置集中导致砂带局部磨损严重，影响砂光的均匀性；采用先贴面再裁板工艺直接进行大板砂光时通常无此问题。

⑤ 做好设备维护　设备使用一段时间后，由于设备振动或砂光轮磨损容易导致板面波纹。应做好设备的定期维护和砂光效果检查，超出砂光质量范围要及时维修设备。

⑥ 砂光的质量检验　随时进行砂光质量检验，主要包括厚度公差及表面质量。厚度可用卡尺测量板件四角来确定，表面质量可用粉笔画线法来检验。

4. 板料涂胶

板料涂胶前应保证板面干净，无异物，经定厚砂光的板料应尽快热压贴面，不要在现场堆放太久。涂胶前可用气枪将板件表面吹干净，也可在涂胶机前配置专用的除尘设备。

严格遵守胶水调制相关作业标准，保证胶水质量，并在胶水活性期内用完，最好是现调现用，避免因胶水原因导致贴面脱胶等严重缺陷。同时调胶时注意保持胶水干净，防止胶渣及杂物落入胶水中。

涂胶量通常控制在 80～120g/m²，具体涂布量根据胶水类别、板料种类、板面粗糙度及贴面薄木的种类而略有差异：PVAc 较 UF 涂胶量大，PB 板较 MDF 涂胶量大，板面粗糙的较板面光洁的涂胶量大，硬质薄木较软质薄木的涂胶量大。

涂胶前根据板料的厚度调节好布胶轮的高度，开启设备后将调制好的胶水倒入贮胶槽，再通过调节轮控制胶水的涂布量。具体涂胶量一般可根据胶水在布胶轮或涂胶板面上的分布凭经验判断，也可根据热压贴面后板面的溢胶状况来判断，以板面有轻微点状溢胶、板边有细小的胶粒挤出为佳，这样既保证不会因缺胶而导致胶合不牢，也不会因溢胶严重而影响涂装效果。

涂胶的均匀性控制也是涂胶作业要关注的重点。要保持布胶轮表面干净完整，每班作业结束要把涂胶机清洗干燥，夏季作业尤其如此，防止部分胶水固化而粘结到布胶轮上，导致布胶轮表面不均，影响涂胶效果。涂胶机运行过程要做好防护工作，防止硬质杂物落于转动的涂胶机中而导致布胶轮表面局部损坏。注意做好设备的日常保养工作，特别是涂胶机的传动部分，要做好润滑保养，保证布胶机运转平顺，防止因传动不顺导致涂胶面波浪不均。出料碟片要清理干净。

涂胶机作业安全注意事项

涂胶机看起来转动速度不快，但也属于危险的设备，人员手臂或衣物被卷入设备会导致严重的伤残事故，作业过程中应注意以下几点：

① 安装好设备防护罩，严禁为操作方便而随便拆除。

② 做好人员防护，衣袖及头发要扎紧。

③ 进料时手送物料不能离布胶轮太近，如出现突发状况，应立即停机清理。

④ 在涂胶机运转过程中严禁用手触摸涂胶轮表面，涂胶槽内若发现杂质，应停机清理。

---

5. 薄木组坯

板料涂胶后，应尽快将薄木按设计要求覆贴到板面上，然后将组坯后的板件送入热压机进行热压胶合。组坯工序是热压贴面的关键工序之一，组坯的好坏及速度直接影响到贴面的品质及效率，应作为贴面生产的重要管理工位。组坯作业过程应注意以下几点：

① 应提前检查薄木和板件，确认薄木纹理、尺寸规格和数量，防止错配或漏配。

② 涂胶板料搬运时手握在板件侧边为好，不要影响胶膜的均匀性。

③ 要观察板面涂胶量及均匀性，避免局部缺胶，否则应进行补涂。

④ 组坯时注意纹路方向，通常要求正反两面纹路一致，山纹花头方向从左到右或从下到上。对于拼花薄木，应按设计要求进行定位贴合。

⑤ 特别注意长宽尺寸接近的板件，防止纹理方向贴错。

⑥ 注意将板料放在薄木的中央，薄木要盖过板面，不要有胶层露在外面，如果拼花为曲边或空心结构，应在胶水外露的部位贴上纸或小片薄木等作为隔离层，避免胶层直接粘结到热压膜上。

⑦ 胶水黏度较低时，要防止组坯后薄木移位现象。

⑧ 组坯前应确保板料表面及胶层干净，不要有杂质（特别是木屑和胶渣等）压在薄木底下；组坯后要注意清理薄木表面，不要有杂质留在薄木外面；有细窄拼花边条的薄木更要注意，不要让边条错位。

⑨ 板料组坯后应尽快上热压机加压，防止薄木因吸收水分而翘起，必要时可用喷水壶散点水雾使薄木保持平整。

6. 胶压贴面

对热压贴面来说，最重要的还是热压参数的设定，这是保证贴面质量的关键。热压过程中的关键参数主要有加压压力（P）、压板温度（T）和加压时间（t），俗称热压三要素。

薄木贴面的压力通常为 0.6～1.2MPa，主要根据基材的类别及厚度、薄木的类型及材质等进行灵活设定，在保证贴合质量的情况下宜尽可能低，以免影响压机的使用寿命。通常胶合板要求压力较低（0.6～0.8MPa），其他人造板（MDF 及 PB）压力要求较高（0.8～1.0MPa），实木及实木镶边板较普通板料压力要求更高（1.0～1.2MPa）；厚板料压力要求较薄板料大些；硬质薄木较软质薄木的压力更高，拼花薄木较素面薄木压力更高。

板面压力计算方法

热压作业时的压力是指被贴面板件的板面单位压力，而非压机总压力或压力表压力，这点必须清楚。应根据板件的实际受压面积来设定整体压力，为避免频繁调机，最好一批作业每次上装板的面积相同或相近。

板面受力大小与压力表压力存在数据关系，具体压力换算公式为

$$P \times S = P' \times \frac{n\pi D^2}{4}$$

式中　P——设定压力；

　　　S——实际加压面积；

　　　D——油缸活塞直径；

　　　P'——压力表调节压力；

　　　n——加压油缸个数。

当然，现在许多压机都配有电子控制装置，可以直接输入受压面积和设计压力自动计算加压总压力。

热压温度和时间与使用的胶水类别、性能及基材厚度有很大的关系，且热压时间与温度密切相关。UF 胶水温度不得低于 110℃（通常为 120～130℃），温度越高，热压时间越短，生产效率也越高；但若温度过高，会使贴面板胶层变脆，容易龟裂。改性 PVAc 通常用于低温热压，一般温度不得高于 110℃（通常为 90～105℃），温度越高，热压时间越短，具体胶合温度设定应咨询胶水供应商。基材厚度越厚，传热越慢，因而热压时间要求相应延长，在实际生产中，通常通过实验确定具体时间，以胶水热压后基本固化为准。表 4-8 所列为某 UF 胶水薄木贴面时的参数设定参考标准。

表 4-8　脲醛胶水 671# 的热压参数设置标准

基　材	6mm 及以下基材		9mm 及以上基材
	贴单面	贴双面	
软质薄木 （杂木、白木莲、 赤杨、中层纸等）	$P = 0.7～0.8MPa$ $T = 110～120℃$ $t = 55s$	$P = 0.7～0.8MPa$ $T = 105～115℃$ $t = 60s$	$P = 0.8～0.9MPa$ $T = 120～130℃$ $t = 70s$
硬质薄木及拼花 （樱桃木、巴西木、安妮格、白 橡、桃花心木、黑胡桃等）	$P = 0.8～0.9MPa$ $T = 110～120℃$ $t = 60s$	$P = 0.8～0.9MPa$ $T = 105～115℃$ $t = 65s$	$P = 0.9～1.0MPa$ $T = 120～130℃$ $t = 75s$

基　材	6mm 及以下基材		9mm 及以上基材
	贴单面	贴双面	
特殊树种及花樟 （ASH、枫木、山核桃及白花樟、 TSW 等易弯翘薄片）	P = 0.9~1.0MPa T = 110~120℃ t = 65s	P = 0.9~1.0MPa T = 105~115℃ t = 70s	P = 1.0~1.1MPa T = 120~130℃ t = 75s
油性薄木及胶合板 （松木、胶合板基材等）	P = 0.7~0.8MPa T = 100~110℃ t = 75s	P = 0.7~0.8MPa T = 100~110℃ t = 80s	P = 0.85~0.90MPa T = 110~120℃ t = 90s
实木及实木镶边板	—	—	P = 1.2MPa T = 120~130℃ t = 80s

热压参数设置说明

① 薄板贴面温度应降低，防止爆板，且双面贴面比单面贴面温度要求低 5~10℃，时间延长；

② 以实木、MDF 及 PB、胶合板为基材的压力依次降低；

③ 薄木材质越硬，压力要求越高；

④ 同样薄木，拼花时压力及温度取上限，素面时取下限；

⑤ 温度越高热压时间越短，可根据实际温度变化作±5s 的时间调整；

⑥ 油性薄木（特别是有节松）温度和压力应降低，时间延长，防止树脂溢出。

除以上热压参数设定外，胶压贴面过程中还应注意以下几点：

① 同一层放置的板坯必须厚度一致：基材厚度相同、正反面薄木也相同。

② 保持压板表面清洁，无杂物（特别是胶粒等），防止压伤板面或压板。

③ 板料应在压板上均匀排列，使热压机压板及各油缸受力均匀；如果是多层压机，还应保持每层板料面积相近，每层板料对齐排列，使各层压板及受压板料受力均匀。

④ 板料面积不应小于压板面积一半（满膜率不低于 50%），否则应用相同厚度垫板来补足面积，避免压板表面受力不均。为提高满膜率，作业时可将大小不同的板件同时搭配贴面，这样可有效提高生产效率。

⑤ 多层压机整个上料过程应保持在 1min 以内，防止胶水在未受压情况下固化，影响胶合强度。

⑥ 压板在运动过程中，不允许将手伸到压板中，防止压伤，多人同时作业时应特别注意彼此配合，防止误操作。

⑦ 贴面作业人员应随时关注热压后板面的状况，包括板面溢胶情况、胶水固化程度及其他质量问题，从而有针对性地进行相关作业调整。

⑧ 贴面后的板料应整齐排列在垫板上，一正一反摆放，必要时可在上面增加压板，防止弯翘。

7. 表面砂光

薄木热压贴面后的板面通常比较粗糙，拼花薄木还会留有大量的纸胶带，需要进行表面砂光处理。薄木贴面板表面砂光通常采用宽带砂光机，但要求砂光轮采用软质橡胶轮，并安装 150#~240# 的细砂纸，表面纸胶带砂除 80%~90%、板面基本整洁、无明显粗糙感即可，并不要求通过砂光机一次就将板面砂光完好，防止将板面砂穿，保证表面薄木厚度，为后续白身砂光留取相应的砂光余量。在具体作业过程中，一般应注意以下事项：

① 砂光方式选用　由于薄木及人造板的干缩湿胀差异，经热压贴面后的板件容易出现板面弯翘等现象，因而要求热压后板料放置方式正确，保证板料平整，这样方便利用宽带砂光机进行表面砂光。弯翘较小的板料表面仍可选用宽带砂作业，但会影响砂光作业效果；弯翘较严重的板料用宽带砂作业会导致板面局部砂穿，此时应选用窄带式砂光机作业，以保证板面质量，不过这种作业方式的效率比宽带砂作业要低很多。

② 多余薄木应撕除　正常条件下，要求薄木备料规格比板件规格大 10mm 左右，但实际生产中仍可能出现薄木超出板边过多的情况，在砂光作业前，应将多余的薄木撕除，以免进料时边部薄木折叠将板件垫起，影响砂光效果。注意撕除时应朝板件内部方向折撕，不要直接向板面撕扯，避免将板面边缘损坏或将薄木撕脱胶。

③ 砂光量控制　饰面薄木通常厚度为 0.5mm 左右，表面砂光量不应该过多，通常不超过0.25mm。饰面板砂光用宽带砂光机通常有 2~3 个砂光头，因而要注意调机精度，前后砂光头的砂光量应分布合理，通常依次减少：第一个 0.1~0.15mm，第二个 0.05~0.1mm，第三个 0.05mm以下。

④ 合理选择进料方式　砂光作业会在薄木表面留下砂痕，因而通常要求饰面板砂光作业时要顺纹理方向进料，以减少后续白身砂光的工作量。且进料过程中，注意保持板件水平进出，防止啃头导致板件端头被砂穿，长度大且重的板件更要注意此项。

⑤ 油性薄木的砂光　部分油性树种（如松木等）的薄木饰面板在砂光过程中，木灰难清除，容易粘在砂带表面导致砂带使用寿命下降。如遇此种情况，可以考虑将此类板件与其他易砂光饰面板进行交替作业，保持砂带性能。

⑥ 编号拼花板件不要混乱　对于多片同号的板件，通常会在拼花薄木表面编号，这类零件要求从薄木贮运、热压贴面一直到后续组装全过程，都不能混乱。而表面砂光会导致原有编号标记被砂除，因而应特别注意在砂光过程中不要将原顺序弄乱，且砂光后要重新编号，具体编号位置可在板件表面，也可编在板件侧边。

饰面板砂光与防火注意事项

薄木饰面板进行表面砂光过程中，会出现大量木质粉尘，因而必须保证砂光机的吸尘效果良好，以免粉尘滞留在板件或砂带表面，影响砂光效果或砂带使用寿命。

同时，由于木质砂光粉尘颗粒非常细，吸尘过程中在管道中处于悬浮状态，着火点很低，遇到火星极易发生燃烧和爆炸，因而砂光作业场所应做好防火措施，砂光设备也要求经常检查，特别是宽带砂光机，应使急停开关和限厚开关处于良好状态，同时注意定时清理砂光机内部。砂光进料时要避免重叠进料，防止因厚度过大导致压板被顶起而触碰到转动的砂带引起火星，造成严重事故。

砂光过程中如发现砂光机内有火星产生，应立即停机，同时关闭吸尘口，打开砂光机盖，避免火星蔓延导致吸尘器或吸尘管路爆炸。

---

8. 热压质量分析

热压贴面是板件装饰的关键工序，操作不当会造成各类胶贴缺陷，如脱胶、压伤、碰划伤、错位等，严重影响产品质量甚至造成产品报废。更主要的是，有些热压缺陷（如假性胶合）在生产过程中很难发现或无法发现，而在产品涂装或使用过程中这些缺陷才会显现出来，给顾客及企业造成不可估量的损失。因而必须加强热压贴面工序的质量管控，提高对生产缺陷的分析能力和预知能力，尽可能减少生产缺陷，特别要避免脱胶和假性胶合等严重缺陷。常见的胶贴缺陷有脱胶、透胶（溢胶）、鼓泡、开裂、翘曲、离缝及明显胶线、压划伤、表面污染等，表 4-9 介绍了热压主要缺陷产生的原因及解决办法。

表 4-9　薄木胶贴常见缺陷分析表

常见缺陷	原因分析
大面积脱胶	① 胶水质量不好，新胶水必须经严格的测试才可大批量使用，调胶时一定要保证各成分比例正确，且无过期变质或生产时胶水在加压贴合前固化
	② 板料或薄木含水率太高，应进行含水率控制或降低热压温度、延长时间
	③ 热压参数设定不对，热压各参数的设定一定要严格遵守标准
局部脱胶	① 板面砂光不平整，局部凹陷
	② 压板表面不平或局部压伤凹陷，导致板面局部无压力
	③ 板面涂胶不均，或涂胶运输过程中导致局部缺胶
	④ 板料涂胶压合前胶水部分固化或烤干，局部粘结不牢
	⑤ 薄木局部污染，或检修时胶渣过厚未清理
表面溢胶、透胶	① 涂胶辊调节不当或局部磨损，导致涂胶量过多或不匀
	② 胶水调制太稀，渗透性太强
	③ 薄木厚度太薄或厚薄不均（透光）
	④ 木材构造粗糙，薄木导管大，易透胶
薄木开裂	① 薄木备料时裁切刀不锋利、拼缝不严或薄木干缩，贴合前已有明显缝隙
	② 薄木拼合时粘结不牢，贴合前有撕裂，应用胶纸修补好
	③ 薄木贮运过程中垫板不当或动作不当导致破损或撕裂
	④ 薄木存放过程含水率控制不当，导致薄木弯翘，压合时开裂
	⑤ 薄木含水率过高，胶水质量差，贴合后收缩
局部缺薄木或饰条	① 薄木备料（特别是拼花）时拼合不牢，局部易破碎
	② 热压组坯时薄木错位或局部掉落，导致边角贴合不到位或局部缺薄木
	③ 薄木取运过程中，局部破损或刮落
板面压划伤	① 压板上粘有杂质，使用后清理不干净
	② 杂质（特别是碎薄木）掉落在薄木表面，使表面压凹
	③ 薄木饰条或局部贴合不牢，导致组坯时重叠而压伤
	④ 胶水中含有杂质或杂质掉到涂胶面，导致板面内伤，局部凸起
	⑤ 热压卸板及堆垛过程中，板料之间相互撞击、砸伤或表面划伤
明显胶线	① 薄木拼缝较大，修补不良，导致拼缝处透底或透胶
	② 薄木含水率过高，导致贴合前后拼缝增大，底部或胶水颜色透出
	③ 薄木拼缝修补时胶水颜色选用不当，导致与实际涂装颜色形成明显反差
	④ 胶水颜色选用不当，拼缝处胶水颜色透出，与涂装颜色形成明显反差

常见缺陷	原因分析
板料透底	① 薄木太薄，导致底色透出，可提高胶水黏度或在胶水中添加与涂装颜色相近的颜料 ② 板料表面颜色不均或太深，导致底色透出，应按薄木贴面需要选用相应的人造板，微薄木贴面时，粗糙的板料应填补泥子，砂光后再贴面作业
板面表裂、内裂或脱层	① 板料内结合强度差，导致热压后基材脱层或开裂 ② 人造板基材板面松质层未砂掉或人造板质量差，导致表层结合强度差，整层脱落或局部开裂 ③ 贴面材料密度过大，且厚度大，导致贴合后收缩力过大带动板料开裂 ④ 人造板含水率过高或热压温度过高，导致板料热压后鼓泡 ⑤ 贴面时加压压力过大，导致板料压溃，特别是小面积板料 ⑥ 胶合板贴面时薄木与表层单板纹理同向，导致应力累积
板料弯翘变形	① 板料两面贴面材质性能差异太大，收缩不均导致板面弯翘 ② 正反薄木纹理方向不对应，导致收缩不均（特别是拼花或窄板件） ③ 正反两面涂胶量或热压温度差异大，导致应力不均 ④ 热压后板料摆放不当，要求贴面后的板料卸板后一正一反平放在垫板上，长期不用时应在表面压重物防变形
表面薄木砂穿	① 板料弯翘，导致经过砂光机后局部砂光量过大 ② 砂光机进料辊压力调节不当或砂光胶轮硬度过大，无法有效缓冲板料厚薄差，导致局部砂光量过大 ③ 砂光机调节不当，砂光量过大 ④ 选用砂光设备或方法不当，弯翘板料不可用平面砂光机进行表面砂光
板面污染	① 薄木表面含有油脂（特别是松木等含油脂性木材）且热压温度过高，导致油脂溢出 ② 设备上的油渍污染薄木或人造板

■ 总结评价

本项目具体评分细则见表 4-10 所列。

表 4-10　热压贴面项目评价表

评价类型	项目	分值	考核要点说明	组内自评（40%）	组间互评（20%）	教师点评（40%）
过程评价（40%）	裁板图	5	根据备料明细表，合理整理料单；0～1 合理绘制裁板图，保证材料利用率；0～3 裁板图清晰易懂，规范合理；0～1			
	裁板作业	5	安全规范地使用裁板设备；0～2 裁板方法合理，顺利正确；0～1 裁板规格正确，精度符合要求；0～2			
	定厚砂光	5	安全规范地使用宽带砂光机；0～1 调机方法正确，砂光量控制合理；0～2 砂光表面符合贴面要求；0～2			
	调胶及涂胶	10	按比例和操作步骤规范调制胶水；0～3 涂胶量控制合理；0～3 涂胶后薄木组坯作业正确规范；0～4			

评价类型	项　目	分值	考核要点说明	组内自评 （40%）	组间互评 （20%）	教师点评 （40%）
过程评价 （40%）	热压贴面	10	热压参数设置合理；0~3 热压前后进出料操作规范；0~2 贴面质量良好；0~5			
	表面砂光	5	正确选用砂光方法和砂纸；0~3 表面砂光效果好，没有砂穿；0~2			
态度评价 （30%）	工作态度	10	上课考勤良好，课堂态度端正；0~2 实训过程表现积极主动，不怠慢；0~5 积极与老师沟通，勤学勤问；0~3			
	学习积极性	10	能预习熟悉学习内容；0~2 实训过程认真负责，贡献大；0~5 能按进度要求努力完成实训任务；0~3			
	团队合作	10	团队合作意识强，爱惜共同成果；0~4 组内与组间沟通良好，分工合作良好；0~3 目标统一，合作愉快；0~3			
结果评价 （30%）	作业进度	10	注重阶段成果，不拖延；0~5 按要求进度完成实训任务；0~5			
	作业完成度	10	在规定时间内按要求完成实训任务			
	作业质量	10	实训最终成果符合质量要求			
评价评语	姓名：		组　别：第　　　组			
	教师评语：		总评分：			

■ 拓展提高

1. 特殊薄木

为了适应建筑室内装饰装修以及家具零部件真空覆膜工艺的需要，人们用珍贵树种加工的薄木通过化学处理并与其他材料复合，制造出具有特殊性能的装饰薄木，如薄木胶膜、塑料薄木、薄木复合贴面材料等，这种薄木复合材料具有以下特点：质轻强度高，柔软能够弯曲，表面具有天然花纹，表面光亮，具有耐水、耐热、耐酸碱等性能，是一种新颖的饰面装饰材料。

（1）薄木胶膜

① 采用一定厚度的薄木经浸渍三聚氰胺甲醛低聚合物溶液，经干燥制成的一种装饰薄膜，主要用于塑料贴面装饰板的面层材料或用于人造板贴面等，有真实的木质感。

② 要求不易翘曲，纹理和色泽美观，常用树种有：胡桃木、柚木、白蜡木、千斤榆、山龙眼、樱桃木、白柳桉、桃花心木、紫檀木、桦木、槭木、榉木、花梨木、山毛榉、冷杉、槐木、榆木、樟木、柞木等。

③ 薄木胶膜的厚度应根据用途而定：0.25~0.3mm 用于室内装饰、家具型面装饰（如真空模压）；0.3~0.5mm 用于人造板装饰、家具平面装饰。

④ 薄木浸渍制作工艺过程：把修整后的薄木或单板放入三聚氰胺甲醛树脂溶液槽内浸渍，薄木之

间放有隔条。浸渍槽是用不锈钢或铝制成并带有夹层的溶液槽，可把低聚物三聚氰胺甲醛树脂溶液浸注到木材毛细孔和细胞壁中，为使树脂能够较快均匀地注入到木材内部，可在浸渍夹层内通入蒸汽或热气，使低聚化合物溶液活化，加快浸渍效率。一般薄木厚 0.2~0.5mm，在 20℃ 条件下，浸渍时间大致为 2~6h，然后用平板压机干燥压平，便制成薄木胶膜。

⑤ 应用：制造塑料贴面板，用于人造板饰面层。压制上述材料时，必须采用光亮的不锈钢板方可制出有亮光的天然薄木装饰板。把薄木胶膜经拼缝机拼成大张后，放至浸渍过酚醛树脂底层纸上，底层纸可用 1~3 层，然后经过热压、冷却便制成天然薄木塑料装饰贴面板。制造天然塑料贴面装饰板的工艺条件——热压温度 130~140℃，压力 3~5MPa，时间 10~20min（冷却至 50℃ 卸压）。薄木胶膜热压组坯工艺如图 4-61 所示。

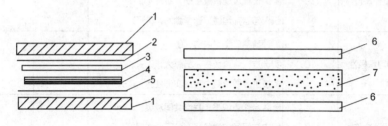

图 4-61　薄木胶膜组坯示意图

1. 不锈钢　2. 薄木胶膜　3. 胶合板　4. 1~3 层底纸　5. 铝板　6. 浸过三聚氰胺树脂的薄木　7. 刨花板

（2）薄木胶木

实质上是用薄木浸渍树脂后代替装饰木纹纸饰面材料，因而这种装饰材料是表面经过塑化的天然薄木。它的物理力学性能远比普通薄木好，同时省去涂饰工序。

（3）复合薄木

复合薄木也是一种新型饰面材料，是由"装饰薄木-衬纸-铝箔-塑料薄膜-底层纸"等多层材料组成的。其制造工艺分两部分：一是基材制造，将铝箔、聚氯乙烯薄膜、底层纸三层材料辊压成基材；二是面材制作，即在薄页纸上涂胶后，在其上摆放薄木，然后将二者压制复合在一起。最后在基材上涂胶、组坯、热压、背面砂磨制成复合薄木。

复合薄木主要应用于剧场、办公大楼、俱乐部、饭店、宾馆等高级建筑室内装饰装修及高档家具或特殊制品的表面装饰，还可用于水泥、金属板、石膏板等防火基材的覆贴，既保持了天然的装饰特点，又具有良好的阻燃防火性能。

（4）艺术薄木

勘探、采伐林木中有特殊树根、根墩、树瘤奇形的树种及材色美观的木材等，按照其原来自然生长的艺术形态，经修饰雕塑，便形成具有山形、人物、动植物、建筑、园林形状的艺术品。一般要对木坯进行修整热处理，经过局部染色、刨切、粘贴等工序即可制成木质装饰工艺品。

2. 微薄木湿贴法

厚型薄木一般在饰面前进行拼合备料处理，而薄型薄木由于无法利用拼缝机及纸胶带来拼合，且搬运过程中容易撕裂和损失，通常采用现场湿贴法来饰面作业。

湿贴法要求保持微薄木的含水率，以保持薄木柔软平顺，贴面时先将板面进行涂胶作业，然后由两人将薄木展平拉直，粘贴到涂好胶水的板面上，相邻两张薄木要求有部分搭接（约 5mm），然后用直长的压尺压住接缝搭接中间位置，用锋利的美工刀沿压尺边缘将两层薄木割断，最后将接缝处被割除的多余薄木窄条抽出，即可使两张薄木密合地粘贴在基材表面，如图 4-62 所示。

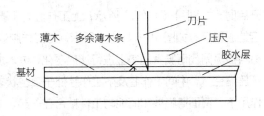

图 4-62　微薄木贴面拼合方法

　　利用微薄木贴面可以节省珍贵木材的使用量，降低制造成本，但这种贴面方式对基材表面的要求较高。通常用于 MDF 基材的贴面作业，PB 板贴面时要进行表面填泥子处理（泥子要调成与薄木或产品涂装颜色相近），经砂光处理后再涂胶贴面，防止基材底色透出表面影响装饰效果。微薄木贴面容易导致胶水渗透，影响装饰效果，因而胶水的黏度要求调制得比较高，在胶水中一般还要加入相应颜色的色精，同时控制好涂胶量，以便减少胶水透胶和降低透胶后对板料装饰质量的影响。

3. 异型真空覆面法

　　平面板件的薄木饰面可用平面热压机来实现，但表面有斜边的鼓肚板则需要专用的贴面设备才可以实现，这就是采用有膜真空覆膜机，其结构如图 4-63 所示，是通过高压热空气带动导热性好的密封硅胶膜产生均匀的贴面压力，从而将薄木粘贴到成型基材表面，同时在压板（压板上有均匀分布的小孔）下面抽真空，以提高贴面的加压效果。硅胶膜通常厚度为 1.5~3.0mm，压膜越厚，强度越高，使用寿命越长，但延展性较差，因而应该根据膜压板件的厚度、表面形状、线型复杂程度等来灵活选取，板料越厚、形状越复杂、线型越复杂，要求选用越薄、弹性越好的硅胶膜。

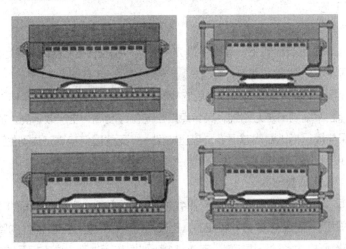

图 4-63　有膜真空覆膜机工作示意

　　（1）真空模压常用的饰面层材料

　　真空模压常用的饰面薄木（0.25~0.6mm）需要经特殊处理，有时薄木的胶贴面必须胶贴丝织材料，以确保薄木在模压时不发生破碎。不能模压太深的型面，必需采用有膜的真空压机贴面。以保证薄木的胶贴质量。

　　（2）胶黏剂

　　薄木使用的胶黏剂主要是树脂胶等。

　　（3）真空模压机的工作原理

　　在生产过程中胶贴薄木时，一般都采用带薄膜气垫真空模压机，因为薄木柔韧性比较差。

　　有膜气垫真空模压的工作原理是在覆面材料的上工作腔安装有一个大幅面的橡胶薄膜气压垫，压机开启时，如图 4-64（a）所示，上工作腔处于真空状态，薄膜气压垫被吸附到上加热板上；当到达一定的温度后，如图 4-64（b）所示，上工作腔通入常压热循环空气，中间工作腔处于真空状态，覆面材料被吸附到薄膜气压垫上进行加热塑化；进入加压状态时，如图 4-64（c）所示，上工作腔通入热循环压缩空气，中间工作腔及下工作腔处于真空状态，这样在一定的压力、温度、时间和真空度诸因子的作用下，覆面薄膜被牢固地与工件粘合在一起。

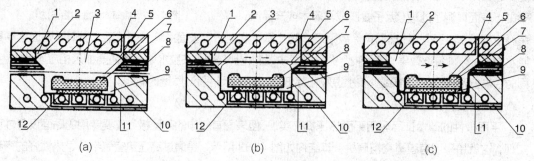

图 4-64　有膜气垫真空模压的工作原理示意图

（a）压机开启状态　（b）压机闭合状态　（c）压机加压状态

1. 上工作腔　2. 上加热板　3. 中间工作腔　4、8、10. 换气装置
5. 薄膜气压垫　6. 覆面薄膜　7. 工件　9. 下工作腔　11. 下加热板　12. 垫板

（4）真空模压工艺

① 无薄膜气垫真空模压成型生产工艺流程　主要包括原料准备、部件分割、镂铣、喷胶、成型、修整等工序，常见生产工艺流程如下：基材→砂光→开料→镂铣图形→精砂→除尘→喷胶→陈放→配坯→模压成型→裁割修边→检验→包装。

② 重要工序　异型部件镂铣——对砂光后的板材或工件进行镂铣加工，操作程序是采用全自动数控镂铣机，按照设计图案编制出走刀路线，其特点是自动化程度高、生产效率高、加工精度高，生产比较经济，其加工效果与模具相比要优越得多；热压成型——无薄膜气垫真空成型生产过程分为三部分，即压机开启状态、闭合状态、加压状态。

（5）真空模压的技术参数

真空模压的时间、温度和压力对真空模压部件的质量影响较大，当采用不同的基材、饰面层材料以及胶黏剂时，必须采用不同的工艺参数。现在的真空模压机可以根据生产中部件的厚度、使用贴面材料的种类等，选定真空模压机的各种程序控制。表 4-11 所列为实际生产中真空模压的几个主要技术参数。

表 4-11　真空模压的主要技术参数

压机形式		型面厚度（mm）	饰面材料	厚度规格（mm）	上压腔温度（℃）	下压腔温度（℃）	模压压力（MPa）	模压时间（s）
有膜真空模压	单面	18	PVC	0.32～0.4	130～140	50	0.6	180～260
		15	薄木	0.6	110～120	常温	0.6	130～180
	双面	18	PVC	0.32～0.4	130～140	130～140	0.6	180～260

（6）有膜真空覆膜工艺要求

① 基材应选用优质的 MDF，密度为 0.7～0.8g/cm³，且密度应均匀，内结合强度好，方便成型加工，并保证成型边光滑，无明显粗糙感或孔洞。

② 基材只能在边缘成型（因薄木无拉伸延展性能，因而板料刀型不能如 PVC 膜压贴面那样在板中间），且要求刀型不能太复杂或深度过大，刀型应顺畅、无垂直深槽或直角台阶等，否则转角处易被架空，导致薄木无法紧贴基材。

③ 板料厚度不应过大（应控制在 25mm 以内），板边不允许有锐棱、尖角，防止局部应力集中导致热压膜被刺破。

④ 鼓肚板薄木贴面用胶水一般采用改性热固性 UF 或 PVAc，但与普通热压贴面用胶水相比，异型边部件贴面用胶水要求具有良好的塑性，实际生产中可在配胶时适当增加增塑剂的比例，也可向供应商采购专用的胶水。板料涂胶一般采用喷涂或手工刷涂的方式，涂胶量为 100～150g/m²，其中成型部位因质地粗糙，应特别加大涂胶量，防止缺胶。

（7）有膜真空覆膜机工艺参数

该设备通常采用正压和负压共同完成贴面任务，设备及硅胶膜的密封性能对贴面品质影响很大，而且要求压板内空气流通顺畅。经涂胶后的板料应均匀地摆放到压板上，要求板料间距不得小于 40mm，板料距压板边缘距离不低于 60mm（板厚越大，间距应越大），且保证板间至少有一排透气孔，以保证空气流通及压膜覆贴到位。

加压时上面正压压力为 0.35～0.45MPa，背面负压压力为 0.02～0.05MPa（越低越好）。热压时间及温度与胶水类别有很大关系，常见 UF 胶水的热压温度一般为 100～110℃，热压时间不低于 3min。需要说明的是，热压胶膜导热性有限，胶膜内（压缩热空气）外（贴面表面）温度有较大的差异，有时温差甚至高达 120～150℃，在温度设定时必须考虑到这一因素，实际生产中可用测温枪来测量表面温度。

除以上参数外，在实际生产中，还应注意以下操作细节：

① 真空覆膜贴面用薄木最好用软质薄木，如为硬质薄木，最好采用薄型薄木；

② 真空覆膜机通常为交替工作台，涂胶后的板料最好不要立即放到台面上，应在进膜前 2min 左右放上，并快速贴上薄木，防止胶水被压板余温烤干或组坯后薄木弯翘变形；

③ 组坯后的薄木偶尔会出现吸水翘曲甚至卷曲现象，此时可在薄木表面用喷雾器洒一点水来抚平，使薄木平整后再进膜热压，但要注意洒水量不能过多，防止脱胶及鼓泡；

④ 硅胶膜耐温性能通常在 250℃左右，压缩空气温度设定注意不要超过此上限，否则会严重影响胶膜寿命，但同时又要保证板面温度不能太低，通常设定温度为 230～245℃；

⑤ 真空覆膜多为单面贴面，板件出模后容易弯翘变形，应一正一反放置并用重物压住，直至完全冷却为止。

4. 异型板件微薄木手工贴面法

现代板木复合家具生产中，有时为节约成本，会采用 MDF 多层粘贴制成成型木方或空心厚板结构（图 4-65），这类零件通常为异型结构或成型边缘，此时应考虑利用微薄木手工作业来贴面装饰。

手工贴面用的微薄木应为背面贴有无纺布的材料，以保证薄木材料的韧性和强度。由于贴面部位通常不是平面，加压不便，选用胶水必须具有较高的黏度和良好的初黏性，贴面压力宜低，且固化时间不宜过长。通常采用改性 PVAc 或专用的胶黏剂（如美国 3M 公司生产的 Fastbond TM contact adhesives 30NF）。

微薄木贴面方法与预油漆纸贴面方法相同，要求先对基材进行预处理，即将待贴面板件喷涂或浸涂胶固底漆（俗称底得宝），完全干燥后将板料砂光平整，并用风枪吹净灰尘。贴面前先按照贴面部件形状切割薄木，然后将调制好的胶水均匀地涂布在待贴表面（用刷涂、喷涂或辊涂均可，涂胶量 150g/m²

图 4-65　手工贴边实例及作业场景

左右），再将薄木展平，手持抹布或刷子逐渐将薄木覆贴到板面上，要求边贴边扫平，逐步赶除气泡，使薄木覆贴平整，不允许有褶皱。板件凹陷及转角处可用美工刀沿转折线裁开相应的缺口，再用抹布或刷子敷贴，然后将重叠部分裁掉，将接口拼密合。工件贴好后，应再用抹布按顺序重新压覆一遍，确保饰面薄木紧贴基材。

贴好后的板件将多余的薄木用美工刀割除，然后自然待干或放烘房催干。待胶水完全固化后，可由人工手持细砂纸进行轻轻砂光处理。

■ 思考与练习

1. 试简单说明家具生产中常见的人造板材的基本性能、优缺点及主要用途。
2. 试简要说明薄木贴面常用胶黏剂的性能特点。
3. 试列举常见薄木贴面板部件的基本结构及备料工艺过程。
4. 薄木贴面各阶段会用到哪几类设备？
5. 宽带砂光机的砂光头结构有几种？各有何特点？
6. 试简要比较多层热压机和短周期压机的异同。
7. 热压贴面过程的主要控制参数有哪些？试说明各参数确定的原则及其相互关系。
8. 试列举热压贴面常见的缺陷，并根据贴面过程分析其可能的产生原因。

■ 自主学习资源库

1. 国家级精品课网站 http：//218.7.76.7/ec2008/C8/zcr-1.htm
2. 谭健民，张亚池. 家具制造实手册·工艺技术［M］. 北京：人民邮电出版社，2006.
3. 顾炼百. 木材加工工艺学［M］. 北京：中国林业出版社，2007.
4. 孙德彬，等. 家具表面装饰工艺技术［M］. 北京：中国轻工业出版社，2009.
5. 刘晓红，江功南. 板式家具制造技术及应用［M］. 北京：高等教育出版社，2010.
6. 李军，熊先青. 木质家具制造学［M］. 北京：中国轻工业出版社，2011.

项目 5
纸类饰面设计与施工

 课程导入

　　纸类饰面是将表面印有木纹、纺织纹、理石纹以及其他艺术图案的特制专用纸经过一系列工序覆盖到人造板表面的一种装饰手段。三聚氰胺树脂浸渍纸贴面等纸类饰面技术具有生产用料少、耗能低、工序简单、成本低等优点，并且具有外观美丽、表面耐磨、耐热、耐污染、易于清洁等性能而被广泛地应用于板式家具、室内装修等行业中。本项目通过纸类饰面方案设计、纸类饰面方案实施与品质监控两个工作任务引导学生掌握纸类饰面技术。

 学习目标

1. 了解纸类饰面工艺材料选用及饰面材料的市场状况；
2. 掌握饰面工艺的流程步骤；
3. 掌握饰面工艺缺陷的概念、产生原因及解决对策；
4. 了解家具企业饰面工段的安全生产规范、饰面材料的管理要求和常识；
5. 了解印刷装饰纸、预油漆纸、浸渍纸、装饰板等纸类贴面技术的原辅材料的性能、技术要求与贴面工艺特点等基本知识。

 能力目标

1. 能够根据基材种类、环保要求正确选用饰面材料及施工工艺；
2. 能够根据饰面施工工艺方案完成饰面流程，核算综合成本；
3. 能够正确使用和维护常用工具和设备。

 任务 5.1　纸类饰面方案设计

任务目标

1. 了解常用的纸类饰面材料规格、特点；
2. 了解常用的纸类饰面工艺流程；
3. 掌握各种纸类饰面工艺步骤。

能力目标

1. 能够合理选用纸类饰面材料；
2. 能够按照来样要求独立设计纸类饰面工艺步骤。

工作任务

任务提出

根据客户要求，确定所选用的纸类饰面材料、基材、胶合材料、热压工艺，进行工艺方案设计。

任务分析

纸类饰面技术包括印刷装饰纸贴面技术、预油漆纸贴面技术、浸渍纸贴面技术、装饰板贴面技术等。它是人造板二次加工和家具表面装饰的重要方法之一。该任务要求在了解上述四种贴面技术的基础上重点对浸渍纸贴面技术中涉及的基材要求、涂胶、配坯、热压等工艺进行重点掌握。设计出合理的工艺流程单。

工作情景

实训场所：家具表面装饰一体化教室。

所需设备及工具：电脑、展示板、学习资料。

工作场景：在家具表面装饰一体化教室内，教师根据任务要求，将任务要求进行讲解，必要时对相关工艺流程进行说明，然后让学生分组根据教师发放的任务要求进行方案设计，教师巡回指导。完成任务后，各小组进行方案的展示。教师要对各组的方案设计进行评价和总结，指出不足及改进要点。学生根据教师点评，重新对整个方案设计进行修改，撰写相关实训报告（包括具体过程、遇到问题、改善对策、心得体会等）。

知识准备

1. 纸类饰面的种类及特点

（1）预油漆纸的种类和应用

预油漆纸又称预涂饰装饰纸、预油漆装饰纸或油漆纸，是将表面印有珍贵木纹或其他装饰图案的装饰纸，经树脂浸渍、表层油漆等工艺后制成的一种表面装饰材料。预油漆纸也是印刷装饰纸的一种，它外表美观、质感逼真、光泽柔和、触觉温暖、耐磨、耐污染、易弯曲而富有弹性，适合各种造型，为家具设计、人造板利用开辟了更广阔的空间。虽然在使用性能方面没有塑料贴面板耐磨、耐污染、耐老化，但由于它具有最终涂饰的表面，从而简化了家具生产工艺，提高了生产效率，成本低，减少了生产和使用中的有害物挥发，因而大量应用于木质人造板的表面装饰。预油漆纸是家具业和建筑装修业大量使用的装饰材料，是天然薄木的较好替代品，其改进了装饰纸贴面产品性能，是在干法贴面基础上发展起来的饰面材料。

预油漆纸产品种类很多，可按原纸种类、表面涂饰处理、表面涂料种类和贴面工艺方法等进行分类。

① 按原纸种类分类　预油漆纸可分为非浸型、预浸型和后浸型。

② 按表面涂饰处理分类　预油漆纸可分为最终处理型和可再涂饰型。

③ 按表面涂料种类分类　预油漆纸可分为水溶性漆型、油溶型漆型、紫外光固化漆型和电子束固化漆型。

④ 按贴面工艺方法分类　预油漆纸可分为平压型、辊压型、包覆型和在线贴面型。

⑤ 按背面涂胶情况分类　顶油漆纸可分为预涂胶型和不涂胶型。

⑥ 按柔软程度分类　预油漆纸可分为标准型、柔软型和超柔软型。

20 世纪 70 年代开始，预油漆纸在欧洲生产，最初是代替薄木，用胶黏剂压贴在人造板表面来制造家具。产品有片状和卷状，由于当时化工原料和涂料生产技术的限制，表面涂料以聚酯漆、硝基漆、醇酸漆为主，生产工艺复杂，产品性能无法满足要求，因此这种纸在早期发展缓慢。20 世纪 90 年代以后，随着化学工业的发展，涌现出各种高性能、干燥快、污染少的涂料品种，涂料性能已经大大超越了以往油漆产品所涵盖的范围，所以近些年来预油漆装饰纸的生产技术在全世界范围都有了很大发展，同时，全球性的森林资源缺乏也促进了木质人造板和替代品的大量生产，在我国也出现了发展的迹象和趋势。据美国贴面装饰材料协会（LMA）统计，1999 年仅美国和加拿大的预油漆纸生产量就增长了 18%，同时欧洲有关的统计表明，预油漆纸的世界总产量已达到 $1.6 \times 10^9 m^3/a$，占纸质贴面材料的 1/3。

预油漆纸在家具制造业主要应用于普通家具及室内门的表面装饰。对于可再涂饰型的预油漆纸，当其表面涂饰底漆后，可应用于实木柜类家具装饰，组装后统一涂布面漆，使整个家具外观从材质上、色调上浑然一体，达到逼真的效果。对于家具内部表面及搁板等，可采用低定量、低涂饰量的预油漆纸来装饰，既可平衡应力，又能起到美观、清洁的作用。

预油漆纸还被大量用于建筑装修业中，常见于护墙板、天花板、装饰线和踢脚线等的表面装饰。使用时，通常将中密度纤维板或刨花板加工成一定规格的板条，开榫开槽后包覆预油漆纸。如果在连接板缝间镶入彩色玻璃、金属条等装饰材料，会更具有装饰效果。

预油漆纸也是用作包覆各种断面形状装饰线条的理想材料。超柔软型顶油漆纸可以满足 1mm 曲率半径圆角的包覆，能够充分体现出线条表面曲线的圆滑连接，适合于各种用途的装饰线框、线条装饰。

（2）预油漆纸贴面工艺

预油漆纸不但应用广泛，而且使用方便。它的原纸重量比三聚氰胺浸渍纸低 20%～30%，可以降低原料的消耗；在贴面工艺上不需要高温、高压的专用贴面设备；比低压短周期三聚氰胺贴面对设备的要求低，贴面成本可降低 50% 左右。可采用热压、冷压、平压、粗压和包覆等各种工艺，在型条包覆机上，可以对各种木质线条进行包覆。手工操作也可以完成贴面，所以很受家具行业和装饰装修行业的欢迎。贴面所用胶黏剂可根据具体工艺选择脲醛胶、聚醋酸乙烯酯乳液胶、热熔胶等。

① 辊压贴面　辊压贴面是预油漆纸贴面最常用的贴面方法。分为常温辊压和加热辊压两种，热辊压贴面又分为湿法贴面和干法贴面。湿法贴面是将胶黏剂涂在基材上再贴面；干法贴面是对预涂在卷材上的胶层加热活化后再贴面。两种胶贴工艺基本相同。

常温辊压贴面工艺过程主要包括：基材清理、涂胶、陈放、铺放油漆纸、油漆纸截断和辊压。在辊压贴面生产过程中，基材清理必须干净，因为涂胶胶层很薄，即使是微小的杂物混入胶层都会影响贴面质量。采用常温固化的聚醋酸乙烯酯乳液胶，固化速度较慢，辊压后需要水平堆放 8～24h 后才能进入后续工序加工。因为胶层里面的水分渗入基材，使得刨花板膨胀，胶贴后容易变形。贴面后胶膜不具有足够的初黏强度，所以不能及时进行后续加工。

加热辊压贴面工艺与常温辊压贴面工艺基本相同，区别主要是在基材板涂胶前或涂胶后要进行预热处理，使胶层中的水分迅速蒸发和快速被基材吸收，胶黏剂的初黏度明显提高。这种加热贴面工艺减少了基材表面吸收的水分，减轻了表面刨花膨胀，提高了贴面质量，缩短了贴面板工艺堆放时间。基材表面预热温度为 40~50℃。

② 平压贴面　由于冷压时间长，贴面板表面质量差，所以平压贴面主要是采用热压。热压生产工艺与薄木贴面工艺基本相同，只是后涂型预油漆纸的贴面胶合强度稍差一些，所以生产中应适当加大热压机的工作压力。另外，贴面时要注意及时排除装饰纸与基材之间的空气，使二者充分吻合，才能保证贴面后板面平整光滑。排除装饰纸与基材之间的空气的最好方法是先用辊压机辊压，然后再热压胶合。贴面时，所用的胶黏剂中应适当加入一定量的填料，如大白粉、高岭土等，以使涂胶时基材表面的低凹处被填补平整，提高贴面质量。由于预油漆纸表面已有固化的漆膜，再与基材胶合时，胶黏剂中的溶剂不易透过表面散发，表面常会出现鼓泡现象，因此，必须严格控制生产工艺条件。

③ 型条包覆　型条是指用木质人造板等制成的各种装饰线条。对这些型条表面装饰处理，可以采用包覆的工艺方法。型条包覆是指用质地柔软的表面装饰材料对型条的各使用面进行同时贴面的装饰加工。

2. 合成树脂浸渍纸贴面

树脂浸渍纸贴面是将原纸浸渍热固性合成树脂，经干燥制成树脂浸渍纸（亦称胶膜纸），再经热压等工序粘贴在基材表面。常用的浸渍合成树脂主要有改性三聚氰胺树脂、脲醛树脂、酚醛树脂等，所用浸渍材料为特殊加工的原纸，此外还有少量的无纺布、各种织物等。

浸渍纸贴面装饰板系采用特制装饰纸，经浸渍三聚氰胺甲醛树脂，直接贴在人造板表面上的一种人造板二次加工装饰方法，其过程即把装饰胶膜纸和人造板组坯后送入热压机内，在一定的温度和压力下制成板材。可分为"热—冷"法和"热—热"法两种生产工艺。

"热—冷"法制造出的贴面装饰板，具有较高的光泽度及理化性能。这是因为板坯在热压机内进行加压、加热，冷却后卸压出板，树脂经过缩聚反应与人造板表面形成一个力学性能比较好的树脂涂层，这一树脂涂层待冷却后其表面形成一定硬度和光亮度，并具有耐热、耐水、耐磨、耐化学腐蚀等性能。

对现有的三聚氰胺甲醛树脂，通过加入改性剂进行改性，提高了树脂液流动性和缩短了树脂固化时间，这是目前适用于"热—热"法低压短周期贴面的方法。该方法制造出的产品表面光泽柔和。这种生产工艺主要特点为热压周期短、温度高、压力低、生产效率高，但不能制造高光泽贴面装饰板，如要求表面光泽很高时，仍需要采用"热—冷"法贴面工艺，但目前"热—热"法生产工艺发展较为普遍。

（1）浸渍纸贴面人造板的分类

按使用的原材料分类见表 5-1。按浸渍纸贴面人造板的工艺方法分类见表 5-2。

（2）浸渍纸贴面装饰板的原纸

制造三聚氰胺浸渍纸贴面装饰板的主要材料有浸渍原纸、合成树脂、人造板基材等。

表 5-1　浸渍纸贴面人造板的分类

分类方法	种　类
按基材分	浸渍纸饰面刨花板
	浸渍纸饰面中密度纤维板
	浸渍纸饰面硬质纤维板
	浸渍纸饰面钙塑板
	浸渍纸饰面金属板
按浸渍树脂分	改性三聚氰胺浸渍纸饰面板
	脲醛三聚氰胺浸渍纸饰面板
	酚醛树脂浸渍纸饰面模板
	三聚氰胺浸渍纸饰面板
	邻苯二甲酸二丙烯酯浸渍纸饰面板
	三聚氰胺浸渍纸强化复合地板
按装饰表面分	单面饰面人造板（正面贴浸渍装饰纸，背面胶贴平衡纸）
	双贴面人造板（两面胶贴浸渍装饰纸）
	浮雕装饰人造板（用有浮雕图案的钢板压制出有纹孔、棕眼或凸凹图案）
	柔光装饰人造板（使用铝箔或铜箔贴于人造板表面）

表 5-2　浸渍纸贴面人造板的工艺方法分类

分类方法	种　类
"热—冷"法	设备多为多层热压机，压机升温后，把组装好的板坯送入热压机压制，待压至终了时热压板必须通入冷水冷却，待温度降到 50℃时降压出板
"热—热"法	采用低压短周期工艺，可连续化生产，压制完毕可直接出板，无须冷却，生产率高，节省能源
双钢带连续辊压法	采用低压高温辊压工艺，单双贴面均可，生产效率高，可连续化生产

浸渍原纸包括装饰纸、表层纸、底层纸及平衡纸。低压短周期贴面对装饰纸的耐光性、覆盖性、吸收性要求更高，由于原纸很薄而人造板基材表面粗糙，极易显现贴面痕迹，影响贴面板的外观质量，生产中应根据基材人造板表面粗糙度选用装饰纸的定量，装饰原纸定量有（80±2）g/m²、（100±3）g/m²、（120±4）g/m²几种规格，其中80g/m²应用较普遍，但要根据人造板表面结构状况，确定选用装饰纸的定量或铺放层数。较为粗糙结构基材可选用100～150g/m²，总之要根据具体情况处理。如果生产特殊用途的装饰板，可以采用双层贴面，即在装饰层下面再铺放一张覆盖纸（两面必须对称铺放），既提高了板面的光洁度和美观性又提高了装饰板的使用稳定性。

人造板是由木质碎料制成，吸收性强，故装饰纸应具有较高的吸收性、覆盖性，浸渍有足够的树脂及有足够胶结强度、良好的耐光性和纯度。在制造装饰纸时在纸浆内加 15%～35%钛白粉，增强装饰纸的覆盖能力，否则在热压时会产生透胶或基材显现。因此，在生产中应按照人造板表面结构状况来确定装饰纸的定量和厚度，板面细腻光滑，采用 80g/m² 左右，板结构较粗糙，则选用 100～120g/m²。人造板经装饰纸贴面后，覆面板的强度可提高 10%～30%。

平衡层用纸由非净化的硫酸盐纸浆制成，定量约为 80～150g/m²。为了平衡贴面人造板的内应力，在组坯时将浸渍平衡纸铺放在人造板的背面。这类纸也可以作为底层纸用，以找平基材表面；供建筑模板、车厢胶合板贴面时，其中一面也可作为补偿平衡层或内层。这种纸主要是浸渍酚醛树脂，树脂含量控制在 15%～20%。

表层纸由纤维素含量很高的漂白硫酸盐和亚硫酸盐纸浆制成，定量为 $20\sim40g/m^2$，表层纸的作用是保护装饰层花纹不受外界损伤。此种纸要求有良好的吸收性，洁白干净，浸胶后无色透明，热压后有高强耐磨性。为了提高装饰层的耐磨性，制造强化复合地板在组坯时可在装饰层上面铺放一层高耐磨的表层纸。

（3）辅助材料

在合成树脂浸渍纸贴面过程中，除树脂浸渍纸和基材人造板面外，金属垫板、衬垫材料、脱膜材料等各种辅助材料对产品质量、装饰效果和生产效率也有很大的影响。

① 金属垫板　金属垫板表面状态决定着贴面板产品的表面情况，如金属垫板表面为平滑的镜面，则产品就呈现有光泽的表面；如不锈钢板表面用喷砂处理成微细的凹凸表面，则得到的是亚光的产品表面；如对金属垫板表面进行喷砂精加工，则得到的产品表面就呈现缎面视觉感。基材人造板的缺陷反映到板面上，几乎不影响制品保护膜的物理性质，但会出现光泽不均的状况，甚至用肉眼也很容易看出。如果采用消光（或柔光）金属垫板表面，光线实现漫反射，则外观上的伤痕就不容易看出来。

② 衬垫材料　为了使浸渍纸中的树脂固化，加热温度及加热时间对贴面板的质量影响很大，同时在整个板面上压力应该均匀，如果局部压力不均，则树脂固化程度不一致，难以熔融流动形成均匀的胶膜，会造成产品表面光泽不匀。由于热压机的压板与金属垫板难以绝对平整，人造板基材也有厚度公差，为了使浸渍纸能均匀加压，有必要使用衬垫材料。

常用的衬垫材料有衬垫纸、耐热橡胶板、丁腈橡胶与石棉的复合板和胶膜纸板坯等。国内企业多采用衬垫纸，一般为 $20\sim30$ 层牛皮纸，使用一段时间后会失去弹性，此时必须更换。而耐热橡胶板及橡胶石棉复合板较为优良，可以多次使用，经济性好，热压时缓冲效果好，应用较普遍。

③ 脱膜材料　热压时，树脂浸渍纸和金属垫板紧贴在一起加热，树脂固化后可能附着在金属板上，使金属垫板和树脂膜难以脱离，因此，要用脱膜剂使制品与垫板不会粘附。脱膜剂分为内脱膜剂和外脱膜剂两种。

内脱膜剂　为了使树脂具有良好的脱膜性能，可对初期缩合物进行改性。内脱膜剂是指在树脂初期缩合物中加入具有脱膜性能的物质。由于树脂种类不同，脱膜剂的脱膜效果也有差异。

外脱膜剂　外脱膜剂是将脱膜剂涂于金属垫板的表面，再进行组坯，使用较为方便，有一定的效果。常用的外脱膜剂有硅酮、卵磷脂、硬脂酸等。也有在金属垫板上烧结脱膜材料（如聚四氯乙烯等）的方法，同样具有一定的效果。

任务实施

---

1. 实施步骤

按照"来样识别→讨论选用纸类饰面方法、工具、材料→设计方案→填写任务工单"的步骤进行。每个步骤按"组内讨论→展示作品→组间评价→修改""组内讨论→展示作品→组间评价""问题指导→评价、验收→归纳总结"等环节进行。

2. 材料、工具及设备的选用

根据市场或客户需求，结合家具基材种类、贴面效果、施工成本、施工条件、环保要求等，讨论分析如何合理选用贴面材料、贴面方法、贴面工具等问题。

3. 填写任务工单，设计工艺方案

序　号	工　序	设备、材料	施工工艺参数	操作注意事项
1				
2				
3				
4				
5				
⋮				
班级		第　组		

■ 总结评价

成果评价见表5-3。

表5-3　成果评价表

评价类型	项目	分值	评分细则	组内自评（40%）	组间互评（20%）	教师点评（40%）
过程性评价（70%）	案例分析能力	20	正确提出饰面效果、质量等级和设计要求；0~7 提出所用工具、材料及相关施工方法；0~7 列举相关安全操作规程；0~6			
	方案设计能力	20	设计符合功能性、艺术性、文化性、科学性、经济性；0~7 满足客户需求；0~4 符合实际操作规程，能结合实际环境、设备等；0~5 工艺步骤连贯；0~4			
	自我学习能力	10	预习下发任务，对学习内容熟悉；0~3 针对预习内容能利用网络等资源查阅资料；0~5 积极主动代表小组发言；0~2			
	工作态度	10	遵守纪律，能约束自己、管理他人；0~3 积极地完成任务；0~5 在小组工作中与组员的配合程度；0~2			
	团队合作	10	团队合作意识；0~2 组内与组间与人交流；0~2 协作共事，合作愉快；0~3 目标统一，进展顺利；0~3			
终结性评价（30%）	方案的创新性	10	工艺流程复杂程度高；0~5 成本节约；0~2 操作管理规范；0~3			
	方案的可行性	10	符合总体设计要求；0~4 能结合实际环境、设备等，使方案可执行；0~3 工艺步骤连贯；0~2 操作难易程度适中；0~1			

评价类型	项目	分值	评分细则	组内自评（40%）	组间互评（20%）	教师点评（40%）
终结性评价（30%）	方案的完成度	10	尽职尽责；0~4 顾全大局；0~3 按时完成任务；0~3			
评价	姓名：		组别：　　　第　　组			
评语	教师评语：		总评分：			

■ 拓展提高

1. 装饰板的分类

（1）根据表面耐磨程度分类

① 高耐磨型　具有高耐磨性，用于台面、地板等场合，耐磨转数在 900~6500r。

② 平面型　具有较高的耐磨性，用于家具的表面等，耐磨转数在 400r 以上。

③ 立面型　具有一般的耐磨性，用于家具的立面、建筑室内装修等，耐磨转数在 100r 以上。

④ 平衡面型　具有一定的物理力学性能，仅作平衡材料使用。

（2）根据表面性状分类

① 有光型　表面光亮，经久耐用，其光泽度大于 85。

② 柔光型　表面光泽柔和，不产生反射眩光，能保护视觉机能和减少视觉疲劳，立体感强，具有较好的装饰效果，其光泽度为 5~30。

③ 浮雕型　表面有浮雕花纹。

（3）根据性能分类

① 滞燃型　具有一定的防火性能，氧指数在 37 以上（普通型的约为 32）。

② 抗静电型　具有一定的消静电能力，主要用于机房、手术室等场所。

③ 后成形型　防火板受热后还可软化、弯曲，可进行异型包边。

④ 普通型　无以上特殊性能要求的普通防火板。

装饰板的分类、分等、规格尺寸及尺寸公差、形位公差、物理力学性能、外观质量等技术指标和技术要求，可参见 GB 7911—2013《热固性树脂浸渍纸高压装饰层积板（HPL）》及有关标准或产品说明书中的规定。

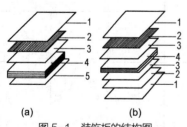

图 5-1　装饰板的结构图
（a）单面装饰板　（b）双面装饰板
1. 表层纸　2. 装饰纸　3. 覆盖纸
4. 底层纸（若干层）5. 隔离层纸

2. 装饰板的规格与结构

（1）装饰板的规格

装饰板规格是根据用途和设备条件确定的，目前幅面规格如下：915mm×1830mm，915mm×2135mm，1220mm×1830mm，1220mm×2440mm，1220mm×3050mm，1220mm×3660mm，1830mm×3660mm。厚度规格为 0.4、0.5、0.6、0.8、1.0、1.2、1.5、1.8、2.0、2.4、2.8、3.2、4.8、5.6、6.4mm。但常用的装饰板厚度多在 0.4~

1.5mm。根据一些国家的划分范围，厚度在 0.4~1.5mm 为通用产品；厚度 2mm 以上的为特殊用途产品或作双饰面装饰板；厚度 0.3~0.5mm 的装饰板或卷材装饰板主要作为封边、平面或曲面胶贴材料。

（2）装饰板结构

装饰板结构如图5-1、图5-2所示。

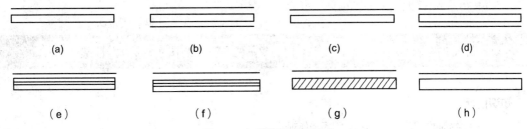

图5-2　各种类型装饰板结构

（a）单面装饰板　（b）双面装饰板　（c）单面浮雕装饰板　（d）双面浮雕装饰板

（e）基层纸中加有金属板的增强装饰板　（f）底层纸中加玻璃纤维布的装饰板

（g）基材为铝板的装饰板　（h）金属铝箔装饰板

■ 巩固训练

根据对饰面材料市场考察和平时生活中的观察进行课外调研，完成表5-4和表5-5的填写。

表5-4　纸类饰面材料市场调研表

贴面材料	规格	颜色	光泽度	厚度	物理性能	价格

表5-5　平时生活中观察纸类饰面家具情况表

家具种类	家具价格	使用饰面材料	家具使用时间	饰面材料完好度	饰面效果评价

■ 思考与练习

1. 纸类饰面有哪些种类？各有何特点？

2. 简述浸渍纸贴面工艺流程。

3. 预油漆纸的种类有哪些？请阐述辊压法贴面工艺。

4. 简述装饰层压板的分类。

■ 自主学习资源库

1. 国家级精品课网站 http://218.7.76.7/ec2008/C8/zcr-1.htm

2. 孙德彬，等. 家具表面装饰工艺技术［M］. 北京：中国轻工业出版社，2009.

3. 朱毅. 木质家具贴面与特种装饰技术［M］. 哈尔滨：东北林业大学出版社，2011.

4. 黄见远. 实用木材手册［M］. 上海：上海科学技术出版社，2012.

任务 5.2　　纸类饰面方案实施与品质监控

知识目标

1. 了解纸类饰面板加工工艺流程，设备操作规范；
2. 掌握纸类饰面材料安全贮存常识、安全管理要求；
3. 掌握纸类饰面工艺中容易出现的缺陷的处理方法；
4. 了解纸类饰面工艺工段的安全生产常识。

能力目标

1. 能够独立操作纸类饰面设备；
2. 能够发现纸类饰面工艺中出现的缺陷并提出合理解决办法。

工作任务

任务提出

根据工艺方案要求，合理选择贴面材料及胶结材料，完成三聚氰胺树脂浸渍纸贴面工艺。

任务分析

对现有的三聚氰胺甲醛树脂，通过加入改性剂进行改性，可以提高树脂液流动性和缩短树脂固化时间，适用于"热—热"低压短周期贴面方法。其制造出的产品表面光泽柔和。

本任务要求以浸渍纸为贴面材料，采用低压短周期贴面工艺进行贴面操作。

工作情景

实训场所：实训车间。

所需设备及材料：浸渍纸、裁板机、宽带砂光机、涂胶机、单层热压机。

工作场景：在相应的实训车间内，教师根据任务要求，将工艺步骤进行讲解，并重点将生产时用到的机械设备进行操作演示，然后让学生分组根据小组方案设计步骤进行浸渍纸贴面操作，教师巡回指导。完成任务后，教师要对各组的实训过程及结果进行评价和总结，指出不足及改进要点。学生根据教师点评，重新对整个实训过程各环节进行审查和回顾，撰写相关实训报告（包括具体过程、遇到问题、改善对策、心得体会等）。

1. 影响树脂浸渍纸饰面板质量的因素

（1）树脂浸渍纸

树脂浸渍纸主要由原纸和树脂组成，各种原纸分别浸渍不同的合成树脂，经干燥后即制成树脂浸渍纸，它的质量直接影响到装饰板的质量。

装饰原纸对于树脂浸渍纸饰面板的外观和物理性能都有影响。以装饰效果为主要目的时，因产品表面主要呈现装饰纸的图案，所以装饰原纸应有美丽、逼真的印刷花纹。要发挥制品表面的印刷效果，要求装饰原纸有良好的平滑性，对印刷油墨的印染性好。同时，选用的油墨要有热稳定性和耐久性，在热压和长期使用中不变色、不变质，经久耐用。浸渍液所用的溶剂因合成树脂的种类不同而不同，要充分考虑它与印刷油墨的相溶性和热压后印刷图案的流失。

合成树脂的种类及其性质影响饰面板表面的物理力学性能和化学性质。浸渍合成树脂时，树脂的浸润性和渗透性要好，对浸渍原纸没有渗透不均匀的现象。如果树脂缺乏应有的渗透性，原纸达不到足够的树脂含量，且内部难以均匀吸收，产生不均匀现象，往往造成纸张内部分层。所用浸渍树脂种类不同，直接影响到产品表面的耐磨性、耐热性、耐水性、耐药品性、耐候性及表面光泽等。树脂种类与贴面生产工艺有直接关系，例如用改性三聚氰胺树脂、"DPA"树脂、鸟粪胶树脂等，可采用低压、短周期、不冷却卸压工艺。

树脂浸渍纸中的树脂含量是指树脂与纸张的重量之比。树脂含量是决定饰面板表面覆盖膜性质的重要条件之一。树脂含量因树脂的种类不同而有差别，大致在 50% 左右，或略高，这要根据产品种类、使用条件和有无表层胶膜纸等因素而确定。

浸渍纸挥发物含量是以所含挥发分与绝干胶膜纸的重量之比来表示的。挥发物含量包括树脂浸渍纸中游离的挥发分和树脂反应生成的水等。后者预示着树脂浸渍纸中树脂缩合的程度，直接与热压的工艺条件密切相关，也涉及树脂的流动性，在很大程度上影响着产品质量。

如果挥发物含量高，说明干燥不充分，吸湿性变大，这样热压时产生的水蒸气增多，容易产生鼓包、气孔、湿花等缺陷，使产品表面光泽不均。同时，热压后由于表面收缩，其尺寸变化大。挥发物含量太少，制品表面的光泽度下降，与基材人造板的粘接性能差，覆盖膜不透明，易产生白花，甚至有难以成型的情况。

树脂浸渍纸挥发物含量应有一个最佳值，这一数值的大小，随树脂的种类和胶膜纸的种类不同而稍有不同，大致在 4%～8% 的范围内。

树脂流动性指树脂浸渍纸热压的时候，树脂熔融流动，形成连续的胶膜。流动性随浸渍纸中树脂相对分子质量变大而减小。树脂流动性对热压条件和产品质量有很大的影响，流动性过大，覆盖膜容易出现树脂量不足的问题；流动性小，产品表面光泽不匀，容易出现麻面状，与基材人造板粘接性差，对基材、机械设备及附属器材的精度要求高。

浸渍纸制备时，应根据热压工艺条件，调整挥发物含量和流动性。可调整的因素有树脂的种类、性质、催化剂、添加剂种类和数量等。浸渍纸挥发物含量和流动性的调整，主要是通过对浸渍干燥工艺条件的控制来实现的。干燥时，要达到一定的挥发物含量，可以用高温短周期工艺，也可以用低温长周期工艺，但高温干燥则树脂流动性差，为了使树脂缩合均匀，一般宜采用低温长周期工艺，但生产效率有所降低。

（2）热压工艺条件

浸渍纸饰面板在进行热压贴面时，为了使树脂充分固化，必须有一定的热压压力、温度和时间。基材不同，所用的胶黏剂也不同，热压的温度和压力也就不同。

热压的工艺条件与树脂浸渍纸中树脂的流动性密切相关，可以根据树脂的流动性调节热压工艺条件。如前所述，流动性是树脂本身的性质，同时，浸渍纸制备时，所含树脂的流动性在很大程度上受干燥条件的支配。因此，热压条件与浸渍纸的干燥有很重要的相互关系，二者对装饰人造板表面覆盖膜的物理性能有显著的影响。

以三聚氰胺树脂浸渍纸饰面胶合板为例，试验结果表明，树脂浸渍纸的干燥条件，对贴面的热压条件和保护膜的物理性质有明显影响。提高热压温度可提高物理性能，但耐开裂性随着树脂固化的加深会有所降低。

（3）人造板基材质量

树脂浸渍纸通过热压与人造板基材粘贴，制成装饰板产品。所用基材应具备一定的质量标准，否则就得不到质量优异的制品，而这些往往随着合成树脂的种类不同而有所差异。各种人造板作为基材时的缺陷，一般分为材质上的缺陷和加工上的缺陷两个方面。对于刨花板和纤维板等，材质上的缺陷影响甚微。

① 材质上的缺陷　胶合板和细木工板作基材生产树脂浸渍纸装饰板时，材质上的缺陷对装饰板的影响很大，故在此以胶合板为代表讨论其影响。

材质上固有的缺陷有节疤、虫眼、树脂、夹皮、龟裂、腐朽等。因此，应根据贴面装饰产品种类，掌握缺陷允许的界限，制定出基材胶合板。

有节子的材质部分，密度高、硬度大，在加压时会产生压力分布不均的现象；板面上有开裂、虫眼、孔洞等缺陷，在加压时孔缝部分没有受压，也会使压力分布不均，产生树脂积聚或白花，因此对表面也有一定程度的影响。含有树脂的木材容易造成油污，不利于树脂浸渍纸的粘结，而且往往成为表面变色的原因。

② 加工上的缺陷　在人造板基材的生产中，不同于材质上的缺陷，加工制造上的缺陷对质量的影响是可以避免的。采用适当的技术措施，可以防止加工上的缺陷产生，使基材达到要求的技术标准。

首先，基材人造板的黏合性能必须十分良好，保证有足够的力学强度，特别是经热压进行贴面装饰后，胶黏剂的黏合力要求保持在相当的水平上。

其次，基材的含水率应均匀、适当。胶合板含水率控制在12%以下，最好低于10%；刨花板和纤维板的含水率则在6%~10%的范围之内。如果人造板基材内有大量的水分存在，不仅对浸渍纸的粘贴有影响，还易出现鼓泡等现象，同时还会使表面覆盖层光泽不均，产生湿花等，最终导致产品出现翘曲、偏位等缺陷。

再次，人造板基材的厚度公差和平整性，关系到板面加压压力的均匀分布，对饰面板产品有明显影响，所以有严格的要求。贴面前，板面要精加工，进行砂光处理，常用的设备为宽带式砂光机。要使基材精加工达到常规厚度，有必要进行两次表面砂光。对于胶合板，特别应避免选用芯板有重叠、裂缝的作为基材。

人造板基材缺陷存在的允许程度，随树脂浸渍纸所用合成树脂的种类、装饰纸的厚度、隔离层的有无、人造板的结构组成、热压时的工艺条件（温度、时间、压力）以及衬垫缓冲材料等的不同而不同。

2. 浸渍纸饰面板质量评定

合成树脂浸渍纸贴面的产品品种较多，由于所用树脂和人造板基材种类的不同，可组合成许多产品，一般根据其质量规格等因素确定它的使用范围。对于这类产品的质量，可通过外观质量和物理化学性能两个方面来评定。

（1）外观质量

外观质量评定的重点是浸渍纸用的装饰原纸及树脂覆盖层。

浸渍纸用的装饰原纸主要是印刷纸，多以印刷质量作为评定的标准。在印刷版面内，不允许有印刷不均、色泽不均、印刷图案不鲜明等缺点，所用油墨在热压时也不应有浸润、渗透和流动等现象。在印刷纸的开始部分和最后部分，印刷油墨的色调不允许有差异，每一批之间也不允许有差异。

板面树脂覆盖层有时会出现树脂不均匀、固化不均、光泽不一致和白花等现象，这些缺陷的产生与浸渍纸的干燥条件、树脂的流动性、胶膜纸的挥发物含量和热压工艺条件有关，同时也与浸渍纸浸渍、胶膜纸吸潮、基材厚度不均、基材含水率不一致、加压压力不均、金属垫板冷却程度不适当等因素有关。

当人造板基材厚度不均、表面凹凸不平时，在树脂流动性较好，加压压力大及浸渍纸很薄的情况下，树脂会流动积聚在凹陷的部分，表面易出现龟裂的缺陷。若以胶合板为基材，对于导管较大的材种（如柳桉），由于树脂流动性好，压力大，胶膜薄，同样会出现导管部分凹陷和发生轻微毛细状裂纹的现象。这些缺陷多起因于树脂的性质、基材质量和热压工艺条件不当。

在浸渍纸与人造板基材的组胚胶贴过程中，操作失误也会产生各种缺陷，常见的有胶膜纸的折叠、皱纹、破裂以及其他杂物的夹入，这些都损害了表面的外观质量。所以，组胚的场地应与其他操作场地相隔离，胶膜纸和基材的堆放要有规律，场地应清洁整齐，板坯铺装时要注意防止各层偏斜，减少板面翘曲。

（2）物理化学性能

浸渍纸贴面板产品要求具有与它使用目的相适应的理化性能，而物理化学质量的好坏应以物理化学检测的结果来评定。

浸渍纸贴面板的理化性能检测内容分为两个方面，一是人造板基材的性能检测，二是表面树脂层的理化性能检测。

人造板基材的性能检测，根据人造板种类的不同需要执行不同的检测项目。其中，刨花板的性能检测包括静曲强度、密度、平面抗拉强度和吸水率等项目；纤维板的性能检测包括密度、静曲强度和吸水率等项目；胶合板的性能检测包括含水率、抗拉强度、抗剪强度等项目。人造板质量检测的具体方法可参阅人造板的相关检验标准。

表面树脂层的理化性能检测包括物理性能检测和化学性能检测。浸渍纸贴面板是一大类产品，根据所用合成树脂种类、人造板基材种类及加工工艺的不同，又可分为许多小的种类。此外，根据使用目的的不同，理化实验的项目可以相应的进行增减。

3. 常见的质量缺陷及其原因

（1）粘贴不良

① 胶膜纸挥发物含量过高或过低；

② 热压条件不恰当，压力及温度不合适；

③ 基材人造板含水率不均匀，所用木材树种不当。

（2）粘板

① 胶膜纸浸渍的树脂量过多，挥发物含量过高；

② 热压温度和时间不合理，胶层未固化或固化不良；

③ 辅助材料中，金属垫板不合适，脱膜剂种类选择不妥及脱膜剂涂布不良。

（3）光泽不均匀

① 胶膜纸树脂浸渍不均，挥发物含量过高；

② 热压时，压力过小、压力不均、压板与衬垫材料不齐；

③ 基材人造板厚度不均，胶合板芯板有重叠、裂缝或节疤；

④ 脱膜剂不良，涂布不均；

⑤ 不锈钢板抛光不好。

（4）无光泽

① 胶膜纸挥发物含量过高，树脂浸渍量不足，树脂流动性过大；

② 热压时，热压工艺条件不恰当；

③ 金属垫板表面状态不良，脱膜剂种类不合适。

（5）白色斑点

① 胶膜纸挥发物含量过低，树脂流动性过小；

② 热压压力条件不适宜，压力过小，压力不均；

③ 压板及衬垫材料对位不齐，脱膜剂涂布不均。

（6）表面胶膜缺胶

① 脱膜纸树脂浸渍量过少，原纸厚度不均；

② 树脂流动性过大；

③ 热压压力过大，温度不合适。

（7）物理性能差

① 胶膜纸浸胶量过少，挥发物含量过高；

② 热压温度太低或时间过短，表层胶膜未固化或固化不良；

③ 热压压力过大，基材人造板胶结层受到破坏。

任务实施

---

1. 材料准备

（1）基材要求

对基材的要求如下：

① 具有一定的强度及耐水性能，符合国家标准要求。

② 刨花板基材含水率分布均匀一致，一般含水率要求在 8%～10%。

③ 基材厚度均匀，通常要进行砂光。一方面可以去除表面的预固化层，另一方面可调整厚度，使

其偏差不大于±0.2mm。

④ 表面平滑、质地均匀、平整不翘曲，刨花板要求表面由细小刨花构成。砂光一般用 100#~240# 砂带，先粗砂后精砂，以保证表面光滑度。

⑤ 基材结构对称合理，刨花板最好是三层结构或渐变结构。

（2）对浸渍纸的要求

原纸通过浸渍和干燥后成为浸渍纸（又称胶膜纸）。通常浸渍纸的树脂含量和挥发物含量对产品的内在和外在质量有决定性的因素，而且浸渍所用的树脂组分（一般均是三聚氰胺树脂，加入其他一些添加剂如固化剂、耐磨材料、悬浮剂、内部脱模剂等）也是一个很关键的因素。

① 浸渍纸的树脂含量　用于低压短周期浸渍纸饰面刨花板的浸渍纸的树脂含量应控制在 130%~ 150%范围内，这样既保证其能与刨花板基材粘合，又保证在表面形成均匀封闭的膜。树脂含量太高，表面开裂；树脂含量太低，则达不到所要求的强度。浸渍纸生产可以采用一次浸渍或二次浸渍，后者不仅降低成本，而且提高了浸渍纸在加压时胶的流动性、均匀性等。

② 浸渍纸的挥发物含量　浸渍纸的挥发物含量不仅影响产品的性能，对工艺操作也有直接的关系。挥发物含量过低，浸渍纸发脆、易破损、树脂的流动性差，容易形成白花；挥发物含量过高，容易形成湿花，树脂固化不完全、易发黏。一般控制挥发物含量在 5%~7%为宜。

③ 浸渍纸的贮存　一些小型的二次加工生产厂家通常是直接购买浸渍纸进行生产，因此必须了解所购买的浸渍纸的树脂含量和挥发物含量，以及其生产日期。贮存浸渍纸是用来调节、控制挥发量的一种有效手段。浸渍纸在自然环境下，易受湿度的影响，使挥发物含量超出允许范围，降低产品质量。因此，浸渍纸应保存在相对湿度 50%~60%，温度 15~25℃的环境中。在这样的环境下至少可以贮存 2~ 3 个月，产品的性能保持稳定。

④ 浸渍用树脂的调配　一般厂家生产浸渍纸时，根据产品的用途分别加入不同添加剂来进行调配。如为了更好地适应低压短周期的工艺，常在树脂中加入一些潜伏性固化剂（也称热反应催化剂，如三乙醇胺等），以确保树脂在短时间内完全固化；同时可加入一些悬浮剂（海藻酸钠、羧甲基纤维素等）和耐磨材料，以进一步保证产品的耐磨性能。

（3）对胶黏剂的要求（表 5-6）

表 5-6　改性三聚氰胺树脂质量标准

项　目	树脂牌号 SJ-1	树脂牌号 SJ-2	树脂牌号 GM-1	树脂牌号 G3-1
外观质量指标			无色透明，无沉淀液体	
黏度（恩格拉）	3~4	3~4	2~3	1~2
固体含量（%）	46~48	48~50	40±2	45~55
游离甲醛含量值（%）	<2	<2	<3	<3
pH 值	8.8±0.2	9.0±0.2	7.5~8.5	7.0~7.5
水溶性（倍）	—	3.0~3.5	1.8~2.2	—
贮存期（15~20℃）（d）	30~60	45~60	30~60	30 左右

2. 组胚

采用低压法或者低压短周期法进行三聚氰胺浸渍纸贴面时，其配坯基本方式如图 5-3 所示。其中（a）是较常用方式，两面都有要求时，背面改用装饰浸渍纸；（d）、（e）的形式下表面物理性能好，但成本较高；（b）、（c）的形式适于表面木材纹理美丽的胶合板作为基材时使用。配坯时，原纸应比基材略大，纸边的余量为 15mm，贴面后裁去余量。

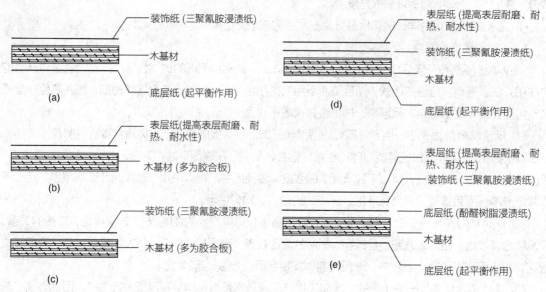

图 5-3　浸渍纸配坯基本方式

3. 热压

不同基材对热压的温度、压力、时间要求不同。以三聚氰胺树脂浸渍纸贴面为例，一般采用低压短周期贴面工艺。低压短周期贴面生产线是现代人造板贴面生产中最常用、最高效的贴面生产流水线，其采用热上热下工艺，设备为单层上压式热压机，其加热介质可以是蒸汽、热水，也可以用导热油。常用的低压短周期热压工艺条件为：热压温度 190～220℃，压力 2～3.0MPa，热压时间 25～75s。

低压短周期法的主要优点是：采用改性三聚氰胺树脂胶，可以热压出板，无须冷却，具有节省能源、缩短周期、占地面积小、操作方便、经济性较高的特点。

短时间的加压不但提高了生产效率，同时也可减少板坯的受压时间，减少基材的压缩率。由于热压时间短，基材不至于全部受热产生水蒸气而导致卸压时板坯放泡。要在短周期内使胶层完全固化，热压温度尤为重要，较适宜的固化温度为 190～200℃。由于热压板温度高，为防止先接触热压板的浸渍纸面提前固化，压机闭合时间要短，避免胶层在无压状态下固化。

生产不同类型的贴面板面，单位压力的选择也不同。柔光板面的饰面板，压力不用过高，而生产光亮面的饰面板，则应适当增加压力。此外，固化时间的长短与作用在板面的温度有关。热压机经过一段时间的使用后，表面质量还会出现不均匀等现象，需要更新衬垫。更换的新衬垫开始使用时，加压时间要延长至比正常时间多 1 倍左右，过 2～3d 测试正常后，可恢复正常工艺。

低压短周期法的主要缺点是：不能加上高亮度表面的装饰板，此外，进行双面贴面时，基材人造板不宜太薄。进行刨花板贴面时，水分不易排出，易产生表层缺陷，或致使板材脆性加大。由于在三聚氰胺树脂中加有热反应性能催化剂，因此在板坯装入压机及卸出压机时要非常迅速，压机闭合速度要快，否则易造成树脂的预固化和过固化，导致装饰板表面开裂、光泽不均或失去光泽。所以，多层压机就不适应这种速度的要求，而只能采用大幅面的单层压机，并且把上垫板固定在热压板上，每次装板仅将装饰浸渍纸与基材送入压机。

使用卧式单层压机时，板坯表背两面的加热情况是不一致的，由于板坯背面的纸和压板先接触，因此背面固化快。这就要求上下压板有个温度差。一般上下热板温差为8℃，以补偿板坯表背两面加热差异带来的影响。

■ **归纳总结**

成果评价见表5-7。

表5-7　成果评价表

评价类型	项　目	分值	考核要点说明	组内自评（40%）	组间互评（20%）	教师点评（40%）
过程评价（40%）	基材准备	10	安全规范的使用裁板设备；0~2 裁板方法合理；0~3 裁板规格正确，精度符合要求；0~3 基材砂光偏差不大于±0.2mm；0~2			
	浸渍纸准备	5	了解浸渍纸的树脂含量和挥发物含量；0~2 浸渍纸保存环境温湿度控制适当；0~3			
	调胶及涂胶	5	按比例和操作步骤规范调制胶水；0~3 涂胶量控制合理；0~2			
	配坯	10	合理选择浸渍纸配坯方式			
	热压贴面	10	热压参数设置合理；0~4 热压前后进出料操作规范；0~2 贴面质量良好；0~4			
态度评价（30%）	工作态度	10	上课考勤良好，课堂态度端正；0~3 实训过程表现积极主动，不怠慢；0~4 积极与老师沟通，勤学勤问；0~3			
	学习积极性	10	能预习和熟悉学习内容；0~3 实训过程认真负责，贡献大；0~5 能按进度要求努力完成实训任务；0~2			
	团队合作	10	团队合作意识强，爱惜共同成果；0~4 组内与组间沟通良好，分工合作良好；0~3 目标统一，合作愉快；0~3			
结果评价（30%）	作业进度	10	注重阶段成果，不拖延；0~5 按要求进度完成实训任务；0~5			
	作业完成度	10	在规定时间内按要求完成实训任务			
	作业质量	10	实训最终成果符合质量要求			
评价评语	姓名：		组别：第　　组			
	教师评语：		总评分：			

■ **知识拓展**

1. 酚醛树脂浸渍纸贴面工艺

酚醛树脂是由苯酚、甲酚、间苯二酚等酚类物质与甲醛、乙醛、丁醛等醛类物质在催化剂作用下缩聚而成的一种树脂状物质。由于酚醛树脂能够形成具有一定耐水性、耐热性、耐磨性、耐候性且机械强度优良的树脂保护膜，成本也较低，所以是最早被采用的浸渍树脂。但它略带红褐色，不能用于装饰层，多用于室外装修中人造板、水泥模板等板材的贴面材料。

国内生产酚醛树脂浸渍纸贴面板的企业，生产规模都比较小，生产工艺及设备也都比较落后。目前，贴面用酚醛树脂浸渍纸主要有两种，一种是国外进口或国内外企生产的高浸胶量纸，浸胶量一般达到200%；一种是用酚醛树脂浸渍牛皮纸制造的普通底层纸，浸胶量为 100%~120%。两种纸的贴面生产工艺基本一致，只是成品表面质量和生产效率有较大差别。

酚醛树脂可用三聚氰胺进行改性，改性后浸渍纸贴面成本较低，可克服酚醛树脂脆性大、易龟裂和固化时间长等缺陷。

贴面组胚时，常根据贴面产品性能和用途要求不同，采用不同的组胚形式。两基本面各放一层酚醛树脂浸渍纸，可组成标准的三层结构。在这种情况下，如果浸渍纸的浸胶量超过 150%，压贴时板坯两面应配合镀铬合金钢板，压制出的是具有光泽的酚醛树脂贴面板，产品主要用于水泥模板。如果浸渍纸的浸胶量偏低时，压贴时板坯两面可采用普通钢板或铝垫板，压制出的产品表面封闭性不好，平整度和光亮度都较差，主要用于普通建筑模板或其他工业用板。如果原纸采用 150g/m² 以上的高定量纸，并且浸胶量超过 150%，组胚时可采用凹凸不锈钢模板，压制出的贴面板就凹凸不平，产品主要用于集装箱和汽车车厢防滑型底板。

酚醛树脂浸渍纸一般采用多层热压机，热进热出工艺，其热压工艺条件为：热压温度 130~140℃，压力 1.5~3.0MPa，热压时间 5~10min。

热进热出工艺不需要冷却，在金属垫板上铺放胶膜纸时，热压垫板的温度不要超过 60℃。垫板面上必须涂脱模剂，酚醛树脂与金属之间的胶合力很强，最好采用内、外脱模剂并用的措施，以防止贴面粘板的现象发生。为保证模板的贴面质量，应选用高质量的不锈钢垫板，并加设缓冲垫。

2. 鸟粪胺树脂浸渍纸贴面装饰工艺

鸟粪胺是三聚氰胺中三个氨基中的一个被烷基或苯基置换后的产物或衍生物的总称。鸟粪胺具有如下特点：

（1）浸渍用树脂及浸渍纸的化学稳定性好、贮存期长，在密封包装的情况下可以贮存 6 个月以上。

（2）浸渍纸的柔韧性好，可以卷成筒状贮存，贮存方便，适合连续化生产。

（3）树脂固化后耐热、耐水、耐气候、耐化学药品污染性好。

（4）热压贴面装饰范围广泛，可采用低压"热—热"工艺进行贴面处理，不需要使用脱膜剂，表面柔软、不开裂，具有良好的光泽。

（5）机械加工性能好，可以磨成型，也可以进行曲面加工。

（6）树脂的流动性好，浸渍纸的树脂含量适当低一些时，也具有较好的胶合强度等。

鸟粪胺树脂属于低压型树脂，采用"热—热"法加压工艺即可得到良好的表面光泽，并且树脂具有柔性，不易产生裂纹。对原纸的要求与邻苯二甲酸二丙烯树脂及低压三聚氰胺树脂相同。

3. 印刷装饰塑料贴面板工艺

（1）印刷装饰塑料简介

目前板式部件贴面用塑料薄膜主要有聚氯乙烯（PVC）、聚乙烯（PVE）、聚丙羟（奥克赛 Alkorcell）、聚酯（PET）及聚丙烯（PP）等类别，因 PVC 应用最为广泛，实际生产中常说的 PVC 通常是印刷装饰塑料的一种统称。

PVC 是一种应用十分广泛的表面装饰材，俗称塑料贴面，按图案或颜色可分为单色或木纹，按硬度可分为 PVC 膜及 PVC 片，按亮度可分亚光和高光，按贴面工艺可分为平贴装饰膜及真空吸塑装饰膜。PVC 质地柔软，弹性良好，耐水性好，非常适合异型部件的贴面和镶边；但 PVC 硬度低，不耐热，易烫伤和划伤，耐磨性差，因而主要用于接触频率不是很高的场合。

PVC 薄膜的性能对覆面质量影响很大，用达不到要求的 PVC 薄膜加工出的产品易产生拉伸不到位、烫伤、开边等质量问题。PVC 材料的选用主要考虑其拉伸性能、耐热性能、渗透性能及厚度等，具体如下：

① 拉伸性能　PVC 薄膜受热后拉伸的范围及冷却后的收缩率直接影响贴面的效果和强度，尤其是复杂装饰的板件，对 PVC 薄膜的拉伸性能要求很高。

② 耐热性能　PVC 覆膜贴面是利用温度将薄膜加热软化的，因而要求 PVC 薄膜具有合适的耐热性，过高过低都会影响生产，还会影响产品的使用寿命。合适的耐热性能应高于 120℃，耐寒性能应低于零下 30℃，软化温度为 140～160℃。

③ 渗透性能　PVC 薄膜对胶黏剂的渗透性也很重要，它将直接影响胶合强度。因 PVC 为塑料薄膜，本身具有一定的耐水性，因而与通常的胶黏剂之间的胶合强度较低，需要在薄膜与胶黏剂之间增加一层中间膜来提高界面的凝聚力。一般是在薄膜背面预先涂上一层涂料，如氯乙烯系的聚合物，这层涂料与薄膜及胶水之间都有较好的黏结性能。PVC 薄膜对胶黏剂的渗透性检测，可使用 PVC 薄膜胶黏剂渗透性检测试剂，将试剂涂布在 PVC 薄膜内表，观察其渗透变化，通常渗透能力越高，表示胶合性能越好。

④ 厚度　PVC 薄膜的厚度也会影响贴面的质量，膜越薄拉伸性能越好，膜越厚遮盖性能越好。PVC 薄膜的厚度一般根据贴面基材的品质及成型线的特点来选定，通常以 0.3～0.42mm 为宜，既可遮盖住工件表面的一些缺陷，又有足够的拉伸量。

（2）基材涂胶

因 PVC 膜很薄，基材的平整度对贴面后的表面质量有很大的影响，实际生产中常用优质的 MDF 作为基材，成型加工的 MDF 要求密度均匀，内结合强度高，成型加工后无明显粗糙感，否则要进行砂光或填泥子处理。平面板料贴膜时也可用 PB 板作为基材，但要求表面光洁平整，否则要进行涂泥子和砂光处理。

适合于胶合聚氯乙烯薄膜的胶黏剂种类很多，有丁腈橡胶类胶黏剂、聚醋酸乙烯酯乳液（PVAc）、聚氨脂（PU）类胶黏剂、丙烯－醋酸乙烯共聚乳液、乙烯－醋酸乙烯共聚乳液（EVA）、醋酸乙烯－丙烯酸共聚乳液等。涂胶量一般为 80～150g/m^2，具体根据胶黏剂的类别、板料类型及表面粗糙度灵活设定。

PVC 装饰薄膜的胶贴方法与所用胶黏剂的类别及状态直接相关，具体有以下三种：

① 湿润胶贴　使用乳液胶（如 PVAc）时，常在涂胶后直接进行加压贴面。

② 指触干燥胶贴　使用溶剂型胶黏剂（如丁腈橡胶）时，往往在涂胶后先放置一段时间（约 10min），让胶黏剂中的溶剂挥发，达到指触干燥状态（简称指触干）但还具有黏性，然后再进行胶压贴合。

③ 再活化胶贴　使用溶剂型胶黏剂或双组分 PU 胶贴剂时，涂胶后使之达完全干燥状态，在加压前通过加热使胶黏剂再活化而与基材贴合。

平面板料通常用普通的辊式涂胶机进行涂胶即可；表面有装饰线型的板料，需要用喷雾的方式进行喷涂，小规模生产时也可以用刷子进行手工刷涂。涂胶时要求保证涂胶量充分，且胶膜厚度均匀，装饰线型处及板料端面通常因板料相对粗糙，一般要经二次喷涂才可达到要求。具体喷胶顺序为：端面→正面线型→正面→线型→端面，即平面部分喷涂一遍即可，端面和线型处则需喷两遍，以确保涂胶量充足。

因 PVC 本身为耐水材料，贴合后胶黏剂中的水分无法从表面蒸发，指触干和再活化胶贴的目的都是为了使胶层失去部分水分（或溶剂），达到初步干燥状态，防止过多水分（或溶剂）被密封到基材内，影响产品质量。

（3）平面板件 PVC 贴面技术

平面板件的 PVC 贴面方法有平压法及辊压法两种。

平压法一般是冷压法，在基材涂胶干燥后，将裁切后的 PVC 膜铺到基材表面，要求拉伸平顺，不允许有气泡，然后放到冷压机上胶压贴合。冷压胶合工艺参数为：压力 0.2~0.5MPa（硬质薄膜取大值，软质取小值）；加压时间不低于 30min（与胶水类别与气候条件有关），并放置 8~24h 才可使用。冷压法因生产效率低下，实际生产中已很少使用。

平面部件贴面最常用的为辊压法，其原理如图 5-4 所示，即基材先经刷辊除尘后，经辊式涂胶机进行涂胶处理，有时为加速胶水的固化，在涂胶前增加红外线干燥装置对基材进行预加热（40~45℃），使板面涂胶后能快速干燥到指触干状态，然后进行辊压胶合，胶合压力为 1.0~2.0MPa。辊压法生产时的贴面薄膜为连续带状（成卷薄膜），应在贴面后将其裁断。为增加黏结强度，通常还会在辊压线增加二次辊压装置，以便在胶水固化前对板面进行再次加压，而且二次压辊做成仿木纹压辊，可在 PVC 表面压出相应纹理的凹槽或花纹，提高表面装饰效果。辊压法贴面作业还应注意以下几点：

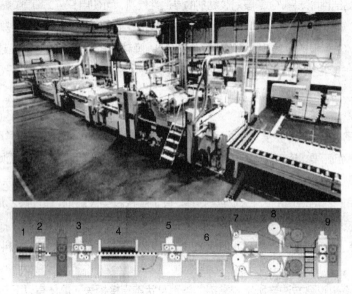

图 5-4 PVC 双面连续式贴压线

1. 红外预热区 2. 刷扫除尘 3. 辊涂密封剂（泥子） 4. 工件加热区
5. 双面涂胶机 6. 送料架 7. 覆膜机 8. 松模器及出料架 9. 精细滚压辊

① 辊压胶合时的进料速度一般控制在（9±2）m/min。

② 涂胶机的进料速度可与辊压时的进料速度同步，也可稍慢于辊压胶合时进料速度，目的是使两贴面板件在压合时形成一定间距，一般工艺要求控制在 10mm 左右为宜。

③ 完成胶合加工后，若发现饰面层有皱褶、起泡、边缘剥落等缺陷，应及时采取补救措施，因为这时胶层未完全固化，可以再拉伸和扫平。

④ 饰面加工后的板件要整齐堆放 4~24h 方可转入下道工序加工，以使胶层完全固化。PVC 薄膜贴面装饰板的技术指标和要求可参考 LY/T 1279—2008《聚氯乙烯薄膜饰面人造板》中的有关规定。

⑤ 辊压法贴面技术同样适合印刷装饰纸等连续带状装饰材料贴面，只是使用的胶黏剂和压贴前的

板面干燥状态要求不同而已。

（4）PVC真空覆面技术

表面成型的板件PVC覆面一般采用真空覆膜法，俗称软成型贴面，这种方法加压均匀，贴面效果好，但需要专用设备，生产效率不高。

与薄木贴面不同，PVC本身具有较好的密封性能，因而PVC真空覆面通常采用无膜真空覆膜机，如图5-5所示，由于无膜压机的加压不受压膜的限制以及PVC有良好的延展性，因而PVC贴面适合于加工带有各种复杂线型的板件；但由于作业时要保持良好的密封性能，此类设备作业时要求PVC膜可覆盖整个压板，因而PVC整体利用率较低。

无膜真空覆膜机的工作原理如图5-6所示，即利用PVC的可塑性，先通过加热板对PVC膜进行预加热，然后利用热空气加压和抽真空将PVC包覆于工件表面。其基本工作过程如下：

图5-5　无膜真空覆膜机（真空吸塑机）

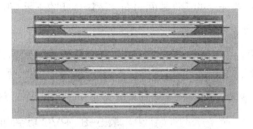

图5-6　无压膜真空覆膜机结构和原理示意图

① 喷胶后的工件放置于工作台；

② 胶水指触干后，表面覆贴PVC膜并夹紧固定；

③ 让工作台进入到加热板下方；

④ 上压板合拢，使上下工作腔处于密封状态；

⑤ 上工作腔抽真空，排除腔内冷空气，同时使PVC膜与上加热板接触，加热软化；

⑥ 对下工作腔抽真空，同时往上工作腔注入压缩热空气，使PVC膜紧贴基材并与基材紧密贴合；

⑦ 待胶水固化后，撤去上下工作腔正负压力，打开压机后，膜压贴面部件即胶贴完成；

⑧ 工件出膜，整齐堆放，待工件冷却后再用工具或砂纸修除边部多余PVC膜。

真空覆面要进行高温加热，使PVC软化，以提高薄膜的延展性，一般温度为120~180℃，常用140℃左右，具体温度取决于PVC材料的软化温度。为了提高工件表面的温度，使胶水喷涂后可以快速达到指触干，可以用保温房把工件先加热至20~25℃（禁止温度超过35℃，否则工件会产生变形），喷胶应在不低于16℃的环境下在水帘机上进行。

真空覆膜压力设定一般为：正压为0.38~0.42MPa，负压真空度为60%~80%（负压0.02~0.04MPa，真空度越高越好，但真空度太高对设备的要求太高，往往难以实现，一般要求负压不大于0.04MPa即可）。真空覆膜热压时间一般为3~5min，保证薄膜充分拉伸和胶水充分固化。

工件应在加压完毕后放置20min后方可进行修边作业。修边时常用专用工具刮棱角或用120#~180#的砂纸倒棱，做到均匀一致无凸起即可。如工件背面质量要求较高，修边后还要用酒精等稀料把背面的胶痕清理干净，避免胶水污染影响产品质量。

在具体作业过程中，无膜真空覆膜生产还应注意以下几点：

① 真空覆膜板面线型的设计非常关键，线型设计不能过窄和过深，否则可能造成PVC薄膜拉伸

不到位、粘贴不牢，导致 PVC 薄膜鼓起。

② 板料铣削时应保证刀具锋利，运行速度适当，降低铣削表面的粗糙度，防止装饰线粗糙或崩缺等影响到贴面表面质量。

③ 板料涂胶前，应进行砂光处理和倒角处理，保证板面光洁平整，无明显颗粒或锋利尖角。

④ 膜压工件间距适当，一般要求宽度小于 100mm 的窄长工件，工件间距不小于 80mm；宽度大于 100mm 的工件，工件间距不小于 60mm；工件与工作台边框的间距不小于 80mm，防止拉伸不到位。横纵向的间距应基本一致，工件应排成一条，以减少空气流动的阻力。

⑤ 垫板的宽度和长度均应比工件的宽度和长度小 6~10mm，垫板的上表面四周的棱角应铣成半径 3~5mm 的圆角或倒 3°×45°角，以保证 PVC 与工件间的空气被抽净，使 PVC 牢固地胶合到工件边缘。垫板的厚度应为工件厚度的 3/4 左右，这是保证 PVC 不被拉白的重要措施之一。

⑥ 膜压后的工件要面对面、背对背叠放于平整的垫板上，并压上重物，防止工件变形，陈放时间不应少于 24h。

（5）真空覆面质量分析

真空覆面如作业过程控制不当，经常会出现皱褶、拉白、局部亮印、边部脱胶等缺陷，导致板料出现次品甚至报废。表 5-8 为相应的质量缺陷及原因分析。

表 5-8　PVC 真空膜压覆面板质量分析

缺陷类别	原因分析
皱褶	窄长工件的间距过小； 垫板的上表面四周的棱角未倒角； 工件横纵向的间距未在一条直线上，增加了空气流动的阻力； 设定的温度过高； 达到设定压力的时间过长
拉白	设定的温度过高； 达到设定压力的时间过长； 线型不合适，形状复杂或深度过深
局部亮印	PVC 本身耐热性差，预热时局部被拉伸； 上加热板温度过高，通常控制为 130~140℃为宜； 加热板局部损坏，导致温度不均
鼓泡	真空压力设定不足，使板面与覆膜之间空气无法有效排除； 排气孔阻塞，导致真空抽气不顺； 真空系统或 PVC 膜有漏气现象
边缘未粘牢	胶的质量不好； 胶的活化温度过高； 设备的温度达不到工件边缘要求的活化温度； 工件垫板不合适； PVC 背胶性能不好或无背胶； 胶水已过期或贮存条件不符合要求； 漏喷胶或喷胶方法不当，导致涂胶量不足

（6）典型项目举例分析

① **工作任务**　利用真空覆膜技术制作如图 5-7 所示的膜压门板，基材为 MDF18，表面覆膜材料为印刷木纹 PVC 膜。

② 任务背景　PVC 真空覆膜技术是一种特殊的家具表面装饰技术，是利用 PVC 材料受热后可拉伸延展的特性，将 PVC 覆贴到表面成型装饰的平面板料上，以获得流线型的艺术效果。PVC 覆膜技术已被广泛用于木门、厨柜门板及其他家具制造领域中。

③ 说明及技术要求　基材采用优质 MDF18，膜压前按要求进行成型加工，不留后续加工余量；该板料正面为平面，应在真空覆膜前进行背面覆贴处理；膜压部件要求尺寸精确，表面平整，线条流畅，无脱胶、鼓泡或凸凹不平等缺陷。

④ PVC 膜压门板生产工艺　本项目为典型的 PVC 膜压门板，通常用 MDF 作为基材，背面装饰利用平压贴面工艺完成，可以先进行大板贴面，然后裁开，也可以裁成小板规格后再贴面，然后进行板边及板面铣型。膜压工艺中，板面铣型及真空膜压为最重要的两道工序，铣型时要求精度高、表面质量好，如有崩缺应该用泥子填补后再砂光平顺。膜压时要求放置垫板，板间要有适当间隔，保证透气和边缘顺滑，防止边部膜压不到位或脱胶。膜压设备为自动生产设备，只要调整好相关热压参数即可。具体工艺流程参照表 5-9。

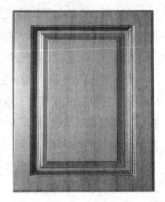

图 5-7　PVC 真空膜压门板

表 5-9　PVC 膜压门板工艺流程

序　号	工序名称	设备或工位	刀模具或材料	备注（特殊要求）
1	工件预热	红外线预热机	MDF18 大板	要求 MDF 品质优良
2	表面清灰	扫尘刷		
3	底面涂胶	单面涂胶机	改性乳白胶	涂胶量 80~120g/m²
4	底面贴面	连续式辊压机		
5	开　料	精密裁板机		净料规格
6	边部铣型	立轴或镂铣机	相应型刀	
7	板面铣型	镂铣机	相应型刀	
8	手工砂光	工作台	150#~180#砂纸	相应线型处用手工砂光并清灰
9	板面喷胶	喷　枪	专用双组分 PU 胶	边缘及线型喷两次
10	膜压贴面	真空覆膜机		正压 0.4MPa，负压 0.07MPa；T=150℃，t=（2~3）min
11	叠放养生			正反堆叠，常温下陈放 24h 以上
12	修　边	美工刀及砂纸	120#~180#砂纸	

4. 装饰纸贴面部件生产工艺

装饰纸是人造板表面装饰的主要材料之一，占人造板表面装饰的 50% 以上。装饰纸类型较多，按定量可分为薄页纸（定量≤30g/m²）和装饰纸（钛白纸，定量≥40g/m²），按用途可分为宝丽纸、华丽纸、预油漆纸、低压三聚氰胺浸渍纸、高压三聚氰胺装饰纸等。

不同类型的印刷装饰纸性能差异较大，贴面工艺也各不相同：按基材是否涂胶分为干法贴面和湿法贴面；根据加压方法分为平压法、辊压法和手工贴面；根据压贴温度可分为冷压法和热压法。

（1）常用装饰纸简介

① 薄页纸　薄页纸定量低，通常为 23~30g/m²，纸质紧密，柔韧性好，原纸表面光滑，适印性好，有一定的遮盖性和强度，原纸经印刷后可涂或不涂涂料。未涂涂料的薄页纸通常称为宝丽纸，贴面

后需进行涂饰处理；表面经印刷和涂饰的薄页纸称为华丽纸，贴面后一般不需再进行涂饰。薄页纸由于纸质太薄，平贴时易折皱和桔皮，通常采用辊压法，且适合 MDF 等表面光洁的基材，主要用于家具立面板表面装饰。

② 预油漆纸　原纸用定量为 40~200g/m² 的钛白纸（定量 40~90g/m² 的用于人造板贴面，定量 150~200g/m² 的用于板件封边），预油漆纸是在印刷装饰纸表面涂布一定量油漆（如 PU 漆、NC 漆、AC 漆、UV 漆等），也可在涂饰前对装饰纸浸渍 20%~60% 的树脂（主要有氨基树脂和聚酯树脂两类），以提高装饰纸的硬度、耐磨性和耐溶液性等。预油漆纸较薄页纸质感好，耐磨性高于华丽纸，可根据具体需要，制成适合平压法、辊压法和手工贴面等不同贴面方式的装饰纸，也有些装饰纸背面预涂有热熔胶层。预油漆纸适合 MDF、PB、MP 等各类人造板的表面装饰，主要用于柜类立面板及曲线板件，贴面后一般不需再涂装，也可进行简单的再涂饰。

③ 热固性树脂浸渍胶膜纸　原纸用定量为 80~120g/m² 的钛白纸，可直接将素色原纸或印刷装饰纸浸渍到三聚氰胺树脂或其他胺基树脂（如鸟粪胺或脲醛树脂）中，使基纸浸透并带有足够的树脂（树脂含量约 130%~150%），然后在低温下将树脂烘至半干即可。为提高装饰纸的表面耐磨性能，通常会在树脂中加入三氧化二铝粉末。浸渍胶膜纸的存贮温度不高于 25℃，相对湿度应为 55%~65%，防止树脂贴面前固化变质，影响贴面质量。浸渍纸可直接用于各种人造板（主要用于 MDF 及 PB）的表面装饰，通常采用高温平压法，基材不需涂胶，贴面后不再进行涂饰处理，耐磨性高于预油漆纸。由于最常用的为三聚氰胺浸渍胶膜纸，且适用于低压法贴面（LPL，Low Pressure Laminate），因而实际生产中常称此类装饰纸为低压三聚氰胺浸渍纸。

④ 高压三聚氰胺浸渍纸　用于制造高压三聚氰胺装饰层压板（俗称防火板或耐火板），是由一层表层纸（薄页纸）、一层装饰纸（印刷装饰纸）、数层底层纸（牛皮纸）浸渍热固性树脂，经组坯和高压（HPL，High Pressure Laminate）热压制成，厚度通常为 0.6~1.2mm，树脂含量为 60%~100%。为提高防火板与基材的胶合性能，防火板背面通常做成条纹结构或在出厂前作砂毛处理。防火板具有丰富的表面色彩和逼真的纹理，并具有良好的耐磨、耐热、耐撞击、耐酸碱、耐烟灼、防火、防菌、防霉及抗静电的特性，一般用于厨房家具、办公家具、实验室家具及医用家具的台面板等对防火或耐磨要求高的场合，耐磨性取决于表层纸。防火板适合各种人造板的表面装饰，通常采用平压法和冷压法。

（2）辊压法贴面工艺

辊压法贴面适合于质地柔软的装饰纸，如薄页纸及部分预油漆纸。辊压法作业一般是在一整条生产线上连续完成的，具体可分为基材表面砂光、表面除尘、涂胶、预干、贴合、辊压贴面等基本过程，其工作原理如图 5-8 所示。

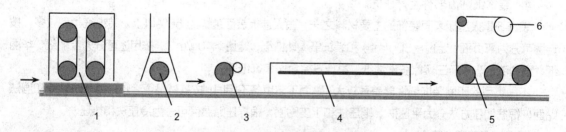

图 5-8　连续辊压贴面生产线示意图

1. 砂光机　2. 除尘刷　3. 涂胶机　4. 干燥机　5. 贴合辊压机　6. 纸卷及松卷装置

① 基材处理　用于辊压的装饰纸通常厚度较薄，遮盖能力有限，因此对基材表面质量要求较高，通常要求基材表面平整、光洁，无明显粗糙感。装饰纸贴面一般选用 MDF、优质 PB 板、多层胶合板等作为基材，要求基材含水率为8%～12%，厚度误差控制在0.2mm 以内，表面平整光洁、无明显色差和开裂等缺陷。基材涂胶前应进行表面砂光处理（240#砂纸），薄页纸贴面 PB 板时还要求对板面做填泥子处理，待干后再进行砂光。砂光后的表面在涂胶前应进行表面刷灰处理，以保持表面干净。

② 板面涂胶　装饰纸相比薄木和 PVC 更容易粘合，对胶水的类别及性能要求相对较低，通常采用改性醋酸乙烯酯乳液（PVAc）或脲醛胶，涂胶量通常为40～80g/m²，且要求胶水黏度适当，涂胶量均匀一致，防止板面出现波浪或橘皮。为防止基材颜色透过装饰纸，可将胶水调成与之相近的颜色，白色装饰纸可在胶水中加入3%～10%的钛白粉，以提高胶水的遮盖性能。

③ 胶层预干　由于辊压加压时间很短，所以通常要求在贴合前使胶水达半干状态以加速贴合。干燥机通常用热风或红外灯作热源，温度控制在70～80℃，输送带的具体速度与胶水类别和涂胶量有关，应避免干燥不足或过度。

④ 贴合与加压　装饰纸通过多辊加压与基材贴合在一起，为防止板面弯翘，通常两面同时进行涂胶和贴面装饰。加压辊压力为0.1～0.3MPa，压辊温度为80～120℃。

（3）平压法贴面工艺

平压法贴面要求装饰纸质地挺括、厚实平滑，因而主要适合厚型预油漆纸、低压三聚氰胺浸渍纸和防火板等装饰纸。其中预油漆纸常采用低温热压，浸渍纸常采用高温热压，防火板通常采用冷压法。平压法具体工艺过程可分为纸张准备、基材涂胶、组坯、加压胶合等基本过程。

① 纸张准备　通常装饰纸标准宽度为1250mm，平压法要求将装饰纸按基材规格裁成一定的幅面，纸张比基材大10～15mm。

② 基材涂胶　装饰纸贴面常用胶水为改性 PVAc 或 UF 胶，涂胶量大小与装饰纸类型及基材表面粗糙度有关，通常预油漆纸涂胶量为80～120g/m²；低压三聚氰胺浸渍纸由于本身含有树脂，所以不需涂胶；防火板因质地坚硬，背面较粗糙，所以涂胶量要大些，通常为150～200g/m²，且胶水黏度应大些，防止滑移错位。

③ 组坯　装饰纸可单面贴面，但考虑到基材的结构稳定，大多数情况下仍采用双面贴面结构，为降低生产成本，通常可在背面贴面时选用质量较差的底层纸或平衡纸，如三聚氰胺浸渍纸背面可用酚醛树脂浸渍纸，防火板背面可用装饰纸或厚度较薄的防火板等。

④ 加压胶合　加压的具体方法和参数与装饰纸的类型和选用胶水类型有关，实际生产中还要考虑到具体的情况作相应的调整。

预油漆装饰纸大多采用低温热压法，加压温度为110℃左右，加压压力为0.6～0.8MPa，时间为40～60s；当然，预油漆纸相对比较容易胶合，有时也可采用单层冷压法，加压时间为1～2h。由于树脂本身熔融固化的需要，低压三聚氰胺浸渍纸贴面需要用高温加热法胶合，温度通常为180～200℃，加压时间为30～60s。热压法由于热压周期短，为提高生产效率，常采用单层自动进出料热压机来生产，此类压机一般适合各类短周期热压贴面作业。防火板厚度较普通装饰纸厚，具有一定的各向异性，长度方向收缩膨胀率为0.3%～0.5%，宽度方向为0.4%～0.8%，其各向异性高于一般人造板，热压贴面易造成板面弯翘。另一方面，防火板虽然表面硬度高、耐划伤，但表面硬物刮划伤后无法修复，实际生产中常在防火板表面预贴一层保护膜（PVC 膜或牛皮纸），等板件制造完成后再撕除。因而防火板贴面主要适合采用冷压法，组坯贴面时要求面对面背对背整齐叠放，以高度不超过1.5m为宜，涂胶后的陈放时间以20~40min为宜。冷压时要求板面受力均匀，加压压力为0.4~0.8MPa，加压时间随环境温度及胶水的性质不同而有所差异，通常为2~8h，为缩短固化时间，可以将冷压机放在烘房内，温度设置为30~50℃，这样可使加压时间降低为1~2h。刚组坯后的防火板与胶水层间容易滑移错位，在具体操作时可采取分段加压的方式来减少这类缺陷：先用较小压力（约0.1MPa）施压约20min，待防火板与基材有一定的粘结强度后再加压到规定压力。

此外，薄页纸和预油漆纸由于质地柔软且胶合容易，非常适合异型边部件的手工贴面和边部包覆处理，也适合连续包覆机对基材进行包覆处理，这种处理方式通常用于制作各种复杂形状的非平面装饰零部件。作业前应先将基材进行铣型和砂光处理，如果选用合适的胶黏剂，也可将基材进行封闭底漆（底得宝）浸涂和砂光处理后再进行贴面作业，以保证基材表面平整无颗粒。贴面作业时用手工均匀刷胶，涂胶量不能太厚，然后将裁切好的装饰纸用抹布或刷子逐渐覆贴到板面上，要求边贴纸边扫平，逐步赶除气泡，使纸张覆贴平整，凹陷及转角处可用美工刀沿转折线裁开相应的缺口后再用抹布或刷子敷贴，然后将重叠部分裁掉，撕除多余纸张。整个工件贴好后，应再用抹布或刷子扫压几下，压平气泡，无法压平的可用针将气泡刺破后再扫压，确保装饰纸贴紧基材。

（4）典型项目举例分析

① 贴纸大板贴面

工作任务 在MDF15表面胶贴印刷有木纹的装饰纸，板料规格为2440mm×1220mm，装饰纸为印刷有黑胡桃木纹的预油漆纸。

任务背景 印刷装饰纸及各类浸渍纸是现代家具表面装饰的重要材料，由于纸质材料印刷方便，可实现各种纹理和花纹装饰效果，效果逼真，且利用胶水浸渍或预油漆处理后还可有效提高纸张表面硬度，因而在现代家具生产中应用广泛。目前主要用于橱柜、办公家具、校用家具及各类中低档民用板式家具生产中。

技术要求及说明 贴纸用基材要求表面平整光洁，无明显的凸凹不平，使基材缺陷不会透出板面；贴纸作业有专用的生产设备，用于对整张大板进行贴面处理；贴面后应无脱胶、鼓泡、皱叠、透底、碰划伤等缺陷。

工艺流程分析 本次项目为典型的印刷装饰纸贴面作业，通常采用专用的连续式贴面生产线，具体工艺流程见表5-10。

表5-10 印刷装饰纸贴面板工艺流程

序　号	工序名称	设备或工位	刀模具或材料	备注（特殊要求）
1	定厚砂光	宽带砂光机	120#~240#砂纸	
2	灰尘清理	除尘刷		
3	涂　胶	辊式涂胶机	UF：PVAc=10：3	涂胶量100g/m²
4	烘　烤	红外线干燥箱	输送带	温度70~80℃
5	组　坯	自动辊压机		
6	辊　压	辊筒式热压机	$T=(100~120)$℃	控制辊压速度来调节时间
7	叠放养生	仓库或养生房		整齐叠放12h以上

② 防火板贴面

工作任务 制作净规格为 1180mm×580mm×20mm 的防火板装饰贴面板。

任务背景 防火板因其耐磨、耐温、防水、防火等良好的性能，还有丰富逼真的色彩装饰效果和操作简单的贴面程序等诸多优点，在现代办公家具、厨柜面板、实验家具等方面应用广泛。

说明及技术要求 防火板在制造完成后通常会在表面贴一层保护膜（塑料或牛皮纸），生产过程中应予保留，在产品制作完成后再撕除，同时要求整个生产过程中轻拿轻放，严禁拖动，防止板面划伤；用改性 PVAc 冷压贴面，保证品质和最终规格符合要求；要求贴面后板料无脱胶、鼓泡、表面不平或压划伤等缺陷，对光检查表面平整，裁切无崩边。

工艺流程分析 本次项目为典型的防火板贴面作业，具体工艺参数与胶水的类别、环境温度有关，使用改性 PVAc 冷压胶水，环境温度为 20℃ 左右，具体生产工艺流程见表 5-11。

表 5-11 防火板贴面工艺流程

序 号	工序名称	设备或工位	刀模具或材料	备注（特殊要求）
1	板料开料	电脑裁板机	PB18	1190mm×590mm
2	防火板开料	电脑裁板机	1mm 防火板	裁切规格 1200mm×600mm，用板条夹紧，防止崩缺
3	定厚砂光	宽带砂光机	80#～120# 砂纸	板料表面平整光洁
4	板料涂胶	双面涂胶机	PVAc	涂胶量 150g/m²
5	组 坯	工作台	正反面浸渍纸	一正一反叠放
6	冷 压	冷压机		$p=5kg/cm^2$、$t=3h$ 左右
7	养 生	养生房或仓库		仍保持一正一反叠放整齐，养生 24h 以上进入下道工序

■ 思考与练习

1. 浸渍纸贴面对基材的要求有哪些？

2. 浸渍纸贴面对浸渍纸的要求有哪些？

3. 浸渍纸贴面对配坯和热压的要求有哪些？

4. 请阐述真空模压贴面工作原理。

5. 家具生产常用塑料薄膜有哪几种？各自性能如何？

■ 自主学习资源库

1. 国家级精品课网站 http：//218.7.76.7/ec2008/C8/zcr-1.htm

2. 孙德彬，等. 家具表面装饰工艺技术 [M]. 北京：中国轻工业出版社，2009.

3. 朱毅. 木质家具贴面与特种装饰技术 [M]. 哈尔滨：东北林业大学出版社，2011.

4. 黄见远. 实用木材手册 [M]. 上海：上海科学技术出版社，2012.

附　录

任务单

学习领域	木制品表面装饰技术		
项目 1	实色涂装工程设计与施工	学　时	
任务 1.1	实色涂装工艺方案设计	学　时	
学习目标	知识目标： 1. 了解家具企业涂装工段的安全生产、涂装材料的管理要求和常识； 2. 理解着色材料的特性； 3. 掌握常用实色涂装木器涂料的性能贮存条件、成膜机理、施工要求及中毒防治措施； 4. 掌握典型实色涂装工艺设计原则、方法、施工技术规范； 5. 理解实色涂装各工序的施工方法、所用工具和材料、施工要领； 6. 掌握涂装成本的计算方法。 能力目标： 1. 能网络查询来样的制作工艺及材质的特点； 2. 能正确区分和识别木器家具常用涂料，合理选择实色涂装涂料； 3. 能根据涂饰工艺和实际工作任务编制实色涂装工艺方案，合理选择各工序的施工方法、工具、材料。		
任务描述	任务介绍： 根据客户提供的实色涂装色板或实样，分析实色涂装特点，确定涂装所选用的材料、工具、设备，进行涂装成本核算，完成工艺方案设计。 任务分析： 不透明涂装是用含颜料的不透明色漆涂装木制品，形成不透明彩色或黑白涂膜，遮盖了被涂装基材表面，多用于材质花纹较差的实木制品或未贴面的人造板（刨花板、中纤板）制品。分析客户提供色板或实样，如附图 1 所示。通过眼看、手摸、鼻嗅等直观方法来实地识别制品对涂饰工艺的要求，确定涂装效果与质量等级；根据家具基材种类、涂装效果、涂装成本、施工条件、环保要求等合理选用涂装材料，设计可实施工艺方案。	 附图 1　实色涂装样板	
资讯	1. 实色涂装与透明涂装在工艺上的区别； 2. 实色涂装的种类、涂装工艺的要求； 3. 着色材料的种类、特点； 4. 基材种类、特性； 5. 木器涂料种类、特性； 6. 刷涂、喷涂工具的名称、结构、作用； 7. 实色涂装常见缺陷及处理办法； 8. 涂装时安全操作规程要点； 9. 涂装时文明生产的要点。		
对学生的要求	1. 涂装时必须遵守涂装安全技术规程； 2. 根据任务单要求，合理设计涂装工艺，能与小组成员合作完成涂装工程任务； 3. 涂装质量需达到国家标准要求； 4. 以小组的形式进行学习、讨论、操作、总结与互评，组员之间、小组之间要互相协作； 5. 遵守涂装实训中心的各项管理规章制度，不允许在实训时大声喧哗、打闹； 6. 本学习任务完成后每人需上交工艺方案； 7. 通过实训要求学生逐步养成良好的职业素养，自觉执行"6S"管理制度。		

任务单

学习领域	木制品表面装饰技术		
项目 1	实色涂装工程设计与施工	学　　时	
任务 1.2	基材处理与品质控制	学　　时	

学习目标	知识目标： 1. 理解家具企业涂装工段的安全生产常识； 2. 理解实色涂装所用基材的种类、特性； 3. 掌握常用实色涂装基材处理的方法、所用工具和材料、施工要领； 4. 掌握基材处理所用材料的安全贮存常识、安全管理要求； 5. 掌握基材处理时易产生缺陷产生的原因及解决对策。 能力目标： 1. 能根据工艺方案要求合理选用基材； 2. 能合理选用基材处理常用材料、施工方法和工具； 3. 根据"6S"管理要求，安全准确取放材料、工具； 4. 工作中能与他人协作共事，沟通交流； 5. 能借助工具书查阅英语技术资料，自我学习、独立思考； 6. 能自我管理，有安全生产意识、环保意识和成本意识。
任务描述	任务介绍： 根据工艺方案要求，对家具（样板）进行基材处理。 任务分析： 基材处理可以称为表面准备工艺，是在没有形成漆膜前的表面处理，常给以下内容：基材预处理（清除缺陷，去除树脂，漂白和使变浅色，去木毛与研磨，去除油脂、脏污、胶迹、锈蚀污迹）、改变纹理[刷擦（使显纹理），喷砂，火燎]、改变颜色（颜料着色剂着色，染料着色剂着色，粉刷，熏染，火烧）。 各组制定实施方案，明确基材处理的内容，成员之间沟通协助，合理分配工具、材料，按照施工步骤，完成基材处理的施工。针对所出现的问题要及时发现，提出解决措施，及时解决。
资讯	1. 基材的种类、特性、常见缺陷； 2. 腻子作用、类型、组成、如何调制以及施工方法； 3. 去木毛的方法； 4. 下涂封闭底漆的作用，使用何种涂料，该类型涂料有何特点； 5. 砂光材料、方法及施工注意事项； 6. 刷涂、刮涂工具使用与维护； 7. 涂装时安全操作规程要点。
对学生的要求	1. 涂装时必须遵守涂装安全技术规程； 2. 根据任务单要求，合理设计涂装工艺，能与小组成员合作完成涂装工程任务； 3. 涂装质量需达到国家标准要求； 4. 以小组的形式进行学习、讨论、操作、总结与互评，组员之间、小组之间要互相协作； 5. 遵守涂装实训中心的各项管理规章制度，不允许在实训时大声喧哗、打闹； 6. 本学习情境完成后每人需上交基材处理样板一个； 7. 对自己的样板进行涂装缺陷分析、涂装质量分析； 8. 通过实训要求学生逐步养成良好的职业素养，自觉执行"6S"管理制度。

任务单

学习领域	木制品表面装饰技术		
项目 1	实色涂装工程设计与施工	学　时	
任务 1.3	底漆涂装与品质控制	学　时	
学习目标	**知识目标：** 1. 理解家具企业涂装工段的安全生产常识； 2. 理解实色涂装所用底漆的种类、成膜机理、工艺特点； 3. 掌握常用底漆涂装的方法、所用工具、设备及施工要领； 4. 掌握所选用底漆的安全贮存常识、安全管理要求； 5. 掌握底漆涂装时易产生缺陷产生的原因及解决对策； 6. 了解淋涂、辊涂、静电喷涂和机器人自动喷涂技术。 **能力目标：** 1. 能根据工艺方案要求合理选用底漆； 2. 能较熟练使用和维护常用工具和设备，独立完成底漆涂装； 3. 能对家具表面缺陷进行准确分析，提出解决措施，进行品质控制； 4. 工作中能与他人协作共事，沟通交流； 5. 能借助工具书查阅英语技术资料，自我学习、独立思考； 6. 能自我管理，有安全生产意识、环保意识和成本意识； 7. 根据"6S"管理要求，安全准确取放材料、工具。		
任务描述	**任务介绍：** 根据工艺方案，分析底漆涂饰工艺要求，合理选择涂料种类和工具，按照操作规程喷涂底漆，施工中控制喷涂参数和避免喷涂缺陷。 **任务分析：** 前面的任务讲述和练习了基材表面如何处理，但是制品表面尚没有涂膜，而木制品表面具有装饰、保护性能并有足够厚度的漆膜是由性能、作用各不相同的底漆面漆经多次涂装所形成。为使木材表面漆膜显得丰满厚实，经久耐磨，漆膜必须达到足够的厚度，但若涂得过厚，不仅浪费涂料与工时，而且漆膜脆性大，附着力差，韧性降低，不能承受剧烈的温度变化，容易开裂，这显然是不必要不合理的。为使漆膜达到必要的厚度，从节约涂料与工时的观点来看，最好是通过一次涂装操作来完成，然而实践证明，这是不可取的。因为除了不饱和聚酯漆以外，大多数涂料一次涂装形成的厚涂层容易"流挂"，不利干透，内应力大，常导致漆膜起皱、光泽不均匀等缺陷。因此，常分为下涂、中涂与上涂涂层，一般从基材表面开始涂装的几遍底漆（也称打底）构成下涂封闭底漆与中涂底漆涂层，最后制品表面涂装的1～2遍面漆构成上涂涂层。 按照可实施方案，各组沟通协助，合理分配工具、材料，完成底漆的涂装。针对所出现的问题，要及时发现，提出解决措施，及时解决。		
资讯	1. 木用涂料施工检测项目、方法及标准。 2. 中涂所用二度底漆起何作用，有何特点，生产中常用什么品种？ 3. 调配底漆注意事项。 4. 中间涂层研磨具体要求。 5. 空气喷涂中主要设备有哪些？各起什么作用？如何安装、调试、操作和维护？ 6. 虫胶漆、NC、PU、PE、醇酸漆、酚醛漆、水性漆使用什么溶剂？ 7. 操作前有哪些准备工作？ 8. 实地辨析喷涂涂装设备主要组成部分的名称、结构、作用。 9. 安装、调试涂装生产设备。 10. 实色涂装常见缺陷及处理办法。 11. 涂装时安全操作规程要点及文明生产的要点。		
对学生的要求	1. 涂装时必须遵守涂装安全技术规程； 2. 根据任务单要求，合理设计涂装工艺，能与小组成员合作完成涂装工程任务； 3. 对自己的样板进行涂装缺陷分析、涂装质量分析； 4. 以小组的形式进行学习、讨论、操作、总结与互评，组员之间、小组之间要互相协作； 5. 遵守涂装实训中心的各项管理规章制度，不允许在实训时大声喧哗、打闹； 6. 本学习任务完成后每人需上交底漆涂装样板一个。		

任务单

学习领域	木制品表面装饰技术		
项目 1	实色涂装工程设计与施工	学　时	
任务 1.4	面漆涂装与品质控制	学　时	

学习目标	知识目标： 1. 理解家具企业涂装工段的安全生产常识； 2. 理解实色涂装所用面漆的种类、成膜机理、工艺特点； 3. 掌握面漆涂装的方法、所用工具、设备及施工要领； 4. 掌握调色基本理论知识； 5. 掌握面漆涂装时易产生缺陷产生的原因及解决对策； 6. 掌握所选用面漆的安全贮存常识、安全管理要求。 能力目标： 1. 能根据工艺方案要求合理选用面漆； 2. 能较熟练使用和维护常用工具和设备，独立完成面漆涂装； 3. 能对家具表面缺陷进行准确分析，提出解决措施，进行修补； 4. 能根据喷涂底漆的湿试样色彩，进行面漆的初步调色； 5. 能借助工具书查阅英语技术资料，自我学习、独立思考； 6. 能自我管理，有安全生产意识、环保意识和成本意识； 7. 工作中能与他人协作共事，沟通交流； 8. 根据"6S"管理要求，安全准确取放材料、工具。
任务描述	任务介绍： 根据调配好的底漆颜色，进行面漆色彩的调配，根据工艺方案要求，选择涂料和工具喷涂面漆，操作中控制喷涂量和喷涂缺陷。 任务分析： 选用面漆应确认其光泽、硬度、透明度、固化速度、重涂时间、配比等理化性能、使用方法与配套性等参数。按照工艺方案，结合涂饰效果和色彩配色理论，调配面漆颜色，按照施工技术要求完成面漆涂饰。
资讯	1. 喷枪口径如何选用？ 2. 调色基本理论知识。 3. 实色面漆配色注意事项。 4. 面漆涂装注意事项。 5. 面漆研磨与抛光注意事项。 6. 抛光材料有哪些？如何使用？ 7. 空气喷涂中主要设备有哪些？各起什么作用？如何安装、调试、操作和维护？ 8. 虫胶漆、NC、PU、PE、醇酸漆、酚醛漆、水性漆使用什么溶剂？ 9. 操作前有哪些准备工作？ 10. 实地辨析喷涂涂装设备主要组成部分的名称、结构、作用。 11. 安装、调试涂装生产设备。
对学生的要求	1. 涂装时必须遵守涂装安全技术规程； 2. 根据任务单要求，合理设计涂装工艺，能与小组成员合作完成涂装工程任务； 3. 涂装质量需达到国家标准要求； 4. 以小组的形式进行学习、讨论、操作、总结与互评，组员之间、小组之间要互相协作； 5. 遵守涂装实训中心的各项管理规章制度，不允许在实训时大声喧哗、打闹； 6. 本学习任务完成后每人需上交涂装样板一个； 7. 对自己的样板进行涂装缺陷分析、涂装质量分析； 8. 通过实训要求学生逐步养成良好的职业素养，自觉执行"6S"管理制度。

计划单

学习领域	木制品表面装饰技术		
项　目		学　时	
任　务		学　时	
计划方式	由个人制订完成本人的实施操作计划		

材种：　　　　　　温度：　　　　　　湿度：

序　号	工　序	材料及配比（质量比）	施工方法	可打磨时间	注意事项
1					
2					
3					

制订计划说明				
计划评价	班　级		第　组	签　字	
	教师签字		日　期	
	评价：			

决策单

学习领域	木制品表面装饰技术		
项　目		学　时	
任　务		学　时	
方案讨论			

	姓　名	经济性	安全文明生产	工艺步骤	可操作性	材料选用	综合评价
方案对比							

方案评价	

班　级		组长签字		教师签字		月　日

实施单

学习领域	木制品表面装饰技术				
项　目				学　时	
任　务				学　时	
实施方式	各小组共同讨论确定实施计划，每小组填写此单				
序　号	实施步骤	使用资源	测定数值	出现问题	如何解决
1					
2					
3					

实施说明：

班　级		第　　组		组长签字	
教师签字			日　期		

材料工具单

学习领域				木制品表面装饰技术				
项　目						学　时		
任　务						学　时		
项　目	序　号	材料名称	作　用	数　量	型　号		使用前	使用后
所用设备	1							
	2							
	3							
材　料	1							
	2							
	3							
工具、量具	1							
	2							
班　级			第　组	组长			教师签字	

检查单

学习领域	木制品表面装饰技术			
项　目			学　时	
任　务			学　时	
序　号	检查项目	检查内容（根据需求添加或修改）	学生自检（组内给出平均分值）	检查标准（小组制定）
1				
2				
3				
4				
5				
6				
7				

	班　级		第　　组	组长签字	
	教师签字			日　期	
检查评价	评语：				

任务单

学习领域	木制品表面装饰技术		
项目 2	透明涂装工程设计与施工	学　时	
任务 2.1	透明涂装工艺方案设计	学　时	

学习目标	知识目标： 1. 了解家具企业涂装工段的安全生产、涂装材料的管理要求和常识； 2. 了解市场常见透明涂装效果； 3. 掌握典型家具透明涂装工艺设计原则、方法、施工技术规范； 4. 理解家具透明涂装各工序的施工方法、所用工具和材料、施工要领； 5. 掌握家具涂装成本的计算方法； 6. 理解着色材料的特性。 能力目标： 1. 能网络查询，确定制作工艺及材质的特点； 2. 能正确区分和识别木器家具常用涂料，合理选择家具透明涂装工艺需要的涂装材料； 3. 能根据涂饰工艺和实际工作任务编制家具透明涂装工艺方案，合理选择各工序的施工方法、工具。
任务描述	任务介绍： 结合市场调研资料，根据家具透明涂装效果图，分析涂装流程，确定所选用的涂装材料、工具、设备、涂装成本，进行工艺方案设计。 任务分析： 透明涂装是指直接针对木材进行透明涂料的涂装，或者用含染料及染料与颜料结合的透明色漆涂装木制品，形成木本色或透明彩色涂膜，多用于材质花纹较好的实木制品或者经过实木贴面的人造板材料。在工艺方案设计时，结合制品的着色效果，各小组以底着色面修色的着色工艺以红棕色装饰效果样板（附图 2）为例，进行涂装方案设计。 　　　　水曲柳　　　　樱桃木　　　　胡桃木 附图 2　红棕色涂装效果
资讯	1. 透明着色作业有哪几种方法？各有什么特点？ 2. 涂饰工艺过程包括哪些环节？ 3. 结合现实生活中常见木器家具，举例说明常用透明涂饰工艺过程。 4. 选用基材种类、特性。 5. 成膜材料种类、特性。 6. 有色透明涂装工艺方案编制要求。 7. 透明涂装常见缺陷及处理办法。 8. 涂装时安全操作规程要点。 9. 涂装时文明生产的要点。
对学生的要求	1. 涂装时必须遵守涂装安全技术规程； 2. 根据任务单要求，合理设计涂装工艺，能与小组成员合作完成涂装工程任务； 3. 涂装质量需达到国家标准要求； 4. 以小组的形式进行学习、讨论、操作、总结与互评，组员之间、小组之间要互相协作； 5. 遵守涂装实训中心的各项管理规章制度，不允许在实训时大声喧哗、打闹； 6. 本学习任务完成后每人需上交工艺方案； 7. 通过实训要求学生逐步养成良好的职业素养，自觉执行"6S"管理制度。

任务单

学习领域	木制品表面装饰技术		
项目2	透明涂装工程设计与施工	学　时	
任务2.2	基材处理与品质控制	学　时	

学习目标	知识目标： 1. 理解家具企业涂装工段的安全生产常识； 2. 理解透明涂装所用基材的种类、特性； 3. 掌握常用透明涂装基材处理的方法、所用工具和材料、施工要领； 4. 掌握基材处理所用材料的安全贮存常识、安全管理要求； 5. 掌握基材处理时常见缺陷产生的原因及解决对策。 能力目标： 1. 能根据工艺方案要求合理选用基材； 2. 能合理选用基材处理常用材料、施工方法和工具； 3. 根据"6S"管理要求，安全准确取放材料、工具； 4. 工作中能与他人协作共事，沟通交流； 5. 能借助工具书查阅英语技术资料，自我学习、独立思考； 6. 能自我管理，有安全生产意识、环保意识和成本意识。
任务描述	任务介绍： 各小组结合制品的材质、表面状况，根据设计的工艺方案，合理选择工具，依据施工技术规范，对家具（样板）表面进行基材处理。 任务分析： 木制品表面涂饰之前，基材表面存在较多缺陷，如虫孔、开裂、节子、变色、树脂、污染、木毛等，需要经过不同操作工序对缺陷进行处理。家具表面需要不同质感和色彩，根据设计的涂装工艺方案，对基材进行封闭（开放）或着色处理，基材着色效果如附图3所示。 橡木　　水曲柳　　胡桃木　　樱桃木 附图3　红棕色基材底色
资讯	1. 何谓基材处理？包括哪些工序？ 2. 实木基材上较大裂缝、虫眼、贯通节、树脂囊等缺陷该如何处理？面积较小的裂缝、虫眼、钉眼、凹陷、碰伤等缺陷该如何处理？ 3. 作浅色与本色装饰时，为什么不能用碱液洗涤法去树脂？ 4. 了解漂白的目的，常用的漂白剂有哪些。试举出几种漂白配方，说明漂白作业时应注意哪些问题。 5. 擦涂工具如何制作？擦涂要领有哪些？ 6. 填孔着色剂的作用、类型、调制和施工方法。 7. 配色原理及有色士那的调制方法。 8. 火燎作用、使用材料、操作工艺过程。 9. 刷擦使显现木材纹理施工注意事项。 10. 涂装时安全操作规程要点。
对学生的要求	1. 涂装时必须遵守涂装安全技术规程； 2. 根据任务单要求，合理设计涂装工艺，能与小组成员合作完成涂装工程任务； 3. 涂装质量需达到国家标准要求； 4. 以小组的形式进行学习、讨论、操作、总结与互评，组员之间、小组之间要互相协作； 5. 遵守涂装实训中心的各项管理规章制度，不允许在实训时大声喧哗、打闹； 6. 本学习任务完成后每人需上交基材处理样板一个； 7. 对自己的样板进行涂装缺陷分析、涂装质量分析； 8. 通过实训要求学生逐步养成良好的职业素养，自觉执行"6S"管理制度。

任务单

学习领域	木制品表面装饰技术		
项目 2	透明涂装工程设计与施工	学　时	
任务 2.3	底漆涂装与品质控制	学　时	

学习目标	知识目标： 1. 理解调色理论基本知识； 2. 掌握着色剂的调配方法和工艺要点； 3. 理解家具企业涂装工段的安全生产常识； 4. 掌握底漆调配与喷涂的操作要领； 5. 掌握底漆喷涂时常见缺陷产生的原因及解决对策； 6. 掌握底漆涂装中常用工具的使用和清洗维护方法； 7. 掌握底漆及着色剂等所用材料的安全贮存常识、安全管理要求。 能力目标： 1. 能根据工艺方案要求合理选用底漆； 2. 能熟练使用和维护常用工具和设备，独立完成底漆涂装； 3. 能对家具表面缺陷进行准确分析，提出解决措施，进行修补； 4. 能自我管理，有安全生产意识、环保意识和成本意识； 5. 能借助工具书查阅英语技术资料，自我学习、独立思考； 6. 根据"6S"管理要求，安全准确取放材料、工具； 7. 工作中能与他人协作共事，沟通交流，积极配合使用同一工具和设备，进行清洗维护。
任务描述	任务介绍： 根据工艺方案要求，在完成前面工序基础上进行底漆涂饰，按照操作标准能独立调配与涂饰底漆，并按照质量标准，对施工过程进行管理。 任务分析： 在进行操作时，根据设计的工艺方案，选择涂料品种、涂饰方法，设计涂饰的施工参数，按照产品说明书比例准确调配底漆。按照可实施方案，小组成员沟通协助，合理分配工具、材料，完成底漆的涂装。针对所出现的问题，要及时发现，提出解决措施，及时解决。
资讯	1. 底漆喷涂缺陷有哪些？如何控制？ 2. 常用底漆种类有哪些？施工遍数如何确定？ 3. 调配底漆注意事项。 4. 底漆打磨的标准是什么？ 5. 空气喷涂中主要设备有哪些？各起什么作用？如何安装、调试、操作和维护？ 6. NC、PU、PE 使用什么溶剂？ 7. 操作前有哪些准备工作？ 8. 影响涂料固化速度的因素有哪些？ 9. 属于挥发型固化机理的涂料有哪些？影响此类漆固化的因素有哪些？ 10. 透明涂装常见缺陷及处理办法。 11. 涂装时安全操作规程要点。
对学生的要求	1. 涂装时必须遵守涂装安全技术规程； 2. 根据任务单要求，合理设计涂装工艺，能与小组成员合作完成涂装工程任务； 3. 涂装质量需达到国家标准要求； 4. 以小组的形式进行学习、讨论、操作、总结与互评，组员之间、小组之间要互相协作； 5. 遵守涂装实训中心的各项管理规章制度，不允许在实训时大声喧哗、打闹； 6. 本学习任务完成后每人需上交底漆涂装样板一个； 7. 对自己的样板进行涂装缺陷分析、涂装质量分析； 8. 通过实训要求学生逐步养成良好的职业素养，自觉执行"6S"管理制度。

任务单

学习领域	木制品表面装饰技术		
项目 2	透明涂装工程设计与施工	学　时	
任务 2.4	面漆涂装与品质控制	学　时	

学习目标	**知识目标：** 1. 理解家具企业涂装工段的安全生产常识； 2. 理解有色透明涂装所用面漆的种类、成膜机理、工艺特点； 3. 掌握面漆涂装的方法、所用工具、设备及施工要领； 4. 握修色基本理论知识； 5. 掌握面漆涂装时易产生缺陷产生的原因及解决对策； 6. 掌握所选用面漆的安全贮存常识、安全管理要求。 **能力目标：** 1. 能根据工艺方案要求合理选用与调配面漆； 2. 能熟练使用和维护常用工具和设备，独立完成面漆涂装； 3. 能对家具表面缺陷进行准确分析，提出解决措施，进行修补； 4. 能根据最终色彩，进行修色； 5. 能借助工具书查阅英语技术资料，自我学习、独立思考； 6. 能自我管理，有安全生产意识、环保意识和成本意识； 7. 工作中能与他人协作共事，沟通交流； 8. 根据"6S"管理要求，安全准确取放材料、工具。
任务描述	**任务介绍：** 小组根据设计的工艺方案和已经完成的涂装工序，进行面漆涂装。施工中针对色差，需要进行修色和补色，小组独立完成面漆涂装，最后获得合格产品。 **任务分析：** 面漆涂装是涂饰工艺最后工序，也是决定制品装饰质量的最关键环节。按照涂装效果（开放、封闭、亮光、亚光）和漆膜的理化性能，合理选择面漆品种，比对制品的涂装效果与设计方案之间差别，根据色差的原因调配颜色，及时准确地进行修色、补色，最后完成面漆罩面工艺。
资讯	1. 操作前有哪些准备工作？ 2. 修色材料有哪些？如何调配？施工时需要注意什么？ 3. 涂层出现颜色不均的原因。如何进行拼色操作？ 4. 成品家具修补材料及使用要求。 5. 何谓水色、酒色，有何作用？如何调制？怎样施工？ 6. 消除火灾隐患的方法有哪些？ 7. 抛光材料有哪些，如何使用？ 8. 空气喷涂中主要设备有哪些？各起什么作用？如何安装、调试、操作和维护？ 9. 防止涂装过程中人体中毒的措施有哪些？ 10. 安装、调试涂装生产设备。
对学生的要求	1. 涂装时必须遵守涂装安全技术规程； 2. 根据任务单要求，合理设计涂装工艺，能与小组成员合作完成涂装工程任务； 3. 涂装质量需达到国家标准要求； 4. 以小组的形式进行学习、讨论、操作、总结与互评，组员之间、小组之间要互相协作； 5. 遵守涂装实训中心的各项管理规章制度，不允许在实训时大声喧哗、打闹； 6. 本学习任务完成后每人需上交涂装样板一个； 7. 对自己的样板进行涂装缺陷分析、涂装质量分析； 8. 通过实训要求学生逐步养成良好的职业素养，自觉执行"6S"管理制度。

任务单

学习领域	木制品表面装饰技术		
项目 2	透明涂装工程设计与施工	学　时	
任务 2.5	漆膜质量检测	学　时	
学习目标	知识目标: 1. 掌握干漆膜性能指标,漆膜性能检测方法; 2. 掌握检测设备的使用方法、注意事项; 3. 理解涂装工艺及施工要领。 能力目标: 1. 能根据国家标准对漆膜质量进行检测; 2. 能鉴别家具漆膜质量优劣; 3. 能熟练操作检测仪器对漆膜性能进行检测; 4. 能有秩序配合使用同一工具和设备; 5. 能借助工具书查阅英语技术资料,自我学习、独立思考; 6. 能自我管理,有安全生产意识、环保意识和成本意识; 7. 工作中能与他人协作共事,沟通交流; 8. 根据"6S"管理要求,安全准确取放材料、工具。		
任务描述	任务介绍: 检测各小组制作样板的漆膜物理化学性能。 任务分析: 在对样板漆膜性能测试时,要提供相应的涂装工艺及样板涂装所用材料。根据国家标准,检测漆膜耐冷热循环、耐磨性、附着力、漆膜厚度、光泽度、硬度、抗冲击性等理化性能。 按照可实施方案,各组沟通协助,合理分配工具、材料,完成漆膜性能测定。		
资讯	1. 操作前有哪些准备工作? 2. 漆膜理化性能的检测包括哪些项目? 3. 木家具涂层的外观质量要求。 4. 液体涂料的常规检查项目。 5. 什么是漆膜光泽? 漆膜光泽用什么表示? 怎样测定漆膜光泽? 6. 什么是漆膜耐磨性? 怎样测定漆膜耐磨性? 7. 什么是漆膜耐液性? 怎样测定漆膜耐液性? 8. 膜的耐热性和耐冷热温差性有什么区别? 9. 怎样测定漆膜的厚度?		
对学生的要求	1. 涂装时必须遵守涂装安全技术规程; 2. 根据任务单要求,合理设计涂装工艺,能与小组成员合作完成涂装工程任务; 3. 涂装质量需达到国家标准要求; 4. 以组的形式进行学习、讨论、操作、总结与互评,组员之间、小组之间要互相协作; 5. 遵守涂装实训中心的各项管理规章制度,不允许在实训时大声喧哗、打闹; 6. 学习任务完成后每组需上交一份质检报告; 7. 对自己的样板进行涂装缺陷分析、涂装质量分析; 8. 通过实训要求学生逐步养成良好的职业素养,自觉执行"6S"管理制度。		

任务单

学习领域	木制品表面装饰技术		
项目 3	美式涂装工程设计与施工	学　时	
任务 3.1	美式涂装工艺方案设计	学　时	

学习目标	知识目标： 1. 了解家具企业涂装工段的安全生产、涂装材料的"6S"管理要求和常识； 2. 了解美式涂装常用着色材料的特性； 3. 掌握常用美式涂装木器涂料的性能贮存条件、成膜机理、施工要求及中毒防治措施； 4. 掌握典型美式涂装工艺设计原则、方法、施工技术规范； 5. 了解美式涂装各工序的施工方法、所用工具和材料、施工要领； 6. 掌握涂装成本的计算方法。 能力目标： 1. 合理选用各工序的施工方法、工具、材料； 2. 掌握美式涂装材料、工具、设备的性能和使用方法； 3. 根据涂饰工艺和实际工作任务要求，编制美式涂装工艺方案； 4. 根据涂装效果和涂装工艺方案进行涂料调配； 5. 根据涂装工艺方案进行美式涂装施工操作； 6. 遵守纪律，互相协作，目标统一，积极主动按时完成任务。
任务描述	任务介绍： 编制美式仿古透明涂装工艺方案。 任务分析： 根据欧美地区人的生活历史背景、文化艺术和生活习惯及特有的浓郁的欧美风情和生活品味，分析仿古涂装家具的风格特点和艺术要素，设计美式透明涂装效果。 结合美式仿古透明涂装实物样板、图片效果和工艺方案，熟悉美式涂装风格，理解仿古涂装基材破坏和做旧工艺意义和作用，确定工艺流程和施工条件，合理选择涂装工具、材料、设备、施工方法，编制美式涂装工艺方案。
资讯	1. 美式家具形成历史。 2. 巴洛克家具涂装风格。 3. 美式家具中有透明和实色涂装效果，两者之间工艺上有何不同？ 4. 举例说明在现代美式家具中体现的一些时尚元素。 5. 美式涂装中，主要包括哪些工序？ 6. 美式家具和欧式家具在风格和工艺上有何差异？
对学生的要求	1. 涂装时必须遵守涂装安全技术规程； 2. 根据任务单要求，合理设计涂装工艺，能与小组成员合作完成涂装工程任务； 3. 涂装质量需达到国家标准要求； 4. 以小组的形式进行学习、讨论、操作、总结与互评，组员之间、小组之间要互相协作； 5. 遵守涂装实训中心的各项管理规章制度，不允许在实训时大声喧哗、打闹； 6. 本学习任务完成后每人需上交工艺方案； 7. 通过实训要求学生逐步养成良好的职业素养，自觉执行"6S"管理制度。

任务单

学习领域	木制品表面装饰技术		
项目 3	美式涂装工程设计与施工	学　时	
任务 3.2	基材处理与品质控制	学　时	

学习目标	知识目标： 1. 了解着色剂的调配方法和工艺要点； 2. 理解美式涂装所用基材的种类、特性； 3. 理解家具企业涂装工段的安全生产常识； 4. 理解"6S"管理知识； 5. 掌握基材处理时常见缺陷产生的原因及解决对策； 6. 掌握常用美式涂装基材破坏处理的方法、所用工具和材料； 7. 掌握工具的使用和清洗维护方法； 8. 掌握基材处理所用材料的安全贮存常识、安全管理要求。 能力目标： 1. 能合理选用基材处理常用材料、施工方法和工具； 2. 能根据工艺方案要求合理选用基材，能合理对基材进行破坏处理； 3. 根据"6S"管理要求，安全准确取放材料、工具； 4. 能较准确调配修色剂，并独立适量修色； 5. 能借助工具书查阅英语技术资料，自我学习、独立思考； 6. 能与他人协作共事，沟通交流，积极配合使用同一工具和设备，进行清洗维护； 7. 能自我管理，有安全生产意识、环保意识和成本意识。
任务描述	任务介绍： 各小组根据本组在任务 3.1 中制定的工艺方案，进行涂装前基材破坏处理，按照色彩设计方案对素材修色，对各工序实施品质控制。 任务分析： 对于美式涂装，基材表面的做旧处理工序，能体现生活岁月使用留下的痕迹，体现自然的仿古效果。美式涂装的基材表面经过检修后，进行常见破坏处理（附图 4），然后修色，使基材表面达到基本的仿古底蕴。 各小组根据制定的工艺施工方案，结合涂装效果和基材处理作业要求，正确选择和使用工具，对基材进行相关处理，施工中要按照任务要求和操作要领进行。在每道工序前，对制品表面严格检查，并对问题进行标记，及时返修，按照各工序制品质量检验标准，进行严格质量控制，保证任务顺利完成。 破坏处理类型 虫眼　　锉痕　　S 形虫线　　散敲　　刀刻 附图 4　基材破坏处理常见类型
资讯	1. 基材破坏处理常见类型及其所用破坏工具有哪些？ 2. 实木基材上较大裂缝、虫眼、贯通节、树脂囊等缺陷该如何处理？面积较小的裂缝、虫眼、钉眼、凹陷、碰伤等缺陷该如何处理？ 3. 素材修色使用材料及施工注意事项。 4. 基材底色漆种类有哪些，各有什么不同？ 5. 在喷涂底色时需要注意哪些问题？ 6. 配色原理及底色着色剂的调制方法。 7. 刷擦使显现木材纹理施工注意事项。
对学生的要求	1. 涂装时必须遵守涂装安全技术规程； 2. 根据任务单要求，合理设计涂装工艺，能与小组成员合作完成涂装工程任务； 3. 涂装质量需达到国家标准要求； 4. 以小组的形式进行学习、讨论、操作、总结与互评，组员之间、小组之间要互相协作； 5. 遵守涂装实训中心的各项管理规章制度，不允许在实训时大声喧哗、打闹； 6. 本学习情境完成后每人需上交基材处理样板一个； 7. 对自己的样板进行涂装缺陷分析、涂装质量分析； 8. 通过实训要求学生逐步养成良好的职业素养，自觉执行"6S"管理制度。

任务单

学习领域	木制品表面装饰技术		
项目 3	美式涂装工程设计与施工	学　时	
任务 3.3	底漆涂装与品质控制	学　时	

| 学习目标 | 知识目标：
1. 了解格丽斯等着色剂的调配方法和工艺要点；
2. 理解"6S"管理知识；
3. 理解家具企业涂装工段的安全生产常识；
4. 掌握美式涂装打干刷、刷边、拉明暗线的操作要领；
5. 掌握底漆喷涂时常见缺陷产生原因及解决对策；
6. 掌握工具的使用和清洗维护方法；
7. 掌握底漆及着色剂等所用材料的安全贮存常识、安全管理要求。
能力目标：
1. 能独立调配底漆并均匀喷涂底漆；
2. 能合理完成擦涂格丽斯、拉明暗、甩牛尾操作；
3. 能安全准确取放材料、工具；
4. 能较准确调配格丽斯颜色；
5. 能独立分析产生缺陷，提出解决方案；
6. 能借助工具书查阅英语技术资料，自我学习、独立思考；
7. 能与他人协作共事，沟通交流，积极配合使用同一工具和设备，进行清洗维护；
8. 能自我管理，有安全生产意识、环保意识和成本意识。 |

| 任务描述 | 任务介绍：
根据各小组制定的工艺方案要求，在完成基材处理后，独立完成涂装底漆和仿古做旧工序操作。
任务分析：
各组在前面的任务中，进行了基材破坏处理和底色涂装，为了保护底色，在下面的工序中进行封闭底漆的涂装（工程中常称为胶固）。为了更好体现仿古效果，接下来进行打干刷、刷边、拉明暗线等操作（附图 5），使仿古做旧效果呈现在不同的底漆漆膜中，显示陈旧感、立体感。本任务涉及的工序多，工具使用需要掌握技巧，操作比较复杂，是仿古涂装效果中关键的环节。为了凸显层次感，要配合底漆的涂装，使这些仿古效果在不同的漆层中呈现出来。

用毛刷在柜体棱边处刷出沧桑和陈旧感

附图 5　仿古效果 |

| 资讯 | 1. 美式仿古涂装常用底漆有何特点？有哪些类型？施工中应注意什么问题？目前本地销售的硝基漆有哪些品牌？市场情况如何？
2. 在本任务中仿古做旧工序有哪些？各有什么作用？可否改变仿古做旧工序的操作顺序？
3. 格丽斯如何调配？
4. 框底色喷涂应注意的问题。
5. 擦拭格丽斯的操作方法、材料、施工注意事项。
6. 打干刷的作用及部位。
7. 在甩牛尾操作时应该注意什么？
8. 何时需要拉明暗效果？操作时注意事项有哪些？ |

| 对学生的要求 | 1. 涂装时必须遵守涂装安全技术规程；
2. 根据任务单要求，合理设计涂装工艺，能与小组成员合作完成涂装工程任务；
3. 涂装质量需达到国家标准要求；
4. 以小组的形式进行学习、讨论、操作、总结与互评，组员之间、小组之间要互相协作；
5. 遵守涂装实训中心的各项管理规章制度，不允许在实训时大声喧哗、打闹；
6. 本学习任务完成后每人需上交底漆涂装样板一个；
7. 对自己的样板进行涂装缺陷分析、涂装质量分析；
8. 通过实训要求学生逐步养成良好的职业素养，自觉执行"6S"管理制度。 |

任务单

学习领域	木制品表面装饰技术		
项目 3	美式涂装工程设计与施工	学　时	
任务 3.4	面漆涂装与品质控制	学　时	

学习目标	知识目标： 1. 了解拍色、喷点等着色剂的调配方法和工艺要点； 2. 理解"6S"管理知识； 3. 理解家具企业涂装工段的安全生产常识； 4. 掌握美式涂装拍色、喷点、涂装灰蜡、擦洗水蜡的操作要领； 5. 掌握面漆喷涂时常见缺陷产生的原因及解决对策； 6. 掌握面漆涂装中常用工具的使用和清洗维护方法； 7. 掌握面漆及着色剂等所用材料的安全贮存常识、安全管理要求。 能力目标： 1. 能独立调配面漆、灰蜡并均匀喷涂面漆、灰蜡； 2. 能合理拍色、喷点； 3. 能安全准确取放材料、工具； 4. 能较准确调配拍色、喷点等着色剂的颜色； 5. 能自我管理，有安全生产意识、环保意识和成本意识； 6. 能借助工具书查阅英语技术资料，自我学习、独立思考； 7. 能与他人协作共事，沟通交流，积极配合使用同一工具和设备，进行清洗维护。
任务描述	任务介绍： 根据工艺方案要求，小组成员完成面漆的调配、设备调试，进行拍色、喷点、涂装灰蜡等仿古做旧工序操作，最后完成面漆涂装和装饰质量控制。 任务分析： 为了更好的体现自然仿古效果，在面漆涂装中，根据涂装方案还需要进行拍色、喷点、涂灰蜡等仿古操作，有的做出漆膜脱落与开裂的效果，让家具整体有着岁月洗礼的陈旧感、沧桑感。各小组根据设计的涂装效果，合理选择涂料种类、涂装方法和设备，按照工作流程进行操作。面漆的涂装是最后的施工环节，也是整个涂装过程最关键的工序，对施工环境和操作人员的技术水平要求较高，其质量优劣直接关系到制品的最终质量，因此，必须严格依据涂装工艺方案设计的技术参数进行施工，产品质量才能得到保证。
资讯	1. 拍色着色剂如何调配？和底色有何不同？ 2. 在操作过程中如何控制色差问题？ 3. 喷点着色剂如何调配？喷涂时注意什么？ 4. 灰尘漆有何作用？如何调配？喷涂部位有哪些？整理灰尘漆时应注意什么？ 5. 水蜡的作用是什么？如何涂饰水蜡？
对学生的要求	1. 涂装时必须遵守涂装安全技术规程； 2. 根据任务单要求，合理设计涂装工艺，能与小组成员合作完成涂装工程任务； 3. 涂装质量需达到国家标准要求； 4. 以小组的形式进行学习、讨论、操作、总结与互评，组员之间、小组之间要互相协作； 5. 遵守涂装实训中心的各项管理规章制度，不允许在实训时大声喧哗、打闹； 6. 本学习任务完成后每人需上交涂装样板一个； 7. 对自己的样板进行涂装缺陷分析、涂装质量分析； 8. 通过实训要求学生逐步养成良好的职业素养，自觉执行"6S"管理制度。

任务单

学习领域	-木制品表面装饰技术		
项目 4	薄木饰面技术	学 时	
任务 4.1	薄木备料及品质控制	学 时	

学习目标	知识目标： 1. 熟悉薄木贴面家具的特点及装饰效果； 2. 了解常见的薄木类别及其特点； 3. 熟悉薄木常见的纹理效果及其应用； 4. 了解薄木装饰常见的图案形式； 5. 熟悉薄木备料常用工艺及相关设备。 能力目标： 1. 能分辨薄木贴面装饰产品与其他贴面装饰产品的区别； 2. 会根据不同的薄木材料，采用适当的保存方法； 3. 会根据贴面工艺及装饰效果需要，选用相应的薄木材料； 4. 能根据产品装饰需要，进行简单的拼花图案设计； 5. 会根据工艺需要，选用相应的薄木备料设备。
任务描述	工作任务： 制作如附图 6 所示的素花拼花面板，并写出其详细工艺过程。要求根据产品的装饰效果及任务要求，选用合适的薄木原料，工艺过程按市场主流的作业方式进行，最后备料加工成符合设计要求的大幅面装饰薄木，存贮恰当，用于人造板表面贴面装饰。 任务要求： 1. 内部素面拼花采用等宽的半朵笋花或乱纹薄木，一顺一倒对拼，仿实木拼板效果； 2. 外边条采用直纹薄木，各边条宽度各加 5mm 余量，使备料整体长宽有 10mm 余量，留作贴面后的成型余量； 3. 要求选料材色均匀，拼接密缝，无明显缝隙，贴面后拼缝内不允许有胶水挤出； 4. 拼花内径尺寸标准，长宽误差控制在 ±1mm 以内，对角线差控制在 1.5mm 以内。 附图 6 素花拼花面板（单位：mm）
资讯	1. 薄木的种类、纹理效果； 2. 薄木品质检验标准； 3. 薄木拼花的形式和装饰效果； 4. 薄木拼花方法、技术要求及所用设备的加工性能； 5. 薄木拼花备料的工作流程及操作要领。
对学生的要求	1. 以小组的形式进行学习、讨论，共同协作，完成工作任务； 2. 根据任务单和图样要求，合理设计拼花方案、拼花工作流程，正确选择拼花材料； 3. 小组同学分工明确，遵守操作规则，薄木裁切结合设计图案，尽量节省材料，避免浪费； 4. 遵守实训车间的各项管理规章制度，注意保证实训场所正常工作秩序； 5. 任务完成后，需要各组提交设计方案和拼花作品； 6. 各小组之间对完成的作品结合评价表进行比较，相互评价，填写评价单； 7. 对完成的拼花薄木进行质量分析，找出缺陷和解决方法。

任务单

学习领域	木制品表面装饰技术		
项目 4	薄木饰面技术	学 时	
任务 4.2	薄木贴面及品质控制	学 时	

学习目标	知识目标： 1. 了解薄木贴面常用人造板基材的特点和性能； 2. 了解贴面用胶黏剂的类别及性能特点； 3. 了解常见薄木饰面板件的类型及其一般工艺过程； 4. 了解人造板裁切及薄木贴面相关机械设备，熟悉其性能特点和操作要领； 5. 熟悉薄木饰面工艺过程各环节的工艺参数，了解影响饰面质量的因素。 能力目标： 1. 能区别人造板品质，能根据贴面产品特点选用符合要求的板料； 2. 薄木材料性能、设备及饰面质量要求，选用合适的贴面胶黏剂； 3. 能根据零部件的特点及质量要求，进行相应的饰面工艺流程设计； 4. 能根据饰面质量要求和操作相关设备进行薄木贴面作业； 5. 能分析整个饰面过程中影响贴面质量的因素，进行产品质量控制。
任务描述	工作任务： 各组同学利用任务 4.1 中已经准备好的薄木拼花贴面材料，制作如附图 7 所示的薄木贴面台面板，并写出详细工艺过程。 任务要求： 1. 正面为拼花薄木，备料规格比板件大 10mm；背面用 C 级素面薄木或旋切杂木作平衡层，以降低成本。 2. 正反两面薄木纹理方向一致，即纹理从左至右。 3. 贴面后板件不允许有脱胶、鼓泡、裂纹、压划伤、杂质、贴斜等可见缺陷。 4. 贴面后板件胶合强度应符合要求，板件经冷热循环实验无脱层和开裂等缺陷。 附图 7　薄木贴面台面板（单位：mm）
资讯	1. 贴面基材性能及质量评价指标； 2. 不同种类胶黏剂的特性和调胶要领； 3. 不同版型的基材贴面工艺流程和贴面技术要求； 4. 贴面设备的加工性能和操作要求； 5. 贴面质量检测标准及缺陷分析和防治。
对学生的要求	1. 以小组的形式进行学习、讨论，共同协作，完成工作任务； 2. 根据材料特点和装饰效果设计贴面方案，合理选择材料、工具和设备； 3. 小组同学根据任务单明确分工，根据各工序设备操作规程，正确操作设备； 4. 遵守实训车间的各项管理规章制度，遵守操作规则，注意保证实训场所正常工作秩序； 5. 任务完成后，需要各组提交贴面样板； 6. 各小组之间对完成的作品结合评价表进行比较，相互评价，填写评价单； 7. 对完成的薄木拼花台面板进行质量分析，找出缺陷和解决方法。

任务单

学习领域	木制品表面装饰技术		
项目 5	纸类饰面设计与施工	学　时`	
任务 5.1	纸类饰面方案设计	学　时	

学习目标	知识目标： 1. 了解常用的纸类饰面材料规格、特点； 2. 了解常用的纸类饰面工艺流程； 3. 掌握各种纸类饰面工艺步骤。 能力目标： 1. 能够合理选用纸类饰面材料； 2. 能够按照来样要求独立设计纸类饰面工艺步骤。
任务描述	工作任务： 根据客户要求，确定所选用的纸类饰面材料、基材、胶合材料、热压工艺，进行工艺方案设计。 任务要求： 纸类饰面技术包括印刷装饰纸贴面技术、预油漆纸贴面技术、浸渍纸贴面技术、装饰板贴面技术等，是人造板二次加工和家具表面装饰的重要方法之一。本任务要求在了解上述四种贴面技术的基础上，对浸渍纸贴面技术中涉及到的基材要求、涂胶、配坯、热压等工艺进行重点掌握，设计出合理的工艺流程单。
资讯	1. 纸类饰面有哪些种类？各有何特点？ 2. 浸渍纸贴面工艺流程。 3. 预油漆纸的种类有哪些？请阐述辊压法贴面工艺。 4. 请阐述装饰层压板的分类。
对学生的要求	1. 根据任务单要求，能与小组成员合作完成贴面工艺的设计任务； 2. 以小组的形式进行学习、讨论、操作、总结与互评，组员之间、小组之间要互相协作； 3. 遵守涂装实训中心的各项管理规章制度，不允许在实训时大声喧哗、打闹； 4. 本任务完成后每小组需上交贴面工艺流程表一份； 5. 通过实训要求学生逐步养成良好的职业素养，自觉执行"6S"管理制度。

任务单

学习领域	家具表面装饰工程设计与施工		
项目 5	纸类饰面设计与施工	学　时	
任务 5.2	纸类饰面方案实施与品质监控	学　时	
学习目标	知识目标： 1. 了解纸类饰面板加工工艺流程，设备操作规范； 2. 掌握纸类饰面安全贮存常识、安全管理要求； 3. 掌握纸类饰面工艺中容易出现的缺陷处理方法； 4. 了解纸类饰面工艺工段的安全生产常识。 能力目标： 1. 能够独立操作纸类饰面设备； 2. 能够发现纸类饰面工艺中出现的缺陷并提出合理解决办法。		
任务描述	工作任务： 根据工艺方案要求，合理选择贴面材料及胶结材料，完成三聚氰胺树脂浸渍纸贴面工艺。 任务要求： 对现有的三聚氰胺甲醛树脂，通过加入改性剂进行改性，可提高树脂液流动性和缩短树脂固化时间，适用于"热—热"低压短周期贴面方法，其制造出的产品表面光泽柔和。 本任务要求以浸渍纸为贴面材料，采用低压短周期贴面工艺进行贴面操作。		
资讯	1. 浸渍纸贴面对基材的要求有哪些？ 2. 浸渍纸贴面对浸渍纸的要求有哪些？ 3. 浸渍纸贴面对配坯和热压的要求有哪些？ 4. 单层热压机与多层热压机各有何特点？ 5. 阐述真空模压贴面工作原理。 6. 家具生产常用塑料薄膜有哪几种？各自性能如何？		
对学生的要求	1. 贴面时必须遵守纸类饰面安全技术规程； 2. 根据各小组设计的贴面工艺，能与小组成员合作完成贴面工程任务； 3. 贴面质量需达到国家标准要求； 4. 以小组的形式进行学习、讨论、操作、总结与互评，组员之间、小组之间要互相协作； 5. 遵守涂装实训中心的各项管理规章制度，不允许在实训时大声喧哗、打闹； 6. 本任务完成后每人需上交贴面样板一个； 7. 对自己的样板进行贴面缺陷分析、贴面质量分析； 8. 通过实训要求学生逐步养成良好的职业素养，自觉执行"6S"管理制度。		

参 考 文 献

毕见勇. 低压短用期三聚氰胺浸渍纸原材料与浸渍技术[J]. 林业科技，1999（5）：33-36.

邓背阶，王双科. 家具与室内表面装潢技术[M]. 兰州：甘肃文化出版社，1999.

顾继友. 胶黏剂与涂料[M]. 北京：中国林业出版社，1999.

化工部涂料工艺研究所. 涂料产品分类、命名和型号名称表[M]. 北京：技术标准出版社，1982.

家具涂料工艺编写组. 家具涂饰工艺[M]. 北京：轻工业出版社，1983.

姜英涛. 涂料基础[M]. 北京：化学工业出版社，2004.

姜征. 人造薄木制造工艺的研究[M]. 北京：化学工业出版社，1995.

雷隆和. 人造板表面装饰[M]. 北京：中国林业出版社，1991.

李坚. 木材科学[M]. 哈尔滨：东北林业大学出版社，1994.

李兰亭. 胶黏剂与涂料[M]. 北京：中国林业出版社，1992.

李丽. 涂料生产与涂装工艺[M]. 北京：化学工业出版社，2007.

李庆章. 人造板表面装饰[M]. 哈尔滨：东北林业大学出版社，1989.

梁治齐，熊楚才. 涂料喷涂工艺与技术[M]. 北京：化学工业出版社，2006.

刘一星. 木材视觉环境学[M]. 哈尔滨：东北林业大学出版社，1994.

柳献忠. 美式家具涂装工艺要点[J]. 家具，2004（5）：17-19.

隆和. 人造板表面装饰[M]. 北京：中国林业出版社，1991.

马庆林. 涂料工艺[M]. 北京：化学工业出版社，2000.

马庆麟. 涂料工业手册[M]. 北京：化学工业出版社，2001.

穆锐. 涂料实用生产技术与配方[M]. 江西：江西科学技术出版社，2002.

穆亚平，黄河润，沈凤明. 微薄木饰面工艺技术研究[J]. 家具，2003（3）：25-27.

祁忆青，许柏鸣. 封边设备的选择与使用[J]. 建筑人造板，2000（4）：28-30.

任宗发，徐秉恺，张彬渊. 新编家具油漆[M]. 南京：江苏科学技术出版社，1995.

任宗发. 家具油漆：涂饰方法及工艺[M]. 南京：江苏科学技术出版社，1981.

邵广义. 关于我国浸渍纸发展的几点看法[J]. 林产工业，1999（2）：14-15.

沈浩. 制漆配色调制工[M]. 北京：中国建筑工业出版社，2006.

宋弛. 国外封边新技术[J]. 国际木业，2002（9）：10-11.

王恺. 木材工业大全（家具卷）[M]. 北京：中国林业出版社，1998.

王恺. 木材工业大全（涂饰卷）[M]. 北京：中国林业出版社，1998.

王恺. 木材工业大全（人造板表面装饰卷）[M]. 北京：中国林业出版社，2002.

王树强. 涂饰工艺[M]. 修订本. 北京：化学工业出版社，1996.

王双科，邓背阶. 家具涂料与涂饰工艺[M]. 北京：中国林业出版社，2005.

武利民. 涂饰技术基础[M]. 北京：化学工业出版社，1999.

徐秉恺. 涂料使用手册[M]. 江苏：江苏科学技术出版社，2000.

徐钊. 木质品涂饰工艺[M]. 北京：化学工业出版社，2006.

张广仁. 木器油漆工艺[M]. 北京：中国林业出版社，1983.

张广仁. 木材涂饰原理[M]. 哈尔滨：东北林业大学出版社，1990.

张广仁. 现代家具油漆技术[M]. 哈尔滨：东北林业大学出版社，2002.

张广伍. 家具涂饰译丛[M]. 北京：中国旅游出版社，1991.

张勤丽. 人造板表面装饰[M]. 北京：中国林业出版社，1986.

张晓明. 木制品装饰工艺[M]. 北京：中国林业出版社，2001.

张志刚. 热转印技术在家具表面装饰中的应用[J]. 林业机械与木工设备，2002（8）：35-36.

张志刚. PU 与 PE 在家具与室内装饰应用中应注意的几个问题[J]. 家具，2003（4）：20-22.

张志刚. 木制品表面装饰技术[M]. 北京：中国林业出版社，2007.

赵明桂. 油漆装饰技术疑难详解[M]. 湖南：湖南科学技术出版社，1991.

赵亚光. 聚氨酯涂料生产实用技术问答[M]. 北京：化学工业出版社，2004.

郑宏奎. 室内及家具材料学[M]. 北京：中国林业出版社，1997.

周菊兴，柏孝达. 不饱和聚酯树脂[M]. 北京：中国建筑工业出版社，1981.

周忠锋. 浅析人造板弯曲家具表面装饰工艺[J]. 林业机械与木工设备，2010（4）：42-45.

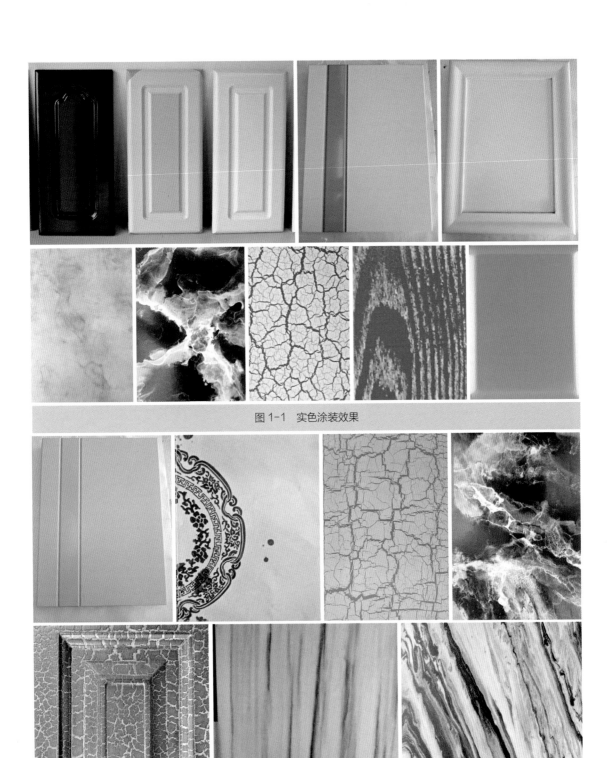

图 1-1　实色涂装效果

图 1-8　实色涂装效果

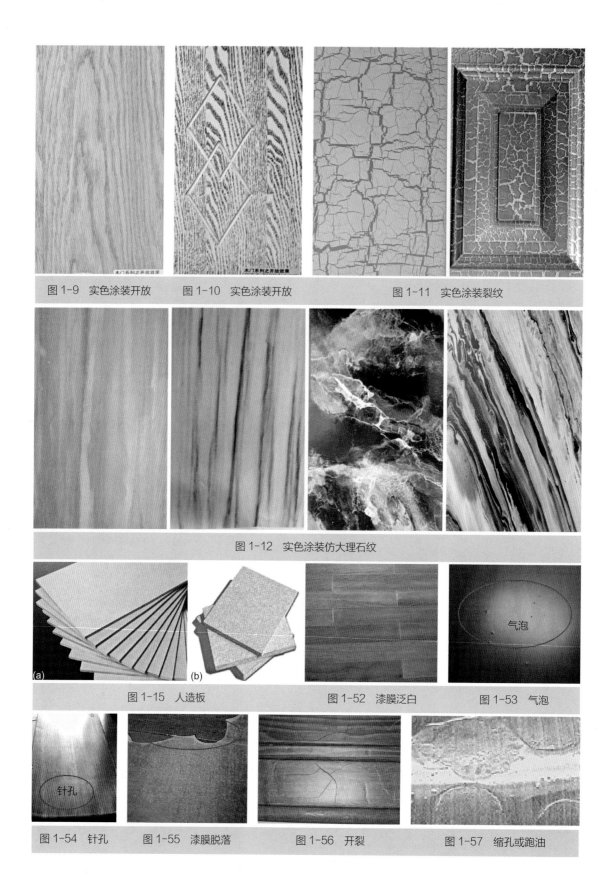

图 1-9　实色涂装开放　　图 1-10　实色涂装开放　　　　图 1-11　实色涂装裂纹

图 1-12　实色涂装仿大理石纹

图 1-15　人造板　　　　　图 1-52　漆膜泛白　　　　图 1-53　气泡

图 1-54　针孔　　图 1-55　漆膜脱落　　图 1-56　开裂　　图 1-57　缩孔或跑油

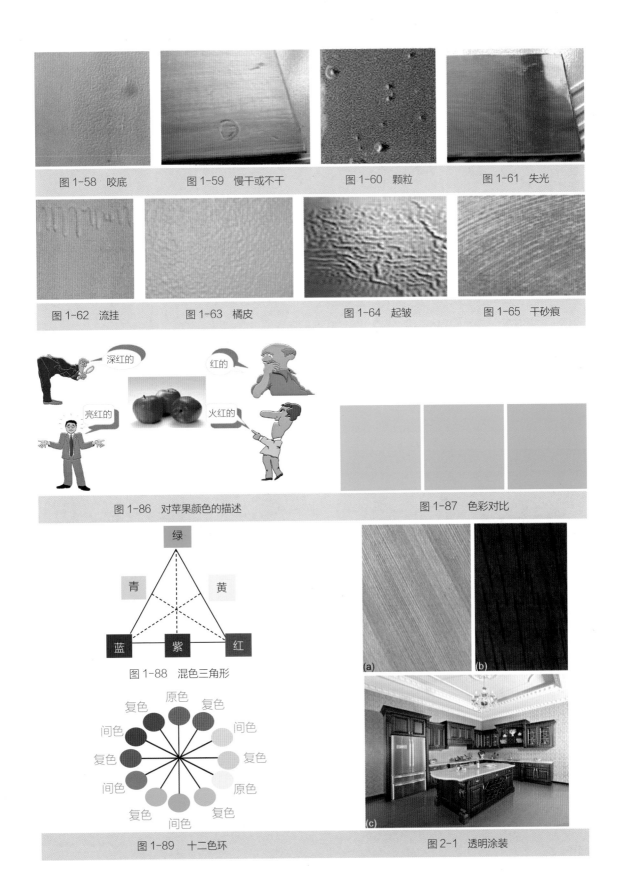

图 1-58　咬底　　　　图 1-59　慢干或不干　　　　图 1-60　颗粒　　　　图 1-61　失光

图 1-62　流挂　　　　图 1-63　橘皮　　　　图 1-64　起皱　　　　图 1-65　干砂痕

图 1-86　对苹果颜色的描述　　　　图 1-87　色彩对比

图 1-88　混色三角形

图 1-89　十二色环　　　　图 2-1　透明涂装

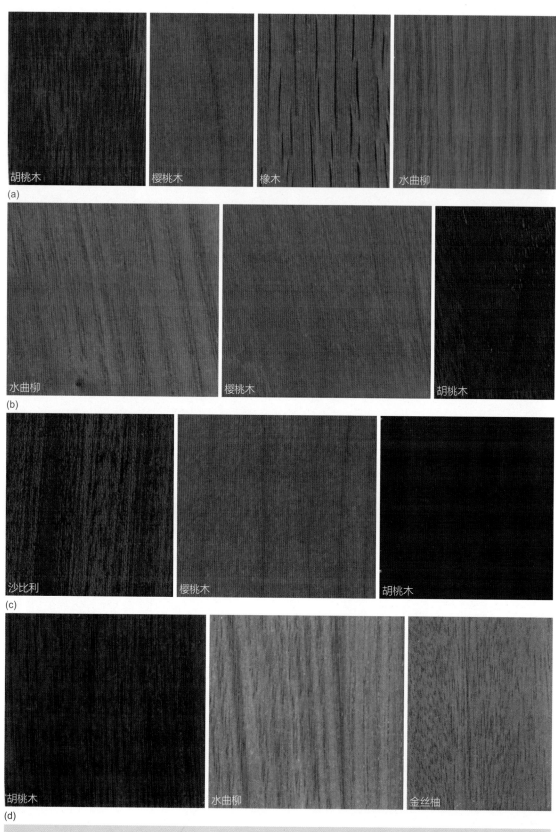

图2-2 不同基材表面所呈现的有色透明效果

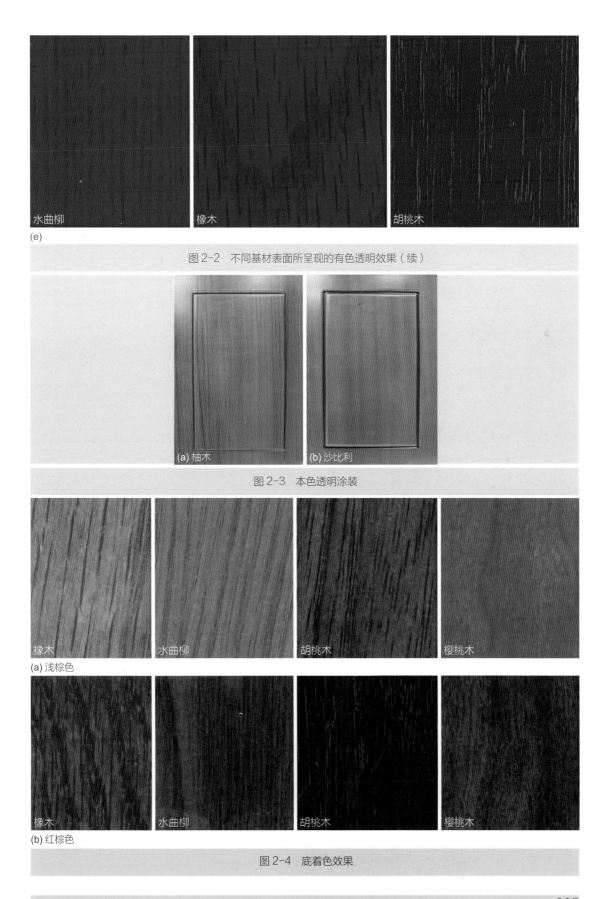

水曲柳　　　　橡木　　　　胡桃木

(e)

图 2-2　不同基材表面所呈现的有色透明效果（续）

(a) 柚木　　　(b) 沙比利

图 2-3　本色透明涂装

橡木　　　　水曲柳　　　　胡桃木　　　　樱桃木

(a) 浅棕色

橡木　　　　水曲柳　　　　胡桃木　　　　樱桃木

(b) 红棕色

图 2-4　底着色效果

死节不能大于 15mm

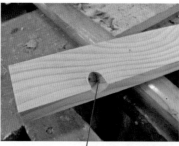
用钻将死节钻空孔的大小不能大于 15mm

将果枝木塞刷胶塞上

将其削平、刨平

砂光

图 2-10　死节修补过程

胶囊

用挖木机将胶囊挖掉

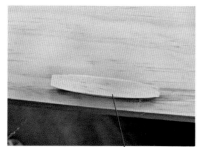
将相同材质的月牙块刷胶塞上

用刨刀把高出的部分削平

修整出最佳效果

图 2-11　胶囊修补过程

用刨刀将劈裂部位削平

用相同材质的材料，顺木纹方向用胶粘合

正确顺向修补

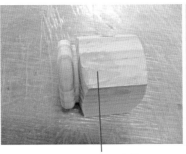
不可用泥子修补

不可逆向修补

图 2-12　劈裂修补

图 2-13　开裂修补

图 2-14　结疤修补

图 2-23　红黄蓝椅

图 2-24　黑白两色电视柜

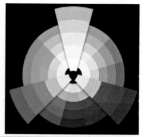
图 2-33　色环

（橡胶木和奥古曼木）参照色板

图 3-1　来样样板及生产参照色板

（a）瓷器柜

（b）瓷器柜局部

图 3-2　维多利亚风格

(a) 餐厅　　　　　　　　　　　(b) 温莎椅

图 3-3　田园风格

(a) 五斗橱　　　　　　　　　　(b) 咖啡桌

图 3-5　英伦风格

(a) 梳妆台　　　　　　　　　　(b) 书房

图 3-5　英伦风格

图3-14 （新西兰松木）参照色板　　　　　图3-15 样板

图3-16 现代都市 书房　　　　　图3-17 田园风格 衣架

图3-19 新传统 床及床头柜

图 3-18　阳光地中海 卧室及斗柜

虫孔

虫孔

锉刀痕

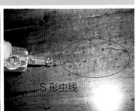
S 形虫线

螺母串散敲

螺母串散敲

石头散敲

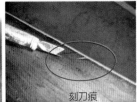
刻刀痕

图 3-21　常见基材破坏处理

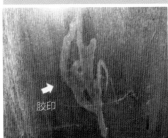
胶印

用手检验表面各部位

图 3-23　白坯品质检查

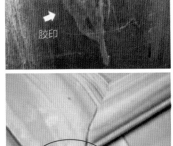
组装不良

图 3-25　破坏效果符合工艺要求

图 3-22　白坯检查

按照色板及标准件进行操作　　　　　　　　　　　散敲，操作时手姿要正确

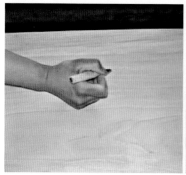

虫线，操作时用力要适中　　　虫孔，严格参照色板及标准件进行操作　锤痕，操作完后对工序自检，避免漏做、重做

图 3-26　作业要求

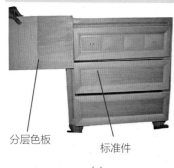

分层色板　　　标准件　　　　　　　　　一道底色　　　　　　　　　　　二道底色

(a)　　　　　　　　　　　　　　　　　　　　(b)

图 3-28　着底色参照色板和标准件

（a）分层色板和标准件颜色一致　　（b）一道底色和二道底色要和色板颜色一致

表 3-9　基材破坏处理工序名称及目的

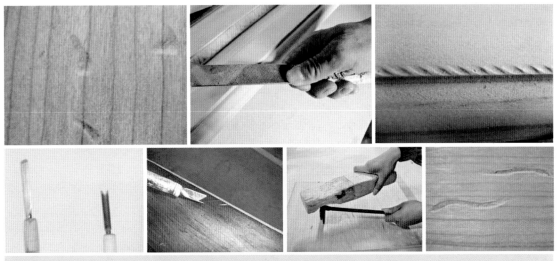

表 3-9　基材破坏处理工序名称及目的

通过毛刷在柜体棱边处刷出沧桑和陈旧

图 3-33　做旧效果

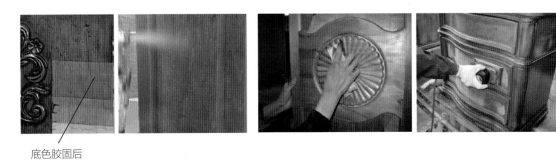

底色胶固后

图 3-34　喷涂胶固底漆　　　　　　　图 3-35　胶固研磨标准

图 3-36 胶固研磨

（a）边角手工研磨 （b）大面积平面机械研磨后呈毛玻璃状 （c）顺木纹研磨 （d）手工砂板研磨

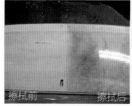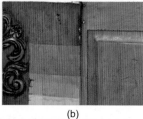

图 3-37 局部擦拭填充剂

图 3-38 擦拭格丽斯

(a) 擦拭前后效果对比 (b) 擦拭标准

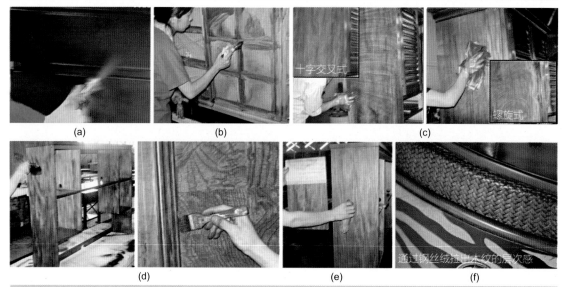

图 3-39 擦拭格丽斯操作步骤

（a）局部喷涂格丽斯部位 （b）局部刷涂格丽斯部位（可选择）
（c）擦涂格丽斯 （d）毛刷整理 （e）比对色板拉明暗线 （f）最后产品中明暗效果呈现

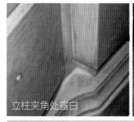

图 3-40 擦涂缺陷

图 3-42 底漆喷涂

图 3-43　打干刷色板及效果对比

（a）根据样板打干刷效果　　（b）打干刷前无对比及阴影效果　　（c）打干刷后有沧桑陈旧感

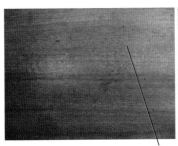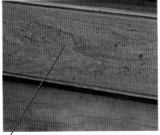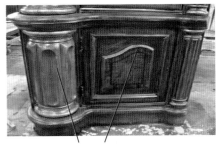

通过麻绳甩出陈旧、破损感

立柱与门的颜色不一致

图 3-46　甩牛尾效果　　　　　　　　　　　　　图 3-49　色差

流油　　　　合页边角处粗糙　　　内部污染　　　夹角处污染

图 3-50　流油　　　　　　图 3-51　橘皮　　　　　　　图 3-52　污染

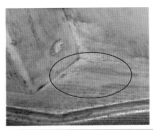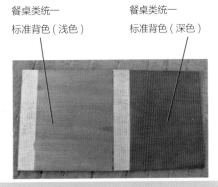

餐桌类统一标准背色（浅色）

餐桌类统一标准背色（深色）

图 3-53　露白　　图 3-54　面板砂光良好、侧板砂光不良　　图 3-55　背色样板

喷点

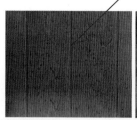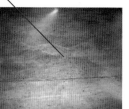

图 3-56　背色色差　　　　　　　　　　　　图 3-58　样板

图 3-59　样板　　　　　　　　　　　　图 3-60　拍色

图 3-61　修色

图 3-63　擦水蜡

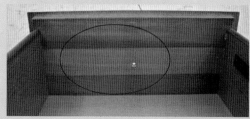

图 3-64　修色不到位造成色差